图书在版编目（CIP）数据

挤出机／李波，高玲，肖慧主编．—北京：中国建材工业出版社，2011.11

ISBN 978-7-5160-0050-2

Ⅰ.①挤… Ⅱ.①李… ②高… ③肖… Ⅲ.①砖机：挤出机 Ⅳ.①TU522.05

中国版本图书馆 CIP 数据核字（2011）第 213062 号

内 容 简 介

本书共分为十一篇：概论，挤出机分类，挤出机综述，挤出机设计理论与计算，挤出机结构与设计，挤出机机型结构与分析，双挤出型双级真空挤出机，烧结砖瓦工艺组合，挤出机高端制造的企业管理，挤出机配套组件及附录。这是一本关于全面论述挤出机设计理论与计算、生产制造和应用技术的工具书。全书内容详细，通俗易懂，图文并茂。具有科学性、先进性、实用性、操作性等特点。

本书主要适合砖瓦机械制造厂的工程技术人员、经营者、管理者，以及有关专业技术人员参考使用。

挤 出 机

主　编　李　波　高　玲　肖　慧

副主编　柴长青　高立红　谢和根
　　　　赵建海　丁昌安　庞守恩
　　　　郝忠良　赵培龙　陈德章
　　　　黎　明　路关生　夏惠祥
　　　　朱训岩　蔡　杰　刘贺雄

出版发行：中国建材工业出版社

地　　址：北京市西城区车公庄大街 6 号

邮　　编：100044

经　　销：全国各地新华书店

印　　刷：北京中科印刷有限公司

开　　本：710mm×1000mm　1/16

印　　张：26.75

字　　数：490 千字

版　　次：2011 年 11 月第 1 版

印　　次：2011 年 11 月第 1 次

定　　价：100.00 元

本社网址：www.jccbs.com.cn

本书如出现印装质量问题，由我社发行部负责调换。联系电话：（010）88386906

序

为填补国内砖瓦行业一项空白，实现广泛技术交流，展示改革开放三十多年来，在行业精英的共同努力打造下，挤出机的发展进入了一个崭新的时代。为此特意编著《挤出机》一书，以表示对行业的关心和热爱。

截至目前，国内还没有一本供专业技术人员参考的比较详细、全面论述挤出机设计理论与计算、生产制造，以及应用技术的工具书。该书的出版发行，虽然稍显迟了些，但依然可以拉开行业内广泛技术交流的序幕，其意义深远。

应该讲这是历史以来从未出版过的，极具影响力的，而且是期盼已久的，现代砖瓦业亟需的，非常有实用价值的经典之作。用“久旱逢甘霖”来形容，都不足以表达国内砖瓦界对它的期盼。

中国人自使用机器制砖开始，漫漫百年历程，从来没有这样一本教科书来滋润我们砖瓦人求知的心灵。多少年来，砖瓦人靠的是口授心传，在实践中不断摸索，在风雨中执著地前行。

挤出机是制砖工厂最为关键的设备。但它必须适用于原料。而在中国，制砖原料是最复杂和最难控制的，如黏土、页岩、煤矸石、粉煤灰、砂土、淤泥、垃圾等，光怪陆离，五花八门，很难从中找出规律性的东西。

制砖泥体（流）材料，既非牛顿流体，又非胡克弹性体。它们既能流动，又能变形；既有黏性，又有弹性。这类“软物质”的流动变形规律，仅用牛顿流动定律或胡克弹性定律是无法解释的，其流动中的黏滞与弹性皆有，层流与湍流并存，“剪切变稀行为”、“旋转爬杆现象”、“挤出胀大效应”及“孔压误差效应”等特性，都不同程度地影响着流动推进和挤压成型效果。只有用现代流变学理论深入进行挤出成型理论和机理的研究，才能有针对性地去设计墙材挤出成型设备。

伴随着中华民族几千年的秦砖汉瓦，历经了上百年的发展历史。如今，用挤出机挤出成型的烧结制品，如多孔砖、空心砖、空心砌块等，不仅依然在为人类遮风挡雨，相依相伴。而且成为节能减排、降低能耗、低碳经济的制品，来满足绿色建筑、生态建筑的更高要求。

编著《挤出机》一书是抛砖引玉，打开壁垒，建立一种全新的、行业内的交流方式和对话模式。希望通过该书，达到砖瓦机械制造厂之间，行业内同仁志士之间，砖瓦机械制造厂与用户以及地方对口管理部门之间相互交流的目的。同时，促进专业技术人员对挤出机设计理论的深入认知；推动挤出机制造业向高端方面提升，激励国人志气，使行业朝着自主创新发展的轨道前进。

在此，我们要真诚感谢本书的三位主编，他们是当代中国砖瓦界最具代表性的人物。李波先生倾其毕生心血进行墙材装备的研究，有着几十年的理论研究和丰富实践的积淀；高玲女士长期从事半硬塑、硬塑挤出成型装备的研发及高端制造，推动行业技术进步，独树一帜的功力品牌享誉业内，是砖机丛林中的钢铁玫瑰；肖慧先生既是资深专家又是行业领军人物之一，位于砖瓦科技的最前沿。

另外，由双鸭山东方墙材集团隋广田、柴长青先生为代表的行业精英，引领行业软塑、半硬塑挤出成型设备的技术进步，为行业发展、创新做出了巨大贡献；以欧帕自动化有限公司范红兵先生为代表的相关辅助设备切坯、切条的研究，不断推陈出新，为行业写下重重的一笔；以无锡市第五机械制造有限公司夏惠祥先生为代表的配套组件气动离合器真空泵的研发、设计，为行业添砖加瓦等。无疑，由行业精英拼搏奋斗写出的历史，倾力推出的这一著作——《挤出机》是最具有权威性的，是具有国际水准的。

《挤出机》一书的出版发行，也是砖瓦界的前辈们，对近百年来砖瓦机械设备的理论研究和实践经验的总结，并筑起了坚实牢固的墙体根基。行业中的精英志士不断地添砖加瓦，逐渐建成了厚厚的、长长的墙体。在此，我们深表敬意！

为提升本书品质，并具有实用价值，收藏价值。故而，本书以工具书的形式编著，以精装本的形式印刷出版。既满足砖瓦机械制造厂技术人员设计和计算之用；也满足指导砖瓦厂日常生产、管理而用；同时，也可供各级地方管理者，工程技术人员，专业设计院所，专业技术人员查阅之用。

本书在编辑之中，参照了行业前辈们实践经验总结和设计理论等方面的论述，借鉴了国内外知名公司关于挤出机的理论研究、结构特点、设计计算等方面的内容（详见参考文献），在此，表示深切的谢意。

由于编著者的水平有限，对所编著《挤出机》一书的研究、掌握、认知得还不深不透，难免存在着认识错误和不足，在此，恳望砖瓦机械制造厂的老前辈、专业人员，以及专家，业内同仁志士，给予批评指正。

为感谢行业内的精英，请记住他们的名字：

李波、高玲、肖慧、柴长青、高立红、谢和根、赵建海、丁昌安、庞守恩、郝忠良、赵培龙、陈德章、黎明、路关生、夏惠祥、朱训岩、蔡杰、刘贺雄。此外，再次感谢李静芬、李希琛、吴春生对图书出版的大力支持。

编者

2011 年 7 月

目　录

第一篇　概　　论

明·宋应星《天工开物》中曾这样记载砖的制造过程："凡埏泥造砖，亦掘地验辨土色，或蓝或白，或红或黄，皆以黏而不散、粉而不沙者为上。汲水滋土，人逐数牛错趾，踏成稠泥，然后填满木框之中，铁线弓戛平其面，而成坯形。"

据考古资料查证，砖产生于战国时期，比瓦出现的晚，距今已有两千多年。而作为制造砖坯的成型设备——挤出机，却远远不及砖和瓦的历史悠久。世界上许多著名的砖瓦机械制造商宣传本企业的久远历史，最早的也只不过是1800年之后的事，距今也就是200来年的历史。由于砖和瓦的广泛应用及量的需求，逐渐用机械的方式替代手工制坯，便发明了坯体成型设备——挤出机。

用挤出机挤出成型坯体替代手工制坯，使烧结砖瓦（制品）行业，向工业机械化、现代化、智能化，迈出至关重要的一步。挤出机从它诞生至今，伴随着工业革命和相关基础工业的不断发展，自身也得到前所未有的进步和创新。

挤出机的自身进步和创新，主要体现在两个方面：一是设计理论的日趋完善；二是机械结构设计技术的不断提高。两个方面的内容，是后人在继承前辈们的基础上，辛勤努力，研究总结，一代一代传承而发展至今。

时至今日，挤出机设计理论、设计技术、设计结构的传承，以及挤出机分类等诸多方面内容，并没有以文字的形式，详细、归纳、总结、展现出来。为此，弥补这一缺憾，结合当今挤出机设计理论和设计技术、设计结构的发展创新，特编著《挤出机》一书，实现传承过去，展示现代，开创未来之目的。

另外，对填补行业空白的《挤出机》一书，在编著过程中尽量做到内容详细，通俗易懂，图文并茂。具有科学性、先进性、实用性和操作性等特点。本书采用精装的形式印刷出版，表示对该书的重视和厚望，以博得业内人士的喜爱，流传后世。

全书共分为十一篇：概论，挤出机分类，挤出机综述，挤出机设计理论与计算，挤出机结构与设计，挤出机机型结构与分析，双挤出型双级真空挤出机，烧结砖瓦工艺组合，挤出机高端制造的企业管理，挤出机配套组件，附录。

第一篇　概论，主要说明编著《挤出机》一书的缘由，所包含的篇章，以及每一篇章所论述的主题、说明分析、要点提示和编著本书的指导思想等。使读者对全书有一个概括性的了解。

第二篇　挤出机分类，是全书非常重要的一个内容。

本篇明确指出，目前世界范围内挤出机设计者凭借其智慧和才能，所设计和生产的挤出机共有四种“种类”，并对种类给予较为准确的定义；每一种类因上级与下级的不同配置，而演变出来12种“类型”，并给类型产生的缘由加以定义。

通过对挤出机“种类”和“类型”定义内涵的了解、认知，如同是在贯彻一种标准，致使行业内达成统一的共识，有章可循，这一点非常重要。这也就是为什么要编辑这一篇的意义和目的所在。

为了对挤出机“种类”和“类型”叙述的清楚、直观，本篇以图文并茂的形式对四种“种类”所延伸出的12种“类型”，用彩色图片给予展示，并用简要说明、技术性能、结构特点、选择指南等文字加以叙述。同时列出具有影响力（专利者或消化吸收单位）的、代表性的生产厂家。

另外，根据当前挤出机的发展趋势，该篇又增加一个章节，即，大型挤出机的展示。展示的设备同样采用彩色图片，并用简要说明、技术性能、结构特点、选择指南等文字加以叙述。同时列出具有影响力（自主设计）的代表性的生产厂家。

挤出机分类这一篇章，充分展示我国改革开放30多年来，行业内挤出机设计技术的快速发展，其意义很大。对设计者、砖厂管理者、业内人士、各级地方对口管理部门都有很高的参考价值。

第三篇　挤出机综述，主要论述一些相关认识性的问题及对某些概念性问题的理解。共有四个主题：

（1）对创新的范围和评定标准作了简明的规范。指出对创新的评定自主即可进行，无需外接的干涉。

（2）对挤出压力的认识。主要强调挤出压力与挤出阻力的辩证关系，挤出压力的高低决定挤出阻力的大小，要科学合理的应用挤出压力。

（3）针对软、硬塑不同成型理念和挤出机的差异，并能较为清楚的加以区别，简述了两种成型理论产生的原因，是因为原料颗粒级配组成不同，造成不同的制品，结果出现同为挤出机，但内在结构不同的成型设备，并提出下级挤出的8个内在结构的区别点。对于上级搅拌挤出结构方面，作了较为详细的原理、功能和结构特点的论述。

本篇中还很重要地强调了一点：不能用软塑成型的挤出机生产含水率在硬

塑范围内的制品，就与硬塑成型相媲美，甚至与硬塑挤出机相提并论，其实这是两种截然不同的概念。

（4）综合内容，主要从五个方面交流对一些问题的认识。通过双线绞刀的端头结构，可以从中受到启发；从对泥料流体的认识中可以理解到挤出成型泥料的性质所在；将两个“绞刀容量”和四个“设计概念”摘录出来，提示设计者要牢记；通过对机头设计概念中“均衡流速”的理解，是挤出机设计的重要环节之一。

总之，本篇是对问题的交流，起到抛砖引玉的作用。

第四篇　挤出机设计理论与计算，应该讲是全书最为核心的内容。

本篇用通俗易懂、朴实直白的语言，在传承前辈经验总结的基础上，结合编者几十年的学习、心得体会，全面论述了挤出机设计理论与计算。首次提出运用技术参数和设计参数，并与设计步骤紧密结合的概念设计挤出机。

本篇通过说明、解释、分析、提示、举例等形式，对设计理论从不同角度反复细致的给予论述。尽最大之能事，广泛收集、展示国内外知名公司的理论研究、设计理念、论点论据、设计结构等内容，达到深入交流之目的。使设计者对挤出机设计理论有个全面的认识、理解和掌握。为今后的应用，以及深入研究、创新设计理念打下坚实的基础。让设计从结构模仿型的初级阶段，上升成为自主认知，具有理论依据，真正意义上的高级阶段。打破行业内相互模仿的瓶颈，走自主研发创新的良性轨道。

本篇引用并给予细致解读、分析的所有设计计算公式。可以讲，是上百年来，前辈们反复论证，长期实践经验总结、积累而提炼出的结晶，为后人的设计提供了技术参数和设计参数的求解方式。

设计计算公式是以传承的方式 + 编者由浅入深的解读形式首次公开。设计计算公式的广泛传播，不仅可以让业内人士的设计，从无所措手足、相互模仿的尴尬局面，演变成为信心十足、自主设计的流畅程序。而且为今后经验公式的交流、充实、发展、创新，以及理论研究奠定了基础。

第五篇　挤出机结构与设计，主要论述的是挤出机重点部位机械承载，力的传递，整机性能等方面的内容。

挤出机重点部位具体结构与设计主要是指两个方面：一是下级：主轴轴承组，压泥板轴承组；二是上级：搅拌轴轴承组。

无论是下级主轴轴承组的结构与设计，还是上级搅拌轴轴承组的结构与设计，都是建立在对主轴（搅拌轴）的受力分析基础之上，最终实现与其相适应的设计结构。为此，本篇以下级主轴（绞刀轴）为例，对其受力做出全面细致的分析和论述。

无论是下级主轴轴承组，还是上级搅拌轴轴承组，其设计结构是挤出机技术性能、承载能力、使用寿命的关键之处。因而本篇以图文并茂的形式，展示具体结构方案，以及对其的结构特点加以分析和说明。

第六篇　挤出机机型结构与分析，是挤出机设计的重要组成部分之一，也是重点讲述的内容。用“机型结构”设计理论论述、分析挤出机连接传动的技术性能，是编者几十年设计经验总结而提出来的。

挤出机机型结构是构成挤出机连接、传动设计的重要组成部分，展示的是挤出机机械性能的优劣。因而在本篇中用“技术含量”一词特别描述，也就是说，技术含量高的机型结构：结构一定是最简单的；性能一定是最好的；加工一定是最容易的；成本一定是最低廉的。可以讲，技术含量高的机型结构是全世界设计人员的追求目标。

本篇下级通过列举七个机型结构组合和上级通过列举四个机型结构组合，配以详细的文字论述，全面分析了当前生产出来的机型结构和待开发创新的机型结构，并明确指出机型结构设计和发展方向。

本篇还展示了目前行业内正在流行的受料箱中主轴与减速机输出轴、加壳联轴器刚性连接、主轴不受轴向力的机型结构。

对于受料箱与减速机刚性连接、零距离和非零距离的机型结构，生产的厂家虽然很少，但又是发展方向，所以只借用外形图片加以展示，不附加任何说明，以表示最新机型结构在国内行业中已有初见端倪的发展。

通过对挤出机机型结构分析可以说明：(1) 挤出机机型结构的更新换代；(2) 判断其技术含量高低的依据；(3) 比较不同类型机型结构设计方案的先进性；(4) 拓展设计思路，进一步开发创新机型结构。

从机型结构这一点切入，由浅入深的细致分析挤出机机械连接、传动的工作原理，让各个层面的人士对其有一个深刻、全面的了解，以便在选择挤出机时有所帮助。

第七篇　双挤出型双级真空挤出机，是因机型结构创新而出现的一个新名词。

目前世界范围内的双级真空挤出机，都是一个上级对应一个下级，而双挤出型双级真空挤出机，则是一个上级对应两个下级。若就两种机型结构按下级挤出个数分类，前者应称为单挤出型双级真空挤出机（即目前广泛应用的挤出机），后者则应称为双挤出型双级真空挤出机。

双挤出型双级真空挤出机的问世拓展了挤出机上下两级机型结构的设计（搭配）范围，让人眼前一亮，思路豁然贯通，好像看到挤出机发展的方向，其节能、减排、低成本等势不可挡的强劲缘由，极有可能引发挤出机机型结构创新的技术革命。

双挤出型双级真空挤出机是具有自主知识产权的创新产品，它不仅能给绝大多数砖厂带来重组整合、节能减排、淘汰落后产能、增产增效、提升制品规格品种的难得机遇，促使高能耗、粗放型砖厂面貌的根本改变；而且也能为砖瓦机械制造厂带来产品更新换代、扩展市场领域、创新自主品牌、提高经济效益的发展机遇，是21世纪砖瓦机械制造业最具竞争力的产品之一，能给企业品牌带来延伸力和扩张力，高经济效益，因此增加一个章节，以便对该产品有一个更深入，更全面的了解。

第八篇 烧结砖瓦工艺组合主要论述的内容，是以某种原料为特征的、成熟的烧结制砖工艺线，同时展示工艺线中局部的某一极具特点的配套设备。

以保护耕地、节能利废、消除环境污染为主的制砖原料，制定出与其相适应的先进制砖工艺线是当前砖瓦行业的发展方向。本篇以国内知名专业的西安墙体材料研究设计院编写的以某种原料为特征的成熟砖瓦烧结工艺组合为切入点，以说明利废原料制砖的成熟工艺，以便在全行业推广。

从成熟工艺中的文字论述和彩色图片的展示，可以深入、直观地了解到：

（1）具有特色的破碎、原料处理的工艺组合，以及重点设备的展示；

（2）软、硬塑挤出机在不同原料，以及新型建筑节能制品（多孔砖、空心砖、大型空心砌块）的生产过程；

（3）坯体成型后切、码、运工艺组合，配以机、电、液（气）一体化先进科学技术，特别是智能化机器人的应用，让人们从传统观念上对制砖行业有一个质的转变认识。

总之，通过这一篇的内容，可以充分认识到：制砖行业已经不是几十年前概念中的高能耗、落后的农村乡镇群落性产业。而是一个朝着崭新的、符合国家产业政策，迈入现代工业机械化、智能化生产方式，向适度规模型砖厂发展，利废治污的大中型企业。是促进建筑结构、建筑节能的一场绿色革命。它不仅具有现代、科技、时尚的元素，而且当今又赋予它崭新的生命——节能减排、降低能耗、低碳经济、可持续发展的历史性使命。

通过对先进工艺组合的充分了解、认知，让承办砖厂的决策者、管理部门改变观念、敞开胸怀、高瞻远瞩，在新建、改建、扩建砖厂时，规划、编织一个现代化的绿色家园，为国家、为行业、为子孙后代做出贡献。

在该篇中，特别提到山东淄博功力机械制造有限责任公司一个值得引起重视的办企业理念，就是从宣传“上千年砖文化”入手，充分认识到企业经营的最高层次是经营文化。通过经营文化，带动行业的整体发展和各项进步。

第九篇 挤出机高端制造的企业管理，以图文并茂的形式交流、展示砖瓦机械制造厂高端制造生产现代化管理模式。以山东淄博功力机械制造有限公司为示范，高端制造企业管理应具备的一系列的完善的构成结构，如经营管理、组织机构、产品开发、生产过程、科学管理、文明生产、产品质量等管理手段，让人们深刻地了解、认知，并从传统观念上对砖瓦机械制造厂有一个质的转变认识。

本篇内容很值得砖瓦机械制造厂管理者认真地读一读，学一学。应该相信本篇内容的发表，将会推动落后的、作坊式的砖瓦机械制造厂走向高端制造、科学管理的新型企业。并从中充分认识到：产品竞争的本质是企业管理的竞争。

第十篇　挤出机配套组件，是指与挤出机机械传动和功能要求相关联的配套组件。机械传动配套组件是指减速机、气动离合器；技术要求的配套组件主要是指真空泵等。

挤出机机械性能、工作性能的优劣，与其配套的组件有着密切的关联。这里特别强调配套组件减速机，可以讲是挤出机传递动力的心脏，它的性能好坏直接影响挤出机的机械性能。近十几年来配套组件减速机有了长足可喜的进步，主要体现在三个方面：(1) 专业生产与挤出机配套的专用减速机制造厂；(2) 减速机制造厂具有专用减速机的设计能力；(3) 采用先进技术，提高专用减速机的承载能力。

由选用 ZQ 标准减速机走向选用与挤出机配套的专用减速机，提高减速机的承载能力，外形形状与挤出机机型结构，以及重要组件外形形状相配合。可以讲，是挤出机设计技术的提高，是促进挤出机创新发展迈出的相当重要的一大步，是行业挤出机技术性能整体水平提高的重要标志。

本篇同样采用彩色图片，并用简要说明、技术性能、结构特点、选择指南等文字加以论述，展示配套组件专用减速机的机械性能，以及相关联机械传动的配套组件气动离合器。同时列出具有影响力（自主设计）的代表性的生产厂家。

功能配套组件中真空泵，包括油环泵和水环泵两种。

第十一篇　附录共有 9 个，分为 3 大类：一类是对某些设计理论的补充和论述；另一类是图形举例，主要表明同一设计理念的产品，不同机型结构“型状”的设计；还有一类是针对某一方面的认知而增加的内容。总之，尽可能地从多方位、多思路角度出发，提供、展示相关联的、有价值的参考资料和信息。

《挤出机》一书的问世，不仅是行业内精英的合力之作，而且标志着飞速发展的我国砖瓦行业已进入的一个崭新阶段。相信跻身屹立于世界前列的中国砖瓦业已为期不远。

第二篇　挤出机分类

第一章　概　述

本篇主要说明并展示的是不同种类挤出机的机械构成，以及某一种类经过多种演变（搭配）而产生的不同类型。

所谓挤出机的种类，其定义为：挤出机上、下两级不同机械设计结构的连接组合形式。而类型定义则为：某一种类中，以不同工作原理的上级，对相同挤出型下级产生（搭配）的不同配置。

这里说明“不同工作原理的上级”，是指上级所具有的功能，也就是说，对制砖原料所能够达到的处理过程。

本篇对不同种类和各种类型配置的挤出机，将加以简明的性能介绍，机械结构构成的说明，并通过配图，给予直观的、整体的展示。

应该讲对不同种类挤出机概念上的认知并加以选择，是对其机械结构设计理念上的认可。对不同类型挤出机概念上的认知并加以选择，是对原料处理、成型性质、制品品种、成型理念的认可。提供概念的认知，就是对本篇以及对其论述的意义所在。

通过挤出机分类，可以全面了解、认知挤出机因上、下两级在功能、原理相同的原则下，经过巧妙构思，实现上下两级不同的连接、传动布局方式，而最终形成目前仅有四大种类的结构组合。并在四大种类组合的基础上，因其上级的不同配置，而延伸出 12 种类型。可以讲，它是挤出机设计者聪明才智的展示。

在此，再提出一个关于“挤出机机型结构”的定义。

所谓“挤出机机型结构”是指：围绕着某一种类或类型的双级真空挤出机，在内在结构设计技术的支持下，其下级可以设计出来多种各具特点的连接传动组合。把下级不同特点的连接传动组合称之为不同机型结构形式的挤出机。

双级真空挤出机就是由下级不同形式的机型结构 + 相同功能或不相同功能的上级而构成。

在这里增加“挤出机机型结构”一词的定义来说明，挤出机“机型结构”与挤出机种类和类型是两个概念。其目的是，选择挤出机种类和类型仅仅是其可以参考的一方面，而另一方面更重要的参考内容，则是挤出机机型结构的构成。

对于挤出机的机型结构说得再具体一点，就是双级真空挤出机下级，主轴与减速机输出轴之间的连接传动关系。两者之间不同的连接传动关系，所代表的是不同内在结构设计技术，而形成的机型结构形式。深入了解挤出机的机型结构，对于选择挤出机是至关重要的一个环节。

这里应该明确指出，种类和类型应该属于外在的机械连接结构设计和搭配形式的组合，而机型结构形式的构成则是内在的传动原理的机械结构设计。

关于挤出机机型结构及其分析，详见第六篇挤出机机型结构与分析。

第二章　挤出机在制砖工艺线中的地位

挤出机是制砖工艺线中最为重要的成型设备。因为：（1）泥料经过多道工艺性处理后，经过该设备制成各种不同孔形断面的坯体。（2）挤出机性能的好坏，对挤出的坯体质量优劣有着密切联系，对干燥、烧成有着直接的影响。(3) 挤出成型几乎取代了所有其他成型方法。

挤出成型具有如下显著特点：

（1）设备成本低，结构简单，技术含量相对低，制造容易，坚固耐用，性能可靠，便于安装、操作、维修，投资少，见效快。

（2）生产效率高。挤砖机的台时产量很高，如一台 50 型挤出机，年产量可达 5000 万块以上。

（3）一机多用。一台挤出机，只要更换不同的机口、芯具，就可以生产出不同规格尺寸孔形断面的实心砖、空心砖及瓦等半成品（坯体）。

（4）生产操作简单，可以连续化生产，容易实现自动化控制。

第三章　挤砖机的适用范围

1. 塑性成型的范围

挤出机挤出成型属于塑性成型，能适用软塑成型，半硬塑成型，硬塑成型。成型含水率在 12% ~24% 之间。不同的塑性成型，其对原料处理，颗粒级配要求，工艺设备配置，以及挤出机的内在结构设计，上级对下级工作原理搭配也不尽相同。

2. 适用原料的范围

符合制砖的原料都可以采用挤出机挤出成型的办法制坯。常用的制砖原料有：黏土、页岩、煤矸石、粉煤灰以及某些工业的废渣，如各种尾矿、炉渣等。

3. 适用制品的范围

采用软塑、半硬塑、硬塑成型，可分别生产出多种机械强度不同、性能不同、应用不同、规格不同的多孔砖、空心砖、大型空心砌块、承重地面砖、装饰面砖、仿岩砖、异型砖、楼板砖等制品。

第四章　挤出机的分类

挤出机由不同种类构成分类，每种种类又构成多种类型，最终由两者形成挤出机的分类主体。

第一节　挤出机的种类与类型

一、挤出机种类与类型

对挤出机种类定义的深入解释：是指双级真空挤出机，同是为实现上、下两级对制砖原料的搅拌、挤压、增塑、抽真空处理、挤出成型等方面的工作原理，在其性能不变的原则下，巧妙设计出来的，上、下两级不同的机械结构连接组合形式。不同的机械结构连接组合形式，归为不同的种类，即构成挤出机的分类。

目前，世界范围内生产出来的双级真空挤出机，共有四种种类。即上、下分离型；紧凑型；水平两级型；双挤出型双级真空挤出机。四种种类的双级真空挤出机，展示的是全世界挤出机设计者的聪明才智。

对挤出机类型定义的深入解释：是指围绕着某一种类的双级真空挤出机，不同工作原理的上级，与相同挤出型的下级，配置（搭配）而成的双级真空挤出机。不同上级配置，即构成不同类型。

目前，围绕着四种种类的双级真空挤出机，所搭配设计出来的类型，共有十种之多。上下分离型，可以延伸出五种类型；紧凑型，可以延伸出两种类型；水平两级型，可以延伸出四种类型；双挤出型双级真空挤出机，只有一种类型。

二、对挤出机种类和类型的认识

(1) 不同种类的双级真空挤出机，所代表的是不同上下两级巧妙地连接组合。可以讲，是一种创新设计。

(2) 从挤出成型意义上来讲，无论哪种种类的挤出机，都可以挤出成型任何孔型断面的坯体（制品）。也就是说，挤出成型原理都是一样的。

(3) 对于双级真空挤出机标准而言，无论哪种种类的挤出机，都是以最后挤出成型的那一级（下级），某些特定的技术参数、设计参数为依据制定的。

(4) 挤出不同孔型断面形状的坯体，坯体体积的大小，成型条数的多少，产量的高低等，只是选择大小不同的规格型号而已，与种类无关。

(5) 不同类型的双级真空挤出机，所代表的是上级的不同配置。所谓不同配置，是指上级对制砖原料所具有的搅拌、挤压、均化、增塑等处理过程，即工作原理，技术性能等方面的区别。

(6) 软塑、半硬塑、硬塑挤出成型，构成的不同成型性质的双级真空挤出机，产生于不同类型之中。也就是说，类型产生于种类之中。

第二节 挤出机的分类

仅以上述设计并生产出的四种种类划分挤出机，似乎还不算太全面，还应该从其他方面再加以细致区分。也就是说，从类型上再细致划分。比如：使用功能、成型性质、上下两级不同原理及数量配置等，都与挤出机分类有一定关系，因此，分类也要将这些内容包括进去。

一、按使用功能方面划分

使用功能方面主要是指，以是否具备对原料进行抽真空处理为依据，将挤出机分为两种。

1. 具备对原料进行抽真空处理功能的挤出机

该挤出机一般都由上、下两级（或三级）组成。为此，人们将由上、下两级组成的，具备抽真空功能的挤出机，称为双级真空挤出机。

2. 不具备对原料进行抽真空处理功能的挤出机

该挤出机只有一级组成，称为非真空挤出机，也可以称为单级挤出机。

总之，统称为挤出机。虽然双级真空挤出机在不抽真空的情况下，也可以作为非真空挤出机使用，但那是在某些特定的情况下用户没有使用其功能而已，应另当别论。

二、按成型性质方面划分

这里按成型性质划分就是指，适应不同原料含水率，生产不同制品的挤出成型设备，如软塑成型双级真空挤出机；硬塑成型双级真空挤出机。

软、硬塑成型的双级真空挤出机区别在于上级搅拌原理的不同。一般而言，软塑成型的双级真空挤出机，上级设计为双搅拌轴挤出；硬塑成型的双级真空挤出机，上级设计为单轴搅拌挤出。

提示说明：软塑成型的双级真空挤出机，也可以生产硬塑制品。也就是说，软塑成型的双级真空挤出机，也可以当做硬塑双级真空挤出机使用。

三、按上级不同原理配置划分

上级不同原理配置是指，上级功能配置的变化。如上级去掉搅拌部分，保留挤出部分，俗称上下同型的双级真空挤出机。还有不同搅拌原理的配置，如上级单、双轴搅拌挤出不同工作原理的配置。

四、按上、下级配置数量划分

所谓上、下两级配置数量是指上级不同的配置个数，而产生的多级真空挤出机。其表现形式有以下两种：

（1）三级真空挤出机，下级并没有变化，变化主要发生在上级，其变化在于上级又增加了一级抽真空的功能。也就是说，上级由两级串联组成。

（2）水平三级真空挤出机，同样下级并没有变化，变化主要发生在之前的两级。这里应该说明：水平布置的前两级，实质上就是指上级而言。只不过是水平布置而已。

五、对双级真空挤出机中“双级”二字的理解

“双级”二字，是指挤出机具有两级（或三级）的功能，不是指它的结构布置，或者说是怎样的连接形式。

双级若去掉任何一级，可以演变成为不同的设备，那双级真空挤出机的性质就会发生本质的变化。

以上、下两级分离型，上级为双轴搅拌挤出，下级为挤出型结构，组合成的双级真空挤出机为例：若将上级双轴搅拌挤出部分去掉，剩下的单一下级，

就演变成为不具备对原料进行抽真空处理功能的非真空挤出机；若将下级挤出部分去掉，则上级演变成为原料处理设备，即双轴搅拌挤出机。

对于两级以上的，如三级真空挤出机，一般来讲，下级并没有变化，主要是上级发生变化，其变化在于又增加了一级抽真空的功能。比如，上下分离型双级真空挤出机上级两次抽真空的设置。

目前，水平两级丁字形的双级真空挤出机，也出现三级水平连接结构形式的三级真空挤出机。

第三节 挤出机的名称

作为国内的行业标准，只是规定了挤出机规格型号，成型压力，小时挤出产量，真空度等技术指标的标准要求。而对于名称，统称为挤出机。并没有针对不同种类的挤出机，冠以更为准确、符合结构特征的名称，并加以统一。应该讲，有些欠妥。结果，造成相同种类（类型）结构形式的挤出机，叫法却不尽相同的状况。

其实，挤出机的名称也应该是行业标准范畴中规定的内容。因为，它是表明挤出机种类的重要组成部分之一。

为此，本节根据四种种类的双级真空挤出机，上、下两级不同机械设计结构的连接组合特征，冠以较为准确、形象的名称，供业内人士参考。

（1）上、下两级分离型：统称为上、下两级分离型双级真空挤出机；

（2）上、下两级整体型：统称为紧凑型双级真空挤出机；

（3）上、下两级水平整体型：统称为水平两级型双级真空挤出机；

（4）上、下两级分离型，一个上级对应两个下级：统称为双挤出型双级真空挤出机。

在此，对上述四种名称种类的双级真空挤出机提出一点认识。笔者认为：四种不同上下两级连接形式种类的挤出机，应视为紧密联系，繁衍而生成的。其中，第一种上、下两级分离型双级真空挤出机，应视为是最基本型；其余三种的产生，是在此基础之上的延伸，是机械设计技术的创新设计成果而已。

上述四种双级真空挤出机冠以准确名称之后，对目前一些不符合其结构特征命名的，或者多余宣传的双级真空挤出机，应给予更正。

1. 单级真空挤出机

有些厂家，将一字形布置的水平两级型双级真空挤出机，称为单级真空挤出机，显然，其名称与其功能有些不相符。其理由是该挤出机同样具有两级的功能，不能简单的因将上、下两级功能（串联）在一起，就将其简单称为单级真空挤出机。实际上，从某种意义上讲，该种命名抹杀了挤出机本来具有的工作性能。

应该讲上、下两级，两种功能，上下形式连接布置，改为水平两级（串联）一字形连接布置，但依然保持了两级的原有功能，并没有因改变连接布置形式而减少一级的功能。因而，不能简单的将其称为单级真空挤出机。

笔者认为：此种类型根据其上、下两级（串联）一字形连接形式和具有的功能应属于水平两级型双级真空挤出机种类中的一种类型。应称为：水平两级一字形布置的双级真空挤出机。

这里应该认识到：所谓单级真空挤出机，其实就是指不具备抽真空的功能。不具备对泥料进行抽真空处理的挤出机，实际上就是普通的挤出机。单级、双级，是指具有的功能而言，与机械连接组合形式无关。

所以，单级的挤出机，不能称为单级真空挤出机。只有两级的组合才具有抽真空的功能。因此，不存在单级真空挤出机。

2. 联合型双级真空挤出机

将上、下两级分离型双级真空挤出机，名称前面冠以联合二字，似乎要说明其组合特征，或者是表明其多功能，其实多此一举。这里应该说明：只要双级真空挤出机，不管其种类或类型如何，如紧凑型、水平两级型、双挤出型的挤出机，至少都由两级组成特征，其工作原理、成型原理，应该讲都是一样的，否则就不能称为双级。因而，都应该冠以联合二字。既然如此，只将一种类型的，如上、下两级分离型的双级真空挤出机，名称前面冠以联合二字，显然不妥。其实，突出联合二字，并不能扩大宣传效果来说明挤出机的性能。

对此，笔者认为：无论哪种种类的双级真空挤出机，完全是设计者对挤出机设计的一种理念，是为技术性能、工作原理、结构设计需求而已，与联合没有任何关系。

所以，上、下两级分离型双级真空挤出机，前面不应该再冠以联合二字。

第五章　挤出机的种类与类型

本章节将对每一种类及其延伸的类型，给予清晰、直观的配图，并冠以准确名称。概括说明其技术性能，结构特点，选择指南；标明设计研发的生产厂家，以便作为设计者、使用者、业内人士、各级地方管理者借鉴查阅。

第一节 挤出机的种类及类型构成

前面讲到，目前围绕四种类的双级真空挤出机所搭配设计出来的类型共有十种之多。上、下分离型可以延伸出五种类型；紧凑型可以延伸出两种类型；水平两级型可以延伸出四种类型；双挤出型只有一种类型。其类型如下所列。

一、上、下两级分离型双级真空挤出机（延伸出五种类型）

（1）上级单轴搅拌挤出，下级挤出型结构；

（2）上级双轴搅拌挤出，下级挤出型结构；

（3）上级双悬轴搅拌挤出结构，下级挤出型结构（上级双搅拌轴不通过真空箱）；

（4）上级挤出型结构，下级同为挤出型结构（俗称：上、下两级同型，不设置搅拌功能）；

（5）上级挤出型结构，下级同为挤出型结构（上级垂直布置，不带搅拌功能）。

二、紧凑型双级真空挤出机（延伸出两种类型）

（1）上级单轴搅拌挤出，下级挤出型结构；

（2）上级双轴搅拌挤出，下级挤出型结构。

三、水平型双级真空挤出机（延伸出四种类型）

（1）水平两级一字形（两级均为挤出型结构，不设置搅拌功能）；

（2）水平两级丁字形（第一级双轴搅拌挤出，第二级挤出型结构）；

（3）水平两级丁字形（两级均为挤出型结构，不设置搅拌功能）；

（4）水平三级连环形（三级均为挤出型结构，不设置搅拌功能）。

四、上、下两级分离型双级真空挤出机（一种类型）

上级双轴搅拌挤出，下级双挤出型结构。

第二节 上、下分离型双级真空挤出机的类型

上、下两级分离型双级真空挤出机，是挤出机设计人员集体智慧的结晶，

是才华的一种展示，经过一个多世纪的不断研制、改进、创新而取得的成果。该机型结构组合美观、大方、有霸气，是当前砖瓦行业中的主导产品，在大机型高产量方面占有绝对优势，是大规模砖厂的首选产品。

上、下两级分离型双级真空挤出机，根据上级不同工作原理，性能配置，对同一挤出型下级的连接形式可演变出五种类型的组合结构。

五种类型的组合结构，其中前四种类型有其共有特征：即在安装使用时，均可以实现一字形，或者丁字形布置；最后一种为垂直布置。介绍如下：

一、上级为单轴搅拌挤出、下级挤出型结构——类型（1）

类型（1）如图2-1所示，是由山东淄博功力机械制造有限公司生产的上、下两级分离型双级真空硬塑挤出机。从图2-1中可以看出，该结构组合上级为单轴搅拌挤出结构，下级为挤出型结构。

图2-1　上、下两级分离型双级真空硬塑挤出机

1. 简要说明

上级为单轴搅拌挤出、下级为挤出型结构组合成的上、下两级分离型双级真空挤出机属于硬塑成型性能需要的挤出机。

自21世纪以来，山东淄博功力机械制造有限公司根据硬塑挤出成型理论和硬塑挤出机结构特点，结合国情，研制开发出系列符合行业要求，既能满足建筑节能、生产降耗、低碳环保，挤制成型各种孔型断面制品，又能满足各种适度规模年产量要求的双级真空硬塑挤出机。其整机组合结构可靠、美观、大方、具有霸气，已成为当前砖瓦行业中极具影响力的主导产品，不仅受到行业内外的广泛青睐和认可，而且为引领行业的技术进步和挤出机的高端制造做出了重大贡献。

目前，该公司在原有500型、600型、750型、900型系列硬塑挤出机的基础上，又研制开发出世界范围内最大型号115AD型双级真空硬塑挤出机。

2. 技术性能、结构特点

（1）技术性能：上级单轴搅拌挤出，对制砖原料可以起到均匀搅拌、输送、挤压、揉练、均化、增塑、碎泥、抽去泥料中空气等作用。从单轴搅拌原理，以及搅拌刀特殊结构形状，渐变螺径的渐变角度的安装布置上讲，搅拌揉练的作用大于输送的作用，能对多种制砖原料混合实现细化均化和增塑。为满足小时高产量的要求，搅拌刀按立体翻转大循环和多重立体小循环综合功能设计。下级挤出成型部分，同样起到对原料输送、挤压、均化、增塑等作用，同时配以不同的机头、机口、芯具，可以挤出成型各种不同孔型断面的承重砖、非承重砖、装饰砖，以及大中型空心砌块。此种类型的双级真空挤出机，适合软塑、半硬塑、硬塑挤出成型。

按硬塑挤出成型设计理论，下级绞刀组采取两次变径、变螺距排列组合设计，合理的压缩比，高挤出速率，挤出单条、多条满足高产量要求。

带润滑装置的机头、机口，成型时可以降低阻力。搅拌刀、绞刀、机口、芯具，采用特殊耐磨材料制作并经强化、硬化、减磨化工艺处理。

机体采用高强度、高刚性的铸钢件，减震吸震无应力变形、满足硬塑挤出的运行平稳性和性能保持性要求。

（2）结构特点：在上级，单搅拌轴上共装有30～49把搅拌刀；两节挤出绞刀和一组内外锥形衬套；一把碎泥刀。真空箱前端装有轴承组。传动部分由减速机、气动离合器、电动机等组成。下级挤出部分由机口、芯具、机头、润滑部分、绞刀组、轴承组、双压泥板等组成。传动部分由减速机、气动离合器、电动机等组成。

3. 选择指南

选用类型（1）上下分离型双级真空硬塑挤出机，机体平衡稳重，主轴轴向承载能力强，适合高压力挤出成型；原料适应范围广，可以适用低塑性、颗粒级配相对粗的原料；原料含水率低，成型坯体强度高，满足一次码烧要求；制砖工艺线简单，与同等规模软塑成型相比，可节省投资；能满足各种适度规模砖厂年产量的要求。

所以具有工作原理突出、技术性能先进、适合多种制砖原料、生产各种孔型断面制品的双级真空硬塑挤出机，是承办新建或改造老砖厂的首选产品。

二、上级为双轴搅拌挤出、下级为挤出型结构——类型（2）

类型（2）如图2-2所示，是由济南金牛砖瓦机械有限公司生产的750型双级真空挤出机。从图2-2中可以看出，该组合结构是上、下两级分离型双级真空挤出机：上级为双轴搅拌挤出结构，下级为挤出型结构。

图2-2 上、下两级分离型双级真空挤出机

1. 简要说明

济南金牛砖瓦机械有限公司以“绿色、低碳、节能、和谐”为发展理念，在产品创新和技术研发方面做出了巨大的投入，该750型双级真空挤出机，就是近些年来研究开发的重大成果。

2. 技术性能、结构特点

（1）技术性能：该挤出机上级采用双轴搅拌挤出结构，起到对原料强力搅拌、揉练、预挤、均化、增塑、分切、抽去泥料中空气等综合作用。下级挤出成型部分同样起到对原料输送、挤压、均化、增塑等作用，同时配以不同的机头、机口、芯具，可以挤出成型各种不同孔型断面的制品，以及大型烧结自保温隔热砌块。此种类型的挤出机适合软塑、半硬塑挤出成型。

（2）结构特点：上级采用双输出轴减速机、下级采用三输出轴专用减速机，使整机机型结构更加紧凑。下级整体全钢焊接结构强度高，承载能力大。主轴（绞刀轴）为浮动轴结构设计，可以消除泥缸的摇头现象。高铬合金耐磨衬套；刚性传动保护；刚性密封与柔性密封相结合的密封系统；独特创新设计的主轴与减速机输出轴端的联轴器；机头采用闸板机构，形成独特的导流流动系统；多维空间变曲线螺旋绞刀等新型技术。充分体现了公司独有的先进技术结构。

3. 选择指南

该挤出机的研制开发可以满足适度规模大中型新建和改扩建砖厂的产量要求。适应页岩、粉煤灰、煤矸石等原料制砖。

三、上级双搅拌轴不通过真空箱结构、下级挤出型结构——类型（3）

类型（3）如图 2-3 所示，是由双鸭山东方墙材集团有限公司开发研制的 60/60 型双级真空挤出机。从图 2-3 中可以看出，该组合结构是上、下两级分离型双级真空挤出机：上级为双悬臂轴搅拌挤出结构，下级为挤出型结构。该机主要特征上级双搅拌轴不通过真空箱结构。

图 2-3　双悬臂轴搅拌挤出结构的双级真空挤出机

1. 简要说明

20 世纪 90 年代，双鸭山东方墙材集团有限公司通过消化吸收，结合国情，创新设计出具有划时代意义的 70/60 型双级真空挤出机，成为引领行业技术进步的象征，不仅为行业做出重要贡献，而且还推动了整个行业挤出机设计技术的快速发展。

该机是继 70/60 型大型双级真空挤出机之后又开发出的一种新型挤出机。

2. 技术性能

上级双悬臂轴搅拌挤出对制砖原料可以起到输送、挤压、均化、增塑、碎泥、抽去泥料中空气等作用，搅拌效果好，产量大，能满足小时高产量的要求。下级挤出成型部分同样起到对原料输送、挤压、均化、增塑等作用，同时配以不同的机头、机口、芯具，可以实现单条、水平双条、水平多条及上下叠加泥条等多种形式，挤出成型各种不同孔型断面的承重砖、非承重砖、装饰砖，以及大中型空心砌块。

上级真空箱内设有料位控制系统，可有效避免真空箱内堵料；搅拌部分设有自动加水系统，对泥料的成型水分可精确控制，保证成型质量。

上级搅拌挤出部分配有碎泥筛板，物料通过真空箱内碎泥筛板时被切成一定规格形状的小泥段，增大了泥料的表面积，在接受抽真空处理后，大大降低泥料内的残余空气含量；同时碎泥筛板有助于泥料的均匀化处理，使泥料混合均匀，提高了砌块的挤出成型强度，保证了设备的成型质量。

动力部分采用变频调速系统，可针对不同特性的原料对搅拌轴、绞刀轴的转速进行调整，使搅拌轴、绞刀轴达到最佳的转速，使上、下级产量相匹配，保证了设备的成型质量、提高了设备的生产能力。

此种类型的双级真空挤出机适合软塑、半硬塑、硬塑挤出成型。

3. 结构特点

上、下两级分离型双级真空挤出机通过真空箱体，实现上、下两级连接布置。

上、下级减速机均采用专用减速机，经专门优化设计，采用硬齿面磨齿，6 级精度制造，具有很高的安全系数，结构紧凑，具有很高的使用寿命；螺旋挤出绞刀、打泥板均由专用减速机驱动，结构紧凑；上级搅拌部分专用减速机双输出轴，减速机输出轴即为搅拌轴，结构简单，性能可靠，维护使用方便；搅拌叶通过护轴瓦与搅拌轴连接，避免在轴上钻孔，增加了轴的强度和使用寿命；上级采用筛板结构方式，碎泥效果好，真空度高；螺旋挤出绞刀轴采用浮动轴结构，工作时自动调心，挤出机运转稳定，机头不摆头；螺旋挤出绞刀、搅拌刀等主要易磨损部件均采用高耐磨材料制造，使用寿命长，同时节能降耗，降低了用户的使用、维护成本。

该种类型挤出机上级结构上的最大优点：上级的挤出绞刀为整体式；不设置内外锥套；真空箱体内没有搅拌轴通过，具有密封性能好，真空度高等优点，是双轴搅拌挤出通过真空箱体结构所不能比拟的。由于结构特点所致，整机零件少，互换性强，特别是真空箱上设有较大的检修门，采用液压缸更换碎泥筛板，因此维修、更换绞刀、筛板极为方便，大大减轻了工人的劳动强度。

4. 选择指南

该类型挤出机适合各种规模砖厂的需求。特别适合年产量在 1.5 亿标准砖以上的大型砖厂。

四、上级为挤出型结构，下级同为挤出型结构——类型（4）

类型（4）如图2-4所示。从图2-4中可以看出，该组合结构是上、下两级同型的双级真空挤出机：上级为挤出型、下级同为挤出型结构（俗称：上、下两级同型）。

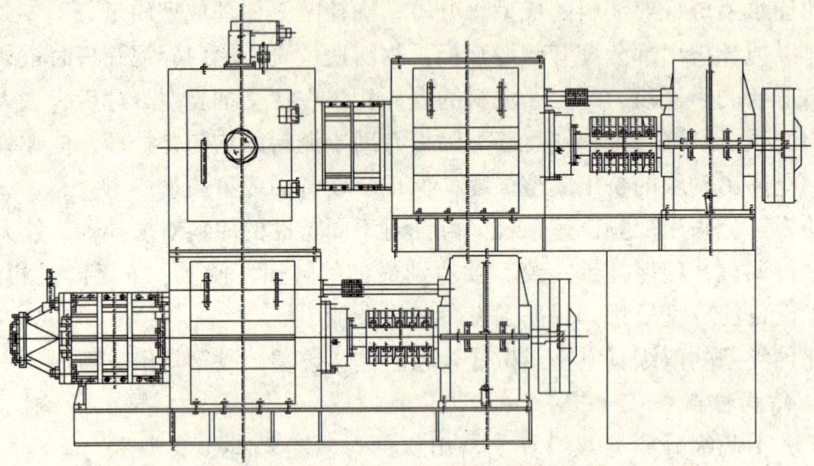

图2-4 上、下两级同为挤出型结构的双级真空挤出机

1. 简要说明

上级为挤出型结构，下级同为挤出型结构组合成的上、下两级分离型双级真空挤出机，也是一种巧妙的连接设计。它产生于20世纪70年代，并得到广泛应用。

2. 技术性能、结构特点

（1）技术性能：上级挤出型结构虽然不具备搅拌功能，但依然可以对泥料起到挤压、均化、增塑、碎泥等作用。泥料经过真空箱内入口不同孔型断面的孔板被挤入到下级，并抽去泥料中空气。下级挤出成型部分同样起到对原料挤压、均化、增塑等作用，同时可以挤出成型各种不同孔型断面的制品。此种类型的挤出机适合软塑、半硬塑挤出成型。

该种类型挤出机最大特点，是上、下两级产量匹配比较准确。

（2）结构特点：上、下同为挤出型的双级真空挤出机，应该讲是一种简单的连接组合。也就是说，用两台相同的下级，通过真空箱体实现上、下两级连接布置。

该种类型挤出机上级结构的最大优点：是上级的挤出绞刀为整体式；不设置内外锥套；真空箱体内没有搅拌轴通过；密封性能好，真空度高等优点，是双轴搅拌挤出通过真空箱体结构所不能比及的。由于结构特点所致，整机零件少，互换性强。特别是零件加工、维修、更换绞刀、孔板极为方便。

为了直观地看清楚，图 2-4 是按一字形安装布置的，但实际的应用应该按更合理的丁字形安装布置为好。

3. 选择指南

类型（4）上、下挤出型结构的双级真空挤出机流行于 20 世纪 90 年代之前。由于生产该类型挤出机的国营砖瓦机械厂体制改革后退出市场，没能继续传承延续，所以，行业展览会上已经见不到此种类型的挤出机了。但是，此种类型的挤出机从技术性能和结构特点上说还是很有优势的。所以选择此种类型的挤出机也是一种不错的选择。

如果选择此种类型的挤出机，在进入挤出机之前的工艺布置中，应该选择一台较长的双轴搅拌挤出，或者单轴搅拌挤出设备。

五、上级挤出型、下级同为挤出型结构——类型（5）

类型（5）如图 2-5 所示。从图 2-5 中可以看出，该组合结构与类型（4）同为上、下挤出型结构，不同的是类型（5）上级为垂直布置。

图 2-5 上、下级同为挤出型结构上级垂直布置的分离型双级真空挤出机

1. 简要说明

上级挤出型结构为垂直布置与下级同为挤出型结构组合成的上、下两级分离型双级真空挤出机也是一种巧妙的连接设计。它产生于欧洲，并得到一定范

围的应用。

2. 技术性能、结构特点

（1）技术性能：上级挤出型结构为垂直布置的双级真空挤出机，同样不具备搅拌功能，但依然可以对泥料起到挤压、均化、增塑、碎泥等作用。泥料在垂直安装绞刀的作用下，通过受料箱体上方入口不同孔型断面的孔板，被垂直挤入到下级，并抽去泥料中空气。下级挤出成型部分同样起到对原料挤压、均化、增塑等作用，同时可以挤出成型各种不同孔型断面的制品。此种类型的挤出机适合软塑、半硬塑挤出成型。

（2）结构特点：此种类型的双级真空挤出机，应该讲也是一种简单的连接组合。也就是说，用一至二组绞刀组成的上级，绞刀轴（主轴）垂直安装于下级受料箱体上方，实现上、下两级布置。

该种类型挤出机由于其传动部分设计在最上方，因而从结构上来讲，不适合大机型。另外，上级为立轴式，与类型（3）水平轴布置结构相比，维修、更换绞刀、孔板等易损件不是很方便。

3. 选择指南

近几年，国内有个别砖瓦机械制造厂生产此类型挤出机。但由于人们对此种挤出机的机型结构、性能、应用场合不十分认同和了解，因此选择此种砖机的砖厂很少。

第三节　紧凑型双级真空挤出机的类型

紧凑型双级真空挤出机，问世已有半个多世纪。它是机械设计人员心血和辛勤劳动的结晶，是上、下两级巧妙连接组合，是一种机型结构搭配形式种类的创新设计。它是在保持原有两级工作原理（功能）的前提下自身节能的典范。该种机型深受广大用户的喜爱。目前，已生产出最大的型号为650型。

紧凑型双级真空挤出机的主要特征：

（1）紧凑型双级真空挤出机均由两级组成，减速机为专用（非标准）型；

（2）上、下两级组合后只能一字形布置，不能丁字形布置；

（3）机型结构紧凑、体积小、美观，便于安装、操作，重量轻，价格低。

一、上级单轴搅拌挤出构成的紧凑型双级真空硬塑挤出机——类型（6）

类型（6）如图2-6所示。从图2-6中可以看出，该组合结构是紧凑型双级真空硬塑挤出机，上级为单轴搅拌挤出，下级为挤出型结构。

图 2-6　上级单轴搅拌挤出构成的紧凑型双级真空硬塑挤出机

1. 简要说明

上级单轴搅拌挤出、下级为挤出型结构组合成的紧凑型双级真空挤出机，属于硬塑成型的挤出机。目前，国内还没有厂家生产。

2. 技术性能、结构特点

（1）技术性能：上级单轴搅拌挤出构成的紧凑型双级真空挤出机，与类型（1）上、下分离型双级真空硬塑挤出机的上级结构原理完全相同。

上级单轴搅拌挤出对制砖原料可以起到均匀搅拌、输送、挤压、均化、增塑、碎泥、抽去泥料中空气等作用。从单轴搅拌原理及搅拌刀特殊结构形状、安装角度上讲，搅拌的作用大于输送的作用，能对多种制砖原料混合起到均匀搅拌的作用。为满足小时高产量的要求，搅拌刀按大直径回转设计。下级挤出成型部分同样起到对原料输送、挤压、均化、增塑等作用，同时配以不同的机头、机口、芯具，可以挤出成型各种不同孔型断面的承重砖、非承重砖，以及大、中型空心砌块。此种类型的双级真空挤出机适合半硬塑、硬塑挤出成型。

对于上、下级产量匹配，可以通过转速进行调整。在工作中，可以随时开启或停止任何一级的传动。

（2）结构特点：此种类型的挤出机依然是由专用减速机将上、下两级巧妙连接。但专用减速机设计有两个输入轴端，分别由两台电动机实现上、下两级的独立传动。上、下级转速可根据产量及制品品种需要进行调整。

下级设有单压泥板传动机构，上级搅拌轴无压泥板结构。

3. 选择指南

此种类型的挤出机是美国某公司生产的，目前国内还没有生产厂家。

二、上级双轴搅拌挤出构成的紧凑型双级真空挤出机——类型（7）

类型（7）如图 2-7 所示，是由合肥乐华建材机械有限公司生产的上、下两级紧凑型双级真空挤出机。从图 2-7 中可以看出，该结构组合上级为双轴搅拌挤出结构，下级为挤出型结构。

图 2-7 上级双轴搅拌挤出构成的紧凑型双级真空挤出机

1. 简要说明

上级双轴搅拌挤出、下级为挤出型结构组合成的紧凑型双级真空挤出机，早在 20 世纪 70 年代末国内就已设计出该种类型的挤出机；到 80 年代末通过硬件引进，合肥乐华建材机械有限公司消化吸收之后，得以迅速广泛推广应用。

2. 技术性能、结构特点

（1）技术性能：上级双轴搅拌挤出构成的紧凑型双级真空挤出机，与上、下分离型双级真空挤出机工作原理完全一样，区别在于上、下级的连接组合形式上。上、下分离型双级真空挤出机，其上、下两级为各自独立传动系统；紧凑型双级真空挤出机则是通过专用减速机实现上、下两级集中的传动系统。

上级双轴搅拌挤出对制砖原料可以起到搅拌、输送、挤压、均化、增塑、碎泥、抽去泥料中空气等作用；下级挤出成型部分同样起到对原料输送、挤压、均化、增塑等作用，同时还可以挤出成型各种不同孔型断面的制品。此种类型的挤出机适合软塑、半硬塑挤出成型。

（2）结构特点：在上级双搅拌轴合计装有 48 把搅拌刀，四组挤出绞刀，两组内外锥套，两对碎泥刀；下级不单设压泥板机构，压泥板安装在搅拌轴上，并与下级绞刀为啮合式；真空箱前端装有轴承组。下级挤出部分由机口、芯具、机头、绞刀组、轴承组等组成。为提高受料率，下级受料段绞刀直径是封闭段绞刀直径的 1.1～1.2 倍。

专用减速机只设一个输入轴端，由一个电动机经专用减速机实现上、下两级的动力传动，上、下级电流消耗自动相互补偿。

3. 选择指南

上级双轴搅拌挤出构成的紧凑型双级真空挤出机因其紧凑，机型结构及外形美观，安装方便，价格低廉，深受用户的青睐。

第四节　水平两级型双级真空挤出机的类型

水平两级型双级真空挤出机是上、下两级分离型双级真空挤出机，延伸出来的又一机型结构搭配形式种类的创新设计。由立体结构演变成为水平结构，可以说是双级真空挤出机自身节能的又一范例。

空间的降低省略了真空箱，简化了结构，降低了成本，安装、运输、操作极为方便。水平两级型双级真空挤出机虽然在连接传动形式结构上发生了重大改变，但依然保持双级真空挤出机的原有性能（功能），是成功的创新。

水平两级型双级真空挤出机的主要特征：

（1）水平两级（或三级）完全安装在同一水平面。

（2）第二级受料箱体的双重作用既是受料箱，又是真空箱。

（3）两级连接处均为孔板或锥套等结构，实现密封和碎料的目的。

该种类一共有四种类型结构搭配形式。

一、水平两级一字形布置的双级真空挤出机——类型（8）

类型（8）如图2-8所示，是由天津隆建机械制造有限公司生产的水平两级一字形布置的双级真空挤出机。该结构组合第一级（上级）为挤出型结构，第二级（下级）同为挤出型结构。

图2-8　水平两级一字形布置的双级真空挤出机

1. 简要说明

水平两级一字形布置的双级真空挤出机，前后两组绞刀，一根轴贯通，中间抽真空。目前行业内将其称为单级真空挤出机。该机的发明人是公司董事长赵培龙。

2. 技术性能、结构特点

(1) 技术性能：该机是由前后两组挤出绞刀组组合而成的水平两级一字形布置的双级真空挤出机，第一组（级）绞刀对制砖原料可以起到输送、挤压、均化、增塑等作用。第二组（级）绞刀在同样对原料起到输送、挤压、均化、增塑、碎泥等作用的同时，配以不同的机头、机口、芯具、润滑装置，可以挤出成型各种不同孔型断面的承重砖、非承重砖，以及中、小型空心砌块，适合软塑、半硬塑、硬塑挤出成型。

两组绞刀组之间设有密封段，密封段能有效阻止第一级受料箱的空气进入带有抽真空功能的第二级受料箱内。进入第二级受料箱的泥料保持松散状态，利于抽去其空气。

两组绞刀挤出量的匹配，通过两组绞刀的直径、螺距排列组合来实现。

(2) 结构特点：用一根主轴将两组挤出绞刀串联起来，巧妙形成水平两级一字形布置，一轴两功能连接传动组合；由一台电动机驱动，通过专用减速机，实现扭矩的传递。

两级的受料箱均设置双压泥板机构，压泥板的传动由专用减速机设置的输出轴端连接传递。

3. 选择指南

水平两级一字形布置的双级真空挤出机对于中、小型规模的砖厂新建和改造都非常适合，不仅技术性能有所保证，而且投资小，见效快，操作安装极为方便。

二、水平两级丁字形布置的双级真空挤出机（1）——类型（9）

类型（9），如图2-9所示。从图2-9中可以看出，该组合结构是水平两级丁字形布置的双级真空挤出机。第一级（上级）为双轴搅拌挤出，第二级（下级）为挤出型结构。

图2-9 水平两级丁字形布置的双级真空挤出机（1）

1. 简要说明

第一级（上级）为双轴搅拌挤出、第二级（下级）为挤出型结构组合而成的水平两级丁字形布置的双级真空挤出机，产生于欧洲某公司。目前，国内没有厂家生产。

2. 技术性能、结构特点

（1）技术性能：该机与上、下分离型双级真空挤出机工作原理完全相同。第一级（上级）双轴搅拌挤出在对制砖原料搅拌、输送、挤压、均化、增塑等作用的同时，经过水平垂直连接的受料箱体侧面入口的孔板，进入到第二级的受料段绞刀中；第二级（下级）挤出成型部分同样对原料起到输送、挤压、均化、增塑、抽去泥料中空气等作用。同时配以不同的机头、机口、芯具，可以挤出成型各种不同孔型断面的制品。此种类型的挤出机适合软塑、半硬塑挤出成型。

上、下两级产量匹配，可以通过各自传动部分转速进行调整。在工作中可以随时开启或停止任何一级的传动。

（2）结构特点：第一级（上级）双轴搅拌挤出部分的前端泥缸与第二级（下级）受料箱体侧面水平垂直连接，形成水平两级丁字形布置的双级真空挤出机。两级有各自的独立传动系统。

第一级与第二级衔接处设有密封段和孔板，孔板起到碎泥的作用。真空室设置在第二级受料箱体的上方。第二级受料箱内不设压泥板机构。

另外，该类型的挤出机也可以将第一级（上级）中搅拌部分去掉，改为双轴挤出结构。

3. 选择指南

由第一级（上级）双轴搅拌挤出组合而成的水平两级丁字形布置的双级真空挤出机，目前国内还没有生产厂家。

三、水平两级丁字形布置的双级真空挤出机（2）——类型（10）

类型（10）如图2-10所示，是由上海凯澜建材机械制造有限公司生产的水平两级丁字形布置的双级真空挤出机。从图中可以看出，第一级（上级）为单轴挤出型结构，第二级（下级）同为单轴挤出型结构。

1. 简要说明

水平两级丁字形布置的双级真空挤出机均为单轴挤出结构。该机填补了水平两级型双级真空挤出机类型中丁字形布置的种类。该机的专利发明人为公司总经理陈德章（专利号：200620047671.4）。

图 2-10　水平两级丁字形布置的双级真空挤出机（2）

2. 技术性能、结构特点

（1）技术性能：第一级（上级）单轴挤出部分对制砖原料起到输送、挤压、均化、增塑等作用；第二级（下级）在对原料同样起到输送、挤压、均化、增塑、碎泥的同时，实现对抽去泥料中空气等作用。同时配以不同的机头、机口、芯具，可以挤出成型各种不同孔型断面的制品。此种类型的双级真空挤出机适合软塑、半硬塑挤出成型。

水平两级有各自独立传动部分，工作时可以随时开启或停止任何一级的传动。

（2）结构特点：第一级（上级）单轴挤出部分的前端泥缸与第二级（下级）受料箱体侧面水平垂直连接，形成水平两级丁字形布置的双级真空挤出机。两级有各自的独立传动系统。

第一级与第二级衔接处设置密封段。真空室设置在第二级受料箱体的上方。第一级受料箱内设置压泥板机构，主要提高受料段绞刀的受料率；第二级受料箱内不设置压泥板机构。

3. 选择指南

水平两级丁字形布置的双级真空挤出机适合对制砖原料处理较好的砖厂。投资小，见效快，操作安装极为方便。

四、水平三级三合一体阶梯形布置的真空挤出机——类型（11）

类型（11）如图 2-11 所示，是由上海凯澜建材机械制造有限公司生产的三合一体阶梯形布置的三级真空挤出机。从图 2-11 中可以看出，第一级（上级）为单轴挤出型结构，第二级（中间一级）和第三级（下级）同为挤出型结构。

图 2-11　水平三级三合一体阶梯形布置的真空挤出机

1. 简要说明

三合一体阶梯形水平布置的三级真空挤出机是在水平两级丁字形布置的双级真空挤出机基础上，延伸出的又一新型挤出机。该机的专利发明人为公司总经理陈德章（专利号：200910253562. 6）。

2. 技术性能、结构特点

（1）技术性能：用功能分开方式解决了真空没有非真空状态下挤出速度快的难题。

第一级绞刀组将原料从圆柱形状的直机口纵向碾搓挤出，进入第二级受料箱内；第二级绞刀组先对进入的原料实施横向折断破碎，再经圆柱形状的直机口纵向碾搓挤出，进入第三级受料箱内；第三级再一次对进入的原料实施横向折断破碎，最后经圆柱形状的直机口纵向碾搓挤出。由此，形成三次碾搓挤出，两次 90°纵向横向折断破碎，三次绞刀旋转搅拌，让原料得到全封闭、长距离、不同角度的折断破碎，碾搓搅拌、挤压、均化、水分渗透，使原料颗粒级配合理，塑性指数提高。经现场测试，煤矸石、页岩都无需陈化处理，大块泥土无需经搅拌、对辊等工序处理，即可挤出成型坯体。砖坯压力达到超出常规标砖 3 至 5 两重。原料处理简化成熟，挤出阻力小，省电至少 30% 。

采取圆柱形状的直机口小进大出的结构设计，使原料得到自然膨胀开花破碎，有利于抽去泥料中的空气。小进大出的结构设计，后一级的泥料无法返回到前一级，其效果填补了真空砖机永不堵塞、砖坯永无螺旋纹的空白。

工作中可以随时开启或停止任何一级的机械传动。

（2）结构特点：第一级单轴挤出部分的前端泥缸与第二级（中间级）受料箱体侧面水平垂直连接；第二级（中间级）单轴挤出部分的前端泥缸与第三级（下级）受料箱体侧面水平垂直连接。形成水平三合一体阶梯形布置的真空挤出机。三级有各自的独立传动系统。

每一级之间都设有密封段。第二级（中间级）和第三级（下级）均设置真空室。另外，由于每一级挤出段长度很短，无内外锥套、割泥刀、压泥板等装置进料，阻力小，不仅降低了功率的消耗，而且还减少了易损件和故障率。产生小口中的原料得到压缩密实堵漏气，大口中的原料得到自然膨胀开花破碎，方便抽真空，真空正常显示≤－0.092以上，表针不摆动。

3. 选择指南

由三级组合而成的真空挤出机比两级组合而成的真空挤出机又增加了一次对制砖原料挤压、均化、增塑和二次抽去泥料中空气等功能作用，因此对预先原料处理较差的砖厂尤为适合。

第五节 双挤出型双级真空挤出机的类型

一个上级对应两个下级的双挤出型双级真空挤出机是上、下分离型双级真空挤出机又一种类连接组合搭配的创新。

该机的设计理论是：将750型以上大规格型号挤出机下级高功率配置分解，用两组成熟的小规格型号挤出机低功率配置替代，实现一个上级对应两个下级的组合形式，达到在相同产量的前提下装机功率和自身结构两项节能的典范。

双挤出型双级真空挤出机不仅为大型砖厂提供了廉价节能的主机，而且同样为中、小型砖厂提供买得起、用得起的砖机。该机实现年产六千万块，直至几亿块标准砖。同时该产品的出现，也为当前老砖厂的改造、提高产量、节能降耗开辟出一片广阔的新天地。

双挤出型双级真空挤出机的主要特征：

(1) 一个上级同时对应两个下级。

(2) 上、下两级组合后，可以按一字形或丁字形布置；

(3) 双挤出即可生产同一孔型断面制品，也可以生产相同挤出量的不同孔型断面制品也可以生产大型孔型断面的制品。

双挤出型双级真空挤出机类型——（12）

类型（12）如图2-12、图2-13所示。从图2-12和图2-13中可以看出，该组合结构是一个上级同时对应两个下级，组合而成的双级真空挤出机，上级为双轴搅拌挤出型结构，下级为挤出型结构。

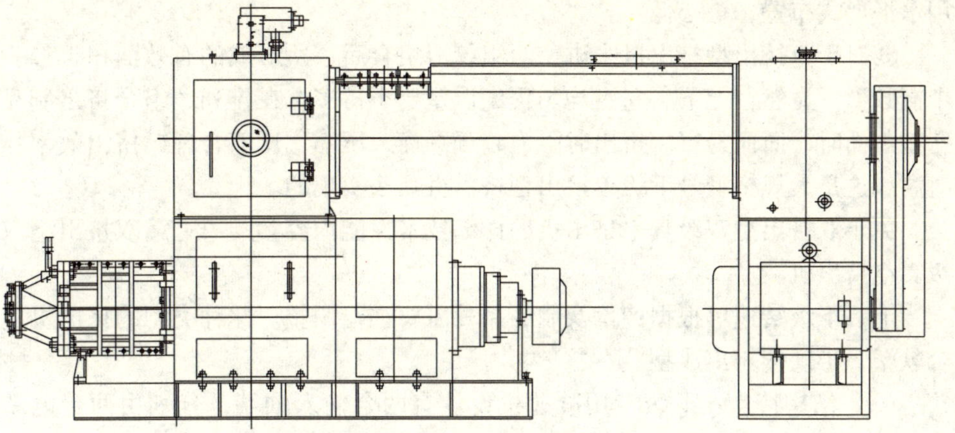

图 2-12　双挤出型双级真空挤出机主视图

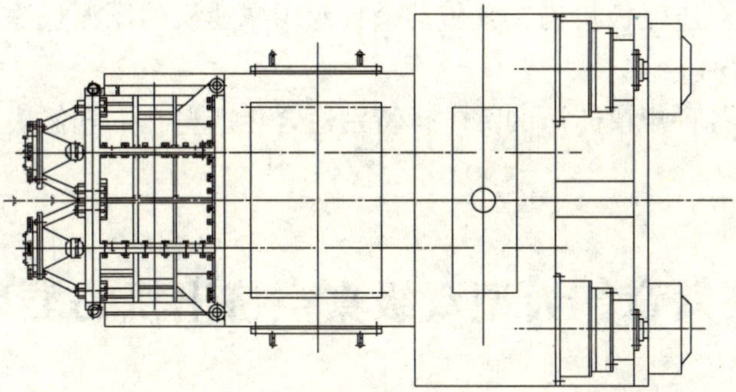

图 2-13　双挤出型双级真空挤出机下级俯视图

1. 简要说明

一个上级同时对应两个下级组合而成的双挤出型双级真空挤出机。该机的专利发明人是本文的编著者之一李波。

2. 技术性能、结构特点

（1）技术性能：上级双轴搅拌挤出对制砖原料起到搅拌、输送、挤压、均化、增塑、碎泥、抽去泥料中空气等作用。下级双挤出成型部分同样对原料起到输送、挤压、均化、增塑等作用。其下级有两种挤出形式：

①两个机头、机口，可各自独立的挤出某一规格相同孔型断面的制品，也可以各自独立的挤出某一规格不相同孔型断面的制品，实现两种不相同孔型断面制品的同时挤出。

②改变双机头、机口内腔结构，使之合二为一，可以共同完成挤出大规格孔型断面的制品及多条的挤出。在挤出大规格（砌块）孔型断面制品时，采

用水平形式布置，重心低。

③对于双挤出型挤出机来讲，两组绞刀组合后，所形成的有效面积近似一个椭圆形。显然，上下、左右均匀程度误差要小得多，在排列、组合挤出制品孔型断面时，简而易行。挤出时阻力趋于平衡，压缩比比值合理，挤出效率相对高。这是大规格型号下级单挤出型挤出机无法实现的。

关于双挤出型双级真空挤出机的详细技术性能内容参阅第七篇双挤出型双级真空挤出机。

上、下级转速可根据产量及制品品种需要进行调整。此种类型的挤出机适合软塑、半硬塑挤出成型。

（2）结构特点：下级专用减速机设计有两个输入轴端，分别由两台电动机，经气动离合器实现动力的输入，两个输出轴端与双主轴分别连接，最终形成双挤出主轴（绞刀轴）的各自独立的传动系统。

下级设有双压泥板机构，其传动来自专用减速机的压泥板输出轴端。

3. 选择指南

该机适合各种规模砖厂的需求，特别适合年产量在1.0亿块标准砖以上大型砖厂的要求。

第六章 大型双级真空挤出机的类型

伴随着砖厂适度规模年产量的增加，大规格型号的挤出机也随之问世。目前，全国范围内生产出的最大型号的双级真空挤出机有：

（1）天津龙腾（控股）集团采用欧洲现行技术生产的750型双级真空挤出机。

（2）双鸭山东方墙材集团有限公司开发的70/60型双级真空挤出机。

（3）杭州萧山协和砖瓦机械有限公司开发研制的75/65型双级真空挤出机。

（4）山东淄博功力机械制造有限公司自主开发创新生产的115AD型双级真空硬塑挤出机。

（5）信阳雄狮建材设备制造有限公司开发研制的75/65型双级真空挤出机。

一、750型双级真空挤出机——类型（13）

类型（13）如图2-14所示，是由天津龙腾（控股）集团生产的750型双级真空挤出机。从图2-14中可以看出，该组合结构是上、下两级分离型双级真空挤出机，上级为双轴搅拌挤出结构，下级为挤出型结构。挤出机绞刀直径为750mm。

图 2-14　750 型双级真空挤出机

1. 简要说明

此挤出机是由该公司采用意大利现行技术，结合国情开发出的以大型砖厂为用户的最大型号挤出机。目前，该公司又自主开发出 850 型超大型双级真空挤出机。

2. 结构形式、结构特点

（1）结构形式：本设备由上级搅拌部分、下级挤出部分、真空系统、强制润滑系统、气动系统五个部分组成。

1）上级搅拌部分：主要由传动电机、气动离合器、减速机、对齿轮箱、搅拌槽、密封缸、密封绞刀、料封篦子板、真空箱等零部件组成。搅拌槽上设有加水管路用于调节原料的成型含水率；真空箱顶部装有真空抽气管、照明灯和真空表；装在搅拌轴上的密封绞刀为剖分结构，便于维修和拆换。

2）下级挤出部分：主要由传动电机、气动离合器、减速机、齿轮箱、受料箱、压泥板、绞刀轴、绞刀、对开式泥缸、机头等零部件组成。机头上装有压力表用于观测成型挤出压力。

3）真空系统：由油封滑阀泵、空气过滤器、抽气管路、管接头、阀门等组成。

4）强制润滑系统：由齿轮油泵装置、滤油器、分油器等组成。其功能是对绞刀轴轴承、压泥板轴轴承和齿轮箱内的齿轮进行强制润滑，确保设备长期可靠的运行。

5）气动系统：由压缩空气源、电磁截止阀、管接头、气管等组成。其功能是向上、下级气动离合器提供符合工作要求的压力气源。

（2）结构特点：

1）上、下级分开传动设计，并使设备上、下级呈丁字形安装（可根据需要选择左装或右装)，方便维修并为砖厂技术改造中的设备布置提供了选择余地。

2）采用轴向气动离合器，使整机结构更加紧凑、美观，并可对整机设备实现远距离操作控制。

3）上级泥料密封段采用筛板密封方案，可提高设备对原料的适应性。

4）下级挤出绞刀采用变直径、变螺距的设计方案，为提高挤出效率和挤出压力提供了保证。

5）对挤出绞刀、密封绞刀的工作表面采用了耐磨堆焊专用工艺技术；搅拌刀采用镶片结构和高耐磨合金材质，使用寿命有可靠保证。

6）整机设备设有全面可靠的动、静密封装置和密封件。

7）对主轴结构进行了独特设计，从根本上提高整机设备的可靠性及使用寿命。

8）主体全钢结构，提高了设备强度和使用寿命。

9）下级减速机为行星齿轮减速机，尺寸小、传动效率高、结构紧凑、可靠性高。

10）下级减速机因传递功率较大，经长时间连续运转后减速机中的润滑油温度将会升高，为了避免由于润滑油温度升高而给减速机带来的不利影响，系统设有一套自动运行的循环冷却装置，设备出厂时已将循环冷却装置的运行起点温度设置在50℃，当减速机中的润滑油温度达到运行起点温度时，循环冷却装置自动运行，将减速机中的润滑油抽出来经冷却后再泵入减速机中。循环冷却装置的运行起点温度的调整设置在设备的操作控制面板上进行。

11）特殊结构设计保证了设备运行的低转速和高真空度。

3. 工作原理

经过处理合格的制砖原料通过皮带输送机送入上级搅拌部分的进料段，在进料段可视需要对原料适量加水以调节成型含水率；随着搅拌轴的旋转，搅拌刀连续地对原料进行搅拌混合和均化，并不断地将原料推向密封挤出段；在密封挤出段有一对旋向相反的螺旋密封绞刀不断地将送来的原料进行挤压、揉捏，通过料封篦子板最终将泥料挤压成密实的泥料棒并连续地挤入真空箱内，密实的泥料棒对真空箱的泥料入口形成真空泥料密封，以确保真空箱内获得所需的真空度；在泥料棒从真空箱落入下级受料箱的过程中，由真空泵通过真空箱顶部的真空抽气管道将真空箱和泥料中的空气抽除，实现对泥料的真空处理。落入下级受料箱的泥料首先通过一对旋向相对的压泥板组被强制地压入下级挤出绞刀内，随着绞刀轴的旋转以及绞刀本身变直径、变螺距的结构特性，使泥料在向前输送的过程中逐渐地被挤压密实，最后通过机头和成型出口挤制成所需形状断面的密实泥条。压缩空气向上、下级轴向气动离合器提供压力气源，并由电磁截止阀分别控制气动离合器的自动离合，从而可使设备在运转中根据需要随时开停上、下级。

4. 其他配置

(1) 根据用户需要，该机可配置自动加水装置。

(2) 根据用户需要，该机亦可配置意大利产真空泵，从而进一步提高真空度。

5. 选择指南

该机可以满足年产量在1.2亿块标准砖以上大型新建和改建砖厂的要求。

6. 其他机型

根据产量与工艺需要，该公司还生产其他机型：

(1) 硬塑挤出机：D&S500-XHP型、D&S600-XHP型、D&S650-XHP型。

(2) 软塑挤出机：D&S450-SL型、D&S500-SL型、D&S550-SL型、D&S650-SL型等。

二、70/60型双级真空硬塑挤出机——类型（14）

类型（14）如图2-15所示，是由双鸭山东方墙材集团有限公司开发研制的。从图2-15中可以看出，该组合结构是上、下两级分离型双级真空挤出机，上级为双轴搅拌挤出结构，下级为挤出型结构。

图2-15　70/60型双级真空挤出机

1. 简要说明

20世纪90年代，双鸭山东方工业公司通过消化吸收，结合国情，创新设计出具有划时代意义的70/60型双级真空挤出机之后，成为引领行业技术进步的象征，不仅为行业做出巨大贡献，而且推动了整个行业挤出机设计技术的快速发展。

2. 技术性能

上级双轴搅拌挤出对制砖原料可以起到均匀搅拌、输送、挤压、均化、增塑、碎泥、抽去泥料中空气等作用，搅拌效果好、产量大，能满足小时高产量的要求。下级挤出成型部分同样起到对原料输送、挤压、均化、增塑等作用，同时配以不同的机头、机口、芯具，可以实现单条、水平双条、水平多条及上下叠加泥条等多种形式，挤出成型各种不同孔型断面的承重砖、非承重砖、装饰砖，以及大中型空心砌块。

上级真空箱内设有料位控制系统，搅拌部分设有自动加水系统，对泥料的成型水分可精确控制，保证成型质量。

动力部分采用变频调速系统可针对不同特性的原料对搅拌轴、绞刀轴的转速进行调整，使搅拌轴、绞刀轴达到最佳的转速，使上、下级产量相匹配，保证了设备的成型质量，提高了设备的生产能力。

此种类型的双级真空挤出机适合软塑、半硬塑、硬塑挤出成型。

3. 结构特点

上、下两级分离型双级真空挤出机通过真空箱体，实现上、下两级连接布置。

上级减速机和下级减速机均采用专用减速机，经专门优化设计，采用硬齿面磨齿，6 级精度制造，具有很高的安全系数，结构紧凑，具有很高的使用寿命；上级搅拌部分专用减速机双输出轴，结构简单，性能可靠，维护使用方便；搅拌叶通过护轴瓦与搅拌轴连接，避免在轴上钻孔，增加了轴的强度和使用寿命；螺旋挤出绞刀、打泥板均由专用减速机驱动，结构紧凑；螺旋挤出绞刀轴采用浮动轴结构，工作时自动调心，挤出机运转稳定，机头不摆头；螺旋挤出绞刀、搅拌刀等主要易磨损部件均采用高耐磨材料制造，使用寿命长，同时节能降耗，降低了用户的使用、维护成本。

4. 选择指南

该机主要是为满足年产量在 1.2 亿块标准砖以上大型砖厂的要求。

三、75/65 型双级真空挤出机——类型（15）

类型（15）如图 2-16 所示，是由杭州萧山协和砖瓦机械有限公司生产的挤出机。从图 2-16 中可以看出，该组合结构是上、下两级分离型双级真空挤出机，上级为双轴搅拌挤出结构，下级为挤出型结构。

图 2-16　75/65 型双级真空挤出机

1. 简要说明

该公司结合国内外大型挤出机设计理论和结构特点，积二十多年实践经验，自主开发研制的最新产品，是国内上级双轴搅拌挤出、下级挤出型结构组合搭配中，排列居前的大型挤出机之一。

2. 技术性能、结构特点

（1）技术性能：上级双轴搅拌挤出对制砖原料可以起到搅拌、输送、挤压、均化、增塑、碎泥、抽去泥料中空气等作用；下级挤出成型部分同样对原料起到输送、挤压、均化、增塑等作用。同时配以不同的机头、机口、芯具，可以挤出成型各种不同孔型断面的多孔空心砖、大中型空心砌块等。此种类型的挤出机适合软塑、半硬塑挤出成型。

对于上、下两级产量匹配，可以通过转速进行调整。在工作中可以随时开启或停止任何一级的传动。

（2）结构特点：上级双搅拌轴合计装有 32 把搅拌刀，四组挤出绞刀，两组内外锥套，两对碎泥刀；真空箱前端装有轴承组；传动部分由对齿轮箱、硬出面传动减速机、气动离合器、电动机等组成。下级挤出部分由机口、芯具、机头、绞刀组、轴承组、双压泥板等组成；传动部分由行星减速机、气动离合器、电动机等组成。

该机下级采用 FP22A 标准行星齿轮减速器，主轴采用浮动轴结构，消除了机头摇头现象。双压泥板为独立传动结构。上级采用硬齿面减速器，延长了齿轮箱的使用寿命。

3. 选择指南

该机主要是为满足年产量在 1.0 亿块标准砖以上大型砖厂的要求。

该机适用山泥、页岩、粉煤灰、煤矸石、建筑垃圾、河道淤泥等制砖原料。

四、115AD 型双级真空硬塑挤出机——类型（16）

类型（16）如图 2-17 所示，是由山东淄博功力机械制造有限公司开发研制的挤出机。从图 2-17 中可以看出，该机结构组合上级为单轴搅拌挤出，下级挤出型结构。

图 2-17 115AD 型双级真空硬塑挤出机

1. 简要说明

上级为单轴搅拌挤出、下级为挤出型结构组合成的上、下两级分离型双级真空挤出机属于硬塑成型性能需要的挤出机。

自 21 世纪开始以来，该公司根据硬塑挤出成型理论和硬塑挤出机结构特点，结合国情，研制开发出系列符合行业要求，既能满足建筑节能、低碳环保、挤出成型各种孔型断面制品，又能满足各种年产量要求的双级真空硬塑挤出机。其整机组合结构可靠、美观、大方、具有霸气，已成为当前砖瓦行业中极具影响力的主导产品，不仅受到行业内外的广泛青睐和认可，而且为引领行业的技术进步和挤出机的高端制造做出了重大贡献。

该机是功力公司在原有系列硬塑挤出机的基础上，研制开发出的世界范围内最大型号的双级真空硬塑挤出机。

2. 技术性能、结构特点

（1）技术性能：上级单轴搅拌挤出对制砖原料可以起到均匀搅拌、输送、挤压、揉练、均化、增塑、碎泥、抽去泥料中空气等作用；从单轴搅拌原理，以及搅拌刀特殊结构形状渐变螺径的渐变角度的安装布置上看，搅拌揉练的作用大于输送的作用，能对多种制砖原料混合实现细化、均化和增塑作用。为满足小时高产量的要求，搅拌刀按立体翻转大循环和多重立体小循环综合功能设计。下级挤出成型部分同样对原料起到输送、挤压、均化、增塑等作用，同时配以不同的机头、机口、芯具，可以挤出成型各种不同孔型断面的承重砖、非承重砖、装饰砖，以及大中型空心砌块。此机适合软塑、半硬塑、硬塑挤出成型。

按硬塑挤出成型设计理论，下级绞刀组采取两次变径、变螺距排列组合设计，合理的压缩比，高挤出速率，可挤出单条、多条满足高产量要求的砖坯。

带润滑装置的机头、机口，成型时可以降低阻力。搅拌刀、绞刀、机口、芯具，采用特殊耐磨材料制作并经强化、硬化、减磨化工艺处理。

机体采用高强度、高刚性的铸钢件，减震吸震无应力变形、满足硬塑挤出的运行平稳性和性能保持性要求。

（2）结构特点：上级单搅拌轴共装有 30～49 把搅拌刀；两节挤出绞刀和一组内外锥形衬套；一把碎泥刀。真空箱前端装有轴承组；传动部分由减速机、气动离合器、电动机等组成。下级挤出部分由机口、芯具、机头、润滑部分、绞刀组、轴承组、双压泥板等组成；传动部分由减速机、气动离合器、电动机等组成。

3. 选择指南

该机主要是为满足年产量在 1.2 亿块标准砖以上大型砖厂的要求。

五、75/65 型双级真空挤出机——类型（17）

类型（17）如图 2-18 所示，是由信阳雄狮建材设备制造有限公司开发研制的挤出机。从图 2-18 中可以看出，该机结构组合上级为双轴搅拌挤出、下级为挤出型结构。

图 2-18 JKY75/64-4.0 硬塑挤出机

1. 简要说明

该公司以绿色、环保、利废、节能为发展理论，集四十年设计制造之经验，吸收消化国内外先进技术，开发了JKB、JKY真空挤出机系列产品并荣获“十一五”建材机械行业领军企业绿色环保贡献奖。

2. 技术性能、结构特点

（1）技术性能：该机由上、下两级组成：上级为双轴搅拌挤出部分，下级为挤出成型部分，并配有抽真空系统。整机结构连接紧凑，外形美观。

上级部分由（两轴）8组搅拌刀、两组绞刀、内外锥套、削泥刀等组成。其作用是对外来泥料进行充分搅拌，同时输送给两组绞刀，通过其产生的挤出力在内外锥套之间形成封闭段，进而实现泥料的均化、增塑和挤出。再经削泥刀切碎抽出空气，最后落入下级受料箱。

下级部分是由受料箱、压泥板、绞刀、机头、机口组成。其作用是将上级落下的泥料在压泥板的作用下使其进入受料段，再由绞刀将泥料送入封闭段。经过绞刀变径、变螺距的压缩使泥料进入机头，以调整泥流的移动速度和阻力平衡、改变泥料横断面的大小和形状，经机口挤出，成为具有一定几何形状的致密的泥条。

（2）结构特点：搅拌轴通过真空箱是目前世界流行的机型，结构简单，操作维修方便；真空箱为两侧大开门，操作空间大；搅拌刀与刀杆为螺栓连接，采用简易安装结构，更换调整方便。

主轴为浮动轴结构，工作时泥缸不摇头；主轴不承受轴向力，与减速机采用夹壳联轴器；绞刀组按压缩型螺距排列设计，泥缸为变径压缩型泥缸。该机为双（多）条挤出，机头、机口配有可调闸板；为保证高真空度，选用新型密封件并配用润滑系统润滑。

该机真空箱、受料箱、泥缸、机头均为全钢结构；绞刀为钢结构件，工作面喷涂硬质合金，强度高、耐磨性好；搅拌刀叶、内锥套、削泥刀、泥缸衬套等易损件均为耐磨合金材料；底盘采用H钢焊接，整体刚性好。

3. 选择指南

该机适应于煤矸石、高掺量粉煤灰、页岩、工业尾矿等原料生产各种高强度空心砖及空心制品。适合设计能力年产量1.2亿块标准砖以上砖厂的选用，也是生产外墙装饰砖、清水墙砖等制品的理想设备。

第六章　小　结

（1）了解、认知挤出机种类，仅仅是对其上、下两级巧妙机械连接组合概念上的认识。了解、认知挤出机类型，则是对其上、下两级不同功能搭配形式概念上的认识。选择挤出机时，首先确定喜欢的种类，然后从中选择需要的类型。

（2）应该认识到，不同的类型，对进入挤出机原料的处理作用（结果）是不一样的，因此选择时应根据当地实际原料的状况，与挤出机的技术性能、结构特点相符合。总之，了解、认知挤出机种类和类型，并非是一个看似很简单的一种直观认识，而是对选择挤出机有很重要的参考价值。这也就是为什么要编辑挤出机分类这一篇，以及对其论述的意义所在。

（3）挤出机的种类和类型，与挤出机的机型结构无关。机型结构是指上级或者下级，也就是下级的主轴（绞刀轴）或者上级的搅拌轴，分别与各自传动的减速机之间的连接组合关系。关于挤出机的机型结构，以及对其分析，详见第六篇挤出机机型结构与分析的论述。

（4）应该理解到选择某一类型的挤出机，也就选择了对原料的处理过程；而选择机型结构，则是选择了机械传动的综合效果。

（5）本篇挤出机的分类，所叙述的各种种类和类型的挤出机，因受到种类中类型的限制，所以不可能将同种类中，相同类型的挤出机生产厂家产品一一列举出来，只能一个类型，选择一个厂家作为代表。行业内有好多知名厂家的产品未能在文章中叙述，在此，表示深切的歉意。

第三篇　挤出机综述

本篇主要是对挤出机相关联问题的理解和认识：（1）创新的定义和规则：对创新赋予简明的定义。明确提出创新规则所包含的寓意，即创新设计的范围和评定标准。通过创新定义和规则，使设计者自然领会所涉及的科目或课题是否属于创新的范畴。（2）对挤出压力的认识：主要强调挤出压力与挤出阻力的辩证关系，挤出压力的高低决定挤出阻力的大小，要科学合理地应用挤出压力。（3）对压缩比应用的理解：即压缩比的反应用。也就是说，根据挤出制品的断面积乘以压缩比系数，反算机头入口直径，是挤出机设计的重要环节之一。（4）软、硬塑挤出机的区别：因经常有人提出软、硬塑挤出机有何区别，所以增加这一章节。两者区别也仅仅是从原料、制品、设备的内在结构、上级单轴搅拌原理等方面加以解释。（5）综合认识：主要从五个方面阐述对一些问题的认识。

第一章　创新定义和规则

创新，就是新意创造。说白了，就是一种新的想法。它涵盖两个方面的内容：（1）最新领域的开拓；（2）在原基础上的发展。

创新为什么还要有相关规则呢？主要为创新划定一个评定标准。相关规则包括两个方面的内容：（1）创新范围；（2）创新评定标准。前者是指哪一级的创新，后者是衡量其是否属于创新范畴。衡量无需第二者或第三者介入，而是创新成果的自身评定。符合特定指标规范，即可认定其属于创新；反之，只能视为某种小改小革。

一、创新范围

对于挤出机而言，创新范围应该包括以下三个方面的内容。

1. 原理的创新

原理的创新应是一种全新概念的创新。这种创新一定是在制坯新理论的指导下而设计出的挤出机，属于更新换代的产品。目前，还未看到有关这方面研究成果的相关报道。

2. 整机机型组合的创新

上下级分离型双级真空挤出机、紧凑型双级真空挤出机、水平两级型真空挤出机、双挤出型双级真空挤出机，都属于整机组合结构的创新。再创新的整机组合结构形式应完全区别于上述四种结构组合形式。

3. 局部结构的创新

局部结构的创新，是指对已有四种整机结构组合形式中某一局部内在或外在技术的创新。内在技术的创新，实质是对某一种结构组合形式的进一步完善，技术含量的进一步提高；局部结构组合形式的创新，必须是在保证原应用功能不变的原则上，简化结构，降低成本，或者因某一原理的认识提高而设计出的创新结构。可以讲，局部结构组合形式创新量的不断积累，加之内在设计技术创新的配合，将是今后第五种整机结构组合形式的诞生之母。

二、创新的评定标准

衡量创新指标从五个方面考虑。

（1）功能不变：创新最重要的一点就是在功能（原有的性能和使用功能）不变的条件下提高技术含量，完善其缺陷不足之处。

（2）结构简单：技术含量高的创新，结构一定是比以前简单，并且零部件简化，加工制造容易。

（3）综合造价降低：是指创新前后成本高低的比较。应该讲技术含量高，结构简单的创新，成本肯定是低的。

（4）操作维修方便：简单结构的实用性就是操作、维修方便。

（5）有指导创新的理论基础：创新的实质是对某一事物认识的提高，是对事物内在本质更清楚的理解。因此，必需有其理论依据。

挤出机种类发展至今是不断创新的结果。纵观我国挤出机结构组合种类和类型的发展、创新历程，应该说是在三十多年改革开放的大好环境下，与业内人士共同努力奋斗和硬件设备的引进而取得长足可喜的进步密不可分。从目前砖瓦机械制造厂的产品看，挤出机设计技术发展是显而易见的。可喜成绩面前应看到不足，应充分认识到国内挤出机的设计技术还有很长的路要走。

这里应该指出，挤出机设计技术的创新发展不应该仅仅是某些重要组件外型形状的某些变化（当然某些重要组件外型形状变化，也就是力的支撑结构也很重要），更不应该是减少功能的变化，而应是内在设计技术的创新，而带动整机结构组合形式的改变，而实现创新目的。

选择确定挤出机各种机型结构创新课题是比较难的一件事，首先要对国内外挤出机各种机型结构有深刻的理解，其次是对挤出机未来发展有着科学的、丰富的想象力，再有就是丰富的挤出机设计经验。

第二章　对挤出压力的认识

挤出压力是挤出机的挤出压力、产量、功率三者关系中的一个重要技术参数。挤出压力表示了挤出机的工作能力和对原料的适应范围。在挤出机行业标准中作为一项主要技术参数列入其中，说明其重要性。

对于挤出压力指标，业内人士认识不尽相同。有些砖厂的老板购买砖机后，总是根据自己的经验及实际情况，想方设法将部分结构进行改进，使挤出压力降下来，提高产量，以达到节约电耗，降低成本的目的。而另一种人则认为应提高挤出压力，增加坯体强度，以适应不同原料和一次码烧的要求。两种不同的认识虽都符合挤出压力、产量、功率三者关系的要求。那么对挤出压力到底应如何认识呢？为此本章节浅述如下：

一、挤出压力的形成

当泥料脱离双线绞刀进入机头，经机口直至被挤出预先设计好的孔形断面的坯条，其整个过程可视为是一种纯压力驱动，也就是说，泥顶泥的移动。

这一驱动原理就像水龙头开启后出现的水流，这种流动由于上流压力高于水龙头压力而产生。而泥料经机口被挤成坯体，也是由于机头入口压力大于机口出口压力而产生。由于泥料进入机头后受到压缩，因而产生与机头、机口内壁的摩擦阻力；泥料间内聚集的摩擦力；芯具通道产生的摩擦阻力和因压缩比产生的压缩力。为克服这些阻力，需要有一定的压力迫使泥料从芯具机口通道挤出，这个压力就是通常所说的挤出压力（也称为成型压力）。

挤出压力是由于上述原因所产生，而并不是挤砖机自身而产生的。理解这一点极为重要。挤出机只要能产生并承受由最大挤出压力（阻力）所造成的负荷而不被破坏即可满足要求。

挤出压力形成的核心是：挤出压力是泥料进入机头受到压缩在被挤出的过程中，为克服所遇到的种种阻力而需要的作用力，挤出阻力是摩擦阻力与压缩力的总和，挤出阻力的反作用力就是挤出压力。

二、压力的测定

目前，已使用过的测定挤出压力的方法有四种：（1）压力表测定；（2）高压润滑系统；（3）贯入仪测定；（4）坯体硬度测量表。

1. 压力表测定

压力表测定如图 3-1 所示，是挤砖机最常用的一种测量方法。其原理是将带传感器的压力表安装在设置距机头入口 100mm 处的表座上。泥料挤出时靠其侧压力顶向与传感器相连接的橡胶触头，经传感器推动指针转动，指针所指表盘位置的刻度值，即是挤出压力值。

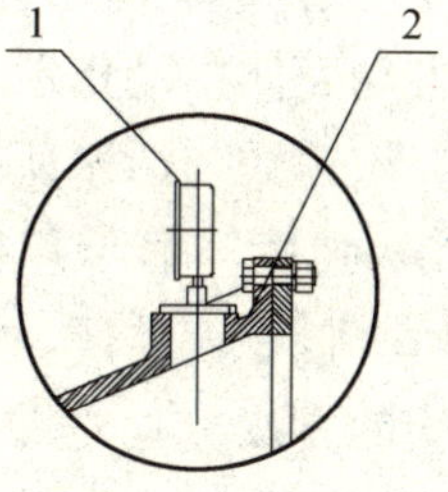

图 3-1　压力表测定

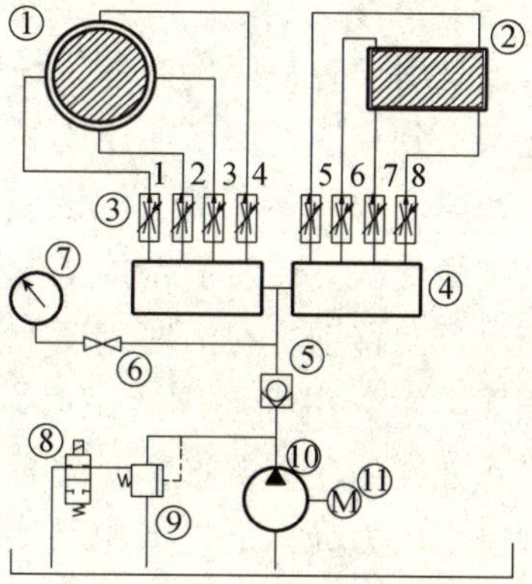

图 3-2　高压润滑系统原理图

压力表测定挤出压力虽然很简单，但精准度很难掌握，这主要与压力表的结构和寿命有关。连接橡胶触头及表针的传感介质是油，虽然油的压缩量很小（万分之五）可视为刚体，但橡胶触头的原料不过关，弹性差，几次挤压后不能恢复原位，使得密闭管路中油腔容积发生变化，出现表针不能恢复 0 位或损坏失去作用。因而，测量的精确度会大打折扣。

目前砖瓦厂生产中挤出压力的掌握主要是凭经验。用手感、眼观的方法，估计原料干湿程度适当加水，最后根据挤出湿坯的重量及质量进行加水调整。

2. 高压润滑系统

（1）工作原理如图 3-2 所示。电动机⑪带动油泵⑩，二位二通电磁阀⑧为常开状态，此时高压润系统滑处于低压卸荷状态。当二位二通电磁阀⑧带电为闭合状态时，油经单向阀⑤进入配油板④，经节流口 1、2、3、4 进入机头入口，5、6、7、8 进入机口入口。电接点压力表⑦为润滑系统调定压力（压力的调定是靠溢流阀来实现的）。若挤出压力超过或低于调定压力，则电接点压力表发出信号提示操作者。（注：关闭5、6、7、8节流口后，高压润滑系统中的系统压力即是此时的挤出压力。开启5、6、7、8节流口则是机口压力）。高压润滑系统适合硬塑成型。

（2）成型压力显示及报警。当原料确定，绞刀压缩比、泥缸、机头、机口、芯具等技术参数成定值时，生产中挤出压力的高低主要取决于原料的含水率。原料含水率低，则挤出压力高；原料含水率高，则挤出压力小。由于泥料在挤出时产生的挤压力直接与机头、机口处压力油相互作用，润滑系统压力的高低取决于挤出压力，挤出压力高，油受到压缩，则系统压力高；反之则相反。因此，润滑系统压力表的读数，即是此时挤砖机的挤出压力。

3. 贯入仪测定

贯入仪是用于砖瓦厂生产者现场检测坯体硬度而实现成型压力的测定，从而了解成型水分，达到保证坯体质量的一种简易、快速的测量方法。

结构及原理如图3-3所示。该仪器由壳体、弹簧、活塞、指示环等组成。活塞探头端面受载，通过活塞传至弹簧，弹簧受压带动壳体推动指示环沿活塞向受力相反方向移动，在活塞刻度上留下一个读数，该读数与活塞所受压强有着直接相关关系。用于坯体测试时，活塞读数即贯入强度，显示坯体成型压力。该贯入强度随坯体含水率变化而变化，坯体含水率低，坯体硬，测得的读数大，即挤出压力高；反之则相反。因此，通过实验的方法，建立贯入强度与坯体含水率的相关曲线，即贯入度曲线。在实际生产过程中，具备贯入仪及贯入曲线，就能够随时测得坯体的含水率。

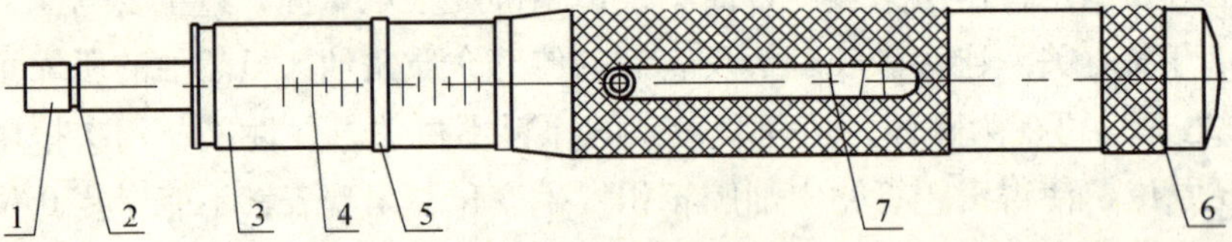

图3-3 贯入仪结构图

1—探头；2—刻线；3—活塞；4—刻度；5—指示环；6—弹簧；7—壳体

贯入仪使用方法：在砖瓦生产现场，取坯体一至二块，在坯体大面（垂直于挤出方向的面）均匀取三到四个测点，将贯入仪垂直缓慢顶入表面至活塞探头刻线处，轻轻拔出，测取读数，取平均值，即为坯体的挤出压力。再根据贯入度曲线，找出相对应读数的含水量，即是坯体的含水率。

4. 坯体硬度测量表

坯体硬度测量表与贯入仪原理基本相同。区别在于，贯入仪所测得的结构通过刻度来显示，而测量表所测得的结构通过仪表上的数值直接显示，两者相比，后者使用起来更直观、更方便，目前只有国外生产坯体硬度测量表。

三、挤出压力的定义

从上述挤出压力形成的过程中，我们可以得出以下几个结论：

（1）挤出压力展示的是一种推力；是一种劲（力）的概念；是一种工作能力的表现。

（2）根据压力取决于负载的原理，挤出压力的高低取决于挤出阻力的大小，即有了挤出阻力的提高才能有挤出压力的提高。

（3）挤出压力并不是指对泥料每平方厘米施加的压缩力，而是指对进入机头的泥料每平方厘米的推力（挤出力）。

从三个结论中，可以对挤出压力定义为：克服阻力的一种能力。

（4）挤出压力与挤出阻力的辩证关系：挤出压力是挤出阻力的反作用力；要提高挤出压力首先要提高挤出阻力；只有提高挤出阻力，才能提高挤出压力。从指标上来讲，只有将挤出阻力提高到2、3、4MPa/cm^2，才能将挤出压力提高到2、3、4MPa/cm^2。因而，挤出阻力是决定挤出压力大小的关键。

四、对阻力的分析

泥料进入机头，受到压缩后自然产生四种阻力：（1）泥料与机头、机口内壁的摩擦阻力；（2）泥料间内聚集的摩擦力；（3）泥料与芯具通道产生的摩擦阻力（生产实心砖无芯具摩擦阻力）；（4）挤出机压缩比产生的压缩力。四种阻力构成总的阻力，即是挤出阻力。

挤出阻力是消耗挤出机功率的主体。由压缩比产生的摩擦阻力是泥料移动中的阻力，不起对泥料的压缩作用；而压缩比产生的压缩力对泥料起压缩作用，是泥条成型的必要条件。挤出机压缩比产生的压缩力，这一词应引起关注。

四种阻力，前三种是摩擦阻力，是由压缩比产生的压缩力而形成的，其大小由压缩力决定；第四种则是对泥料的压缩力，是由挤出机的压缩比而形成的，其大小由绞刀直径与实际挤出制品断面积决定，也就是说由压缩比决定。压缩比大，压缩力就大，摩擦阻力也就越大；反之则相反。因而，正确认识和分析摩擦阻力和压缩力关系，是正确认识挤出压力的关键，是解决挤出压力与节能重要的理论基础。

作为挤出机，当泥料脱离双线绞刀进入机头并从机口被挤出，整个流动过程属于纯压力驱动下的泥顶泥的移动和泥顶泥的加压方式。

泥顶泥的移动所产生的是摩擦阻力；泥顶泥的加压方式所产生的是泥料间内聚集的摩擦阻力。泥料的密实是靠容器内腔的容积变化而实现的。也就是机头机口锥度的变化，当机头机口锥度一定时，只要泥料进入机头入口，从机口被挤出的过程中，在泥顶泥的推力下，即挤出压力的作用下，完成对泥料的压缩达到密实，最终挤出合格的坯条。在此种条件下，当泥料的物理性能相同，不管进去次序的先后，只要泥料通过该过程，受到的压缩力和得到的压缩结果都是一样的。

五、对挤出压力的认识

挤出机行业标准对挤出压力指标规定为2、3、4MPa三个压力段，其指向是什么，笔者理解应是对立统一的两个方面的内容。一个是阻力（挤出阻力）；另一个是推力（挤出压力）。前者，阻力是指泥料进入机头后，在被挤出机口的整个过程中所遇到的阻力之和，其指标为2、3、4MPa/cm^2；后者，推力是指为克服上述阻力，对挤出压力指标的要求，即要求挤出压力要达到作用在进入机头泥料2、3、4MPa/cm^{2}的推力；同时，该指标也是对挤出机设计强度的要求。

对于标准中将挤出压力规定为2、3、4MPa三个压力段。按正常理解，2、3、4MPa三种压力应是指作用在泥料表面的作用力，即每平方厘米所受到的推力，而不是指对泥料每平方厘米施加的压缩力，若是指对坯体施加的压缩力则是不好理解的，因而正如前边所述，挤出压力是由压缩力和因压缩力大小，而产生的摩擦阻力和输送阻力三部分阻力之和。挤出压力中只有压缩比产生的压缩力对挤出的坯体的密实度有关，摩擦阻力、输送阻力与坯体密实度无关。

当压缩比确定之后，对其泥料的压缩力也就确定了。也就是说坯体的密实度已成定值。在相同压缩比的情况下，砖的强度等级的高低取决于制砖的原料，如页岩砖的强度等级普遍高于黏土砖。当压缩力已成定值，若再想提高挤出压力，那就是降低原料含水率，增大摩擦阻力和原料内聚集的摩擦力，或是提高输送阻力，即加长机头机口，增加一定压力的情况下泥料移动的距离。

挤出压力与坯体密实度关系：挤出压力大，对泥料的压缩力就大，坯体就密实；挤出压力小，对泥料的压缩力就小，坯体密实度就差。把挤出压力大小与坯体密实度紧密挂钩，这种认识从概念上讲是不妥的。

泛泛而谈挤出压力大，坯体就密实，无可非议。原因是它没有所指，也就是说指向不明确，如大砖机挤出压力大，小砖机挤出压力小，这些都属于泛泛而谈。

前面讲过，挤出压力的大小，主要取决于挤出阻力的大小。坯体密实度主要取决于挤砖机的压缩比。坯体密实度不能单纯以挤出压力的高低来衡量。挤出压力的高低与诸多因素有关。这里暂把原料等相关因素去掉，仅以机头长短为例：长机头比短机头阻力大，这是人所皆知的，摩擦阻力＋压缩力构成的挤出阻力已成定值。那么，挤出压力的大小，决定于在这种阻力之和的情况下走过的路程长短，路程长的输送阻力大，相对费力，需要较大挤出压力（推力）；路程短的输送阻力小，相对省力，需要的挤出压力（推力）小。假如，路程长再加上原料颗粒级配粗的占比例多，含水率又低，机头机口无良好的润滑，肯定还要加大挤出压力（推力）。这些加大挤出压力的因素与坯体密实度毫无关系。所以说挤出压力的高低，不能决定对泥料压缩力的大小，也不能决定泥料密实度的优劣。大砖机挤出压力大，小砖机同样可以设置出大挤出阻力而得到大挤出压力的结果。

泥料从机头入口被挤出机口，是一个泥顶泥纯压力的驱动过程。在这一过程中，挤出压力展示的是绞刀组驱动泥料的能力，与提高密实度无关。泥料的密实程度与压缩比直接挂钩。泥料在这个过程中，靠的是压缩比产生的压缩力，通过机头机口内腔容积变化而实现密实和成型的。

坯体密实：坯体密实主要取决于原料颗粒级配，原料颗粒级配总体比表面积大的，密实度要高于比表面积小的。

坯体硬度：坯体硬度主要取决于挤出成型时原料的含水率。含水率低，坯体就硬，变形小，挤出时阻力提高，消耗功率大，产量相对低；含水率高，挤出时阻力相对低，消耗功率少，坯体就软，变形大，产量相对高。

这里需要说明的是，硬塑成型坯体硬度较高，但通过绞刀组直径、螺距的合理排列组合，加上机头、机口良好的润滑，随着挤出压力的提高，挤出效率反而是提高的，这一点与软塑成型是不同的。也就是说，硬塑成型与软塑成型，其挤出效率的区间范围是不一样的。

单方面强调挤出机的挤出压力大是不科学的。根据挤出压力与挤出阻力的辩证关系，挤出阻力的高低决定挤出压力的大小，这一压力取决于负载的原理。提高挤出压力与提高挤出阻力在实质内容上是等同的。不妨我们双向思维，改变提法，把挤出机挤出压力大改为挤出机挤出阻力大。

正向思维，强调挤出机挤出压力大，人们认为很正常，没有什么不妥之处，生产厂家以挤出机挤出压力大，砖机性能好。

反向思维，强调挤出机挤出阻力大，人们会认为很不正常，别扭，哪家砖瓦机械厂也不愿意宣传或听到该厂生产的挤出机挤出阻力最大，电耗最高。

改变提法，有助于人们对挤出机挤出压力的科学认识；有助于砖瓦机械制造厂对挤出机技术性能、结构的研究和发展以及真实的广告宣传；有助于挤出压力、产量、功率三者关系的合理配置，节能降耗；有助于用户选择出符合自己要求的挤出机。

建议今后对挤出机指标的宣传不应单纯以挤出压力高低为标准，而是规定综合考核指标，其重点是：(1) 挤出阻力最小；(2) 挤出效率最高；(3) 绞刀组推力最大；(4) 装机功率最低；(5) 坯体质量最佳（几何尺寸、变形度、无螺旋纹、夹层）。其中，以降低装机功率为核心，挤出坯体质量为最佳，烧成成品率为最高，即挤出坯体数量等于烧成砖的数量为最终评定结果。这样，有利于技术的进步和发展；有利于企业的技术创新；有利于本行业的节能降耗；有利于制定出符合国情的挤出压力的行业标准。

以科学的态度和合理的挤出阻力，才是对挤出压力高低的正确认识。

六、挤出压力与绞刀组的关系

前面讲到，挤出阻力是由摩擦阻力 + 压缩力之和，挤出阻力的反作用力是挤出压力。那么，挤出压力反映到挤出机上是什么呢?

这个问题可能从未有人明确地提出过，其答案应该是挤出成型过程中所消耗电流（功率）的多少，也就是说，反映到挤出机上是电流（功率）消耗的多少，应该讲这一回答不容置疑，但仔细想起来这一答案并不完全确切。

对于这个问题，编者认为：挤出压力反映到挤出机上应该是绞刀组的推力。是否可以讲绞刀组的推力就是挤出压力。

挤出压力表示了挤出机的工作能力，那绞刀组的推力大小则是挤出机工作能力的具体体现。绞刀组的推力是克服挤出阻力，将进入机头的泥料从机口挤出的直接作用力，因而，绞刀组所形成的推力大小至关重要，绞刀组所形成的推力大，克服挤出阻力的能力强，说明挤出效率高，消耗电流低；反之，则相反。

绞刀组所形成的推力的核心是指绞刀组的结构设计和螺距组合排列。同样一台挤出机，绞刀组结构设计不同，螺距组合排列不同，其形成的推力大小不一，消耗功率也不一样。

因而，对于挤出压力的指标应理解为绞刀组推力大小的指标和挤出机电流（功率）消耗的综合考核指标。

不管是高压力挤出还是低压力挤出，其实质都是靠绞刀组的推力来保证的。那么，挤出压力提高后，如何提高绞刀组的推力，来满足挤出压力提高后的要求呢？这个问题很少有人明确提出过。虽然没有人明确提出过，但大家都在实践着，那就是努力地、想方设法地对绞刀组进行改进，在降低绞刀组自身输送阻力的同时提高绞刀组推力。挤出机功率的消耗在很大程度上取决于绞刀组的结构设计和直径、螺距组合排列。

七、挤出压力与挤出机的设计

挤出机结构的设计必然与挤出压力紧密挂钩，挤出压力的高和低直接影响挤出机的具体结构和技术性能。在本世纪之前，制砖原料主要以黏土为主，低挤出压力的挤出机基本可以满足砖厂的要求。因此，在市场经济的指导下，国内砖瓦机械制造厂生产的产品绝大多数都是围绕着低挤出压力思路而设计的挤出机技术结构。

以低挤出压力思路而设计的挤出机技术结构体现在多方面，以下级为例：选择 ZQ 软齿面标准减速机是其一；挤出机机型结构落后是其二。

挤出压力的提高标志着挤出机技术的进步。因此，挤出机的结构设计应在高挤出压力思想指导下进行，也就是说挤出机的工作能力和机械强度应满足新标准 2、3、4MPa 规定的要求。

以高挤出压力思路而设计的挤出机技术结构也同样体现在多方面，以下级为例：其中最重要的一点就是挤出机的传动部分，即减速机的承载能力和使用寿命的提高；第二点就是机型结构的变化，即承受大轴向力的载荷结构。关于挤出机的机型结构详细内容见第六篇，这里不再赘述。

第三章　对压缩比应用的理解

所谓挤出机的压缩比，就是封闭段（双线）绞刀最小直径的有效面积与挤出制品断面积（空心砖去掉孔洞部分）之比。对于挤出机设计或者选用时，如何能真正运用压缩比的概念还是值得进一步研究的。这里，我们把设计时运用压缩比的概念称为压缩比设计概念，把选用挤出机时运用压缩比的概念称为压缩比选择概念。

所谓压缩比的设计概念，就是在挤出机的设计时，科学的制定出压缩比的设计参数。应该认识到，选取合理的压缩比设计参数设计挤出机是挤出机设计的重要环节之一，是提高挤出效率、产量、功率配置等方面的重要节能措施之一。

对于压缩比选择概念，就是在新建、扩建砖厂时，按压缩比的概念选择挤出机。按压缩比的使用概念生产相对应的制品，同样也是重要的节能措施之一。

一、压缩比的取值

压缩比的计算公式：

$$压缩比=\frac{最小直径绞刀的有效面积}{挤出制品断面积(空心砖去掉孔洞部分)} \tag{3-1}$$

按式3-1计算出的压缩比其比值大于7时，应该挤出双条。同理，挤出双条时，其中单条的压缩比超过7时，应该考虑挤出三条或多条，依此类推。

为了说明更清楚、更直观，将国内各规格型号挤出机和美国STEELE公司50F、75AD、90A挤出机分别以生产240mm×115mm实心砖和240mm×115mm、孔洞率为30%的多孔砖为例，对比其压缩比的数值，见表3-1、表3-2。

表3-1 国内各规格型号挤出机的压缩比

绞刀直径（mm）	40	45	50	55	60	65	75
有效面积（cm^2）	1256	1589.6	1962.5	2374.6	2826.0	3316.6	4415.6
挤单条实心砖压缩比	4.55	5.76	7.11	8.56	10.24	12.02	16.00
挤双条实心砖压缩比	—	—	—	4.28	5.12	6.01	8.00
挤三条实心砖压缩比							5.33
挤单条空心砖压缩比	6.50	8.23	10.16	12.29	14.63	17.17	22.80
挤双条空心砖压缩比				6.145	7.32	8.585	11.40
挤三条空心砖压缩比							7.6

表3-2 美国STEELE公司50F、75AD、90A挤出机的压缩比

型号	50F	75AD	90A	—
绞刀直径（mm）	16英寸（406）	17英寸（432）	18英寸（457）	19英寸（483）
有效面积（cm^2）	1294.0	1465.0	1639.5	1831.0
挤单条实心砖压缩比	4.69	5.31	5.94	6.64
挤单条空心砖压缩比	6.7	7.58	8.49	9.48

计算依据：240mm×115mm实心砖断面的有效面积：$S=276cm^2$；（不包括收缩率）；240mm×115mm多空砖断面的有效面积：$S=193.2cm^2$（不包括收缩率）。

说明：表3-2中19英寸绞刀直径（483）是笔者加上去的，可以考虑作为今后开发的一个新的规格型号。

对于任何一台挤出机来讲，变换生产不同制品是很正常的。因此，根据挤出制品孔型断面面积的不同，其压缩比数值是变化的。对于压缩比数值变化不大的，一般来讲没有太大关系，只要是在取值范围之内，或者略有超出都可以视为正常范围。

应该指出：当压缩比变化较大时，应按最佳压缩比数值重新确定双线绞刀的最小直径。应该认识到，变换双线绞刀组的最小直径是提高挤出效率的重要措施。这是美国硬塑挤出机绞刀组直径、螺距排列组合的重要设计理念。

合理的压缩比使经过双线绞刀挤入机头入口，直至从机口挤出坯体的成型过程，是一个循序渐进、沿轴向始终保持适度径向压力的泥料流，所产生的内集聚摩擦阻力的压缩过程。经验数值取压缩比 5.0 ~6.5 之间，

合理的压缩比可以减少泥料间的内聚集的摩擦阻力，也就是机头阻力平衡计算中所讲的内摩擦阻力。在总的内外摩擦阻力数值不变的情况下，将减少的内摩擦阻力数值补给到外摩擦阻力中去，是总摩擦阻力数值的科学分配。这是一个很重要的设计理论，应该引起设计者的注意。

另外，还需要说明一个问题，泥料由绞刀挤入到机头中是一个脉动性质、叠加的、泥顶泥的过程，以此推动整个挤出成型。

通过上述给定的压缩比经验数值的区间范围，基本明确了机头压缩比的设计参数。显然，双线绞刀的直径依此就能初步确定下来。也就是说，按压缩比数值 5.0 ~6.5 区间范围，反算出机头入口直径是设计挤出机的重要步骤和设计理念，是真正理解和应用挤出机压缩比的具体体现。

计算中，不考虑因含水率而产生的线性收缩率的尺寸，就按 240mm × 115mm 的标准尺寸，这样计算后实际是留有余地的。

二、压缩比数值对比

（1）通过表 3-1 中生产实心砖压缩比计算数值可以看出，若以 400 型、450 型、500 型的压缩比数值为基准，550 型、600 型 、650 型 的压缩比均大于 7，必然应该挤出双条；对于 750 型挤出机，若挤出双条，显然单条也以超过压缩比 7 的要求，所以应该挤三条。

（2）从表 3-1 中 400 型、450 型、500 型的压缩比生产空心砖计算数值来看，整体压缩比的数值均有提高，相比之下，500 型压缩比数值有些偏大。而 550 型、600 型、650 型，挤出双条，平均到单条的压缩比数值还是可以接受的。750 型号挤出三条，平均到单条的压缩比也算是适宜的。但总体上看，生产空心砖压缩比的数值是偏大的。

（3）从表 3-2 中可以发现 50F（406）、75AD（432）、90A（457），无论生产实心砖，还是生产空心砖，除 90A 略大一些，其他规格的压缩比的数值基本都处于合理区域。

（4）从表3-1中可以看出，国内三种规格400、450、500挤出机的压缩比计算数值与表3-2中美国STEELE公司50F、75AD、90A挤出机的压缩比计算数值相比较，后者中的三个压缩比数值比较均衡，之间的差值较小，而前者三个压缩比数值均衡略差，之间的差值较大。按生产实心砖压缩比相比较，压缩比最大与最小值相比，前者，最大与最小压缩比差值为7.11 - 4.55 = 2.56，而后者则为5.94 - 4.69 = 1.25。若按生产空心砖压缩比相比较，差值更大。显然，美国设计硬塑挤出机为保持合理的压缩比数值，绞刀直径的设计参数选择得更为恰当，很值得我们借鉴。

这里可以得出结论：就是硬塑挤出机运用压缩比的设计理念与我们确有不同之处。他们并没有生搬硬套欧洲的标准，用50mm数值间隔作为挤出机规格型号的编制条件，而是通过认真思考、测算的。用1英寸（25.4mm）作为挤出机规格型号的编制条件，用两次变径、变螺距绞刀组的设计理念来提高挤出效率的原因吧！

（5）挤出双条、多条与挤出单条相比，从表面上看都基本符合压缩比的设计要求，其实，挤出双条或多条与合理的挤单条相比从某种意义上来讲，设计理念上还是有很大区别的。

凡是挤出双条、多条的挤出机，其绞刀直径肯定大于挤出单条的绞刀直径，也就是说，属于大规格型号的挤出机，大规格型号的挤出机机头直径大，同时挤出双条或多条上述任一种孔型断面制品，在机头直径投影分布上是不均匀的，上下方向的压缩要远远大于水平方向的压缩。为减少径向的阻力，达到泥料在机头内腔逐渐整形、理顺的过程，必然要增加机头的长度，以减小制品上、下两个面与机头直径间的夹角。增加机头长度，实际等于增加了泥料与机头内壁的外摩擦阻力。另外，不均匀、多余的投影布分，产生的压缩比，造成的结果就是泥料在机头内的摩擦阻力增加。由此看来，用大规格型号的挤出机挤出双条或多条上述两种制品不一定合理。挤出成型与其压缩比相适应的大型断面的砌块制品，应该将是合理的。

这里提出一个观点，以美国STEELE公司硬塑挤出机为代表的成型理论，致力于研究封闭段小直径的挤砖机，通过高挤出速率，挤出单条，满足产量要求；而以欧洲为代表的成型理论，则是致力于研究封闭段大直径的挤砖机，以挤出多条和大型砌块，提高挤出速率，实现产量要求。对于上述两种设计理论，我们应该学习哪一种，对此必须有一个清醒的认识。只有认识清楚了，才能结合国情，开发出具有自主知识产权的创新产品。

所以，希望引起行业内的专业设计院、砖瓦机械厂、砖厂、地方主管领导者，以及具有影响力的业内人士的特别关注。

三、通过设置闸板机构，认识、分析机头的直径设计

大约在机头总长度二分之一处的上下左右四个方向设置闸板机构，让进入机头入口的泥料沿机头内腔圆形形状走向，逐渐过渡到与挤出制品相同形状的走向。这一逐渐过渡过程，目的是将进入机头急剧压缩变化的泥料流理顺，调节机头内泥料的阻力平衡，按闸板设置的通道入口形状有秩序进入，实现均衡流速。

设置闸板机构在国外称为“PP”专利系统。引入到国内后得到一定程度的认可。近几年被机械厂广泛采用，视为是挤出成型的重要技术。

那么对设置闸板机构如何认识呢？笔者认为：在机头处设置闸板机构产生于以软塑成型著称的欧洲，而对于以美国为代表的硬塑成型并没有在机头处设置闸板机构，这一区别应该引起注意。作为美国有上百年历史的斯蒂尔公司，难道不知道向欧洲学习，在挤出机机头处设置闸板机构吗？显然不是。因为硬塑挤出成型是根据挤出成型制品的断面尺寸，按其相适应的压缩比，决定双线绞刀二次变径的最小直径尺寸，以此得到合理的压缩比，均匀投影分布的同时，达到均衡流速目的。所以根本就不需要设置闸板机构。这就是软、硬塑成型两种不同的设计理念。

在此应该说明：用闸板机构微调挤出成型的阻力平衡，应该是非常正确的是得当的应用，而利用闸板机构理顺泥料的流向通道则是应该避免的。

1. 对设置闸板机构的认识

从图 3-4 中可以明显看出，上下左右设置的闸板所形成的通道入口，与机口入口四个平面形成的连线，即是坯体成型过程中的引进部分（长度），延长连线至机头入口处所形成的长方形状，其长方形状的外接圆，就是机头入口的直径尺寸。

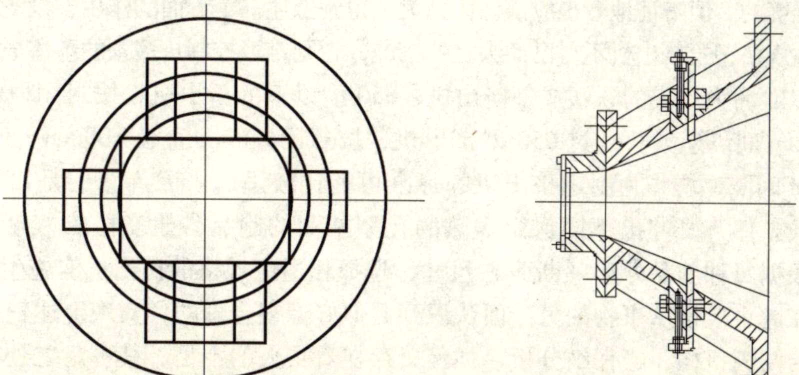

图 3-4　闸板设置示意图

处于机头中间部位的闸板起到三个方面的作用：（1）机口入口与机头出口之间使泥料获取均衡流速的作用；（2）对四个角泥料流速起调整作用；（3）机头入口与闸板之间改变泥料形状流向的作用。

第一种作用：使得闸板（机头总长度的中心位置）与机口入口之间形成了一段缓冲阶段，其长度应视为是泥料进入机口之前的引进部分，引进部分（锥形方体）不仅可以对泥料产生压缩力，并为进入机口入口的泥料获取均衡流速，而且还为坯体的预成型奠定了基础。引进部分的长度相当于内置机口。这也就是设计短机口的原理之一。

第二种作用：由于上下方向单边闸板的设置宽度为制品宽度的2/3左右，同理，左右方向闸板的高度也为制品高度的2/3左右，所以无闸板的四个角形成空缺，空缺是泥料流向制品四个角的重要通道，是被挤出制品四个角成型（泥料的饱满）的重要条件，调整上下左右方向闸板的同时，也是在调整泥料向四角方向的流量。

第三种作用：机头入口直径与闸板设置的通道入口形状、（以240mm × 115mm多孔砖）为例，等于是由圆变长方的过程，也就是俗称的天圆、地方。通过天圆、地方改变泥料形状流向，使上下方向急剧压缩变化的泥料逐渐理顺。

这里需要说明：假如天圆、地方中的地方已确定，那么天圆大，也就是说机头入口直径大；压缩比必然也大；反之，则相反。认识这一点，是机头设计的重要概念。

2. 对设置闸板机构认识结论

通过对闸板机构设置的认识，结合图3-4可以得知，600型以上的挤出机在机头内设置闸板机构是为了实现上述三个方面的作用，无疑是正确的，否则控制成型是有难度的。但辩证地看也应该认识到为了得到上述三个方面的作用，设置闸板机构是大规格型号挤出机不得已而为之的措施，否则难以控制挤多条的坯体成型。

以欧洲为代表的软塑成型挤出机，650型以下的挤出机，按封闭段绞刀直径50mm间隔递增；超过650型挤出机，按封闭段绞刀直径100mm、150mm、200mm间隔递增作为制定挤出机的标准可能比较适宜。因为它们是以本地域的气候条件，研究出不同保温隔热的孔型断面的制品，如多孔砖、大型砌块等，根据每种制品外形（断面）尺寸，选择相适应规格的挤出机实施生产。

在此也应该从事物的另一面认识到看似好像很合理的，实现上述三个方面作用的闸板机构，经仔细分析、推敲，存在着很大的不足。其不足之处在于被闸板遮挡的面积（部分）并没有承担压缩比产生的压缩力，该处实际已成为死泥区。也就是说，可以理解为是多余的面积，该面积是当初设计时总压缩比面积数值中的一部分。被闸板遮挡的面积不仅没有真正意义的应用在挤出成型上，反而成为形成反压（成型阻力）的根源。

显然设置闸板机构的大型挤出机，实际用到的压缩比数值要比理论设计的压缩比小，而产生的压缩力必然也小，并没有达到最初的设计要求。相比较而言，还小于小型的450型挤出机的压缩比比值和相应产生的压缩力。

另外，理论设计的压缩比与实际用到的压缩比之间的差，却正是产生反压（成型阻力），造成反泥，降低挤出效率的重要原因。

假设作为大型挤出机，不设置闸板机构，而采取硬塑成型，按挤出制品断面积的大小，配以合理的压缩比数值，采取双线绞刀二次变径的做法。应该讲可以会取得事半功倍的效果。

应该承认闸板机构是一个复杂的结构设计和制作，而且还要考虑闸板的耐磨，以及成型过程中的调整、维修、更换等问题。

通过上述对闸板机构设置的认知和分析，是否可以得出这样一个结论：机头闸板机构的设置与否，所代表的是两种不同的挤出机设计理论。也就是说，其本质是根据适宜的制品设计挤出机规格型号。

第四章　软、硬塑挤出机的区别

我国改革开放以来，制砖工艺线中的成型设备挤出机先后从不同地域的国家引进不同类型的机型。引进硬件（设备）实质是各国相互间互通有无的一种技术、经验、方法、观念等多方面的综合交流，这种交流能让我们领略到在世界范围内，同为制砖，理念不一；同为成型设备，结构设计等方面却存在很大差异，使我们领略到该行业在世界范围内的发展状况，甚至包括风土人情和风俗习惯的了解。不同理念必然出现生产工艺和制品的区别，这种区别就是目前众所周知的软（半硬）塑成型和硬塑成型两种不同的成型理念。

软（半硬）塑成型理念以欧洲地区为代表，硬塑成型理念则以北美、南美等地区为代表，作为亚洲地区，特别是我国制砖已有千年以上的历史，制出的砖至今无法相比，如故宫中的钢砖等，追溯起来，应该讲还属于软塑成型。作为制砖设备，特别是挤出机，国外发展的比较先进，相比之下国内较落后，因此，引进先进的成型设备就很自然了。

近十几年两种不同理念的成型设备先后引进，随之两种成型设备也展现在国内砖瓦机械市场。随着厂家强势宣传，让使用者有些摸不着头脑，因此，有必要对同为制砖、不同理念的差异进行学习、理解、交流、探讨，以利于正确选择制砖工艺和制品生产，促进国内该行业的发展。

第一节 软、硬塑成型理念的形成

软塑与硬塑成型是在不同地域和不同理念而产生的两种成型理论。可以讲，原料粒度造就了软、硬塑成型机理；软、硬塑成型机理造就了不同工艺路线下产生的不同制品；不同的成型理念同时也造就了同为挤出机，但内在结构不同的成型设备。

一、原料粒度造就软、硬塑成型理论

可用来制砖的原料采用哪种成型方法应该讲都是可以的，作为两种成型理论产生的依据并非是绝对以原料来区别，而是以原料的颗粒级配的组成配置来区分。也就是说，原料颗粒级配的组成配置不同而产生了两种生产工艺和挤出成型的方法，从而造就了软、硬塑成型理论。

软塑成型重要的一点是利用原料自身塑性特征。为了使塑性性能更好地发挥出来，首先要保证符合软塑成型原料颗粒级配的组成，让其在达到吸入某一定量的水分外，即含水率在18% ~30%湿基，还要在制砖工艺线上配置相适应的专用设备，对其进行碾练、均化、捏合、增塑等处理手段，使其塑性特征更好的展示出来，得以利用。塑性好的原料细腻、柔软，相互间的结合力强，流动性好。所以，成型时不需要较高的挤出压力，一般在22kgf/cm^{2}以下的成型压力下就能满足坯体成型的要求。

硬塑成型恰恰相反，原料塑性差也就是原料颗粒级配组成在吸水量少的情况下，即含水率在12% ~16%。湿基虽然在制砖工艺线上也配置某些设备，如锤破、筛子等，往往不需提高原料塑性而增加某些设备，与软塑成型工艺线相比设备要少一些。塑性差的原料硬，相互间的结合力差，流动时阻力大。所以，成型时就需要较高的挤出压力，一般在22kgf/cm^{2}以上的成型压力下就能满足坯体成型的要求。

两种成型理论是因原料的颗粒级配组成范围的不同、含水率不同，而导致挤出成型时挤出压力的高低区别。软塑成型强调原料的细腻，良好的塑性性能；硬塑成型强调原料的粗、硬、低塑性。

采用软塑成型，还是硬塑成型并不重要，重要的是用什么颗粒级配的原料，生产什么样的制品。一般讲在使用黏土或者塑性较低的页岩、煤矸石，制作实心砖和孔洞率低于25%孔型断面的砖或几个较大孔洞的砌块时，可考虑采用硬塑成型的方法，这样可以降低制备的整体费用；如果相反，应采用软塑

成型。

所以说，原料粒度造就了软、硬塑成型理论。

二、软、硬塑成型机理造就了不同制品

由于颗粒级配的组成不同而产生原料含水率的差异，必然产生坯体成型过程中阻力大小的不一，进而导致生产某些制品的适应性。

对于薄壁、小而多的孔型断面，细腻、柔软，相互间结合力强，流动性好的泥料能很顺利的通过芯具间的间隙得以成型。由此，对于生产制品的范围也就形成。

而粗糙、较硬、松散、流动性差的泥料，显然通过薄壁间隙形成的阻力大，成型困难，对于生产坚实、高强度、孔洞较少的坯体，优势得到充分体现。由此，对于生产制品的范围也就形成。

含水率在18%～30%湿基这一范围内，在所有挤出条件不变的情况下，其成型压力已成定值，要想提高挤出压力已不可能，原因是根本不可能超出软塑成型的压力范围，除非降低含水率。所以，软塑成型生产的坯体，其物理状态已定型。

相反，含水率在12%～16%湿基这一范围内，决定了必须在高挤出压力下才能成型。所以，硬塑成型生产的坯体，其物理状态也已定型。

三、硬塑成型与软塑成型制品的区别

硬塑成型挤出的坯体强度高，收缩率小，几何形状不容易变形，相关尺寸误差小，砖的标号高，质量好，干燥周期短，适合一次码烧。而软（半硬）塑成型的坯体和最终制品与硬塑成型的正相反，适合二次码烧。

硬塑成型比软塑成型的最终制品的比重大，一般硬塑成型的制品（如页岩砖）比重在2.6以上，而软塑成型的制品则在1.8～2.2。

硬塑成型因原料含水率低，更容易对制品表面进行多种工艺处理，如逆着挤出方向将坯体切割成需要的规格尺寸，并使其表面拉毛处理；还可以在密实坚硬的坯体表面直接喷釉，省去二次装饰等，软塑成型相对难一些。

硬塑成型的制品售价高于软塑成型的制品，质量上的差异是一方面，主要是应用上的差异。硬塑成型的制品应用，如作为承重用的步道砖、贴墙用的面砖、内外清水墙、装饰砖等；软塑成型的制品应用，如直接盖房用的承重多孔砖，框架结构中的填充墙（空心砖）、装饰砖、楼板砖等。

通过制品比较之后得知，软、硬塑成型理论造就了不同制品。

第二节 软、硬塑挤出机机型结构的内在区别

由于成型理念的差异，必然导致在不同成型理论指导下而设计出的挤出机机型结构的区别。机型结构的区别同样体现在内在结构的不同。软塑与硬塑最主要的区别是成型压力的高低，以低挤出压力思路而设计的机型结构，肯定不同于高挤出压力思路而设计的机型结构。

对于两种机型结构的区别可以从以下几个方面考虑。

1. 整机刚性连接

硬塑成型的挤出压力一定大于软塑成型，因而，硬塑挤出机的整机刚性必须满足大挤出压力的要求。所以，硬塑挤出机从前到后完全是刚性连接，其中包括减速机与受料箱之间的刚性连接，这里所讲的刚性连接并不是指通过机架将各个部件的连接而已，而是各组件之间的刚性连接而形成一个刚体。

从硬塑挤出机整机刚性连接要求可以想到，受料箱与减速机之间采用设支点轴承座机型结构的应不在硬塑挤出机的范畴，即使是采用夹壳联轴器结构的，但没有形成整机刚性连接，同样也不在硬塑挤出机的范畴，假如整机是刚性连接，也不一定就是硬塑成型的挤出机，原因要看其他内在结构是否符合硬塑成型的要求。有些生产厂家在样本的参数中标明挤出压力达到4.0MPa，而实际结构并不一定达到硬塑挤出机机型结构的要求，应该看做是某种意义上的宣传而已。

2. 装机容量（电动机功率）大

硬塑成型的挤出压力大，在与软塑挤出机相同规格型号中，要保证单位时间内的产量，其电动机功率一定远远大于软塑成型电动机功率。

由功率大小可以联想到，下级160kW或者180kW、200kW，甚至到250kW的600型挤出机，折标砖产量达到16000~20000块/h，不用说挤出压力在4.0MPa，就是长期稳定在2.0MPa挤出压力的情况下都是很困难的。硬塑成型的挤出压力一般稳定在2.5MPa以上。所以说硬塑挤出机总的装机容量（包括上级）都要大于软塑挤出机。

这里应该指出：仅从硬塑挤出机单台设备而言，看似装机功率大，但挤出效率也是最高的，这是软塑成型挤出机不能比的。另外，从整个工艺线布置而言，某一台设备功率高，并不代表整个制砖工艺线的总功率高，这一点非常重要。

3. 主轴不承受轴向力

主轴不承受轴向力是硬塑挤出机内在结构设计的一大亮点。硬塑成型挤出压力大，必然反作用力也大。就是说，绞刀工作时向后的推力大，若靠主轴承受较大的反作用力显然是不行的，也是不可取的。因而，反作用力必须由整个刚性机体承受，最终由地脚卸荷，所以前面所说硬塑挤出机为整机刚性连接原因也就在此。

主轴不承受轴向力这一内在结构的设计，是硬塑挤出机为适应高挤出压力而必然出现的设计结构。软塑成型挤出压力相对低，所以主轴都是承受轴向力的。虽然主轴承受轴向力，但也认为轴向力是主要的，故一般情况下适当加大了9字头轴承的直径。承受与不承受轴向力最后都是经过受料箱卸荷到地脚，看似没什么区别，实际区别很大。目前，软塑成型挤出机也在改进主轴，采用主轴不承受轴向力结构。

硬塑成型高挤出压力的卸荷不仅仅是通过受料箱，而是经过整机刚性结构的主体而卸荷。

4. 单压泥板结构

硬塑挤出机下级设计为单压泥板。单压泥板设置在与绞刀轴旋转的相向位置，其作用是压入（住）因绞刀旋转时沿外径切线方向抛出的泥料，而相对应处无压泥板结构的受料箱内墙与绞刀贴近。

为什么硬塑挤出机下级只设单压泥板结构。原因是硬塑成型原料含水率比较低，处在松散状态的原料能使下级受料段绞刀受料率提高。不像软塑成型原料粘连成较大的块，容易使原料出现堆积堵塞真空箱，造成受料段绞刀受料率低，所以必须采用双压泥板。另外，硬塑挤出机上级挤出的泥料经碎泥刀的切割呈片末状，很容易落入到受料段绞刀中，因而，单压泥板就足够了。

5. 泥缸内绞刀变径

含水率低、松散状态的泥料要想成型，必须施加一定的压缩力，所以，硬塑挤出机泥缸内的绞刀直径还要再变化，也就是缸径的变化，称为“突变”。用缩小泥缸直径，达到对泥料施加压缩和密实，最终达到成型之目的。另外，为配合这种缸径变化和施加压缩力的要求，泥缸衬阻泥采用的是齿式叠加结构，与软塑泥缸衬截然不同。

“突变”这一结构在软塑成型中是见不到的，也是硬塑挤出机独有的。硬塑成型绞刀组属于两次变径、变螺距排列组合。

6. 机头、机口加润滑

原料含水率低、颗粒级配组成相对软塑成型范围宽，挤出时摩擦阻力肯定大，为减少泥料与机头、机口内壁的摩擦，所以，机头、机口处设计加润滑装置。润滑介质一般为油质。

机头加润滑在软塑、半硬塑成型过程中是不存在的。按道理，软塑挤出成型抽真空时，机口也是不应加润滑的。

第三节 软、硬塑挤出机上级单、双搅拌轴搅拌原理的区别

上级单轴搅拌是硬塑挤出机的一大重要特征，是符合原料按低含水率设计出的原理及使用功能。为了能把硬塑挤出机上级单轴搅拌原理、功能和结构讲清楚，借以软塑挤出机上级双轴搅拌挤出互为对比。

一、软塑挤出机上级双轴搅拌挤出原理

如图 3-5 所示是双级真空挤出机上级双轴搅拌挤出结构图。

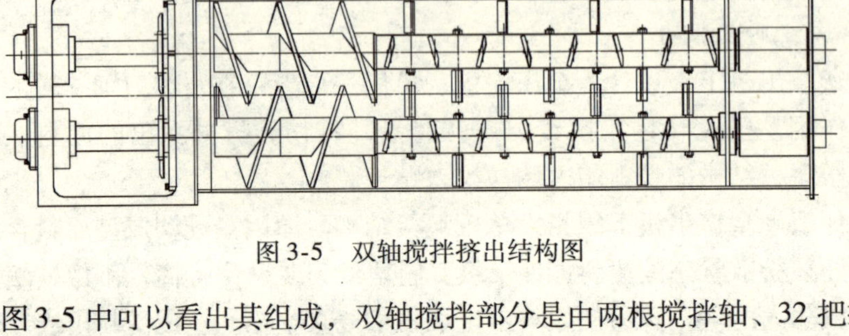

图 3-5 双轴搅拌挤出结构图

从图 3-5 中可以看出其组成，双轴搅拌部分是由两根搅拌轴、32 把搅拌刀组成的搅拌系统，并形成三条泥料流。其中两条泥料流，是每根搅拌轴上所装搅拌刀自身形成的泥料流，另一条则是两搅拌刀之间形成的泥料流。由于两搅拌轴之间有弧形板（即使无弧形板也同样形成与弧形板相似的死泥区），使双轴搅拌近似变成两个间断的筒状螺旋输送，虽然在输送的同时也翻动物料使之搅拌，但翻动的仅是单根搅拌轴内的原料，混合也仅是局部的。三条泥料流不能融合在一起被翻动、混合，因而弧形板阻挡了两边泥料的混合机会。

在整个搅拌槽内，推动物料向前移动的推力，主要是搅拌刀叶与搅拌轴线夹角（夹角一般为 15° ~ 25°）形成的螺旋推进的。因搅拌刀安装角度较大，另外为满足产量的要求，输送的作用大于搅拌作用。泥料间混合机会较少，因而泥料得不到充分的搅拌，混合不均匀。

二、硬塑挤出机上级单轴搅拌挤出原理

单轴搅拌挤出与双轴搅拌挤出相比不仅在设计理念上有着显著的区别，而

且在结构上也完全不相同。关于单轴搅拌挤出在过去许多出版物中没有介绍过。

如图 3-6 所示是双级真空挤出机上级单轴搅拌挤出结构图。

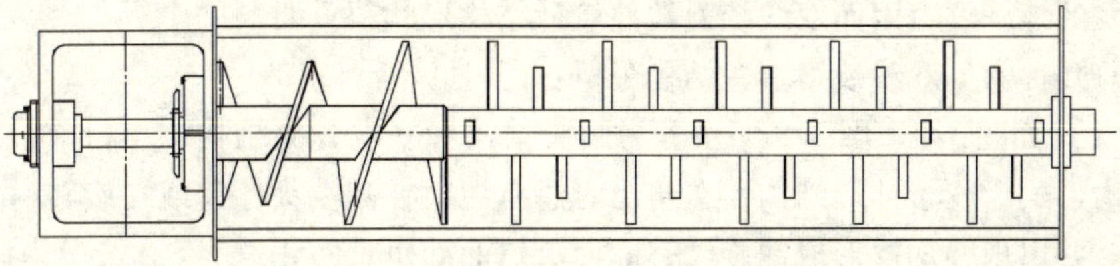

图 3-6　单轴搅拌挤出结构图

从图 3-6 中可清楚地看出单轴搅拌部分是由一根搅拌轴、近 50 把搅拌刀与搅拌槽组成的双螺旋搅拌系统。由于搅拌刀为双螺旋排列，因而形成两个泥料流。

它的搅拌输送原理是：搅拌刀为特殊形状，搅拌刀呈（近似）180°安装，在搅拌刀做回转运动时，靠搅拌刀刀顶部分，像耕地犁形状的端头使泥料向两边翻动，并与前后相邻两搅拌刀翻起的泥料混合。由于搅拌刀组成是双螺旋排列在同一根轴上，原料也是在一个圆弧槽内，因此形成的两个泥料流是混合在一起相互融合的，并交替移动，在移动中混合。原料含水率较低，颗粒级配粗，球状料体积很小，流动性好，容易被翻动混合。搅拌刀在做回转运动时，所翻动的是一个与搅拌刀厚度相同的物料环，由于一个双螺旋导程内装有 10 多把搅拌刀且搅拌轴每分钟转近 30 转，因此，在一个导程内翻动近 400 个泥料环，不断打破泥料间的位置平衡，自然填充搅拌刀运动轨迹所出现的空间，相互混合，实现的是同一区域内物料的整体搅拌。在整个搅拌槽内，搅拌轴带动几十把搅拌刀旋转犹如入海蛟龙，使搅拌槽内原料上下左右翻腾，在搅拌的同时沿着槽长方向均匀缓慢地向前移动，泥料被翻动的机会多，混合的机会也多，使之搅拌均匀、效果更好。

第五章　综合认识

一、双线绞刀的端头结构

当泥料脱离双线绞刀进入机头时，其流动形式发生变化，由原来螺旋 + 直线流动改变为单一的纯直线流动，纯压力驱动。为得到较好的挤出质量，使泥料平稳、均匀地从绞刀进入机头直到被挤出，绞刀直径全部处于驱动泥料前进是最理想的状态。为得到较好的挤出制品质量，减小其脱离双线绞刀时绞刀端头产生的空心、以及滞留在端头局部的泥料与端头不断摩擦产生热和层层叠加而引发的螺旋纹，因而双线绞刀端部设计结构形状很重要。

对几种常见双线绞刀端头结构分析：

（1）如图3-7、图3-8所示分为圆头结构和平端齐头结构，是目前最常见的结构形式，属于钝形结构，在挤出时总有泥料在其端头停滞或在旋转时摩擦生热，并出现叠加层形成螺旋纹，即使有点曲面也难防止这一点。

（2）如图3-9所示为带有较长圆锥体的双线绞刀端头，其圆锥体填补了空心处，泥料顺其锥面向前滑移。对物料停滞现象有所改进，但也很难避免上述情况。

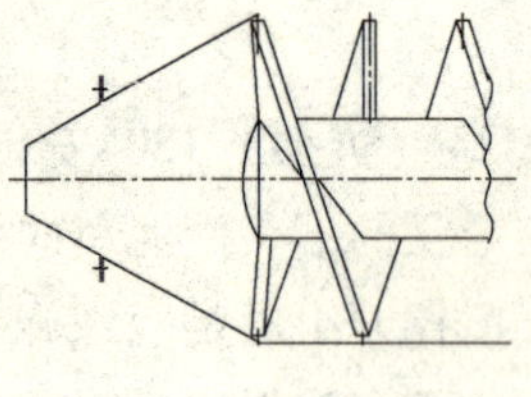

图3-7　圆头结构

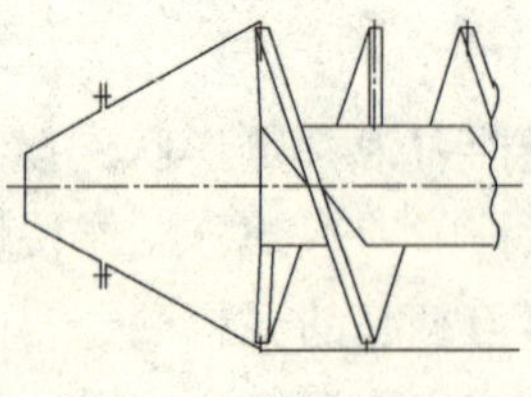

图3-8　平端齐头结构

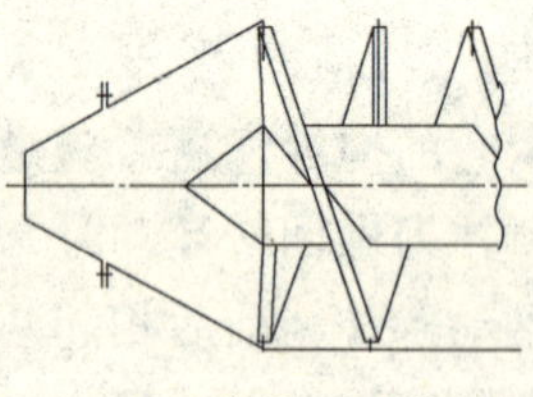

图3-9　端部带圆锥体结构

（3）如图3-10所示，将长锥体设计成斜切锥体的双线绞刀端头，使其前锥面形成一个椭圆形平面，在绞刀转动时搅动、推移泥料，达到消除泥料滞留目的。

（4）如图3-11所示，将长锥体绞刀端头设计时与绞刀旋向相同的螺旋叶片，可推动泥料向前移动。不仅可以解决泥料滞留、摩擦生热及螺旋纹的产生，而且会加快绞刀端头部泥料的流动速度，增加对泥料的驱动压力。

（5）如图3-12所示，向机口方向适当延长轴套的长度，再加上较长圆锥体，并斜切锥体，使其前锥面形成一个椭圆形平面，在绞刀推移泥料向机口方向挤出时，泥料沿轴套向前移动，并在椭圆形平面的推动下，推移泥料，达到消除泥料滞留目的。

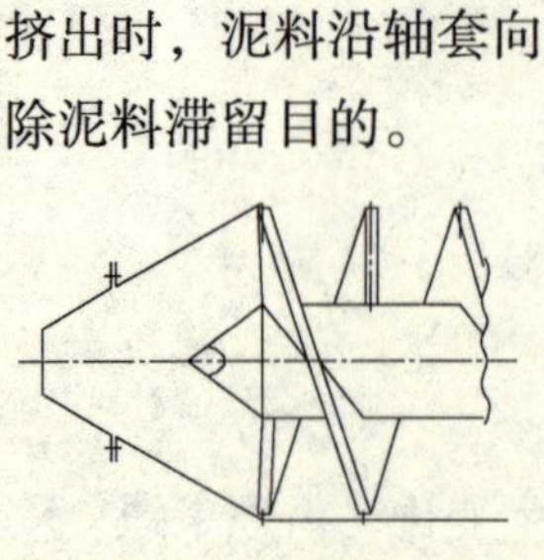

图3-10　斜切锥体结构

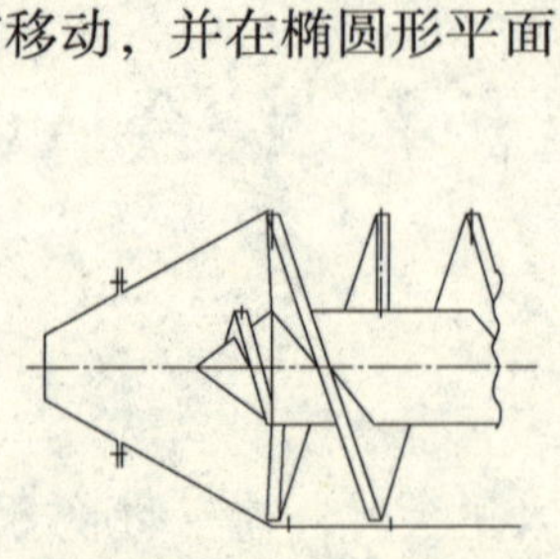

图3-11　带螺旋叶片结构

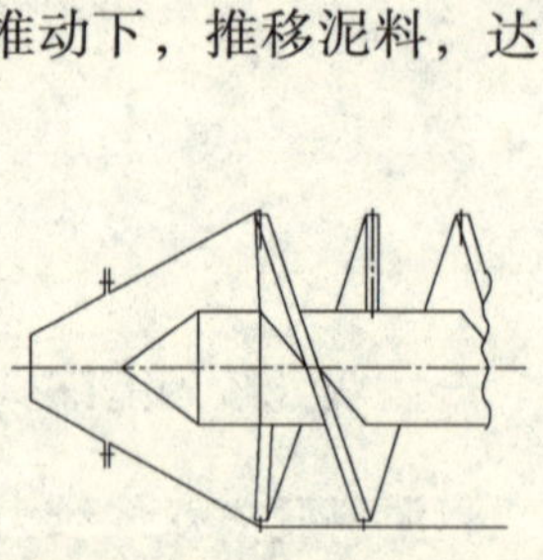

图3-12　延长轴套结构

二、对泥料流体的认识

制砖泥体（流）材料，既非牛顿流体，又非胡克弹性体。它们既能流动，又能变形；既有黏性，又有弹性。这类“软物质”的流动变形规律，仅用牛顿流动定律或胡克弹性定律是无法解释的，其流动中的黏滞与弹性皆有，层流与湍流并存，“剪切变稀行为”、“旋转爬杆现象”、“挤出胀大效应”及“孔压误差效应”等特性都不同程度地影响着流动推进和挤压成型效果。只有用现代流变学理论深入进行挤出成型理论和机理的研究，才能有针对性地设计墙材挤出成型设备。

三、关于绞刀容量

在本书设计理论和计算一篇中，两次提到容量。为引起设计者的重视，故将其摘录、归纳出来。对于容量所包含的实质内容是非重要的。可以讲，是挤出机设计理论的精华，应该牢牢记住。

所谓容量一词的解释：容量就是内在具有的潜力。

1. 受料段绞刀高效能的“进料容量”

受料段绞刀高效能的进料容量，是指受料段大直径、大螺距对进入封闭段第一节绞刀小直径、小螺距的供料效果。虽然在书中讲过，前者对于后者的压缩量不计入绞刀组自身压缩比的数值之中，但保证进料容量，也必须有一个压缩量的数值关系。这个数值关系就是一个包拢关系，也就是说，把上级 1.1 倍抽去空气的原料，保证每一转满足封闭段第一节绞刀的容积要求，达到高效率的供料效果。

重要提示：设计时，大直径可以看作是容积效果，大螺距可以视为是快速聚拢。

2. 绞刀组的压力容量

具有足够的压力容量，才能实现高效率的挤出。说得再形象一点，就是设计出具有战斗力的绞刀组，才是正确的设计理念。

对压力容量的解释：压力容量是指绞刀组所具有的内在挤出力。

比如，反变螺距的绞刀组所形成的挤出力是一个整体内在的合力，具有很高的压力容量。同样，美国硬塑挤出机二次变径的双线绞刀组，前端的小直径，既符合压缩比的要求，又减少了过高压缩比产生的反压阻力；而后端的大直径、小压力角对前端双线小直径有很强的推力支承，能将反压扼杀在机头附近，形成具有战斗力的绞刀组。

四、关于设计概念

所谓设计概念一词的解释：概念就是一种思维判断的方式；设计就是按照思维判断方式的要求进行。在挤出机设计理论与计算一篇中，共提出四个设计概念

1. 下级绞刀组的设计概念

（1）对于单个绞刀来讲，设计概念是指绞刀外径、绞刀螺距与轴套直径之间的比值关系。此关系所要表示的目的是绞刀的螺旋深度和压力角（挤出力）的确定。

（2）对于一组绞刀来讲，“设计概念”则是指多节绞刀组成的变径、变螺距排列组合。此组合所要表示的目的是绞刀组（节节绞刀之间）压缩比的排序，相互之间各负其责的配合作用，以及每转一转绞刀组的最大排出量（转速和挤出效率的关系）。

重要理解：设计具有战斗力的绞刀组，将成型过程产生的反压，扼杀在源头。也就是说，将其扼杀在双线绞刀处，则是具有战斗力的绞刀组。

2. 压缩比的设计概念

所谓压缩比的设计概念，就是在挤出机设计时，科学地制定出压缩比的设计参数。该压缩比是指挤出机的压缩比，即封闭段绞刀最小直径有效面积与被挤出制品的有效面积之比（去掉孔洞部分）。

重要理解：压缩比设计概念的反应用：就是根据所生产制品的断面积乘上压缩比的数值，按所得到的乘积，反算出机头入口的直径尺寸，该尺寸也是双线绞刀的最小直径。这一压缩比的反应用概念，具有划时代的意义。说得再明白一点，就是挤出机的规格型号，脱离了按50mm数值间隔递增模式。应该讲：压缩比“设计概念”的反应用是最切合实际的，因而，也是最科学的，符合科学发展观的要求。

3. 机头的设计概念

所谓机头的设计概念，就是在机头设计时，要充分考虑“均衡流速（阻）”的问题。更明确地讲，就是被挤出制品孔型断面积（外形尺寸）在机头入口（双线绞刀）有效直径面积中，上下左右的投影均匀分布的问题。

重要理解：机头均衡流速（阻）的设计，必须与压缩比设计概念的反应用相互结合。也就是说，压缩比设计概念的反应用，是机头均衡流速（阻）设计的可靠保证。

4. 机型结构的设计概念

机型结构的设计概念，就是指受料箱与减速机之间的连接关系。连接关系

的核心：一是主轴承受轴向力方式的连接；二是主轴不承受轴向力方式的连接。

重要理解：受料箱与减速机之间刚性连接是挤出机机型结构的发展方向，是受力最稳定、刚性最好、连接最合理的结构。刚性连接：分为零距离连接和非零距离连接两种结构形式。配合零距离和非零距离连接的主轴则是承受轴向力的插入式连接结构。

这里应该说明的是，主轴承受轴向力和主轴不承受轴向力的连接方式，不存在两者结构谁好谁坏的问题，而是不同机型结构设计的相对应用。

五、对机头设计概念中均衡流速的理解

对于机头的设计概念，无论是挤出机的设计者还是挤出机的购买者（使用者）都是要认真琢磨的问题，这里用琢磨一词是有用意的。

对均衡流速的理解：均衡顾名思义，均，就是均匀（平均）；衡，就是平衡。

均衡流速就是指挤出成型时，泥料涌进机口之前在机头内形成的相对稳定的流阻。也就是说，经过双线绞刀挤入机头入口的泥料沿轴向方向始终保持适度径向压力的泥料流均衡流向机口。即在轴向力的推（带）动下，径向力在伴随压缩泥料的同时，沿轴向方向顺势移动。

适度径向压力就是指合理的压缩比而产生的压缩力，被挤出制品断面在机头入口面积上投影的均匀分布。没有急剧的超径向力的压缩而出现反压，导致的反泥现象；没有泥料在机头腔内，径向方向的紊乱、陡然波动。

在此，均匀是稳定平衡的基础；平衡是通过均匀流速（阻）而实现的。

对于均衡流速（阻）的理解，更明确地讲，就是被挤出制品孔型断面积（外形尺寸）在机头入口（双线绞刀）有效直径面积中，上下左右的投影均匀分布问题。

通过对均衡二字的理解，必然联想到机头的设计是围绕着均衡流速这一设计概念而展开的。均衡流速对于机头设计来讲应该体现在以下四个方面：

（1）机口（被挤出制品断面）有效面积对于机头入口有效面积的均匀投影分布；

（2）机头入口与机头出口有效面积的合理比值，即机头的压缩比；

（3）机头四个面的斜度角（锥角）；

（4）挤出成型之后的复杂工艺。

下面就上述四个方面内容分别加以浅析。

1. 机口（被挤出制品断面）有效面积对于机头入口有效面积的投影分布

挤出超大规格型号的多孔洞砌块，使用大直径的挤出机无可非议，是很正确的举措。国外一些砖机制造商在样本中很清楚地标注出，挤出多大规格的制品，使用相对应规格的挤出机。其目的是要达到被挤出制品断面对于机头入口有效面积的合理均匀投影分布，以获取稳定的均衡流速。

从目前国内应用超大规格的多孔洞的砌块来看，建筑市场上的占有率比起欧洲发达国家来讲还是很低的。中型砌块的应用应该讲还是处于起步阶段。绝大多数场合使用的还是240mm×115mm的标准承重多孔砖和非承重空心砖之类的产品。因而，引进或者开发750型以上的大型挤出机，还不具备常年生产大规格多孔洞的砌块（制品）条件。显然，绝大多数时间还要用于生产240mm×115mm的标准承重多孔砖。

对于大型750型挤出机，兼顾生产标准承重砖和非承重空心砖之类的制品，在压缩比比值数不超过7的条件下，必须挤出三条才是合理的。

那么挤出三条如何排列呢?

假如水平挤出三条如图3-13所示。显然，形成的是扁平排列。垂直方向太短（扁），水平方向又太长，已超出机头入口直径。即使能挤出也必须是机头倒锥体设计。因此，水平挤出三条对于在机头入口有效面积的均匀投影分布明显是不合理的。

那只有立体挤出三条，即上面一条，下面两条。如图3-16所示。立体挤出三条虽然能改善一些机头入口有效面积的均匀投影分布，但却加大了成型过程中对机头内泥料流动（均衡流速）的控制难度，操作起来也很困难。

为了对此问题表述得更清楚、直观，分别把450型、600型、750型挤出机挤出相同240mm×115mm标准承重多孔砖和非承重空心砖之类的制品条数不同、压缩比相近，对机头入口有效面积的投影分布分别用图3-13、图3-14、图3-15、图3-16表示出来加以分析说明。

（1）450型挤出机投影分布

如图3-13所示是450型挤出机挤出单条240mm×115mm孔型断面制品的机头入口（即双线绞刀）有效面积的投影分布。从图3-13中可以看出，制品是居中的布局，在机头直径的范围内，上下的空间虽然大于两侧的空间，但从整体布局看，应属于比较匀称的投影分布。泥料从机头入口被挤入到机口的过程中，两侧有一定空间的泥流量，上下方向不需要太大的变形，也就是说，可以获得较为稳定的均衡流速。

$$投影分布的单边比值=\frac{制品上平面至最大直径间的距离}{制品侧平面至最大直径间的距离} \quad (3-2)$$

$$= \frac{167.5}{105} = 1.6$$

以该倍数关系为允许的最大标准数值。也就是说，以该单边比值倍数数值作为判断其他型号挤出机投影分布是否合理的依据。

（2）600 型挤出机投影分布

如图 3-14 所示是 600 型挤出机水平挤出双条 240mm × 115mm 孔型断面制品的机头入口（即双线绞刀）有效面积的投影分布。从图 3-14 中可以看出，挤出双条制品属于居中左右对称布局，在机头直径的范围内，两侧虽然有一定空间的泥流量，但很小，上下的空间明显大于两侧的空间，整体布局（投影）的匀称性较差。因而，泥料从机头入口被挤入到扁平形机口的过程中，上下方向变形较大，也就是径向压力很大，很容易导致机头内泥料向径向方向集聚时产生紊乱，陡然波动，致使均衡流速不均匀。

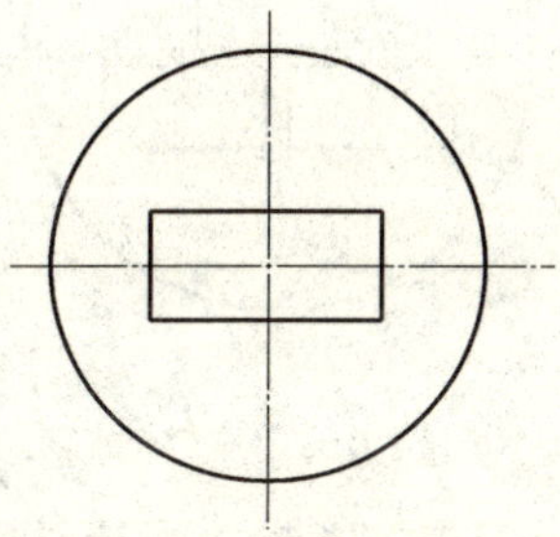

图 3-13 挤出单条投影分布图

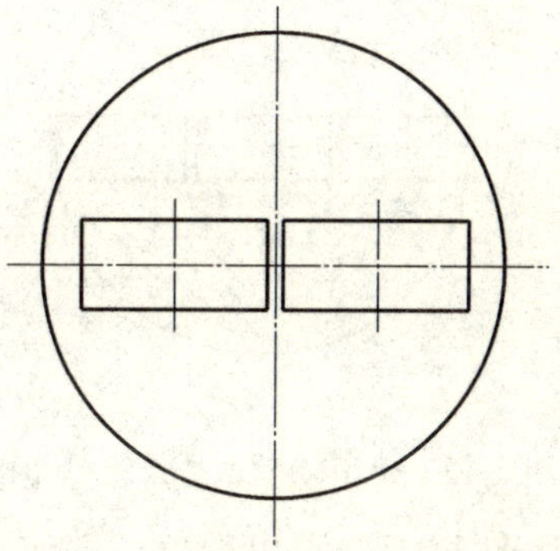

图 3-14 挤出双条投影分布图

按式 3-2 计算，投影分布的单边比值 $= \frac{242.5}{50} = 4.85$。

以 450 型倍数允许的最大标准数值 1.6 为计算依据，比值对比 $= \frac{4.85}{1.6} =$ 3.03。显然，600 型挤出机水平挤出两条投影分布的单边比值要比 450 型挤出机挤出单条投影分布的单边比值高出 3 倍以上。从图 3-14 看，感觉就不尽合理。

（3）750 型挤出机投影分布

如图 3-15 所示是 750 型挤出机水平挤出三条 240mm × 115mm 孔型断面制品的机头入口（即双线绞刀）有效面积的投影分布。从图 3-15 中可以看出，水平挤出三条属于居中左右对称布局，在机头直径的范围内，两侧已没有空间，排列后的水平长度已超过机头直径，显然是不合理的。

单边投影分布的比值无法计算。若以 450 型倍数允许的最大标准数值为依据比较，显然750型挤出机水平挤出三条单边投影分布的比值要比450型挤出机挤出单条的单边投影分布的比值高出倍数更大。从图3-15看，感觉就不尽合理。

要想用750型挤出机水平挤出三条，机头必须倒锥体设计。即使机头倒锥体设计，整体布局（投影）的匀称性依然较差。泥料从机头入口被挤入到扁平形机口的过程中，上下方向变形依然较大，也就是径向压力很大，产生紊乱、陡然波动是不可避免的，泥料流向不均匀，造成不理想的均衡流速。采用倒锥体机头设计属于没有办法的办法。

图3-16是750型挤出机改变排列模式立体挤出三条240mm×115mm孔型断面制品的机头入口（即双线绞刀）有效面积的投影分布。

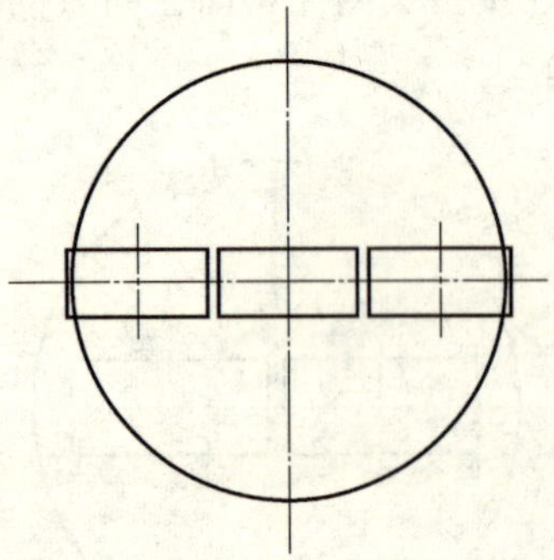

图3-15 挤出三条水平投影分布图

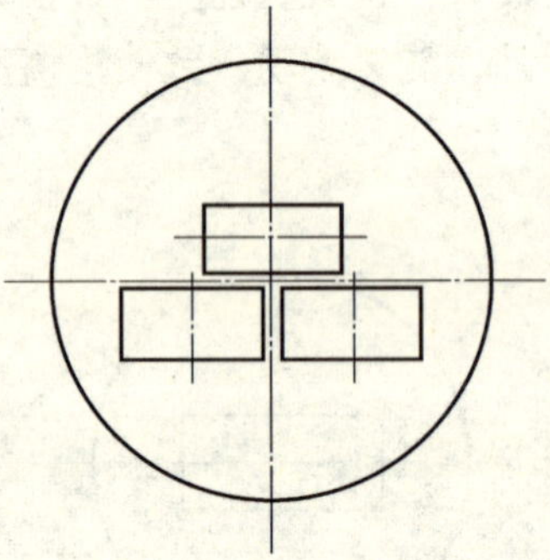

图3-16 挤出三条立体投影分布图

从图3-16中可以看出，立体挤出三条属于居中的布局，形成品字形。在机头直径的范围内，上下的空间依然大于两侧的空间。单边投影分布的比值关系出现两种情况：一种是中心线以上挤出单条的单边投影分布的比值；另一种则是中心线以下挤出双条的单边投影分布的比值。

经计算，前者单边投影分布的比值为：$\frac{250}{255}=0.98$；后者单边投影分布的比值为：$\frac{250}{125}=2.0$。

从计算所得两种单边投影分布的比值关系看，立体挤出三条接近合理。但从水平中心线上下分段来看，中心线以上挤出单条，中心线以下挤出双条。总体上对称的匀称性很差。因而，成型过程中产生紊乱、陡然波动也是不可避免的，要想得到均衡流速的泥料流，需要对泥料流进行流向调整。流向调整实际上就是设置闸板机构。

用闸板机构实施泥料流的流向调整，不仅增加结构设计的难度和复杂性，而且被闸板遮挡的部位形成的死泥区既是反压产生的区域，又是压缩比丢失的区域。

由此可以看出750型挤出机无论水平挤出三条还是立体挤出三条，都不尽如人意。也就是说，大型挤出机不适合水平挤出成型240mm×115mm孔型断面的制品。这也就表明一个大型挤出机在以长期挤出成型240mm×115mm为主的孔型断面制品是不是一个发展方向，这是很值得深思的问题。

对于挤出两条或三条与挤出单条操作上的优劣问题，以及成型过程中的难度，在第4节挤出成型之后的复杂工艺的段落中给予分析论述。

（4）对投影分布均匀状态的计算

根据事物固有的特征，运用数学的方法解出两者关系的比值作为依据，来对比出不同规格型号挤出机的投影分布的合理性。计算公式如下：

$$比值 = \frac{垂直方向最大距离}{水平方向最小距离} \tag{3-3}$$

式中 垂直方向最大距离——是指制品上平面与垂直方向（纵向）半径的最大距离；

水平方向最小距离——是指制品侧平面与水平方向（横向）半径的最小距离。

用两者比值描述被挤出制品断面与机头入口有效面积的投影分布是否处于均匀合理状态，应该讲是科学的。

假如以450型挤出机为标准，经过式3-3计算所得，见表3-3，分析不同规格型号挤出机的投影分布的合理性。

表3-3 投影分布比值

型号	450	600	750
水平挤出比值	167.5/105=1.6	242.5/50=4.85	超出范围
立体中心线以上挤单条	—	—	250/255=0.98
立体中心线以下挤双条	—	—	250/125=2.0

从表3-3的数据，并结合图3-13、图3-14、图3-15、图3-16可以得出，水平挤出单边投影分布比值越低，说明均衡流速越好实现；反之，比值越高，实现均衡流速要采取相应的措施。显然，不管采取什么措施，应该讲都是复杂的结构设计。

由此再次可以论证，硬塑挤出机通过二次变径，用最佳的压缩比比值，锁定双线绞刀的最小直径挤出单条。也就是等于用小直径的机头入口与被挤出制品断面之间构成均衡投影，而创造出均衡流速条件，以此达到高挤出速率，实现高产量的设计理论是如此的正确。

美国 STEELE 公司所设计的硬塑挤出机，之所以封闭段绞刀没有大规格直径尺寸也就源于此吧。

在此提示：根据不同制品断面（外形）尺寸，按最佳压缩比数值，变换双线绞刀组的最小直径，是挤出机设计和应用的重要举措。这一设计理论对于设计者而言应该牢记并遵循。

2. 机头入口与机头出口有效面积比值，即机头的压缩比

在本篇第三章的压缩比取值一节中，讲明了压缩比的具体数值和挤出双条的条件，即当压缩比比值超过 7 时，建议挤出双条或多条。

对于压缩比比值为 7 这一数值如何掌握，其区间范围、最佳压缩比数值量是多少。经验表明，压缩比比值的区间范围应控制在 5 ~ 7 之间为好。具体取值与泥料性质、成型压力有关。一般来讲，软塑成型取小值，硬塑成型取大值。

在此应该认识到，虽然压缩比越大，产生的压缩力就越大，好像能提高泥料（坯体）的密实度，其实泥料的密实是有限度的。过大的压缩比所产生的压缩力在多数情况下，并没有真正意义上完全作用到对泥料的压缩上，而是形成了反压，不但增大了泥料间内集聚的摩擦阻力，加大泥料对机头内壁的外摩擦阻力，还增加了功率的消耗，得不偿失。

根据成型性质，泥料所能接受的压缩力是有一定限度的，恰到好处的压缩力才是最佳的。所以，过大的压缩比所产生的多余的压缩力，必然会形成反压，成为成型时的阻力，其结果造成反泥，降低挤出效率。

对于任何一台挤出机来讲，变换生产不同制品是很正常的。因而，根据挤出制品孔型断面面积的不同，其压缩比数值是变化的。对于压缩比数值变化不大的，一般来讲没有太大关系，只要是在取值范围之内，或者略有超出都可以视为正常范围。

应该指出：当压缩比变化较大时，应按最佳压缩比数值，重新确定双线绞刀的最小直径。应该认识到，变换双线绞刀组的最小直径是提高挤出效率的重要举措。这是美国硬塑挤出机绞刀组直径、螺距排列组合的重要设计理念。

合理的压缩比，使经过双线绞刀挤入机头入口，直至从机口挤出坯体的成型过程，是一个循序渐进、沿轴向方向始终保持适度径向压力的泥料流，所产生的内集聚摩擦阻力的压缩过程。

合理的压缩比，可以减少泥料间的内聚集的摩擦阻力，也就是机头阻力平衡计算中所讲的内摩擦阻力。在总的内外摩擦阻力数值不变的情况下，将减少的内摩擦阻力数值，补给到外摩擦阻力中去，是总摩擦阻力数值的科学分配。

这是一个很重要的设计理论，应该引起设计的注意。

另外，还需要说明一个问题。泥料由绞刀挤入到机头中，是一个脉动性质，叠加的、泥顶泥的过程，以此推动整个挤出成型。

通过上述给定的压缩比经验数值的区间范围，基本明确了机头压缩比的设计参数。显然，双线绞刀的直（外）径，依此就能初步确定下来。下面以生产 240mm × 115mm 标准实心砖为例。取压缩比数值 5.0 ~ 6.5 之间，计算出双线绞刀直径和制品断面对机头入口的投影分布。

计算中不考虑因含水率而产生的线性收缩率的尺寸，就按 240mm × 115mm 的标准实心砖压缩比数值 5.8，计算双线绞刀最小直径。

$$24 \times 11.5 \times 5.8 = 1600.8\text{cm}^2$$

通过绞刀有效面积 1600.8cm^2，反算出双线绞刀最小直径为 451mm，相当于 450 型挤出机。计算举例只是为了说明而已。

另外，关于论述压缩比的有关内容，可以参阅本篇第三章对压缩比应用的理解中所提到的内容。

3. 机头四个面的斜度角（锥角）

在机头的设计概念中，不仅要求被挤出制品在机头入口直径的合理投影分布，而且要求有一定的机头长度来配合。压缩比的确定，仅仅说明产生的压缩力比较合适，但循序渐进、沿轴向方向始终保持适度径向压力对泥料的挤出成型过程，需要一个较长的引进部分，这个引进部分就是机头长度的合理设置。

合理的机头入口直径和长度，不仅是达到理顺、稳定泥料流向的基础，而且也是降低成型阻力，减少回泥，提高挤出效率的科学设计。也等于是相应提高了绞刀组的挤出力。降低成型阻力，相对来讲增加了绞刀组的压力容量。

作为机头内斜度角（锥角），不仅与压缩比有关，主要是与机头长度有关。机头越短，斜度角（锥角）就越大，产生的抗力（体）就越大；反之，则相反。

机头自身压缩比、长度，以及内斜度角（锥角）尺寸，可以通过机头阻力平衡计算来确定。也就是说，通过阻力平衡计算，均衡内、外摩擦阻力数值的分配。

外摩擦阻力大小，实际就是指机头长度而言。机头长度，对于机口来讲，就相当于引进部分。引进部分越长，揳入角就越小，抗力也小。钉子之所以能很容易的被揳入到木材中去，主要原因是尖部的引进部分较长，锥角小。通俗地讲，就是尖很长。

经验数据：机头上下方向，单边夹角，控制在 20°左右；水平方向，单边夹角控制在 10°左右。

机头长度、锥角的大小，同钉子尖的引进部分道理是一样的。通过硬塑挤出机机头长度设计在 400mm 也就说明了此问题。

为了更直观地说明此问题，下面举例：以机头上下方向单变夹角尺寸来说明。

图 3-17、图 3-18、图 3-19 分别是硬塑挤出机 50F、75AD、90A，挤出 240mm×115mm 标准实心砖，机头长度同为 400mm，上下方向的单边锥角分别为 19.1°、20.7°、22.3°。

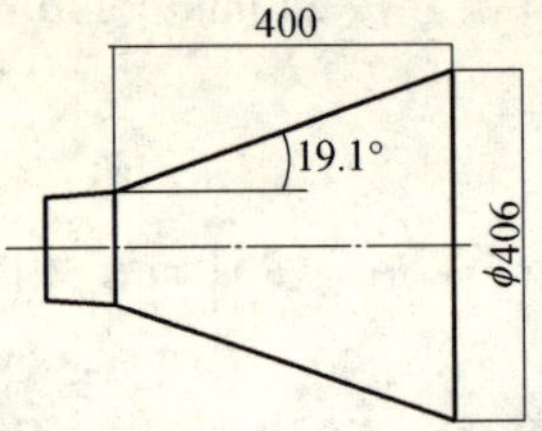

图 3-17 机头示意图（1）

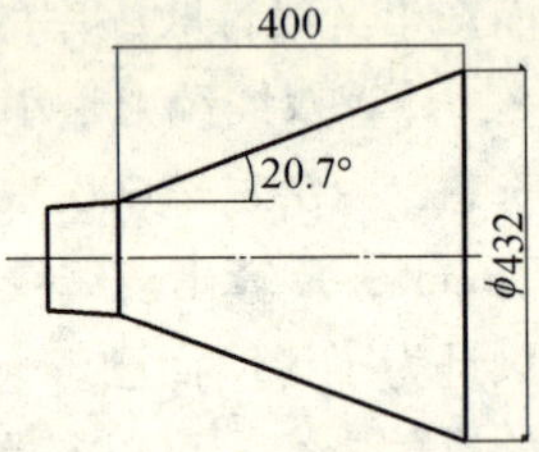

图 3-18 机头示意图（2）

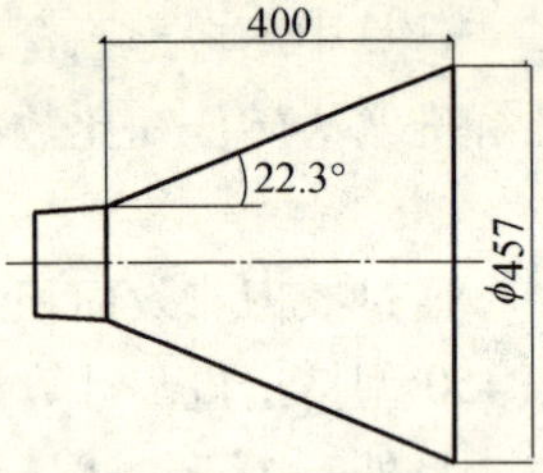

图 3-19 机头示意图（3）

图 3-20 是 600 型挤出机，挤出 240mm×115mm 标准实心砖，机头长度为 600mm，上下方向的单边锥角为 21.4°。

图 3-21 是 650 型紧凑型挤出机，挤出 240mm×115mm 标准实心砖，机头长度为 900mm，上下方向的单边锥角为 16.1°。

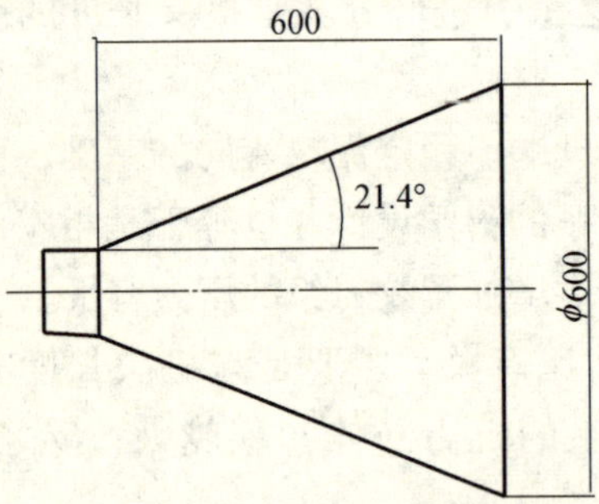

图 3-20 机头示意图（4）

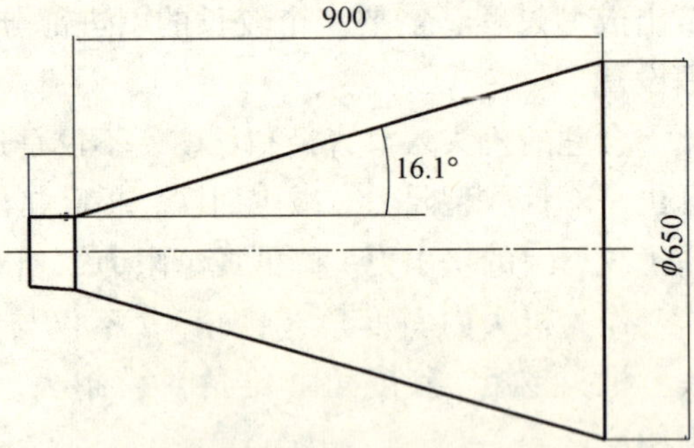

图 3-21 机头示意图（5）

增加机头的长度，以减小机头入口与出口的内锥角度，便于理顺泥料流。这也就是为什么大直径的挤出机机头设计比较长的原因所在。例如：浙江特拉公司引进的 650 型的紧凑型挤出机，机头长度有 900mm。

总的成型阻力也就是挤出压力确定之后，合理的分配内摩擦阻力和外摩擦阻力的数值是挤出机的重要设计理论。

如何理解合理的分配内摩擦阻力和外摩擦阻力的数值，就是通过合理的压缩比数值，减小内摩擦阻力。把省出来的内摩擦阻力，弥补到外摩擦阻力之中，保持总的挤出压力数值不变。

4. 挤出成型之后的复杂工艺

第四个方面问题，虽然不属于机头设计概念中的范畴，但却是挤出成型之后后续工艺的设置问题。在此提出来是作为一种对比，意义更大。

挤出单条、挤出双条或挤出多条（包括立体挤出多条），从前面的论述中看，好像仅仅是一个成型难、易的问题，其实不然。挤出单条、挤出双条，成型以后的切、码、运，同样存在一个难、易的问题。

挤出单条，坯体成型之后工艺布置很简单，只需要切单条的切条机、切坯机即可，设备简易。对于码、运，按程序进行编组就行；水平挤出双条、多条和立体挤出多条，坯体成型之后工艺布置相对来说要复杂得多，需要切多条的切条机、切坯机，设备比较复杂。

第四篇　挤出机设计理论与计算

第一章　挤出机的技术参数

挤出机的技术参数是一种量的概念，是要达到的硬性指标，是产品设计、技术性能、设备鉴定、用户认可的重要考核依据，其指标最终要纳入产品的使用说明书之中。挤出机的技术参数包括产量、挤出压力、功率、真空度四项内容。

技术参数对整个设计起主导作用，设计是围绕着技术参数而展开的。技术参数指标的先进与落后，直接展示出产品的设计理念、技术性能、产品结构、销售价格、创新发展的水平，以及市场的竞争力。

第一节　挤出机技术参数的来源

技术参数一般是已知的，或者是预先给定的，也可以是届时规定的，也有经计算得出的。技术参数不管来源如何，都应具有先进性。技术参数也可以在设计过程中因一些（设计参数）原因进行适当修改，但应该在标准的范畴之内。在这里特别强调一点，具有先进性的技术参数是以科学态度制定出来的，不应带有夸大、虚假、广告宣传等色彩，这是对科学的尊重和起码的素质。

挤出机的技术参数（产量、挤出压力、功率、真空度四大指标，其中功率为计算值）来源于以下三个方面：

1. 标准

从国标或行业标准中直接提取，按照规格型号规定的产量、挤出压力、真空度具体标准数值选用。

2. 超出标准范围的

国标或行业标准中没有的，如750型、850型、甚至1000型挤出机，无标准可寻的挤出机技术参数，可以按当前已经形成的某种发展趋势，或者是某一数值规律确定出技术参数，也可以从世界范围内同行业的（国家或生产厂家）标准中借鉴，经归纳、整理确定出具体技术参数值，技术参数值一定是求实的。

3. 价值工程设计

所谓价值工程设计，就是按价格来设计产品，是另类的“技术参数”。是在保证硬性指标的前提下，增加的一项产品价格的“技术参数”，说白了就是提高产品的技术含量。技术含量高的产品，一定是结构最简单，性能最好，加工最容易，综合造价最低廉。价值工程设计就是按预先测定的，市场能接受的，具有竞争力的价格来设计产品。价值工程的产品价格（成本价）由企业自行具体规定出。价值工程设计不仅仅体现在对新产品的设计上，同样体现在对老产品的改造上，其意义深远。价值工程设计的本质，是设计理念和结构的创新，设计理念和结构的创新是价值工程设计的根本保证。

这里多说一句，用价值工程的产品价格（成本价）设计机器可以讲是最难的，但它是最具有市场竞争力的。国外许多企业，特别是日本的一些企业，为了提高市场竞争力，产品就是按价值工程的产品价格（成本价）为依据实施设计，这是对企业技术人员队伍综合素质的考验。价值工程设计属于当前节能减排、淘汰落后产能、低碳经济范畴，符合时代的要求，是21世纪制造业竞争的核心动力之一，它能给品牌带来延伸力和扩张力，使企业产品达到更高层次，应该引起企业领导者的高度重视。

在此提出价值工程设计，就是随时提醒设计者牢记“创新”二字，在做结构设计方案的过程中，每一局部的具体结构，尽量多做几种，相互比较，从中优选出技术含量高、符合结构性能要求、制造成本低的方案。为了表述得更清楚，这里对“创新”和“结构设计”的内涵给予更深一步的理解和说明。

（1）创新：任何一种事物，当它发展到一定极限的时候，一定会寻找新的出路，否则，就难以继续生存和发展。这个新的出路，就是创新。

（2）结构设计：对于机械来讲，结构，就是经过思维而想象出的零件与零件间的组合搭配。设计，就是通过零件间的相互搭配而实现（达到）最终的目的。

结构设计，是实实在在的东西，是理论与实际相结合的产物，是智慧的结晶。同样是为实现某一种（旋转、移动、承载、连接等）目的，可设计出来多种不同零件的组合搭配，也就是说出现多种结构搭配。

结构，有搭配的简单与复杂、构成的合理与牵强、技术含量的高与低、使用性能的先进与落后、加工性能的难易、零件重量的轻与重、制造成本的高与低、外观形状的美感与呆板等多方面之分。好的结构出自于聪明的才智，出自于多年的实践经验，出自于平日的积累，出自于不断地学习和创新。注重结构的学习和积累，把每种结构视为心爱之物，加以积攒，就像集邮者对邮票的爱好一样，广泛博览，积铢累寸，孜孜追求，深思其内涵，必然硕果累累。由此看来，设计者凭借聪明智慧，为完成完美的设计任务，积攒结构应该是终身追求的。

积攒结构可以从以下五个方面入手：

①在世界范围内直接学习本行业内的先进设计，这一点相当的重要。

在国外，软塑、半硬塑成型，学习以欧洲为代表的先进理念和结构设计；硬塑成型，学习以美国为代表的先进理念和结构设计。了解、积攒他们针对某些技术性能和原理的认识，而设计出来的，内在的某一局部的特色结构。对于外“型”结构，以及重要零件的结构外形，组成的机型形状，虽然可以效仿，但尽量做到不要雷同。

在国内，收集、学习业内人士针对数万个砖厂在实际生产中创造出来的理论、结构设计和诀窍，以及为砖瓦机械制造厂转化到设备之中的成功技术。

这里补充一点，欧洲虽然以软塑、半硬塑成型著称，但它也有硬塑成型的挤出机。它生产的硬塑挤出机原理上与美国的完全相同，其不同之处在于机型结构和整机外形。补充这一点的意思是，提醒大家不要完全模仿美国的机型结构和外形，应该按照硬塑成型理论，结合本厂具有标志性的外形特征，设计出符合自己想法的、创新性的硬塑挤出成型设备，要拿出国人自立、自强、有志气的创造精神。

为更加有力地说明该问题，在本文后面的附录1、附录2、附录3、附录4中特意增加了德国翰德乐公司、意大利莫兰多公司、中国杭州萧山协和砖瓦机械有限公司与美国STEELE公司硬塑挤出机机型结构和外形形状的照片对比，从附录中的照片中可以清楚地看出，前三个附录中的公司同样是按硬塑成型原理设计的挤出机，机型结构、外形形状依然保留本公司具有标志性产品的特征，完全与美国STEELE公司机型结构、外形形状不同，这充分说明，原理可以完全相同，但具有标志性的零件，如受料箱等组件的外形形状不应该在模仿的范围之中。

②广泛学习行业外的先进设计。参加各个行业的展会，开阔眼界，拓展思路，大有益处。例如：水泥行业、机床加工行业、塑料挤出机械、石材生产线、玻璃生产线、矿山开采等，特别是重点学习塑料挤出行业的成型理论和主轴结构，因为，该设备中的许多内容与砖瓦行业有着近似相同之处。矿山开采、破碎设备、破碎工艺向水泥行业学习，导轨及导轨密封、主轴结构等方面技术向机床行业、石材机械、玻璃机械学习。

③广泛阅览技术丛书。搜集更多的先进、新颖的设计，充实、积累结构的库存，如有关塑料挤出机书籍，读者可学习其塑料挤出螺杆工作原理；又如直

线移动：电梯运行导轨、机床直线导轨、石材机械封闭导轨，以及各种机械的主轴结构的样本等。

④观察现实生活中的先进结构设计。如摄像机、数码相机、录音机等内部的巧妙的机械机构设计，特别是计算机主机的集成模块化装配结构模式。

⑤对收集来的结构加以整理、存储，改变零件间的搭配，使之成为创新结构，到时随手拈来。每一局部结构的存储量，要做到至少三种以上的设计方案，并能应用到不同技术性能要求的场合。

第二节　挤出机技术参数的确定

一、产量指标参数的确定

在硬性指标诸多参数中，首先应确定的是产量指标。下面四个表中是四种不同来源的产量指标：

表 4-1 是行业标准以不同压力段，按挤出机规格型号规定的小时产量指标；

表 4-2 是按砖厂适度规模产量规定的产量指标；

表 4-3 是超出行业标准范畴的，按当前已经形成的某种发展趋势和按某一数值规律规定的小时产量指标；

表 4-4 是硬塑挤出成型产量指标。

（1）行业标准：成型压力 2.0MPa/cm^2 时，各规格型号挤出机的小时产量，见表 4-1。

表 4-1　各规格型号挤出机的小时产量

规格型号	400 型	450 型	500 型	550 型	600 型	650 型	700 型
产量（标块/h）	≥8000	≥9000	≥10000	≥11000	≥12000	≥13500	≥15000

（2）砖厂适度规模产量，见表 4-2。

表 4-2　砖厂适度规模产量

	砖厂适度规模产量（块标砖/年）				
第一档	0.6 亿	1.2 亿	2.4 亿	（2.8 亿）	4.8 亿
第二档	0.4 亿	0.8 亿	1.6 亿	（2.0 亿）	3.2 亿

（3）超出行业标准范畴的挤出机产量指标，见表 4-3。

表 4-3 行业标准范畴的挤出机产量指标

规格型号	650 型	750 型	850 型	1000 型	1200 型
产量（t/h）	50~60	70~80	90~100	110~120	130~140
功率（kW）	250	315	430	540	660

（4）硬塑挤出机产量指标（成型压力 2.5MPa/cm^2 时），见表 4-4。

表 4-4 挤出机产量指标

规格型号	40F 型	50F 型	75AD 型	90A 型
产量（标块/h）	6800	8500	12500	15300
下级功率配置（kW）	150	160	220	280~315
砖厂规模（标块）	0.3 亿	0.4 亿	0.6 亿	0.8 亿

（一）对表 4-1~表 4-4 产量指标标定的认识

（1）表 4-1 是在成型压力 2.0MPa/cm^2 时，各规格型号挤出机的小时产量，更准确地讲，是按成型压力值，以挤出机规格大小确定出的小时产量，与其他因素无关。砖厂的年产量，是依据挤出机小时生产能力，乘以日工作小时，再乘以年工作天数来确定的。

对成型压力段为 3.0MPa/cm^2、4.0MPa/cm^2 小时生产能力，与表 4-1 意思相同，故不再列出。

（2）表 4-2 规定的是砖厂适度规模年产量，与成型压力、挤出机规格型号无直接关系。根据砖厂的适度规模年产量，除以年工作天数、日工作小时，得出小时生产能力。以此，还可以细化到每分钟的生产能力、每转的挤出量，最后通过绞刀直径和螺距的排列，准确地计算、确定出挤出机的规格型号。

所谓适度规模年产量，就是经过综合经济利益评估后，依据废料的排放量、存放量，以及其他制砖资源（如粉煤灰、煤矸石、页岩、炉渣、尾矿）的总量，确定出与其相适宜的砖厂的年产量。表 4-2 列出的年产量适用范围广，规模大，符合当前形式和今后发展的要求。年产量最佳的选择是在 1.2 亿~3.2 亿块之间。这样的好处是，既提高了砖厂的规模效益，消减小规模砖厂的数量，又促进机械厂交钥匙工程技术水平的提高，达到治理环境污染，实现共赢的目的。

（3）表 4-1、表 4-2 表达了砖厂年产量与挤出机的关系正相反。两者相比，应该讲按表 4-2 的规定是比较适宜的，因为砖厂适度规模年产量，是在保证综合社会利益的前提下确定出的规模产量；反过来讲，砖厂适度规模年产量是为综合社会利益服务的，同理，挤出机也理应是为其服务。所以按适度规模产量要求，配置相对应的挤出机，应该是符合科学发展观要求的。

以年适度规模产量作为办砖厂的产量指标，科学、直观、一目了然、便于交流、容易理解，人性化，符合用户的建厂或改造、扩建砖厂的要求。针对适度规模产量，砖瓦机械制造厂家，可以对挤出机绞刀直径的变化、绞刀组螺距排列组合、主轴转速、功率、挤出压力等设计参数进行相适应的参数调整。

（4）表 4-2 列出了适度规模产量间隔范围，以最低适度规模产量为基数，每级按前一级基数的倍数递增，形成多级的适度规模产量。两个档次的数据由小到大顺序排列，能满足多层次砖厂规模需求。为缩小之间的间隔，增加了一个括弧内产量。

适度规模年产量，最小规模为 4000 万块/a，对于年产 4000 万块以下规模的砖厂，没有列入其中，原因很简单，就是消减小规模砖厂的数量。对于年产 4000 万块的砖厂，扩大规模可以按其倍数，扩展为 8000 万块/a 产量，其他规模的也可以按其倍数扩展。

（5）表 4-2 既适合软塑成型的砖厂，也适合硬塑成型的砖厂，无需再以软塑、半硬塑、硬塑三个压力段来确定挤出机的挤出量。

按目前以不同压力段，规定出的挤出机小时挤出量，容易造成混乱。不论软塑成型，还是硬塑成型，产量指标应该都是一样的，区别应该体现在其他方面，如成型压力大小、功率多少、原料和制品特征等。

（6）表 4-3 为超出行业标准范畴的挤出机产量指标。提供这个产量指标主要是为设计者参考，心中有一个量的概念，该产量指标是有规律可循的。另外，列出了计算功率值，选取时可套用电动机标准功率参数。

750 型以上的挤出机，已超出行业标准的范围。目前，世界范围内已生产出的最大挤出机为 750 型，近来，有的厂家样本中标出 850 型挤出机。对于超出行业标准范围的产量指标，可以按现已形成的参数来确定。表 4-3 所列出的 750 型以上挤出机的技术参数，就是按目前已形成的参数，并以某一区间数值规律定出的 t/h 产量指标。表 4-3 产量虽然是以 t/h 规定的，但完全可以套用表 4-2 适度规模产量指标，最终确定出挤出机的规格型号。

（7）表 4-4 硬塑挤出机年产量指标，是摘录美国 STEELE 公司样本中，部分规格型号的最低产量数据列出来的，原本该表格是没有的，但考虑到行业内总体对硬塑成型的认知状况，还是列出表 4-4 供参考。硬塑挤出机年产量指标与上面已讲过的适度规模产量不存在任何冲突。

（二）硬塑挤出机规格型号的说明

因上一节讲到硬塑挤出机年产量指标，由此，让笔者联想到硬塑挤出机的规格型号，故增加这一小节，说明对硬塑挤出机规格型号的认识。

（1）目前国内硬塑挤出机原理设计大多数是效仿美国的，这本无可非议，但套用美国的数字规格型号，并在数字前面冠以 JKY 字母标注在自己产品的标牌上，实在是不可取的。因为，美国的硬塑挤出机规格型号不是按国内行业标准规定的那样，以下级封闭段绞刀直径来确定的，在后面，第四章第四节 2 次变径、变螺距绞刀组排列组合中会讲到。

（2）硬塑挤出机下级绞刀组是 2 次变径、形成 3 种不同直径，封闭段 2 种，受料段 1 种，且封闭段 2 种绞刀直径根据生产制品、原料、产量不同，还需要再调整、变化，所以难以用绞刀直径表示挤出机的规格型号。

（3）根据美国 STEELE 公司样本中的介绍，50、75、90 数字是在减速机一栏中列出的，因而，数字所代表的应该是减速机的某一关联数值。在 2 次变径、变螺距绞刀组合中，用封闭段绞刀直径表示挤出机的规格型号有难度，用减速机中某一尺寸，如低速级的中心距，或其他标志性尺寸确定挤出机的规格型号是很正常的。

（4）我国 JZQ 减速机是以高速轴与低速轴之间的距离规定出其型号规格的，这是按前苏联标准执行的；而 ZDY、ZLY、ZSY 型，硬齿面减速机标准，则是按低速轴到中间轴的距离尺寸规定出其规格型号的，参照的是欧洲的标准，也就是国际标准。硬齿面减速机标准号为 JB/T 8853—1999。

（5）用减速机低速轴与中间轴中心距尺寸作为依据，制定出符合挤出机的规格型号是有一定道理的。从两个方面讲：①规范了减速机的规格型号，提高了对减速机的认识，有了真正意义上适合砖机的减速机，让挤出机传动部分有了可靠的保证；②不按封闭段绞刀直径规范挤出机的规格型号，针对成型不同制品、不同原料、不同成型压力和适度规模产量的要求，给予绞刀直径变化 + 螺距组合变换的广泛空间。

（三）小结

（1）按砖厂适度规模年产量或预先确定出年产量，其好处在于不再计算产量指标，将产量的计算公式转化为计算其他数值的计算公式。比如：计算主轴（绞刀轴）的转速，这对于挤出机的设计，特别是为砖厂变换生产不同制品时，提供了方便，很快就能计算出相适应的主轴的转速，意义很大。后面关于主轴（绞刀轴）转速的计算就可以明显体现出来。

这里所讲的不再计算产量指标，是指不再计算年产量指标。挤出机小时的挤出量，是按年工作天数、日工作小时折算出的。

（2）按砖厂适度规模年产量确定出挤出机的规格型号，应该说明的是：绞刀直径很有可能不是按行业标准 40、45、50、55 等 50mm 间隔递增，而是按其他更符合事物客观规律的绞刀直径系列数字递增，从真正内在意义上讲，是按机头入口与机头出口面积比确定绞刀直径的。其实，美国的硬塑挤出机绞刀直径就是按这样一种规律设计的，认识到这一点意义很大。

另外，从表4-3也可以明显地看出，650型~850型之间的规格，挤出机型号已不是按50mm间隔递增，而是按100mm间隔递增；850型以上的规格，则是按150mm间隔递增；1000型以上的规格，则是按200mm间隔递增。

此种变化，对于硬塑成型的挤出机则意义更大，硬塑成型绞刀组属于2次变径、变螺距压缩型绞刀组，最小直径和最大直径很难同时圆整到行业标准中的50mm间隔直径，因而，无法按标准规格型号执行，只好另行其事。在欧洲，多数厂家以560型挤出机规格，替代550型的挤出机，其原因也在于此。

（3）按目前行业挤出机实行的绞刀直径以50mm间隔递增，标明挤出机的型号规格，以及以不同压力段标定小时产量，显然存在着明显不足。

（四）产量计算和挤出机生产总量的确定

（1）产量计算。产量计算是指挤出机生产能力的计算，即挤出机的小时挤出量。它与绞刀直径和绞刀组螺距排列组合、主轴（绞刀轴）转速、挤出效率、挤出压力、功率配置等因素有关，属于设计参数范畴，这里暂时不做说明，其内容将在之后的计算公式（4-10）中详细叙述。

（2）小时产量的计算公式为：

$$Q=\frac{\eta_1\eta_2 N}{KP}\quad (\mathrm{m^3/h}) \tag{4-1}$$

式（4-1）是功率计算式（4-8）的变形，该公式的产生，让挤出机小时产量的计算变得容易了，在这里暂时不作过多解释，在功率计算章节中会详细地说明该公式的意义和功率、挤出压力之间的关系。

（3）挤出机的生产总量，是指挤出机能达到的最高年产量。更准确地讲，它是指挤出机每小时必须保证的挤出产量。其计算方法为：选择某一适度规模年产量为参数，以长年生产为例，按年生产300d，日工作16h为计算依据，计算出挤出机每小时应该达到的挤出产量。然后，再根据挤出机每小时的挤出产量为参数，用式（4-10）计算出绞刀轴每转一转的最大挤出产量，以此，最终确定出挤出机的规格型号。

（4）若按目前行业标准，以不同压力段，规定出的挤出机不同规格型号的小时挤出产量作为参数，普遍认为400型、450型、500型挤出机的标定产量略显偏低，特别是400型规格的挤出机，用户（市场）很难接受，因而，需要调整。所谓调整，就是设计时有意识地将产量提高，提高的量为现在小时产量的1.2倍左右比较适合。

(5) 另外，再说明一个观点，从砖厂规模增大、砖厂数量减少的发展趋势看，450 型以下的挤出机面临着淘汰的可能，这个观点看似很有道理，15 年前笔者根据两部两局（建设部、农业部、国家土地管理局、国家建材局）墙改系统工程的工作要求，曾参与淘汰 400 型号以下挤出机的调研和编写文件的工作。近七八年来，经过认真学习，深入认知，特别是对硬塑挤出机绞刀组螺距排列组合特点的深层了解，以及对压缩比概念的进一步理解，联想到挤出机的发展方向和双挤出型双级真空挤出机的开发，改变了此看法。理由会在后面结合硬塑挤出机绞刀组螺距排列组合的叙述中得出明确的结论。

（五）计量单位的统一

在国内，行业产量指标是以挤出标砖块/h 为计量单位；在国外，则是以挤出 t/h 原料重量为计量单位；而挤出机的功率计算公式则是以 m^3/h，实际挤出泥量的体积为计算单位。因此，三种以不同形式出现的计量单位必须统一，这里计算公式应是第一位的，不管以哪种计量单位，都必须折算成 m^3/h，也就是说，以实际挤出泥量的（体积）立方米为计算单位。

1. 对计量单位的认识

以标砖块/h 为计量单位；以 t/h 原料重量为计量单位，两者相比，前者是传统、习惯上的计量，无可非议，但从另一种意义上讲，后者更科学一点。作为单一原料制砖，不同计量单位显示不出差异，而当前以复合材料制砖则显示出，以 t/h 原料重量为计量单位的优势，如页岩 + 粉煤灰制砖、页岩 + 某种原料生产的不同颜色的砖等，以重量比进行掺合是最好控制和掌握的，可操作性强。

2. 计量单位统一

(1) 按实心标砖块/h 为计量单位的，需折算成 m^3/h，以 683 标砖块为 $1m^3$，空心砖则要去掉孔洞部分。

(2) 按 t/h 为计量单位的，需折算成 m^3/h，则按原料比重值折算成 m^3/h。

(3) 对于混合原料制砖，如粉煤灰 + 页岩等，依据所占的重量比，按其各自比重值折算成 m^3/h。

这里需说明一点，混合原料制砖，最好预先做出试块，为设计计算提供初始、准确的技术参考数据。当制品生产定型、力学性能达标、混合料制砖重量配比成定值后，可以再次进行更为准确的计算，随之相关数据可以加以修改，以积累经验数据。

（六）已成型制品与初始原料之间的关系

已经成型的制品与初始原料是指原料成型前和成型后的关系。在说明两种原料关系之前，先定义两个名词：一是比重；二是容重。

比重：物质的重量和4℃时同体积纯水的重量的比值，称之为比重。也可以理解为，材料在绝对密实状态下单位体积的重量，体积内不包含孔隙。

容重：单位体积物体的重量，称之为容重。也可以理解为，材料在自然状态下单位体积的重量，体积内包含孔隙。

已经成型的制品与初始原料之间存在以下关系：

（1）对于挤出机挤出的制品，应将其看作是近似于相同比重原料的重量，也就是说，属于比重原料重量的范畴。近似是指此时的制品还含有一定量的水和孔隙。硬塑成型生产的高标号砖，烧成后，达到原料的比重要求，甚至于超过该要求。

（2）对于制品成型之前的原料，将其视为（干基）自然状态下的物料，系为容重，也就是说，属于容重原料重量的范畴。这里单位体积内的孔隙量，黏土为10%以上。其他原料也可以以此数值为参照。对于10%是允许有正负值误差的，但是，设计时一般按等于或超过10%正值误差方面取值。

（3）根据容重的含义和上一条的定义，下级的挤出量乘以1.1倍，就是上级绞刀挤出段的挤出泥量，这是一个很重要的设计参数，应该牢记。通过这一点可以看出，上级的小时挤出产量是通过下级的挤出产量为依据而计算出的，这就是双级真空挤出机，为什么要先设计计算下级而后设计计算上级步骤的原因之一。

（4）对于容重，应该是干基下的体积重量，产量计算也是按此进行的。实际上制砖原料不属于干基体积重量，有一定量的含水率，对于这一因素，在机口定型尺寸中，已经按某一百分比收缩率数值考虑进去，也就是说，挤出成型的制品外形尺寸大于烧成后制品的几何尺寸，因而，设计计算（折算）时，原料视为干基下的体积重量，不再考虑含水率因素。如果按湿基下的体积重量折算，那含水率需要控制得相当准确。

这里顺便讲一点，制砖原料必须含有一定量的水分，否则无法挤出成型，在这提供一个经验数据，进入上级搅拌的泥料，经真空箱抽去空气和水气，到下级挤出成型坯体。一般来讲，前后含水率损耗（相差）下降大约一个百分点。

表4-5列出了部分原料的比重。

表4-5　部分原料的比重

原料名称	黏土	页岩	煤矸石	粉煤灰	污（淤）泥
比重	$\gamma=$	$\gamma=2.2\sim2.6$	$\gamma=2.6$	$\gamma=2.0\sim2.4$	$\gamma=$
容重（kg/m^3）	$\gamma_0=$	$\gamma_0=$	$\gamma_0=$	$\gamma_0=$	$\gamma_0=1$

（5）对表4-5的说明：

由于各地域、原料成分组成不同，物料的密度有一定差异，故无法列出准确的密度值。准确的密度值需要长期的积累过程，计算时最好能取得当地的原料密度数值为参数，表4-5中数值仅供参考。容重数值没有列出，按上面所讲，知道原料密度，可按百分比计算出容重的立方米数。原料种类（名称），只是象征性地列出常用的几种。

二、挤出压力指标参数的确定

挤出压力为给定值，也就是说在行业标准中，根据挤出成型性质（软塑、半硬塑、硬塑），对挤出压力有（2.0MPa/cm^2、3.0MPa/cm^2、4.0MPa/cm^2）的标准规定。

虽然挤出压力有给定的参数值，但选取时还应谨慎，原因是：过高的挤出压力值，加大了制造成本，造成无形的浪费；过低的挤出压力值，满足不了挤出机工作能力的要求。因而，必须科学对待。

这里阐明观点：设计，应该是求实的、认真的、科学的，来不得半点虚伪、夸张，更不应带有广告色彩。制砖成型分为软塑（半硬塑）和硬塑两种：软塑（半硬塑）成型含水率在16%～28%之间，所以成型压力大多数都在2.2MPa/cm^{2}范围以下；硬塑成型含水率在12%～16%之间，所以成型压力大多数都在2.2MPa/cm^{2}以上。不同含水率需要的成型压力是一个相对稳定的数值，不存在高含水率需要高成型压力挤出的问题。

对于成型性质与成型压力之间的关系，中国建筑西北设计院早在20世纪就已对此做过明确的说明，见表4-6。

表4-6 成型性质与成型压力之间的关系

成型性质	软塑成型	半硬塑成型	硬塑成型
成型压力（kgf/cm^2）	4～14	14～22	22～45

说明：根据成型性质与成型压力之间的关系，只要是在软塑、半硬塑成型范围内，20kgf/cm^{2}的成型压力基本上就足够了，为增加机械强度的保险系数，在挤出机设计时可将挤出压力数值适当提高，以保证零部件的强度和推力滚子轴承的轴向承载能力和使用寿命。笔者的经验，保险系数为1.2～1.5倍的成型压力，小型号挤出机取小值，反之则取大值；软塑成型取小值，硬塑成型取大值。

对于挤出机的机械强度，应根据挤出压力指标所计算出的功率参数进行强度校核。主轴的强度只与传递功率大小、转速高低、主轴受力、材质、热处理等因素有关，与挤出压力为间接关系；承担轴向承载能力的推力滚子轴承和整机某些零部件强度与挤出压力高低密切相关，在计算轴承寿命和零部件结构设计时应给予充分考虑。

（一）挤出压力的计算

几十年来，挤出压力的计算是个难题，为探讨、交流这一课题，有些业内人士专题发表过关于挤出压力计算的文章。至于真正设计时，中国建筑西北设计院——挤出机权威设计单位，按照硅酸盐工业机械设备的公式计算，基本采用的是前苏联 M. Я. 萨波日尼柯夫和 N. A. 布拉文所提出的挤出压力经验计算公式。现在的砖瓦机械制造厂、企业的技术人员也仿效使用此公式。

（1）挤出压力计算公式——M. Я. 萨波日尼柯夫和 N. A. 布拉文的经验公式：

$$P = K_1 K_2 K_3 (0.215W^2 - 10.62W + 130.5 + 10.8D^2) \qquad (4\text{-}2)$$

式中　P——挤出压力，N/cm^2；

K_1——机头长度改变系数，机头长度（mm）150、200、250，对应的 $K_1 = 0.878$、0.989、1.000；

K_2——机口长度改变系数，机口长度（mm）150、200、250，对应的 $K_2 = 0.82$、0.91、1.00；

K_3——泥料性质修正系数，泥料塑性好，$K_3 = 0.875$；泥料塑性差，$K_3 = 1.15$；

W——泥料含水的百分数；

D——末端叶片直径，m。

（2）对前苏联 M. Я. 萨波日尼柯夫和 N. A. 布拉文经验公式的说明和理解：

1）该公式属于软塑成型范围，计算挤出实心砖的经验公式，虽然有一定误差，但 20 年前应用还是有一定意义的。时至今日，砖瓦行业已是今非昔比。实心砖生产受到限制，基本让空心砖替代，制砖原料也发生变化，机头、机口结构也已改变，半硬塑成型和硬塑成型的普遍应用等诸多因素表明，该公式早已不适合当前挤出机的设计计算。本文再次提出该公式，目的是对过去挤出压力计算有个了解，对于研究者可以作为参考资料。

2）该公式有两个版本，一个版本如上所述，另一个版本中则无 K_3 泥料性质修正系数这一项。增加泥料性质修正系数一项，是属于对该公式的修正。对于无 K_3 泥料性质修正系数的计算公式，计算后，则根据泥料塑性的高低，再乘以一个百分数，可塑性低的再加 15%，可塑性高的降 12.5%，也属于对该公式的修正。

3）式（4-2）之所以只适用实心砖，不适用空心砖的成型压力计算，主要是公式所包含内容还有欠缺，计算主要内容是机头、机口长短变化引起的成型阻力，也没有反映出泥料间的内集聚的摩擦阻力，泥料与机头、机口内壁产生的摩擦阻力；没有反映出空心砖孔型断面阻力平衡方面的计算内容，如芯架、芯头产生的阻力。

4）式（4-2）并没有从挤出压力变化的过程中，反映出挤出机机械效率、产量、功率（电流消耗）等方面变化的关系，因而不直观。

从经验公式的内容看，与成型压力大小相关的，主要是机头长度和机口长度。当机头、机口长度相同（同为250mm长度）时，K_1、K_2参数值相等，都等于1，其他值不变，此时成型压力值最大。

(3) 挤出压力计算公式2（最大成型压力的计算）：

$$P=\frac{\eta_1\eta_2 N}{KQ}\quad (\mathrm{kgf/cm^2}) \tag{4-3}$$

挤出压力求解公式（4-3），是功率计算公式（4-8）的变形。该公式的产生，让挤出压力计算的难题得到了解决，这里暂时不做过多解释，在功率计算章节中详细说明该公式的意义以及与功率、产量之间的关系。

(4) 挤出压力技术参数指标的意义：

1）挤出压力是坯体成型过程中的重要载荷数据之一，因而，必然是挤出机的设计计算和功率计算的重要参数之一。

2）反算出挤出压力值。反算挤出压力包含两个方面的内容：一是反算挤出机的最高挤出压力；二是针对不同孔型断面，计算成型压力。在功率计算章节中有这两个方面内容的计算举例。

3）挤出压力数值的显示。挤出机是通过压力表反映出挤出压力数值的，由于多种原因使得所显示的成型压力值并不准确，仅仅是个参考数值，因而，从真正意义上来讲，通过测量挤出后坯体的硬度，以此反映成型阻力的大小，应该讲是最准确、最科学的。

（二）主轴轴向力的计算

在挤出压力的计算章节中，提出主轴轴向力的计算，这主要因为主轴轴向力对挤出压力而言的重要性。

挤出压力，其实质是指将泥料从机头、机口挤出成型过程中所需要的挤出力，或者说是总的作用力。这个总的作用力反映到挤出机上，就是绞刀组的推力（挤出力）。根据作用力与反作用力的关系，绞刀组在推进泥料的同时，也必然受到相同的反作用力，这个反作用力，就是主轴所受到的轴向力。轴向力是主轴结构设计、强度计算、推力轴承的选择和校核的重要参数，因而，轴向力的计算方法和得出数值的准确与否，对挤出机的设计极为重要。下面对轴向力的计算公式加以探讨。

1. 轴向力的计算公式

$$p=\frac{P}{F}=\frac{4P}{\pi\ (D^2-d^2)}\quad (\text{kgf/cm}^2)\tag{4-4}$$

式（4-4）的变形为：

$$P=p\times F=p\times\frac{\pi}{4}\ (D^2-d^2)\quad (\text{t})\tag{4-5}$$

式中　P——总作用力（推力），t；

p——挤出压力，kgf/cm²；

F——有效截面面积，cm²；

D——双线绞刀直径，cm；

d——双线绞刀轴套直径，cm。

2. 轴向力计算公式（4-5）的说明

（1）轴向力的受力部位

因为求解的是总作用力（轴向推力），故将式（4-4）变形，得到式（4-5）的形式。从式（4-5）中可以看出，总作用力（轴向推力）P 等于挤出压力 p 与绞刀有效截面积 F 的乘积。有效截面面积 F，为双线绞刀直径的截面积减去绞刀轴套的截面积。透过截面面积 F，公式清楚地表明了挤出压力的受力部位，也就是说，绞刀受到的轴向力只限于绞刀叶片上，绞刀轴套（包括轴直径部分）有效截面积不受轴向力。

用通俗的话理解上述的意思，就是说，绞刀叶片向前推动泥料挤出时，中心轴套是向后座的，所以轴套部位不受轴向力。

（2）对轴向力的作用面积分析

双线绞刀端面轴套直径部分，此处为垂直平面，没有推动泥料前移的动力，视此处为“空穴区域”，所以，轴套端面直径部分不受轴向力，因而，在式（4-5）中减去绞刀轴套有效直径 d。如图 4-1 所示，轴向受力只是因叶片推动泥料前移而产生的反作用力。这是对轴向力计算公式的基本理解。

对于轴套端面是否受到轴向力是不是也可以这样理解，当绞刀叶片推动泥料挤出时，产生的泥料流是以圆环状向前移动，进入机头锥度内腔后受到急剧压缩，并向挤出中心集结，这时“空穴区域”自然会形成一个圆锥体形状，这个圆锥体并不是“空穴状态”，而是一个实实在在的圆锥体，属于死泥区域（停机后打开机头，观察轴套端面泥料与周围处泥料密实程度完全一样，则视为不存在“空穴区域”）。这个圆锥体支承两个力，一个是沿挤出方向的轴向力，另一个是垂直于挤出方向的径向力。既然圆锥体起到一个双向力的支承作用，必然也将支承力（轴向力）传递到轴套端面，因而，轴套端面也应受到轴向力。

下面，通过图 4-1 ~ 图 4-4 加以分析。

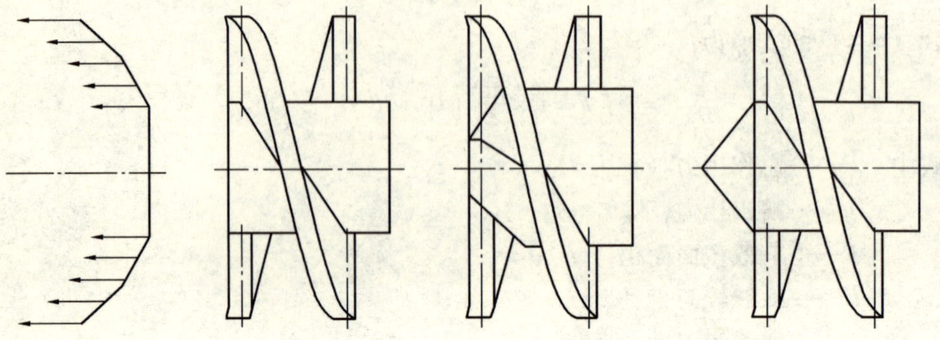

图 4-1　　图 4-2　　图 4-3　　图 4-4

图 4-1 表示的是泥料脱离双线绞刀进入机头，最大直径处泥料输出（挤出）量最大、速度快，接近绞刀轮毂处输出量变小、速度慢，在轮毂端头处无泥料输出。如果能做到在整个绞刀直径中全部有泥料向前流动那是最理想的。

图 4-2 表示的是双线绞刀轴套直径是平面。

图 4-3 表示的是双线绞刀轴套直径不是平面，而设计成锥套，尽量缩小端面轴套直径，也就是说，将双线绞刀轴套做成圆锥体，并随之延长叶片，形成推动泥料前移的动力，绞刀直径中全部有推动泥料向前流动的动力是最理想的。这是国外的普遍做法，并声称谁把前端锥套直径做得最小，也就是说，谁做到双线绞刀断面全部有推动泥料移动（挤出）的动力，谁就是世界冠军。

把绞刀叶片延长到轴套中心，显然，推动泥料移动的叶片有效面积加大，轴向力的受力面积也增大。国内许多厂家的双线绞刀，也有与国外做法相同的。

图 4-4 表示的是在双线绞刀轴套直径端面加一个圆锥。用一个圆锥填补“空穴区域”，与轴套组焊成型，在挤出过程中，泥料沿锥面向挤出方向滑移，达到推动泥料前移的目的，效果很好，因而，圆锥体承载着轴向力。

另外，国内外有些理论认为：轴套直径平面处是产生坯体螺旋纹的原因之一。将双线绞刀轴套处前端做成圆锥体形状，如图 4-4 所示，可以消减螺旋纹的产生。

通过上述明确的表述说明，双线绞刀仅叶片处的有效面积承受着轴向力是不全面的，应该视为双线绞刀直径的整个圆面积都承受着轴向力，因而主轴轴向力的计算公式可以改为式（4-6）。

3. 轴向力计算公式

$$P = p \times F = p \times \frac{\pi}{4}D^2 \quad (\mathrm{t}) \tag{4-6}$$

更改后的轴向力计算公式加上了轴套的有效面积部分，符合了上述的要求。但从实践经验来看，式（4-6）还不能完全表达出主轴所受的最大轴向力，还有一些加大轴向力的因素没有考虑进去，因而，式（4-6）还需增加附加轴向力一项，见式（4-7）。

4. 轴向力计算公式

$$P = p \times F + p_1 = p \times \frac{\pi}{4}D^2 + p_1 \quad (\mathrm{t}) \tag{4-7}$$

式中　p_1——附加轴向力，$p_1 = 0.2P$。

5. 轴向力计算公式（4-7）的说明

（1）轴向力计算公式（4-7）比计算公式（4-6）增加了一项附加轴向力，其目的是提高挤出机的承载能力，确保设备的使用寿命而增加的一点保险系数。附加轴向力来源于以下几个方面：

①重载停车、超载启动瞬间产生的冲击载荷，引起的挤出压力升高；

②成型过程中，原料含水率和颗粒级配组成的波动变化，而产生的附加载荷；

③压缩型绞刀组、泥缸阻尼衬套与绞刀外径之间的间隙中泥料的剪切阻力，即径向压力，而增加的挤出阻力；

④上述几种原因同时产生，致使轴向力的加大。

提示：这里提出“径向压力”一词因应引起注意，径向压力的产生是由绞刀螺距而引起的压力角的变化。螺距小，压力角小，轴向挤出分力（推力）大，径向分力（压力）小；螺距大，压力角大，轴向挤出分力（推力）小，径向分力（压力）大。在绞刀组螺距排列组合时，应作为重点的考虑因素。

（2）这里应该特别强调：轴向（力）载荷的大小，对于挤出机的设计、使用、性能和寿命十分重要，应给予充分的考虑。说得再明白一点，就是主轴设计时要加大推力滚子轴承的直径，而且还要选取 90394 × ×型号的，不要选取 90393 × ×型号的，以提高轴向的承载能力。对于这一点，不论欧洲的软塑成型的挤出机，还是美国的硬塑成型的挤出机，在其结构设计的图纸中，都能得到认同。

（3）附加轴向力取值，一般为总推力的 0.2 倍左右。附加轴向力对于软塑成型的小型挤出机的设计可以忽略不计，只需增加安全系数即可，对于大型挤出机的设计应该予以重视。其原因是，挤出压力向上波动 2kgf/cm^2，轴向力将提高 10% 左右，对于半硬塑成型要适当考虑；对于硬塑成型应该予以重视，因为它属于高压力成型。

（三）挤出压力数值的确定

挤出压力在行业标准中有明确规定：软塑成型 2.0MPa/cm^2；半硬塑成型 3.0MPa/cm^2；硬塑成型 4.0MPa/cm^2。挤出机设计时可以根据成型性质选择挤出压力指标。

按行业标准选择挤出压力指标，对于挤出机的设计计算来讲变得简单了，但也不能就此说以后不用再计算挤出压力值了。其实按标准选择挤出压力参数指标，仅仅是针对初步挤出机设计而言，而更具有真正实际意义的，则是反算出挤出压力值，如前面挤出压力参数指标意义小节中所讲，因此，挤出压力还是需要计算的。

（四）主轴的受力分析

为了把问题说明得更清楚，有必要对挤出机主轴的受力加以分析。详见第五篇第一章。

三、挤出机的功率计算

挤出机所需功率数值，属于未知的，当产量、挤出压力以及相关的技术参数确定后，功率的数值必须经过计算得出。以下将细致地论述、说明、探讨功率的求解。

（一）功率计算公式

$$N = 0.027\frac{QP}{\eta_1\eta_2}\quad (\text{kW}) \tag{4-8}$$

式中 N——功率，kW；

Q——产量，m^3/h；

P——挤出压力，kgf/cm^2；

η_1——挤出效率：$\eta_1 = 0.075 \times C_q \times 4\omega \times (1-\omega)$，见式（4-9）；

η_2——机械效率。

（二）对功率计算公式（4-8）的说明和理解

（1）功率计算公式（4-8）出自德国埃森砖瓦研究所，简称为埃森公式，为欧洲目前普遍所用，国内中国建筑西北设计院在 20 世纪 80 年代末开始使用和研究。该公式结构与液压系统功率计算公式很相似，比过去硅酸盐机械设备有关功率计算公式简明得多，适用于软塑、半硬塑、硬塑成型功率计算。该公式不仅适用于挤出机下级功率计算，同样，也适用于挤出机上级挤出部分的功率计算。

（2）此计算公式属于经验公式，可能会有一定的误差，当然，误差与公式中参数选取有关，只要设计者长期使用，不断摸索、修正，从实践中积累，全面考虑，随着经验的增加，对公式参数的深入理解，误差会逐渐缩小，公式中的各个系数经不断调整也会更加准确，使公式自身得到完善和发展。

这里进一步说明所谓的误差：因经验公式内在原因，即参数取舍产生的误差，这种误差属于技术性的；计算结果与最终功率数值的选取而产生的误差，属于标准规格不对应性的；计算结果与预想功率的大小产生的误差，属于意识性的。

对于技术性的误差，随着经验的积累，误差会缩小；标准规格不对应性的误差，选取电动机规格时最好向上靠，选功率数值大一些的；至于意识性的误差，有的是要剔除的，有的是要赞许的。这里需要说明，所谓应该剔除的，就是带有广告色彩宣传的低功率、高产量；所谓要赞许的，就是用科学态度选取的电机装机功率。对于国内、外厂家样本的技术数据（功率数值）仅是一种参照。

说明一个观点：经验公式计算结果产生的误差是相对而言的，进一步用白话解释此言，就是计算结果很可能是正确的，误差是人的主观认识（意识）产生的。把该观点说得再明白一点，就是用头脑中固有的数值替代正确的计算结果。

（3）产量、挤出压力、功率三者之间的平衡关系：从功率计算公式中可以看出，功率计算与产量 Q、挤出压力 P、挤出效率 η_1、机械效率 η_2 四大因素有关。

（三）功率计算公式分析

（1）当功率恒定之后，机械效率和挤出效率也已成定值时，若要保持等式两边平衡，提高产量，势必降低挤出压力；反过来讲，提高挤出压力，势必降低产量。这里功率恒定是前提，也就是说，功率大小已经确定了。

（2）若要保证产量，又要提高挤出压力，或者是说，若要保证挤出压力，又要提高产量，其结果只有一种可能，那就是必须加大功率。这里功率没有恒定，也就是说，既要保证产量，又需要一定的成型压力，功率必须与其相适应。

（3）功率公式清楚地表达了产量、挤出压力、功率三者之间的平衡关系。

产量、挤出压力、功率三者之间的平衡关系，是个道理很简单，但又很有实际意义的问题，不管是挤出机的设计者，还是用户，特别是用户，牢记三者之间的平衡关系，对正确选择和使用挤出机有着很重要的现实意义。

（四）挤出效率 η_1

挤出效率是挤出机功率计算的关键数据，从功率计算公式（4-8）所包含的参数中可以看出，除挤出效率 η_1 外，其余参数都是定数，不存在参数选取范围的内容，所以，功率计算结果的精确度几乎完全取决于此。为此，多下一点工夫，多花一点篇幅分析、说明、理解是非常有必要的。

1. 挤出效率 η_1 计算

$$\eta_1 = 0.075 \times C_q \times 4\omega \times (1-\omega) \tag{4-9}$$

式中 C_q——泥料常数，它随泥料成分、绞刀表面的光滑程度等因素而变化，其值在 0.9～1.3 之间选取，一般取 $C_q=1.1$。

ω——挤出率。

2. 挤出率 ω 值计算

$$\omega = \frac{Q}{n \times q_{max} \times 60} \tag{4-10}$$

式中 Q——小时产量，m^3/h；

n——主轴转速，r/min；

q_{max}——末节绞刀每转一转最大输送能力，m^3/h；

$$q_{max} = 0.63 \times C_q \times F_S \times H \tag{4-11}$$

式中 F_S——末节绞刀有效截面积，m^2；

H——末节绞刀螺距，m。

说明：求解挤出率 ω［式（4-10）］，在此只是将其列出作为分析而用，式中的未知数还未一一列出，因而，还不具备计算的条件，待逐步将各个未知数引入、说明、弄清楚之后，再进行详细的计算。

3. 对挤出效率 η_1 计算公式（4-9）的认识和理解

（1）挤出效率 η_1 计算式有两个未知数，一个是泥料常数 C_q，另一个是挤出率 ω 值；前者是在一定区间范围内选取的数值，选取中间值是一般的常识，而后者则是需要经过计算得出的数值。

（2）泥料常数 C_q 选取中间值，我们可以将其暂时视为固定不变的常数，这样简化后，有利于把握计算的精度。当其他所有条件都不变时，影响功率大小的因素完全是因泥料性质发生变化而引起的，此时，再酌情选取泥料常数 C_q 值，则更好掌握。

（3）挤出率 ω 值，通过式（4-10）可以看出，其数值的大小，也就是挤出率的高低与小时产量、主轴转速、末节绞刀每转一转最大输送能力三个方面有关，这里，小时产量指标应该是必须保证的，不能改变的，剩下的就是主轴转速、末节绞刀每转－转最大输送能力（有效容积）之间，互为变量的因果关系。

（4）对主轴转速而言，其数值在分式中的分母部位。从公式中可以得知：当末节绞刀每转一转的最大输送量成定值后，转速提高，反而挤出率降低；反之，则相反。因此，确定出适当的主轴转速和其相对应的挤出率，应该讲是最佳的。原则上讲，主轴转速不应过高，应该提高绞刀每转一转的挤出率，说白了，就是转一转是一转。

（5）对于末节绞刀的有效容积而言，当挤出机设计规格确定后，封闭段绞刀直径就已确定，也就是说，末节绞刀的有效截面面积就已经知道，那么与末节绞刀有效容积有关系的就应该是螺距了。这里需要说明，末节绞刀对绞刀组的推力大小起着至关重要的作用，因而其螺距应与绞刀组、整体螺距排列组合保持相适应，原则上讲也不宜过大，末节绞刀直径与螺距长短，其尺寸之间也可以进行调整。关于绞刀组螺距排列组合在本篇第三章第四节有详细叙述，这里仅仅是提醒和说明。

（6）对上述五个方面的认识，看似与计算没有直接的实际意义。其实，意义很大，它是对设计理念的理解。

4. 挤出率 ω 的取值区间范围

对挤出效率 η_1 计算公式（4-9）的内容有所了解之后，下面重点讨论该公式中 ω 的取值问题。

[$4\omega\times(1-\omega)$] 是公式（4-9）中的后半部分，从代数式上看是个一元二次方程，ω 必然是有 2 个根（2 个根应该是 $0\leqslant\omega\leqslant1$），这里不作该方程的求解计算。下面，简单地、直观地用 ω 等于不同挤出率值（为了简便，将式中的 4 省略掉）带入到 [$\omega\times(1-\omega)$] 中，从表 4-7 中所得计算结果对 ω 值进行对比分析。

表 4-7　挤出率计算结果

挤出率数值	$\omega=1$	$\omega=0.9$	$\omega=0.8$	$\omega=0.7$	$\omega=0.6$	$\omega=0.5$
计算结果	0	0.09	0.16	0.21	0.24	0.25
挤出率数值	$\omega=1$	$\omega=0.1$	$\omega=0.2$	$\omega=0.3$	$\omega=0.4$	$\omega=0.5$
计算结果	0	0.09	0.16	0.21	0.24	0.25

5. 分析表 4-7 所得计算结果

（1）当 $\omega=1$ 时，也就是说，按挤出率 ω 等于百分之百计算，其计算结果为零，零说明什么意义呢？说明百分之百的挤出率是不存在的。

（2）当 $\omega=0.9$ 时，也就是说，按挤出率 ω 等于 90% 来计算，其计算结果与之相对应的挤出率 $\omega=0.1$，也就是说，按挤出率 ω 等于 10% 来计算，其计算结果相同，同为0.09。依此类推，$\omega=0.8$、$\omega=0.7$、$\omega=0.6$，和相对应的$\omega=0.2$、$\omega=0.3$、$\omega=0.4$，其计算结果为0.16、0.21、0.24，也分别相同。通过多组计算数据对比，充分表示出了用式（4-9）求解挤出效率η_1的实质内涵所在。

（3）当$\omega=0.5$时，也就是说，按挤出率ω等于50%计算，其计算结果为0.25。

（4）通过上述计算数据可以得出一个结论：

计算结果的最大值为0.25，所对应的挤出率$\omega=0.5$，这就明确地得知ω的最高挤出率为50%，也就是说，在这个公式的范围内，高于50%挤出率的计算数值，也就是大于0.25的计算结果是不存在的。由此也就可以清楚地看出，在0~0.25计算结果的范围中，0.21~0.25之间数值是具有较高挤出率的，0~0.16之间数值是偏低的，属于低挤出率的，因而，挤出率ω在0.3~0.7区间范围也就可以确认了，这一点应该深深地记忆在脑海里。

（5）根据上面的结论，下面再进一步对挤出率ω的取值范围再加以细致的分析：

假定，挤出率ω取值确定在0.3~0.7的区间范围，这里暂不考虑无数个区间范围内的数值，只以0.3和0.7两个极端的数值为例，按［$\omega\times(1-\omega)$］计算，这两个ω值的计算结果是相等的，同为0.21。那么，是不是ω取值0.3或者取值0.7就可以随意选取呢？这里先不说明答案如何，还是分析之后再作结论。

下面用式（4-10）来分析说明：

$$w=\frac{Q}{n\times q_{\max}\times 60}$$

①式（4-10）中的四个未知数，小时产量Q在前面讲过，是已知的。剩余的三个未知数中，假定，末节绞刀每转一转最大输送能力$q_{\max}$也是已知的，余下的两个未知数就变成互为变量的因果关系。若以主轴转速n为已知条件，挤出率ω的计算所得，完全取决于主轴转速n；反过来说，若以挤出率ω为已知条件，主轴的转速n的计算所得，完全取决于挤出率ω的取值。

②假如，下面以挤出率ω为已知条件进行计算，可以得出两种计算结果：当挤出率ω值为0.3时，主轴转速n的计算结果等于40r/min；当挤出率ω值为0.7时，主轴转速n的计算结果等于17r/min。两种计算结果对比：从挤出率上讲，第一种计算结果，挤出率低；第二种计算结果，挤出率高。但从主轴转速来讲，两种主轴转速差过大，前者转速过高，后者转速又偏低。显然，无论已知条件挤出率ω值的高和低，所得两种主轴转速无法选取，均不能满足

设计参数的要求，这就是进一步分析要想说明的问题。

③通过上面分析明显可以得知，导致主轴转速差过大，无法满足设计参数要求的根本原因，在于挤出率 ω 取值区间范围过大所引起。缩小挤出率 ω 的区间范围，必然也随之缩小主轴转速间的范围（转速差）。通过分析，得到这样一个结论是极其重要的。下面用一个锥角图形说明，如图 4-5 所示。

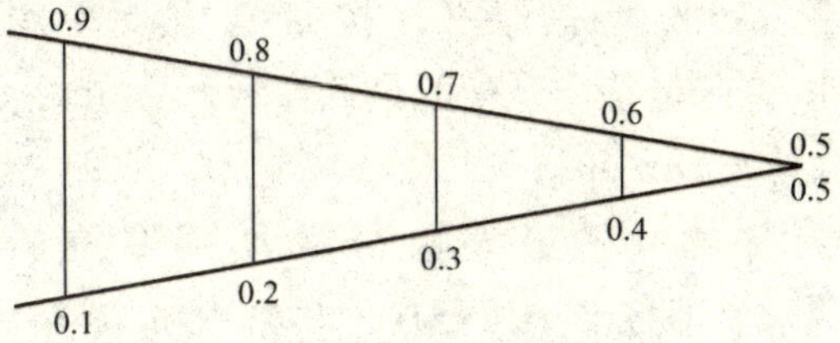

图 4-5　锥角图形

④图 4-5 中的锥角线表示的是，在挤出率 ω 不同区间的取值范围，主轴转速的趋势走向。从图 4-5 中可以看出，随着最高、最低挤出率 ω 取值范围的缩小，主轴转速差也在逐渐缩小，两条锥角线的趋势是逐渐走向相交；当挤出率 ω 取值同为 0.5 时，主轴转速不仅达到相同，两条锥角线最终达到相交于一点。由此可以进一步认识到，挤出率 ω 取值范围不宜过大，应该控制在 0.4 ~ 0.6 之间为好。

6. 小结

（1）通过表 4-7 所得计算结果，以及对挤出率 ω 取值范围的进一步分析得知，真正意义上的挤出率 ω 的取值范围应该在 0.4 ~ 0.6 之间，这一重要结论的产生，让设计者多年来难以确定、拿捏不准的挤出率 ω 的数值，一下子变得清晰简单、迎刃而解了。知道了上述的结论，意味着挤出率 ω 数值可以直接给出，使计算变得容易了。

（2）重要提示：挤出率 ω 数值可以直接给出，使计算变得简单，这仅仅是对设计理念认识的提高，但并不意味着在实际挤出成型的过程中，能真正达到如此高的挤出率，这一点应该保持清醒的认识。应该认识到：高的挤出率，一定要有相适应的绞刀组螺距排列组合配合。也就是说，一定要有高挤出率的绞刀组，不是随意排列一组绞刀直径、螺距组合就可以实现的。要想设计出高挤出率的绞刀组是要有一个反复实践、不断总结、修改完善的努力过程，应该说是有相当难度的。行业内的专家陈鹏雄很自信地讲过，他多年研究的反变螺距排列组合的绞刀组，挤出率在 0.35 ~ 0.45 之间。

一般排列的绞刀组挤出率 ω 的取值范围在 0.3 ~ 0.7 之间已经是很不错了。

7. 举例说明挤出率 ω 的取值

为了把上述挤出率 ω 的取值范围确认得更加清楚，下面以美国 STEELE 公司 75AD 型号的硬塑挤出机为例，通过求解其挤出率 ω 来说明该型号挤出机的设计数据。同时，也将这一型号挤出机的相关数据提供给大家。

（1）已知条件：

Q——小时产量 12500 标砖块/h，按每立方 680 块标砖，折合成为 $18.4m^3/h$，该产量是样本中的最低产量；

n——主轴实测转速 26r/min；

q_{max}——末节绞刀每转一转最大输送能力 1370 立方英寸，折算后为 $0.02245m^3/r$。该数据是 75AD 型号挤出机单一样本中给出的。1 立方英尺 = 1728 立方英寸 = $0.0283m^3$。

（2）求解 75AD 的挤出率 ω 值：

$$\omega = \frac{Q}{n \times q_{max} \times 60} = \frac{18.4}{26 \times 0.02245 \times 60} = 0.5254$$

（3）计算说明：

通过 75AD 型硬塑挤出机，挤出率 ω 计算后所得到的数值可以看出，硬塑挤出机的挤出率达到 52% 以上，是很高的。

为什么要在对挤出率 ω 取值分析时，列举美国 STEELE 公司 75AD 型号的硬塑挤出机的例子呢？主要是对其挤出率 ω 设计数值有一个直观的概念上的了解。

（4）为了说明得更全面，下面将 50F、75AD、90A 三种型号的硬塑挤出机的挤出率 ω 值列出，供参考，见表 4-8。

表 4-8　挤出率 ω 值及计算结果

挤出机型号	50F	75AD	90A
挤出率 ω 值	0.455	0.5254	0.5921
计算结果	0.24698	0.24935	0.24152

通过表 4-8 的计算结果，可以清楚地了解到硬塑挤出机挤出率 ω 的取值，其实软塑成型的挤出机 ω 的取值也是同样的。

另外，还应该重点强调一点，设计时，挤出率 ω 取值的高低，应与主轴转速、末节绞刀每转一转最大输送能力等数值相互配合，反复推敲，最终确定出符合实际要求的设计参数，不可片面追求某一方面的数据而忽略了其他相关数据。

8. 挤出率 ω 的经验数据

记得在20世纪70~80年代经权威人士测算，国内砖机挤出率仅为15%左右，国外为35%以上，相比之下，国内砖机挤出效率很低。近二三十年来，在业内人士的共同努力下，通过硬件技术的引进，挤出机的挤出率有了大幅提高，达到25%~35%之间，提高的原因是：主轴转速的降低，绞刀直径、螺距组合的合理排列，机头、机口结构的合理设计，降低成型阻力等措施。目前，行业内知名人士经过多年实践经验总结提出，认为 ω 取值为0.35~0.45最为适宜，也就是说，挤出率确定在35%~45%之间。

这里还要讲明一个观点：从理论上讲，ω 取值当然是越高越好，通过式（4-8）可以得知，主要是为降低装机功率，从而降低制品制造的成本。但作为挤出机的设计，这里重点强调的是“设计”二字，在确定装机功率时一定要想到，影响功率变化的因素很多，如绞刀组螺距排列组合直径、螺距、螺旋深度等尺寸参数的合理选择，制品的变换，超载启动，泥料性质，含水率高低，生产（环境）条件等，功率额定数要有一个相对的适应范围，决不能以生产某一制品所消耗的（电流）功率作为经验，确定挤出机设计时装机功率的计算依据。这里也不否认，某一孔型断面的制品挤出率是很高的，如大三孔之类的产品，但这与装机功率计算依据无关。

挤出机装机功率的计算不是绝对以 ω 取值为准，而是以所设计挤出机的最大成型压力和小时产量为已知条件，计算出挤出机的装机功率。提高挤出率 ω 的取值，虽然有降低装机功率的成分，但其本质并不是为降低装机功率，而是为提高绞刀组每一转的挤出效率，认清楚这一点非常重要。

9. 用黄金分割法来比较挤出率 ω 的数据

只要是通过某一种能量的消耗，而转化达到某一种目的的，都存在着一个效率的问题。作为效率，一定存在着一个最佳点，比如，经验丰富的司机深知，汽车在多高的行驶速度时，相对是最省油的，这个速度就是效率的最佳点。对于挤出机来讲，挤出率 ω 计算值的取值范围在0~0.25之间，这个范围之间同样存在一个高效率的最佳点，超过最佳点，效率提高的同时，能耗也在提高；低于最佳点，不用说，能耗利用率低，同样属于能耗高。那么，如何确定挤出率的最佳点呢？不妨用黄金分割法来比较以下挤出率 ω 取值的最佳点。

按挤出率100%乘以0.618（黄金分割点），得到的数值为61.8%。也就是说，挤出率达到61.8%，对照表4-6，计算结果约为0.24，与其计算结果相对应的则是40%的挤出率。由此可见，按黄金分割法确定挤出率在40%~60%之间是最佳的选择。这也符合行业内知名人士提出的挤出率确定在35%~45%之间。

10. 挤出率 ω 的推荐值

通过上述不同角度对挤出率 ω 取值范围分析，和对求解挤出效率 η_1 计算公式（4-9）内涵的深入理解，对功率的计算，相关设计参数的确定至关重要。它不仅可以作为参照数据，甚至可以直接给出 ω 值，省略了用公式(4-10)对 ω 值的求解计算，减少了公式中四个未知数中的一个未知数，其意义很重要，达到了分析的目的。在此，推荐挤出率 ω 值为 0.3～0.7 之间，最佳的数值范围在 0.3～0.6 之间，也就是说，通过公式（4-10）计算后所得到的数值。

这里应该说明，挤出率 ω 的推荐数值最终的确定，必须要与互为变量关系的另外的两个未知数，即主轴转速 n、末节绞刀每转一转最大输送能力 q_{max} 紧密配合，以最终的计算结果为准，而且还要考虑到绞刀结构尺寸的允许。

（五）功率计算结果与实际使用功率数值对比

通过挤出机实际运转需要的真实功率数值与理论功率计算结果做对比，其意义不言而喻。作为一名设计者，一定要深入现场，收集数据，反复论证，取得经验，对日后熟练掌握、完善计算公式，准确选取参数范围，判断误差产生原因极其重要。

1. 收集数据

（1）实际耗用电流，将电流数值换算成功率数值；（2）测出每分钟挤出产量，计算出小时产量（m^3/h），空心砖去掉孔洞部分；（3）通过机头压力表，或润滑系统压力表，记录成型压力数值；（4）用硬度检测仪器测出坯体硬度；（5）挤出制品孔型断面形状；（6）原料含水率、成型坯体含水率；（7）泥料性质；（8）真空度；（9）主轴实际转速。（10）在有可能的情况下，用普氏塑性仪作泥料的屈服点 σ_m 的取值。

把收集数据纳入企业技术、经营人员深入现场的工作规范中，是企业发展的重要手段之一，应大力推广。

2. 反复论证

反复论证就是将取得的数据，带入到功率计算公式中，进行验算，重点计算挤出率 ω 值、泥料常数 C_q 的数值，以此验算功率数值计算的准确度。计算挤出率 ω 值的过程，即是对绞刀组直径、螺距排列组合的校正过程，也是对挤出率 ω 值验证的过程。

（六）挤出率 ω 另一种取值方法

上述挤出率 ω 取值是计算法，下面介绍的是图表法。

根据《砖瓦工业设计手册》第十章第 123 页，查螺旋挤泥机的特性曲线图，依据 $\Delta P_k/\sigma_m$ 的比值，以封闭段绞刀圈数对应得出 ω 值，如图 4-6 所示。

图 4-6 是螺旋挤出机的特性曲线图，表示均化效果（E/VC）与成型时形

成的压力和产量比（ω）的关系。产量比表示在无压工作时，绞刀的实际净产量与最大产量之比。螺旋绞刀中的全部泥料受均化效果作用的影响，且不同泥流堆叠共同决定挤出机的产量。实际主要泥流的工作性能大致近似螺母/螺杆理论，可以假设为，沿泥缸内壁的泥料几乎是静止不转的，而与轴套比邻的泥料则与绞刀几乎以同样的速度旋转。

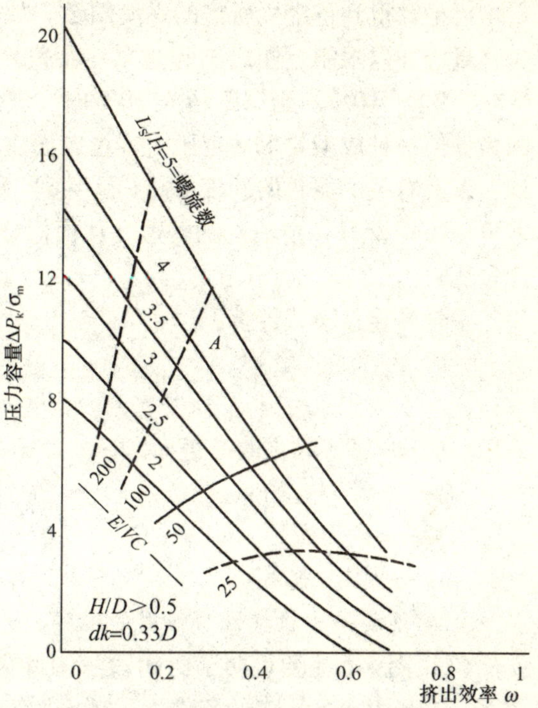

图4-6　螺旋挤出机的特性曲线图

图4-6中纵坐标表示压力容量与螺旋数（L_S/H）和产量比的关系，取决于均化效果 E/VC（在同样因素下 ω 和 $\Delta P_k/\sigma_m$）的关系。

$\Delta P_k/\sigma_m$ 的意义：ΔP_k 与 σ_m 的比值表示的是压力容量，即成型压力与泥料的屈服点之间的关系。ΔP_k 表示的是成型压力；σ_m 表示的是泥料的屈服点。

$L_S/H=$螺旋数的意义：表示的是封闭段绞刀的螺旋总圈数。L_S 表示的是封闭段绞刀的长度；H 表示的是封闭段单个绞刀的螺距。

图4-6中 $H/D>0.5$，$dk=0.33D$ 的意义：

式中　H——绞刀螺距；

D——绞刀外径；

dk——绞刀轴套直径。

1. 泥料的屈服点 σ_m 的说明

关于泥料的屈服点 σ_m，这里需要说明的是，由于 σ_m 泥料屈服点要用普氏塑性仪在现场提取多组湿坯作测试，从中得到多组数据，经过作图表，才能确定 σ_m 数值，很麻烦。由于现场条件的不同和限制，得到准确数据有一定难度，因而，在不具备实验室条件的情况下，不建议用此种方法。对于屈服点 σ_m 如何取值，之后在本节三、（六）的7. 中讲到。

2. 摘录该书对螺旋挤出机特性曲线图的一段解释

在封闭的泥缸中，螺旋圈数（L_S/H）在这里是一个参数，从图上任何一点均可推算得到挤出机所需的螺旋圈数。如本节三、（六）叙述，进料段的进料容量应加以限制，使之不超过某一最高产量比 $W_{最大}$。当挤出机绞刀螺距不变时，$W_{最大}=0.7$。当螺距增大50%时，绞刀直径增大20%时，$W_{最大}=0.55$。因为任何一种成型要求规定压力容量，而后者又取决于泥条的直径和机口的设计，以及有关的泥料的硬度 σ_m（图4-6）和泥缸内螺旋圈数。根据这些参数才可以决定绞刀（主轴）的转速，从而保证在设计产量下不超过图4-6规定的产量比。

主轴转速按下式计算：

$$n=\frac{Q}{D_S^2\times H\times\omega\times 25} \tag{4-12}$$

式中 Q——密实黏土的产量 m^3/h；

D_S——绞刀直径 m；

H——绞刀螺距，m；

ω——挤出效率。

3. 对螺旋挤出机特性曲线图的理解

（1）图4-6主要说明了封闭段绞刀圈数与压力容量以及挤出率 ω 之间的关系，在压力容量不变的条件下，挤出率 ω 的高低，取决于封闭段绞刀圈数。

（2）另外一点就是，从纵坐标上看，挤出率 ω 的高低与压力容量有关，压力容量计算后所得的数值越高，对应封闭段绞刀圈数中的挤出效率反而越低。比如压力容量计算值超过12之后，不仅所供选择的绞刀圈数曲线减少，而且效率也很低。从图4-6中可以看出，比较好的位置是在压力容量计算值8以下的部分。

（3）如何理解压力容量的计算值越高，挤出效率反而降低呢？对于这个问题，其实砖厂的操作者都是很清楚的，当一切条件不变的情况下，降低原料含水率，挤出速率立刻减慢，也就是说，单位时间内的挤出条数立即减少。这一现象说明，含水率低的泥料硬，屈服极限高，阻力大，挤出成型时需要较大的成型压力，因而，必然产生与 $\Delta P_k/\sigma_m$ 相适应的高压力容量计算值。

这一结论在功率计算式（4-8）中已明确说明，当功率恒定之后，机械效率和挤出效率也已成定值时，若要保持等式两边平衡，提高挤出压力，势必降低产量，产量下降，说明挤出效率的降低。

还有一种情况，就是其他条件不变，改变机头、机口，也就是增加机头、机口的阻力，比如提高压缩比等，此时，挤出压力也会提高，高压力下的挤出成型，形成的反压也大，反压会产生严重的反泥，导致挤出效率的降低。

因而，以保证挤出效率不变为前提，适应高压力容量 $\Delta P_k/\sigma_m$ 的计算值，只有提高封闭段绞刀的圈数。所以，图 4-6 中的各封闭段绞刀圈数曲线，随着 $\Delta P_k/\sigma_m$ 的计算值的增高，低封闭段绞刀圈数的曲线在减少，而只剩下与其相适应的高封闭段绞刀圈数的曲线。这也说明了硬塑挤出机封闭段绞刀设计 3.5 圈的原因了。

（4）图 4-6 清楚地表明，任意一条封闭段绞刀圈数曲线，都有与其相适应的压力容量 $\Delta P_k/\sigma_m$ 的计算值（范围），以及最佳的挤出效率 ω 值，认清楚这一点极为重要。

这就提示设计者，根据原料、挤出制品品种、成型性质，所确定出的挤出机封闭段绞刀圈数，按图 4-6 找出最佳的挤出效率 ω 值和 $\Delta P_k/\sigma_m$ 的数值，以此确定出其他的设计参数。

（5）通过上几小结的描述，就可以理解《砖瓦工业设计手册》中对螺旋挤出机特性曲线图的一段解释："因为任何一种成型要求规定压力容量，而后者又取决于泥条的直径和机口的设计，以及有关的泥料的硬度 σ_m（图 4-6）和泥缸内螺旋圈数。根据这些参数才可以决定绞刀（主轴）的转速，从而保证在设计产量下不超过图 4-6 规定的产量比。"

4. 利用横坐标挤出效率 ω 取值范围，找出压力容量（ΔP_k 与 σ_m）的比值

上面所讲的是利用螺旋挤出机的特性曲线（图 4-6），首先根据计算出的压力容量（ΔP_k 与 σ_m）的比值，然后，对应封闭段绞刀圈数曲线上所交的点，再垂直投影到横坐标上，找出相对应的挤出效率 ω 的值。其实，特性曲线也可以反应用，先确定横坐标挤出效率 ω 的值，对应封闭段绞刀圈数曲线上所交的点，水平投影到纵坐标，找出相对应的压力容量（ΔP_k 与 σ_m）的比值。

下面，就利用前面确定出的挤出效率 ω 取值在 0.3～0.7 的区间范围，根据螺旋挤出机的特性曲线反应用，求解压力容量（$\Delta P_k/\sigma_m$）的比值。ω 取整数值，数据见表 4-9。

表 4-9 压力容量的比值

ω 取值 / 绞刀圈数	$\omega=0.3$	$\omega=0.4$	$\omega=0.5$	$\omega=0.6$	$\omega=0.7$
2.5 圈	5.2	3.5	2	1.6	0.2
3.0 圈	6.5	4.8	3	1.8	1.0
3.5 圈	8	6	4	2.3	1.4

对表 4-9 所得数据分析如下：

（1）封闭段绞刀圈数按目前常用的三种，2.5 圈、3.0 圈、3.5 圈作为

依据。

(2) 从表4-9中数据可以得知，当 $\omega=0.3$ 时，ΔP_k 与 σ_m 压力容量的比值最高，随着 ω 值的降低，压力容量的比值也随着降低。反之，挤出效率 ω 的取值越小，压力容量的比值也随之增高，从图4-6中可以直观地看出，压力容量的比值范围上移。

(3) 在挤出效率 ω 同一取值范围内，封闭段绞刀圈数越多，ΔP_k 与 σ_m 压力容量的比值越高。随着 ω 值的提高，封闭段绞刀圈数的减少，压力容量的比值范围反而下移。

(4) ΔP_k 与 σ_m 压力容量比值的高、低，说明的是成型压力的大小，也就是说，在泥料的屈服点相对固定的情况下，成型压力的大小取决于挤出效率 ω 的取值和封闭段绞刀圈数的确定。

(5) 下面以硬塑成型泥料屈服点下线 $\sigma_m=3$，挤出效率 $\omega=0.4$，按3种封闭段绞刀圈数 ΔP_k 与 σ_m 比值，计算成型压力：

$$3\times3.5=10.5$$

$$3\times4.8=14.4$$

$$3\times6.0=18.0$$

通过一组计算数据可以得到这样一个结论：挤出效率 ω 取值范围在0.3～0.6的区间范围是合理的，最佳的取值范围在0.4～0.5之间，再次验证了前面分析所得到的结论。

5. 就解释中提到的“如本节三、(六) 3.”予以摘录

黏土碎片进入螺旋挤出机的进料段，这里喂料的压泥板轴与主轴平行运行，它可以防止黏土黏附在真空室的内壁上，特别是当砖机较小时，压泥板和压泥辊对保证砖机产量是非常重要的。

进料段决定挤出机的最高产量。因为，第一只有这部分绞刀（占全长的2/3）是在泥缸内起着送料作用，而其余的1/3是不能送料的；第二因为在此段泥料还未挤实，因此，高效能挤出机的进料段的绞刀螺距比随后封闭段泥缸的绞刀螺距约大50%。为了再增加进料容量，挤出机进料段所用绞刀直径可比随后封闭泥缸中的绞刀直径约大10%～20%。

上面所说的泥缸内是指封闭段的绞刀长度。在这一段的描述中，讲明了一个很重要的观点，就是挤出机的高产量（效率）取决于受料段的供料量，如何增大受料段的供料量，其办法就是加大受料段的绞刀直径和螺距。这一点可以在后面的硬塑挤出机二次变径、变螺距绞刀组直径、螺距排列组合中讲解到。

6. 关于《砖瓦工业设计手册》

(1)《砖瓦工业设计手册》一书，时间已久，很难找到，所以在这里尽量把相关内容给予详细摘录，供大家学习、参考。

(2) 通过挤出效率 ω 另一种取值方法，引出一些相关内容的摘录。从摘录的内容可以看出，理念讲得清楚、明白，图表直观，很多数据属于设计参数的范畴，参数难得，值得借鉴，可从中悟出更深的道理。

7. 成型压力 ΔP_k 与泥料的屈服点 σ_m 的有关内容（图 4-7）

图 4-7 说明三种不同泥料实验时，最大压力是在绞刀末端。过了这点，在机头处压力先缓慢下降，随后在机口处很快下降，直至达到机外压力。机头和机口中泥料的阻力决定绞刀末端的压力值。当然，这种阻力取决于要加工泥料的屈服点（σ_m）。为了描述绞刀的压力容量和机头的压力，测定的成型压力 ΔP_k 必须定在泥料的相应屈服点处，因为只有在这种关系下才能说明成型问题的特征。在软挤出时，$\sigma_m \approx 0.8$bar；在半硬塑挤出时，$\sigma_m \approx 1.6$bar；在硬挤出时，σ_m 为3 ~ 5bar。因而，如果成型中所有其他条件保持不变时，挤出机中的压力、转矩和传动功率等量提高。当然，硬挤出机设备的动力消耗比普通挤出机要大得多。

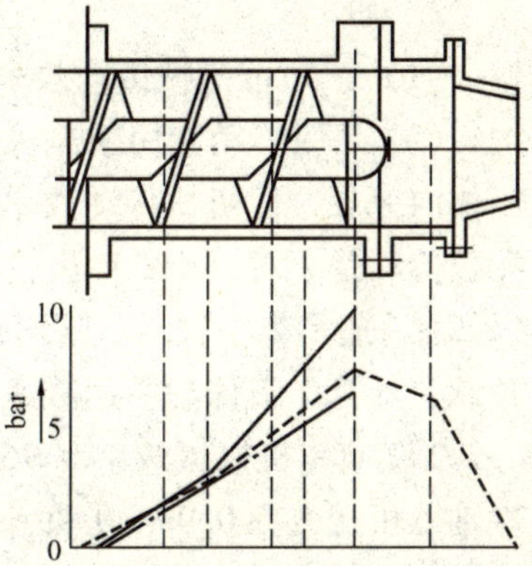

图 4-7　进料段至制成泥条时螺旋挤出机中的压力曲线

8. 对进料段至制成泥条时螺旋挤出机中的压力曲线（图 4-7）的理解

(1) 图 4-7 清楚地说明，泥料在成型过程中，最高挤出压力在双线绞刀的末端，即泥缸与机头的连接处，此处压力的高低与机头和机口中泥料的阻力和泥料的屈服点 σ_m 有关。机头和机口中泥料的阻力，是指压缩比产生的阻力，机头、机口内外摩擦阻力，芯具的结构形成的阻力等；泥料的屈服点，是指泥料的硬度。

(2) 在对图 4-7 解释的论述中，给出了三种不同压力段泥料屈服点 σ_m 的数值，这对后人来讲，是很重要的计算参数，有了这三个计算参数，压力容量的计算就变得简单了。

(3) 为了计算方便和直观，将 σ_m 的单位换算加以说明：1bar = 0.1MPa，1MPa ≈ 10kg，因而，1bar ≈ 1kg。

（七）机械效率 η_2

机械效率反映的是挤出机的机械传递路线，传递路线确定后，机械效率就已成定数。传递路线的确定，也标志着机型结构的定型。机械传递路线越短，表明机械效率越高；反之，则相反。机械效率 η_2 的数值，等于各种摩擦阻力系数的乘积。下面，举例某一型号挤出机下级的机械效率。

1. 举例

该挤出机压泥板传动设置在减速箱内。

机械传递路线：电动机→三角带→2 级传动专用减速机→减速机输出轴与主轴间采用夹壳联轴器刚性连接→受料箱主轴 2 个轴承→双压泥板 4 个轴承。

2. 说明

（1）三角带机械传动效率为 0.96，电动机不计算效率。

（2）2 级传动专用减速机含压泥板输出轴传动，压泥板传动虽然在减速机箱体内完成，但机械传动效率还是要分开算的。这里还需进一步确认，实现压泥板传动是 2 对（3 个）齿轮还是 3 对（4 个）齿轮，单边支承压泥板轴的是 1 个轴承还是 2 个轴承。下面按 2 对（3 个）齿轮，单边支承压泥板轴是 2 个轴承，计算 2 级传动专用减速机机械效率。

2 级减速机机械效率 0.96；2 对齿轮机械效率 $0.96\times0.96\times0.96$；4 个滚珠轴承机械效率 $0.99\times0.99\times0.99\times0.99$，合计 2 级传动专用减速机机械效率为 0.8159。

注：对于压泥板传动是背在受料箱体后边，悬臂结构的，可以省略支承齿轮的轴承。

（3）减速机输出轴与主轴间采用夹壳联轴器刚性连接是不计算效率的；受料箱 2 个轴承为推力滚子轴承 0.98、调心滚子轴承 0.98；其效率为 0.9604。

（4）受料箱内双压泥板轴 4 个支承滚珠轴承 $0.99\times0.99\times0.99\times0.99$，其效率为 0.9606。效率计算：

$$\eta_2=0.96\times0.8159\times0.9604\times0.9606=0.7226$$

（八）功率计算举例（以美国 75AD 型硬塑挤出机为例）

1. 已知条件

Q——最低小时产量 12500 块标砖 $18.4\text{m}^3/\text{h}$，最高小时产量 18900 块标砖 $27.8\text{m}^3/\text{h}$；

p——成型压力最高 30kgf/cm^2，最低 20kgf/cm^2；

挤出率 $\omega=0.5254$（7. 挤出率 ω 已计算结果）。

机械传递路线：电动机→三角带（0.96）→减速机（0.96）→主轴轴承组［推力轴承（0.97）；调心滚子轴承（0.97）］→单压泥板齿轮传动［1 组齿轮（0.96）；3 个轴承（0.99）］。

机械效率 η_2 的计算：

$$\eta_2=0.96\times0.96\times0.97\times0.97\times0.96\times0.99\times0.99\times0.99=0.8077$$

挤出效率 η_1 的计算：

$$\begin{aligned}\eta_1 &= 0.075\times C_q\times 4\omega\times(1-\omega)\\ &= 0.075\times 1.1\times 4\times 0.5254\times(1-0.5254)\\ &= 0.082287\end{aligned}$$

2. 功率计算

将各数据代入式（4-8）中

$$N = 0.027\ \frac{18.4\times 30}{0.082287\times 0.8077} = 224\ (\text{kW})$$

3. 计算结果说明

（1）计算结果 224kW 与美国 75AD 硬塑挤出机样本标注的 220kW 相同，完全可信。若改为双压泥板传动，功率大约还要提高 10kW 左右，总功率为 230kW。

（2）已知条件中，成型压力取值 30kgf/cm^2 有一定的余量，硬塑成型挤出压力一般为 25kgf/cm^2 左右。若按半硬塑成型 20kgf/cm^2 挤出，功率会在 150kW 左右。

（3）为了把问题说得更明白，下面以半硬塑成型 20kgf/cm^2 挤出压力为参数，反算小时产量（m^3/h）：

$$Q = \frac{\eta_1\eta_2 N}{0.027\times P} = \frac{0.082287\times 0.8077\times 220}{0.027\times 20} = 27.08\ (\text{m}^3/\text{h})$$

（4）按 220kW 装机功率，以半硬塑成型压力挤出成型，反算出的小时产量 Q 等于 $27.08\text{m}^3/\text{h}$，折合 18410 块标砖/h，与美国 STEELE 公司样本中规定的最高产量 18900 块标砖/h，折合 $27.8\text{m}^3/\text{h}$，基本相吻合。

（5）通过上面的计算可以清楚地了解到，美国 STEELE 公司样本中规定的最低产量和最高产量，分别是按 $30\sim 20\text{kgf/cm}^2$ 成型压力给出的。按挤出压力段给出挤出机样本中的最低和最高产量，值得我们借鉴，特别是在使用说明书中应给出更详细的说明。

四、反算挤出压力

上面以 75AD 型美国硬塑挤出机的技术参数为例，按功率公式进行了验算，并反算出了产量。下面以引进意大利柏岱斯帝，软塑、半硬塑成型 750 型挤出机为例，反算该机最大挤出（成型）压力。所谓反算，就是通过标定的技术参数验算出某一技术参数的数值。通过反算最大挤出压力，也等于是对装机功率进行了验算。

1. 已知条件

以计算 JZR750 大型挤出机下级为例，产量为 1.2 亿块标砖/a，折合小时产量 25000 块标砖，36.76m^3/h；下级装机功率 315kW。

机械传动路线：电动机→三角带→行星齿轮减速机→行星齿轮减速机输入轴设有支撑气动离合器的支点→主轴刚性连接→压泥板传动结构背在受料箱体后边。机械传动效率约为 $\eta_2=0.7525$。挤出效率 $\omega=0.31$，$\eta_1=0.070587$。

2. 功率计算公式的变形和计算

将功率计算式（4-8）变形后，可以得到求解挤出压力的计算式（4-13）：

$$P=\frac{\eta_1\eta_2 N}{0.027Q} \tag{4-13}$$

将各数据代入式（4-13）中

$$P=\frac{0.7525\times0.0792\times315}{0.027\times36.76}=18.91\ (\text{kgf/cm}^2)$$

3. 说明

（1）计算后，得到 750 型挤出机的最大成型压力约等于 18.91kgf/cm^2，属于半硬塑成型范围的中间值。这一计算结果与笔者在现场看到的挤出成型坯体硬度是相吻合的，说明计算结果是真实的、可靠的、误差很小；这一计算结果也让人们对“高不可攀”的大型 750 挤出机有了更清晰的认识。

（2）上面计算结果是在最大产量、最高功率下，750 挤出机所能达到的最大成型压力。通过该公式，也可以计算出，挤出成型某一孔型断面坯体的成型压力；反过来讲，某一孔型断面坯体需要的成型压力、计算条件，就是实际测出小时挤出产量和电流的数值。

五、硅酸盐机械设备有关功率计算公式简介

20 世纪 90 年代之前，功率计算都是沿用硅酸盐机械设备的计算公式，之后，逐步被引进的埃森公式所替代。这里，再次提出该公式，是想通过硅酸盐机械设备有关功率计算公式，对照埃森公式，深入理解两个不同公式结构中的各个参数，对于挤出机的设计和理论研究者有很重要的指导意义。

硅酸盐机械设备功率计算公式由四个部分组成：

（1）克服螺旋绞刀与泥料间的摩擦所需要的功率 N_1；

（2）泥料由机头、机口挤出所设计的孔形断面的坯条所需要消耗的功率 N_2；

（3）泥料由受料段输送到机头入口处所消耗的功率 N_3；

（4）挤出机本身传动所消耗的功率，即机械效率 η。

（一）硅酸盐机械设备有关功率计算公式

功率计算公式：

$$N=\frac{N_1+N_2+N_3}{\eta}\quad(\text{HP})\tag{4-14}$$

$$N_1=\frac{fp\ (R^3-r^3)\ n}{34270},\quad N_2=\frac{pFS'n}{60\times75\times100},\quad N_3=\frac{Q\gamma L\mu}{270}$$

式中　N——总马力，HP；

f——泥料与叶片表面的摩擦系数，≈0.4；

p——挤出压力，kgf/cm^2；

F——叶片垂直横截面积减去轴套的截面积，cm^2；

S'——叶片每转一转使泥料前进的长度，cm；

n——主轴的转速，r/min；

Q——挤出机小时产量，m^3/h；

γ——泥料的密度，kg/m^3；

L——绞刀组长度，m；

μ——泥料对叶片表面的摩擦系数，≈0.4；

η——机械效率。

（二）理解硅酸盐机械设备功率计算式（4-14）

1. 克服螺旋绞刀与泥料间的摩擦所需要的功率 N_1

这一功率的消耗主要是指挤出压力对绞刀组，特别是双线绞刀与泥料之间摩擦引起的摩擦阻力。挤出压力作用在螺旋绞刀叶片上，可分解为两个力，一个是垂直于叶片表面的轴向推力，另一个则是相切于叶片表面的摩擦力。前者是将泥料推出机口的挤出力，后者则是纯消耗功率的摩擦阻力。当绞刀的螺距尺寸确定，螺旋角度已成定值，此时，摩擦阻力的大小取决于挤出阻力和摩擦系数之间的关系。挤出阻力与机头、机口长度，芯具阻力，泥料的含水率等因素有关；摩擦系数与泥料的含水率、颗粒级配组成，以及压缩型绞刀组自身压缩比大小有关。

这里需要说明的第一点是：绞刀的平均螺旋角一般为15°~23°。双线绞刀的平均螺旋角度适合在17°~19°之间。绞刀组的设计既可以先确定双线绞刀的螺距，也可以先设计末节绞刀螺距，这主要取决于对此的习惯和熟悉程度，之后以此按压缩型或非压缩型原理排列其他绞刀螺距。

上述所讲的绞刀螺旋角，是指叶片平均直径的螺旋角，俗称平均压力角。

2. 泥料经机头、机口挤出所设计的孔形断面坯条所需要消耗的功率 N_2

这一功率的消耗主要是指泥料经机头、机口挤出所产生的成型阻力，当机头、机口长度，芯具阻力，泥料的含水率等诸多因素已固定，挤出阻力也随之产生，需要消耗的功率 N_2 也已成定值。反过来讲，就是绞刀每一转挤出单位体积的泥料所需要的功率，即功率所转换成的挤出压力。

这里需要说明的第二点是：当挤出阻力形成（一定）后，挤出效率的高低，在很大程度上取决于绞刀组的推力（挤出力）。在相同条件下，不同螺距排列组合的绞刀组所产生的推力（挤出力）大小不尽相同。

3. 泥料由受料段输送到机头入口处所消耗的功率 N_3

这一功率的消耗主要是指绞刀组输送泥料所消耗的功率。泥料从受料段输送到机头入口处，整个输送过程有两种理论：一种是高压力输送理论；另一种则是零（低）压力输送理论。前者是压缩型绞刀组，高功率消耗；后者则是非压缩型绞刀组，低功率消耗。

这里需要说明的第三点是：高压力输送，每节绞刀都是在负重（边压缩、边输送）状态下独立工作，开始泥料由松散状态经初步压缩聚拢时，输送速度是快的。当经过几节绞刀压缩后，情况就会出现逆转，特别是在泥缸内变径、变螺距的绞刀组，其锥度大直径端与负压状态的受料箱连接，极容易反泥；当挤出阻力加大，挤出效率随之降低。零压力输送与其相比正相反，绞刀组形成整体挤出合力。

根据功率（N_1、N_2、N_3）消耗原因，提出挤出机的设计课题：（1）降低每节绞刀与泥料的摩擦系数；（2）提高绞刀组的整体推力（挤出力）；（3）改变叶片的结构形状。

提示：多节绞刀排列组合后应形成内在的合力。

所谓叶片的结构形状，就是通过改变叶片形状的结构，提高挤出效率，如叶片向挤出方向前倾5°；双线绞刀叶片（副叶）形状的改变；双线绞刀端头结构的创新；绞刀外径边缘形状的设计。

4. 机械效率，即机械传递路线所消耗的功率

通过各个传动组件，最终带动绞刀（主）轴旋转所消耗的功率。机械效率因牵扯到挤出机的机型结构，这里就不过多解释，总之，应减少机械传递路线。

5. 小结

（1）通过理解硅酸盐机械设备功率计算公式，可以得出一个重要结论，就是三种不同方面的功率消耗都与绞刀（组）有关，其实质就是绞刀（组）挤出效率问题。这就要求设计者总结积累经验，对所设计的绞刀组挤出效率心中有数，也就是清楚地知道绞刀组每转一转的实际挤出量与理论挤出量之比值。

（2）三种不同功率消耗 N_1、N_2、N_3 中，有两个与主轴转速有关，且在分子的位置，说明转速越高，消耗功率越大；反之，则相反。因而，在保证减速机的承载能力，满足挤出产量要求的情况下，应尽量降低主轴转速。

（3）通过解读功率计算公式，对照埃森公式，可以看出，埃森公式用挤出效率 ω 值，涵盖了三种功率消耗的内容，简化了计算公式。这一简化前提是，较为准确地知道挤出率 ω 数值，这一点很重要。

六、真空度指标参数

真空度是统一要求的指标，-0.92%以上无可非议，与挤出机的设计计算无关，与密封结构设计有关。

对于挤出机下级受料箱体中，压泥板轴、主轴均属于动密封。在受料箱体内处于负压状态下，既要封住油的泄漏，又要封住空气的进入，因而，设计时，要有封油的密封元件，也要有封气的密封元件，两种概念（密封元件），缺一不可，决不能用前者替代后者；否则，油将被抽干，轴承损坏，停机停产。

对真空度指标参数的认识：众所周知，泥料成型过程中抽去其空气，可以提高坯体的密实度，增强颗粒间的结合力，进而提高坯体强度。这里提出的认识是，对于软塑成型、塑性指数高的原料，真空度不是越高越好，应因地制宜，否则制品干燥、烧成有问题；对于硬塑成型，真空度则是越高越好，笔者所见，属于硬塑成型的劈裂（开）砖的生产，美国硬塑砖机生产的高强度等级砖、装饰砖等，真空度指标都在96%以上，制品干燥、烧成没有问题。

第三节　小　结

通过本篇第一章挤出机的技术参数的论述。可以说明以下几个问题：

（1）技术参数和设计计算是在设计理论指导下产生的，因而，提高对设计理论的认识是极其重要的。

（2）把技术参数归纳到挤出机的设计步骤之中，规范设计程序，强调其重要性，是设计理论的提高和方法的进步。

（3）技术参数中的重要指标，适度规模产量、挤出压力数值，由原先计算得出改为直接给出，简单明确，通俗易懂，是认识上的进步。

（4）用埃森公式替代传统的硅酸盐机械设备功率计算公式，产量、挤出压力、功率三者因果关系便于分析，一目了然，其公式变形后还可以反算，挤出压力、产量，条理清晰，由繁到简，数值结果接近准确，是计算方法上的进步。

(5) 用很大篇幅叙述主轴轴向力的计算和受力分析，目的是提醒挤出机设计者和使用者，轴向力是挤出机硬件结构、强度设计的关键部位之一。

第二章 挤出机的设计参数

所谓设计参数，说白了，就是通过某种手段或途径，得到的设计尺寸和数据，并以此尺寸和数据为基准，向外扩展和延伸其余零部件与零部件之间的关联尺寸。

设计参数也是一种“量”的概念，与技术参数量的概念截然不同，是一种需要经过科学计算，或是经验数值得出的“量”，在产品设计过程中根据这个“量”，实施设计。比如上级，双搅拌轴中心距的尺寸；外锥套内径、内锥套外径的尺寸；两搅拌刀间隔（中心）的距离；下级挤出绞刀组直径、螺距组合排列；封闭段绞刀（泥缸）长度；压泥板回转直径尺寸等，这些都是设计参数的这个“量”。

计算公式是获取设计参数的重要途径，但也可以是前人长期在实践中摸索积累的经验数据（值）。从某种意义上说，设计参数的改变应属于创新的范畴，是设计理论的提高，是计算公式进一步的完善，是经验数据（值）的考证。设计参数与实践密切相关，与设计质量紧密挂钩，设计成功与否完全取决于设计参数确定的科学性、准确性、合理性。确定设计参数始终贯穿于整个设计过程之中。

确定设计参数的过程，就是寻找设计理论依据的过程，学习理解计算公式深刻内涵的过程，也是寻找、确定每一局部结构尺寸的缘由。可以讲，没有设计理论为依据，设计如同没有根基，没有起点，无步骤可言；没有设计理论为依据，设计属于结构模仿型，缺乏自主设计，无创新可言。

设计参数与设计步骤紧密配合，设计步骤是从核心处开始，为取得设计参数，设计计算也就从此开始。

第一节 设计指导思想说明书

设计指导思想说明书，是设计前制定的一个纲领性的文件，必须撰写的，它决定着设计课题和理念的贯彻与统一，是把握设计方向的重要说明。任何一项设计都要编写设计指导思想说明书。设计指导思想说明书的内容应包括：

（1）明确的设计任务（课题）。

（2）要达到的技术参数指标。

（3）根据对设计课题的认知程度，确定是模仿（消化吸收）设计，还是自主设计。

采取模仿（消化吸收）设计时，原理和内、外在结构一定不要更改，模仿得越像、越逼真越好，模仿后的图纸、数据作为最原始的，证据资料存储起来。对于不明白的原理、结构，日后作为课题加以深入学习研究，千万不要以头脑中固有的经验、想法，边模仿，边改进，边设计，也就是说，在不明白的时候，一定不要更改明白人所设计的东西，更改原理和结构设计，一定是在完全理解、认知之后，而绝不是在它之前。模仿（消化吸收）设计，一定要模仿原装的，不要仿制别人消化吸收之后的；否则，很容易被误导。

自主设计一定是对设计课题、理论、实践、结构等方面充分认知的情况下，有把握而实施的设计，认识清楚的东西，设计自然水到渠成，孕育而生。

（4）综合要求：

1）编写出来的设计指导思想说明书，是完成设计任务的一种行政手段，其内容应该是准确领会设计课题和技术参数、设计参数要求的实质，实事求是的认知程度。

比如，设计一台硬塑挤出机，其设计指导思想说明书内容一定是严谨的，严格按硬塑成型理论而编写出来的，绝对不应该掺杂头脑中根深蒂固的软塑成型理论和经验去指导设计。换句话说，就是不要用软塑成型理论去改造硬塑成型理论，否则设计出的成果背离设计任务和课题的要求，将是“四不像”。

将硬塑挤出机挤出成型半硬塑制品，也就是说，成型压力严格控制在 $20kgf/cm^2$，属于硬塑挤出机挤出成型（工作）范围之内，无可非议。

这里再举一个例子，曾见到有的厂家，将硬塑挤出机上级单轴搅拌中的搅拌刀，以及形状、结构移植到了软塑成型的双轴搅拌中去，这一大胆的尝试很好，与笔者10多年前的想法不谋而合，但美中不足的是，移植原理出现偏差，偏差在于与原双轴搅拌刀的安装角度、回转直径、间隔等方面完全相同，显然，移植仅仅是结构模仿性的，非原理性的，毫无意义，属于认知不清；或者是说，对单轴搅拌，搅拌刀的工作原理不明白。假如，移植后的搅拌刀叶片，安装与搅拌轴的轴线成90°夹角（正确的术语应是搅拌刀180°平角安装）；搅拌刀间隔再密集一些；回转直径做到双轴最大之间隔；再经过产量、转速、功率等相关内容的准确计算，应该讲，移植是可以成功的，因为它弥补了双轴搅拌，输送大于搅拌功能的缺陷。

2）设计指导思想说明书制定后，每一个设计人员都要严格执行，千万不要各行其是，哪怕是细微之处。对于不懂的原理方面，课题负责者要组织讨论、理解、集思广益，在都不明白的情况下，按原装的原理结构执行，日后，随着时间的推移，作为研究课题，逐渐加以分析、理解，领会；否则，将会留有遗憾。

3）设计指导思想说明书中的设计理念，即设计指导思想，决定着设计参数的确定；决定着对技术参数的保证；决定着设备的使用性能；决定着不同原料、含水率和适用范围；决定着所生产制品的品种和应用；决定着最终设计的成果。

（5）体会：

1）对于不懂、不明白的理论，一定要向世界范围内的专业人士学习，研究、解剖引进生产设备的内在结构特征，通过结构特征探索、认知其理论和原理，多问几个为什么，此时关键参数、结构最好不要更改，更不要提出什么创新，要模仿得越像越好。

2）对于软塑成型，应该向欧洲制造商学习，向国内卓有成效的人士和砖厂请教；对于硬塑成型，应该向美国制造商学习，向工作在真正意义上，引进硬塑成型生产线上的管理者和实际操作人员学习。

3）真正意义上的硬塑成型挤出机，最大规格型号，其下级受料段绞刀直径不应大于600mm；对于所有规格，封闭段绞刀直径不大于500mm，其双线绞刀直径应在350～460mm范围内，受料段向封闭段变径采用突变，根据不同制品变换双线绞刀直径。可以讲，绞刀直径、螺距的组合变化，是软塑、硬塑不同成型理论的设计核心。

4）以硬塑成型著称的美国某公司为参照标准，目前，世界范围内还没有生产出封闭段绞刀直径大于500mm的硬塑挤出机。由此看来，国内JZY60/60-4.0型、JZY55/55-4.0型、JZY50/50-4.0型、JZY750-4.0型、JZY90-4.0型的硬塑挤出机，属于模糊不清的概念。明确、理解这个提示，对于编写硬塑挤出机的设计指导思想将是很重要的，否则将是设计理念上的错误。说的再直白一点，目前，世界上连封闭段绞刀直径500mm的硬塑挤出机都没有生产出来，更何况绞刀直径为750mm的硬塑挤出机呢？究其根源，是硬塑挤出机原理所致（详细内容见本篇第三章第四节硬塑砖机绞刀螺距排列）。

5）关于创新，创新一定是在深入理解、掌握其深度理论和反复实践取得实效之后而产生的突破，绝不能产生在其先头。这一提示说明的是，模仿某一产品的最初阶段，千万不要创新（更改），此时，临摹得越像越好。

6）软塑成型、硬塑成型在原料、生产制品品种，以及制品应用范围上是有区别的，作为挤出机，其结构、搅拌、挤出原理是各有特征的，因而，采用硬塑挤出机，提高原料的含水率，生产软塑制品（如多孔大型砌块等），改进部分结构，其实质是在用软塑成型理论改造硬塑砖机，作为制造商，应向用户解释清楚、说明白，这样做是有益的。

第二节　挤出机设计参数内容

一、挤出机设计参数的产生

（1）挤出机设计参数一般是未知的，是经过计算得出的。设计参数与挤出机的设计计算公式紧密联系，从公式的诸多参数中，经计算后得出需要的，而且是关键性的正确尺寸，由此延伸到以下的结构设计尺寸。

（2）设计参数也可以是经验数据，在某些特定情况下，设计参数也可以是设计计算公式和经验数据的结合。

（3）设计参数也可以规范化，也就是说，按某一相关特征的尺寸作基数，以倍数关系确定出需要的某一尺寸。

（4）挤出机的设计参数计算，一般是先计算下级主要设计参数，以下级计算数据为依据，再计算上级的设计参数，两个计算参数可以相互配合、修改、补充，最终确定需要的设计参数数值。

二、挤出机的设计方向

挤出机不管是下级的设计，还是上级的设计，都是由内向外展开的，也就是说，从核心（最先应确定的尺寸或结构）处向外伸展的，因而，设计参数也是由内向外逐步、逐级确定的。

挤出机的设计步骤应该是先设计下级，再设计上级。同理，设计计算也是先计算出下级设计参数，以此为依据再计算上级的设计参数，待相关的计算完成之后，即可以同时展开上、下级结构上的设计。

三、挤出机设计参数核心

1. 对挤出机下级（软、硬塑成型）而言

绞刀组直径、螺距的排列与组合是设计的第一步。绞刀组相关尺寸（设计参数）的确定是下级设计的核心，其余所有的设计参数都围绕着绞刀组的尺寸参数向外逐步、逐级展开。

绞刀组设计参数内容：绞刀外经及变直径次数、绞刀外径与轴套直径的比值、绞刀螺距的排列，绞刀组自身压缩比数值的确定，封闭段绞刀长度，受料段绞刀长度等。之后，相关的设计参数：如泥缸的长度、受料箱的结构和各内孔尺寸、压泥板的长度以及回转直径等相关设计参数的确定。

2. 对挤出机上级而言

双搅拌轴中心距尺寸的确定：双搅拌轴中心距尺寸的确定是上级设计的核心，因其余所有的设计参数都围绕着中心距尺寸向外逐步、逐级展开。

双搅拌轴设计参数内容：挤出部分的绞刀直径和螺距组合，搅拌刀的间距和角度等。之后，相关的设计参数：对齿轮强度校核，挤出绞刀重合系数，内锥套外直径，外锥套内直径，封闭段长度等尺寸确定。

3. 对硬塑挤出机上级而言

单轴搅拌的工作原理，搅拌刀回转直径大小，搅拌刀的数量和产量，并与挤出绞刀组的螺距、变直径等关系配合等设计参数是设计的核心。

上述的三个核心内容和由此逐步、逐级产生的相关设计尺寸参数，是以技术参数产量、挤出压力、功率数值为依据，经公式计算得出。

第三章　挤出机下级设计参数

第一节　下级设计参数链的组成

挤出机下级设计参数链的组成，是指围绕核心尺寸，延伸与之环环相接的尺寸关系和量的关系。

组成尺寸关系链的部分有：(1) 核心尺寸：绞刀组直径、螺距排列组合；(2) 封闭段密封长度尺寸；(3) 压泥板的设计参数；(4) 受料箱体的尺寸构成；(5) 传动系统；(6) 机型结构；(7) 成型部分设计参数。

所谓量的关系，就是通过计算才能得到的某些数值的量，如挤出机小时产量的计算、压泥板功率的计算、成型部分阻力的计算等。

设计参数链中的机型结构内容，在本章节中不做论述，因为机型结构属于整机（上下级）多个部件的搭配问题，也就是说，是一个整体机型结构形状的概念，故而，摘出来，作为独立的一个章节叙述，即第六篇挤出机机型结构与分析。

第二节　绞刀组直径、螺距排列组合相关内容

一、坯体的压缩

在讲述绞刀组直径、螺距排列组合之前，首先应该说明的是坯体的压缩比问题。这里的压缩比是指绞刀组经变径、变螺距后自身形成压缩比的数值量，与挤出机的压缩比是两个概念。在排列绞刀组直径、螺距组合时，必须清楚知道压缩比的数值量，即设计参数；否则，设计无法实施。也就是说，由单一或者多种物料混合制砖需要多大压缩比（数值量），使坯体能达到某一强度，制品能达到某一强度等级，最终符合预期要求，只有预先知道，或者说掌握此数据（设计参数），在排列绞刀组直径、螺距排列组合时，才会真正做到有的放矢，心中有数，实施核心尺寸的设计。

众所周知，挤出机有两个压缩比，一个是挤出机的压缩比，另一个则是绞刀组自身的压缩比；前一个压缩比与挤出制品孔型断面大小有关，后一个压缩比则与绞刀组直径、螺距排列组合有关。下面就挤出机的压缩比、绞刀组自身压缩比进行说明。

1. 挤出机的压缩比

挤出机的压缩比是指绞刀组双线绞刀最前端直径有效面积与被挤出孔型断面制品有效面积的比值，空心砖去掉孔洞面积部分。其表达式为：

$$压缩比=\frac{绞刀直径有效面积}{被挤出制品有效面积} \tag{4-15}$$

通过式（4-15）可以清楚得知，压缩比的大小与绞刀直径有效面积成正比，与被挤出制品断面积成反比。通俗地讲就是当被挤出制品有效面积不变时，随着双线绞刀最前端直径的增大，其压缩比数值也随之增大；反之，当双线绞刀最前端直径恒定时，被挤出制品有效面积增大，其压缩比数值反而减小，被挤出制品有效面积减小，其压缩比数值反而增大。

经验设计参数：压缩比数值最大不超过7，当压缩比数值超过7时，建议挤双条。

挤出机压缩比的概念可谓人人皆知，600型以上砖机、挤双条，600型以下砖机、挤单条，这是对压缩比概念的具体应用，久而久之，形成惯性思维，好像压缩比的概念也就是如此。其实，作为对压缩比概念的应用，并非如此简单，看似简单的概念，其实其内涵应该是很深的，很值得深入挖掘、探索、研究，在这方面，硬塑挤出机绞刀组直径、螺距排列组合为我们打开了另一扇理

解、应用之门，开阔了眼界，抛开惯性思维，从中会得到意想不到的启示（关于硬塑挤出机对压缩比概念的应用，详见本篇第三章第四节中二次变径、变螺距组合的内容）。

2. 绞刀组自身压缩比

所谓绞刀组自身压缩比，是指根据某一设计参数（压缩比数值量），设计的变直径、变螺距压缩型绞刀组的排列组合。

压缩型绞刀组特征为：

(1) 每节绞刀在输送泥料的同时，还要对泥料实施压缩；

(2) 压缩范围只在封闭段进行，不包括受料段绞刀，虽然受料段绞刀直径、螺距大于与之相连接的封闭段绞刀直径、螺距，但不处在封闭状态，所以，只视为是受料段向封闭段有效的输送作用；

(3) 双线绞刀不实施压缩作用。

压缩型绞刀组的适用范围：一般讲，压缩型绞刀组不适合含水率高的原料，因为高含水率的原料，在加压时会产生严重反泥，使挤出效率大幅降低，因而不适应软塑成型，最适宜的是半硬塑、硬塑成型。

压缩型绞刀组要比非压缩型绞刀组的功率消耗大，压缩比越大，功率消耗越大。

压缩型绞刀组，若压缩比数值确定得合理，不仅制品的密实度得到提高，而且挤出效率也是很高的。

二、原料的压缩量

原料的压缩量是一个难以确定的设计参数，讲清楚有些困难，原则上说，压缩比数值（压缩量）应该是按制砖原料的物理性能所能承受的压缩量。为了能说明白此问题，以一个实验的方式叙述，实验可以看作是由以下三个部分组成：

（一）第一部分——加压（图4-8）

(1) 容器内加满松散的泥料（最好是经过造粒的泥料），对其施加压力，开始时，泥料在压力的作用下很快聚拢、密实。假如此时，施压力与泥料密实度（行程）为线性关系，也就是说，曲线与纵、横坐标均为45°角关系。

(2) 继续施加压力后，会发现泥料产生抗体，意思是说，施压力与泥料密实度（行程）已不是线性关系了，压不动了，泥料密实达到极限，施压力与泥料密实度（行程）达到平衡，这时我们可以把这一平衡处称之为平衡层面。

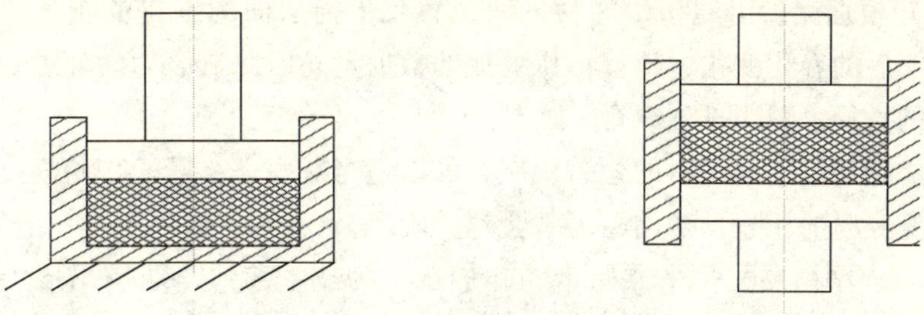

图 4-8　原料加压示意图

(3) 随着施压力继续上升，发现泥料从容器的间隙中急剧地溢出，泥料含水率越高，溢出得越快，最终全部溢出。判定平衡层面的准确位置，就是泥料在即将溢出的时候。

(4) 做多组、多种不同性质原料的组合，如纯页岩、纯煤矸石、页岩 + 粉煤灰、页岩 + 污泥、各种尾矿等。总之，就是根据厂家的具体原料预先做实验。

(5) 实验用的容器不要太高（深），最佳的深度是容器内的泥料所受每平方厘米的施压力几乎相等。

(二) 第二部分——作记录（配合这个实验可以作如下几方面记录）

(1) 记录平衡层面每平方厘米的施加压力。

(2) 准确测量出初始物料平面位置到平衡层面位置的距离（高度）。该距离（高度）是计算压缩比数值量的重要参数。

(3) 达到平衡时，把泥料取出，测量泥料（坯体）的硬度和称重。泥料（坯体）的强度和重量反映的是泥料成型的综合因素，对多组、多种不同性质的原料坯体强度和重量加以比较。坯体强度用（硬度）抗压力表示，坯体重量用比重表示。用强度和重量表示坯体的机械性能，应该讲是最准确的、最科学的。而用挤出压力判别坯体强度和重量，则是不准确的，原因是很难做到真实成型压力的反映。

(4) 把坯体烧成砖，再次称重，取得含水率数值，测量砖的强度等级，同时测出砖的比重，获取与原料比重的相比数值。

(5) 依据某种原料，以平衡层面每平方厘米的施加压力为基准，按某一间隔数值降低或提高施压力，重复做若干个实验，重复做多方面记录。

(三) 第三部分——总结（对实验和记录总结）

(1) 通过对不同原料和不同配比的混合原料进行上述实验，可以准确地通过测量坯体含水率、硬度、强度、每平方厘米的施压力、容重，得出符合用户要求的、某一档次制品压缩量的数值。

（2）根据测量出的初始物料平面位置到平衡层面的位置的距离，即压缩前和压缩后的容积变化，计算出压缩比的数值量，以此数值为设计参数，设计绞刀组的直径、螺距排列组合。

考虑到初始平面泥料的松散程度，可以适当减去一定量的初始高度，随着泥料填充经验的积累，初始高度就会越准确。

（3）以平衡层面每平方厘米的施加压力为技术参数，即挤出压力参考指标，计算功率的技术参数。

三、小结

（1）通过实验可以引申出施压力与坯体密实度之间的关系，过高的施加压力，与坯体密实程度并不呈线性关系，恰到好处地施加压力，才是最佳的设计参数，即压缩比的参数值、功率消耗、挤出效率都处在最合理的配置；反之，则得不偿失。这个实验同时也证明，软塑成型（含水率高的原料）不存在高压力挤出的问题。

（2）通过施加压力大小与泥料密实度之间的关系，从而引申出生产某种强度（砖标号）的砖，取得压缩型绞刀组压缩比（容积变化）的设计参数值，准确计算出所需功率。真正理解硬塑、半硬塑、软塑成型理论，并按其理论设计真空挤出机。

（3）实验也告诉我们，硬塑成型的挤出机机头处不设置压力表的原因，也就是说，判定成型坯体的硬度、强度，并不是通过机头压力表读数来决定，而是用测量仪器直接测坯体，得出硬度值，转换成强度指标数值。对照是否符合预先规定的标准，调整生产中的一些参数环节，如降低或提高含水率指标、降低或提高压缩比数值等，是非常有道理的，并为之生产出坯体硬度测量仪表（类似贯入仪）。所以在机头处设置压力表，应属于画蛇添足之举。

（4）通过上述实验，我们应该完全理解国外砖瓦机械生产商、砖瓦制品生产厂，为什么重视建砖厂之前对所用原料制成样品（小样块）的工作程序。应该讲，该做法是对用户的信誉保证，是对自己产品，即挤出机性能的负责。

（5）实验可以启发砖瓦机械生产厂建立实验室，依据用户的原料做出试样，针对性地对挤出机某些局部适应性的改变，做到科学销售挤出机，科学使用挤出机。实验室设备，不仅包括实验压机，而且还包括原料制备及小型挤出机。

第三节　绞刀组螺距排列组合和相关设计参数的表示方法

本节是在论述绞刀组直径、螺距排列组合之前的一个铺垫，也就是一些表示方法上的统一，将多种设计参数有序罗列，多而不乱，计算结果清晰准确，一目了然，便于查找、对比、更改、修正，便于沟通、交流。表示方法是设计过程的记录，是设计计算说明书的重要组成内容。

一、绞刀组螺距组合表示方法和说明

（一）绞刀组螺距组合的表示方法

用一个分式代表一节螺距的绞刀，将多个分式用“＋”号将其连接在一起，中心“＋”号两边各画一条横线，横线左边，表示的是封闭段的螺距排列组合；横线右边，表示的是受料段的螺距排列组合，由此，形成完整的绞刀组螺距排列组合的表示方法。

为了叙述得方便、清楚，在每一个分式下方用数字代表该节绞刀。绞刀组螺距罗列排序包含两部分：一是主螺旋螺距排列组合；二是双线绞刀副叶的螺距排列组合。其表示方法如排序（1）所示。

$$\text{主螺旋：}\underset{(1)}{\frac{300}{300}}+\underset{(2)}{\frac{280}{280}}+\underset{(3)}{\frac{290}{290}}—+—\underset{(4)}{\frac{300}{300}}+\underset{(5)}{\frac{310}{310}}+\underset{(6)}{\frac{X}{300}}\qquad\text{副叶：}\underset{(7)}{\frac{90}{300}}\quad\underset{(8)}{\frac{90}{320}}$$

绞刀组螺距组合　排序（1）

排序（1）是封闭段3圈的绞刀组螺距排列组合，若封闭段大于或小于3圈，分式可以添加和减少，序号也随之按顺序排列。

（二）绞刀组螺距组合表示方法说明

（1）在绞刀组螺距组合分式的表示方法中，分母表示的是绞刀螺距，分子表示的是绞刀螺距实际使用长度。每一个分式代表的是一节绞刀。

（2）主螺旋分式中心“＋”号两边横线是封闭段与受料段的界线，横线左边，表示的是封闭段绞刀的螺距组合；横线右边，表示的是受料段绞刀的螺距组合。

（3）横线左边分式中的分子绝对数值相加（与分母数值无关），所得之和，为封闭段绞刀的实际使用（排列）长度，即封闭段的总长度；横线右边分式中的分子绝对数值相加（与分母数值无关），所得之和，为受料段绞刀的实际使用（排列）长度；两和相加所得，为绞刀组的总长度。

（三）主螺旋绞刀组组成说明

绞刀（1）：表示的是双线绞刀主螺旋。双线主螺旋的设计长度一般情况下为螺距的 1/2 圈，即 180°，但也可以设计成 3/4 圈，使用长度 270°。3/4 圈、270°的使用长度的双线绞刀主螺旋的设计，应该属于创新设计。这一创新设计，是行业内知名专家陈鹏雄的发明。

绞刀（2）：在通常情况下，表示的是末节绞刀，是挤出机产量计算的主要设计参数。

绞刀（3）：表示的是进入封闭段的第一节绞刀。在绞刀组，变径、变螺距的组合中，与绞刀（2）的容积比，就是绞刀组的自身压缩比，是压缩比计算的终节绞刀，是实施压缩作用的第一节绞刀。

对于压缩比数值，按上一章节实验数据中取得，或是多年实践经验总结的数据，当然，也可以参考同行的数据参数。

绞刀（4）：表示的是与封闭段绞刀相连接的第一节受料段绞刀。在绞刀组变径、变螺距的组合中，该节绞刀直径虽然大于封闭段的第一节绞刀，螺距同样也大于封闭段的第一节绞刀，有一个压缩比的关系，但因处在松散状态，故其压缩比值不能计算到绞刀组自身压缩比的数值中去，应视为增加进料容量（输送能力和速度），提高挤出效率（增加产量）。

绞刀（3）是压缩比计算的终节绞刀，是实施压缩作用的第一节绞刀；绞刀（4）是增加进料容量（输送能力和速度）、提高挤出效率（增加产量）的说明。这样，把节节绞刀，各负其责的连接、组合关系，表示得一清二楚，通俗易懂。在绞刀螺距排列组合的过程中，思路更明确，理解得更深刻，掌握起来更容易，成功率更高。

绞刀（5）：表示的是受料段第二节绞刀。一般来讲，在绞刀组变径、变螺距的组合中，该节绞刀螺距应大于第一节受料段绞刀的螺距，直径与其相同。

绞刀（6）：表示的是受料段第三节绞刀。该节绞刀用 X 表示实际使用长度，其长度根据受料箱和结构设计所需要的长度而定。X 节，实际使用长度的螺距，即分母标注的螺距，最好小于受料段第二节绞刀（5）的螺距。

（四）副叶螺旋绞刀组成说明

副叶螺旋绞刀由两个不同的螺距组成，也就是说，由 2 个 90°不同螺距的副叶，组成通常所讲的 180°副叶。这里说的 90°与螺距实际使用长度并不相等，但在特殊的数值情况下会出现相等，属于巧合，如螺距为 360 的四分之一，正好是 90 长度。

这里补充一个要点：名义上讲，副叶为 180°，而从实际使用效果上看，副叶角度的设计最好大于180°，大于180°的目的，是阻止泥料中心反泥。这一要点，是行业内知名专家陈鹏雄的创造。

绞刀（7）：表示的是双线绞刀前180°的二分之一角度的副叶，分子中数字90表示的是角度，而实际使用长度则是四分之一螺距；分母表示的是螺距，该螺距与双线绞刀主螺旋螺距相同。

绞刀（8）：表示的是双线绞刀后180°的二分之一角度的副叶，分子中数字90同样表示的是角度，分母表示的是螺距。该螺距要大于双线绞刀主螺旋螺距，至少要大于叶片的厚度值。另外，该叶片设计形状也很有讲究。

（五）绞刀组节数的组成

（1）封闭段：封闭段绞刀螺距为一般为2～3节，俗称2～3圈；硬塑成型封闭段绞刀螺距多为3.5节，即3.5圈。

（2）受料段：受料段绞刀螺距为一般为2节，即2圈。

（3）软塑成型，黏土制砖，封闭段绞刀一般为2～2.5圈。

注：对于2圈的螺距组合，因制砖原料的改变，对坯体硬度要求的提高，已很少使用。

（六）小结

（1）将绞刀组螺距排列组合，用分式相加的方式罗列排序出来，清楚、简明、直观、形象，便于交流、便于计算，是表达方式上的进步，非常值得推广。这一表达方式，是行业知名专家陈鹏雄独具匠心的创造。

（2）在主、副螺旋绞刀组的说明中，将主螺旋、副叶螺旋绞刀组螺距排列组合的节节绞刀加以分解，并对每一节绞刀的作用、实际使用长度（角度）、设计计算的依据给予详细解释，对深刻学习、理解，掌握运用，发展创新，设计、排列绞刀组合起到抛砖引玉的作用。

二、绞刀组的设计参数

一套完整的绞刀组的组合，不仅仅是如排序（1）表达出绞刀螺距排列的设计参数，而是应该将所有绞刀内在相关联的设计参数罗列出来。这些设计参数包括：绞刀外径与轴套外径之间的比值关系；绞刀螺距与轴套外径之间的比值关系（这里轴套是指绞刀轮毂而言，以下均称之为轴套）；绞刀容积，压缩比；绞刀平均压力角，顶部压力角，根部压力角等。

设计参数是衡量、对比、说明绞刀组组成特点，查找、判定排列组合优劣的重要数据。用数据说话，表明设计的理论依据，对解决实际发生的问题，以及今后的设计改进原由，提供有据可查的数据支持。下面分别就上述内容进行介绍：

（一）绞刀外径、轴套直径的表示方法和比值

1. 绞刀外径、轴套外径的表示方法（见下式）

$$比值 = \frac{绞刀外径}{绞刀轴套直径} \tag{4-16}$$

2. 表示方法说明

绞刀外径、轴套直径同样用分式表示，分子表示的是绞刀外径，分母表示的是绞刀轴套直径；两者之比，所得的商是两者之间的因果关系。为什么要用分式表达，因为其比值是绞刀设计的重要参数，用分式表达两种数值更形象、直观。

在这里提出绞刀外径、轴套直径两者之间的比值关系，其真正意义是：通过比值数据可以得到螺旋深度尺寸，螺旋深度尺寸是绞刀的重要设计理论依据和设计参数之一。

3. 绞刀外径与绞刀轴套直径的比值

绞刀外径与绞刀轴套直径之间的比值，不是某一固定的常数，应该是某种数值区间的倍数。经验表明：两者比值应在 2 ~2. 8 倍数之间比较合理。若轴套外径过小，也就是说，两者比值过高，绞刀容积虽然增大，理论计算产量很高，但因产生泥料包轴套现象，不仅易产生螺旋纹，而且产量反而降低；反之，轴套直径过大，对产量也会有影响。

绞刀轴套直径确定的过程中，首先要校核绞刀（主）轴的直径，才能定出绞刀轴套内径，并以此确定绞刀轴套直径，计算出根部压力角。绞刀轴套直径与内径也有一个比值关系，因为该关系属于材料力学问题，这里不再赘述。

（二）绞刀螺距、轴套直径的表示方法和比值

1. 绞刀螺距、轴套外径的表示方法（见下式）

$$比值 = \frac{绞刀螺距}{绞刀轴套直径} \tag{4-17}$$

2. 表示方法说明

绞刀螺距、轴套直径同样用分式表示，分子表示的是绞刀螺距，分母表示的是绞刀轴套直径；两者之比，所得的商是两者之间的因果关系。为什么要用分式表达，因为其比值是绞刀设计的重要参数，是用分式表达两种数值更形象、直观。

在这里提出绞刀螺距、轴套直径两者之间的比值关系，其真正意义是：通过比值数据可以利用轴套直径得到绞刀螺距的设计尺寸，当然也可以反应用，从中引出螺旋深度与螺距之间的关系，关系同样是绞刀的重要设计理论和设计参数之一。

3. 绞刀螺距与绞刀轴套直径的比值

绞刀螺距与绞刀轴套直径之间的比值，同样不是某一固定的常数，应该是某种数值区间的倍数。经验表明：两者比值应在2~2.2倍数之间比较合理。

（三）螺旋绞刀的设计概念

螺旋绞刀的“设计概念”一词，从未听说过，在此能提出“设计概念”一词是因为对绞刀有较深入认知、理解之后而顺其自然产生的想法。其意义在于绞刀和绞刀组设计时应遵循的设计原则（内容），牢记“设计概念”一词很重要。

（1）对于单个绞刀来讲，“设计概念”是绞刀外径、绞刀螺距与轴套直径之间的比值关系，此关系所要表示的目的是绞刀的螺旋深度和压力角（挤出力）的确定。

（2）对于一组绞刀来讲，“设计概念”则是多节绞刀组成的变径、变螺距排列组合，此组合所要表示的目的是绞刀组（节节绞刀之间）压缩比的排序关系和相互之间的配合作用以及每转一转绞刀组的最大排出量（转速和挤出效率的关系）。

（3）下面摘录美国1957年“挤泥用改进螺旋绞刀的发展”报告3列出的2组数据（表4-10、表4-11），从中了解其绞刀的“设计概念”。

表4-10 第一组数据

绞刀号	绞刀外径/轴套直径比例	螺距/轴套直径比例	绞刀外径	螺旋高度	螺距
1	5/1	4.38/1	3.0″	1.187	2.625
2	2/1	1.75/1	3.0″	0.75	2.625
3	5/1	2.50/1	3.0″	1.187	1.50
4	2/1	1.0/1	3.0″	0.75	1.50
5	1.65/1	0.825/1	3.0″	0.59	1.50
6	2/1	1.62/1	3.0″	0.75	2.43

表4-11 第二组数据

绞刀号	绞刀外径/轴套直径比例	螺距/轴套直径比例	螺距	轴套外径	容积变化比比例
3	5.0/1	2.50/1	1.5	0.6	2/1
VV1	5.0/1	3.2/1	1.92	0.6	1.41/1~1/1
VV2	5.0/1	2.9/1	1.735	0.6	1.15/1~1/1
VV3	5.0/1	2.6/1	1.56	0.6	1.09/1~1/1
最前端号					
A	5.0/1	2.75/1	1.65	0.6	1.22/1

续表

绞刀号	绞刀外径/轴套直径比例	螺距/轴套直径比例	螺距	轴套外径	容积变化比比例
B	5.0/1	2.50/1	1.50	0.6	1.15/1
C	5.0/1	2.25/1	1.35	0.6	1.0/1
VV4	3.2/1	2.05/1	1.93	0.94	1.39/1

绞刀 VV4 是做成有一个最大变化的排出量，及最小前端的排出量。无论如何，由于 VV1 到 VV3 绞刀外径对轮毂外径的比 5/1，不能提供商业上用的足够强度，就减到 VV4 的 3.2/1，这给商业上所需的最小强度的轮毂直径。

完整系列的 VV（变容积）绞刀及最前端列入附录 6 中的图，这对其挤出率、压力、运输量或效率在不同的模头阻力下有了评价。这些决定都在定量喂料下进行的。

（4）说明：摘录表 4-10、表 4-11 两组实验数据，目的是了解国外 20 世纪 50 年代就对绞刀有了如此深入的研究，很值得我们学习。

（四）螺旋绞刀最佳每转排出量与螺距和螺旋高的关系

为了把此问题说清楚，我们还是摘录美国 1957 年“挤泥用改进螺旋绞刀的发展”报告中的讲述和结论。

1. 减少每转排出体积的效果

在不变容积绞刀中进一步减少每转的排出体积的效果，见附录 7 中的图。绞刀 5 和绞刀 3 及 4 螺距相同，但增大了轮毂直径，得出下列结果：

（1）较低挤出率——更表示在增加转速时。

（2）较高能耗——更表示在增加转速时。

（3）较高泥缸受力——更表示在增加转速时。

（4）相似挤压力——在 16r/min 及 26r/min 时与绞刀 4 大多数相同。

2. 在最佳每转排出体积下，螺距与螺旋高的关系的效果

绞刀 6 是制成为绞刀 3，表示每转排出体积并不是唯一影响绞刀运行的因素，但在最佳每转排出体积时螺距与螺旋高的关系必须考虑。这个绞刀每转排出体积约等于绞刀 3。无论如何每转排出体积宁可在长螺距及低螺旋高而不在短螺距及深螺旋高而得到。

从附录 6 中很明显地看到绞刀 3 的深螺旋高及短螺距当增加模头阻力时的效率及运输量都略为降低。这在绞刀运行于满负荷为 25% 缺料情况下都是确定的。绞刀 6 的效率在模头阻力 0% ~50% 时降低，继续增加则保持不变。

表 4-12 表示在绞刀最佳每转排出体积时螺距及螺旋高关系的效果。

表 4-12　绞刀最佳每转排出体积时螺距及螺旋高关系的效果

绞刀号	转速（r/min）	挤压力（磅/寸）	泥缸受力（磅/寸）	排出量（尺/分）	能耗
3	16	6796	3155	1.95	0.093
	24	8490	3099	2.75	0.160
6	16	5874	5027	1.43	0.19
	24	6768	4740	1.95	0.21

从表 4-12 中可以看出带长螺距低螺旋高的绞刀 6 比绞刀 3 产生较小的挤压力较高的泥缸受力，增加了能耗，降低挤出率。

以上表格数据和文字论述参照附录 6、附录 7、附录 8。

3. 对上面论述的理解

（1）减少每转排出体积的效果，意思是说提高转速，降低每转的排出量，其所得到的结果是：挤出率降低，能耗提高，泥缸受力增大，挤压（推）力减小。

泥缸受力的增大，将转一转能排出去的泥料，改为转二转排出去，势必造成泥缸的堵塞，径向压力的增大。径向压力即是泥缸的受力。

为了表示得更清楚，再次把挤出率 ω 的计算公式列出来加以分析，从式（4-18）中可以看出，主轴转速 n 在分母位置，在小时产量 Q 不变的情况下，转速 n 与挤出率 ω 成反比，也就是转速提高挤出率反而降低，转速降低挤出率反而提高。

$$\omega = \frac{Q}{n \times q_{\max} \times 60} \tag{4-18}$$

（2）对“无论如何每转排出体积宁可在长螺距及低螺旋高而不在短螺距及深螺旋高而得到”。此结论的理解为：此结论的前提是在每转最佳排出体积相同或约等于的情况下，取长螺距及低螺旋高的绞刀设计，因为它不仅能保证轴套的强度，而且在机头阻力增加时，其挤出能力保持不变。

对于这一点应引起设计者的注意，短螺距及深螺旋高与长螺距及低螺旋高并不是对立的，而是相对统一的。

（3）从表 4-12 的对比数据中可以看出，绞刀 3、短螺距及深螺旋高的各项数据都要好于绞刀 6，长螺距及低螺旋高的各项数据。

这一结论提示设计者，在绞刀设计时，在每转最佳排出体积相同或约等于的情况下，取带引号的“长螺距及低螺旋高”的绞刀设计。

（4）从这一点可以联想到，硬塑挤出机无论规格型号大小，从机型结构外观上看，泥缸都不是很长，说明什么呢？说明硬塑挤出机绞刀螺距都是偏小的，也就是说，硬塑挤出机绞刀的平均压力角都偏小。经典的描述就是，螺距小，压力角小，推力大。在本篇第三章第四节二次变径、变螺距绞刀组排列组合中可以见证。

（五）绞刀容积和容积的计算

按主螺旋的排列组合，分别、对应地将每节绞刀的容积计算出来，是绞刀组设计的重要数据之一。绞刀组的螺距排列组合，首先要确定的是末节绞刀的容积，根据末节绞刀的容积，再依次确定其他绞刀的容积。当绞刀外径和轴套直径已成定值后，确定容积的过程，实质就是在计算绞刀的螺距。

1. 容积计算公式

$$V = \frac{\pi}{4}(D^2 - d^2)(S - \delta) \qquad (\mathrm{m}^3) \tag{4-19}$$

式中 V——绞刀容积，m^3；

D——绞刀外径，m；

d——绞刀轴套外径，m；

S——绞刀螺距，m；

δ——绞刀叶片厚度，m。

2. 相关数据说明

（1）当绞刀外径、轴套直径、螺距都已确定，也就是说，绞刀组的螺距排列组合已经定型，那分别、对应计算出每节绞刀的容积是很容易的。但在设计初始时，末节绞刀螺距是未知的，此时，应根据砖厂适度规模年产量，计算出挤出机每转的挤出量，这个挤出量就是末节绞刀的容积量，然后，用容积计算公式反算出末节绞刀的螺距。

（2）在变径、变螺距绞刀组的螺距排列组合中，每节绞刀之间的容积比（压缩比和非压缩比），以末节绞刀容积为基准，按预先设想的，节节绞刀之间压缩比设计参数值，计算出其容积，再换算成绞刀螺距。

（3）在相同绞刀外径和轴套直径的情况下，绞刀之间的容积比，基本等于螺距与螺距之间的比值，这样反而使等径、变螺距绞刀组的螺距排列组合变得更简单了。

（4）将每一节绞刀容积计算结果按顺序以表格的形式罗列出来，通过对挤出制品各种数据的检测，从中分析出绞刀组的压缩比是否合适，以及时改进。

（5）容积计算结果要保留小数点后 5 位，第 6 位四舍五入。

3. 锥绞刀的容积计算公式

变径组合的绞刀组，必然遇到锥绞刀结构，这些锥绞刀包括：下级受料段大直径绞刀向封闭段小直径绞刀变径，封闭段二次变径的双线锥绞刀，硬塑挤出上级单轴挤出部分的大直径锥绞刀向封闭段小直径绞刀变径等。锥绞刀的容积计算有两种方法：一种是按圆（锥）台计算出体积，再减去轴套体积；另一种按平均直径计算容积。

（1）按圆锥台计算体积（容积），如图4-9所示。

圆锥体积（容积）计算公式：

$$体积 = \frac{H}{3}(S_1 + S_2 + \sqrt{S_1 S_2}) = \frac{1}{3}\pi H(R_1^2 + R_2^2 + R_1 R_2) \qquad (4\text{-}20)$$

式中 S_1——上平面的面积；

S_2——下低平面的面积。

注：按式（4-20）计算出的圆锥体积，减去绞刀轴套和叶片体积，所得才是锥绞刀的容积 V。

（2）按平均直径计算锥绞刀容积公式，如图4-10所示。

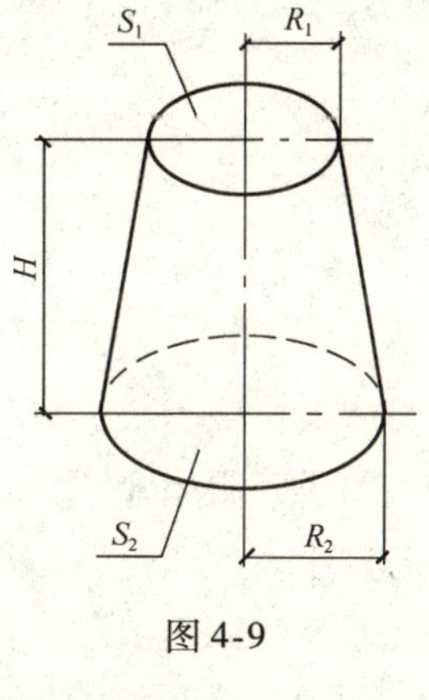

图4-9

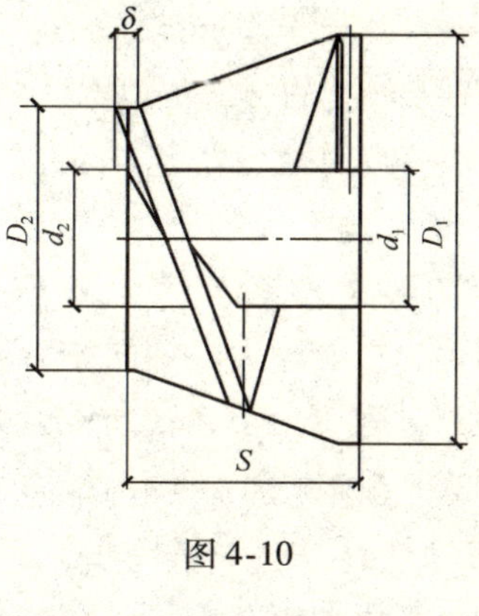

图4-10

锥绞刀容积公式：

$$V = \frac{\pi}{4}(D^2 - d^2)(S - \delta) \qquad (\mathrm{m}^3) \qquad (4\text{-}21)$$

式中 V——绞刀容积，m^3；

S——绞刀螺距，m；

δ——绞刀叶片厚度，m；

D——绞刀平均直径，$D = \frac{D_1 + D_2}{2}$，m；

d——轴套平均直径，$d = \frac{d_1 + d_2}{2}$，m；

D_1——绞刀大端直径，m；

D_2——绞刀小端外径，m；

d_1——轴套大端直径，m；

d_2——轴套小端直径，m。

说明：式（4-21）与式（4-22）的区别在于代入公式中的绞刀直径和轴套直径不同，式（4-21）中的 D 为绞刀的平均直径，d 为轴套的平均直径。

（六）绞刀压力角和压力角的计算

依据绞刀外径、轴套外径、螺距，可以计算出绞刀的螺旋角，也就是叶片平均直径的螺旋角，俗称平均压力角。绞刀螺旋角一共有三个：一是绞刀平均压力角；二是根部压力角；三是顶部压力角。

1. 平均压力角计算公式：

$$\tan\alpha = \frac{S}{\pi D_{平}} = \frac{2S}{\pi(D+d)} \tag{4-22}$$

式中 $\tan\alpha$——绞刀叶片平均螺旋角（平均压力角）；

S——绞刀螺距，mm；

$D_{平}$——叶片平均直径，mm；

D——绞刀直径，mm；

d——绞刀轴套外径，mm。

2. 相关数据说明

（1）正切函数三原则：

①螺距大，螺旋角大，轴向推力小，摩擦力偶大，阻力大。

②螺距小，螺旋角小，轴向推力大，摩擦力偶小，阻力小。

③直径大，螺旋角小，轴向推力大，摩擦力偶小。

（2）通过计算，用表格的形式，按顺序把每节绞刀的压力角罗列出来，可以直观地看出绞刀组螺距排列组合的特征和规律，分析出绞刀组的挤出力，找出阻力产生和推力不足，功率消耗，挤出效率高、低等方面的原因，研究更改之前绞刀组螺距排列组合的设计，总结经验，设计出更适宜的绞刀组。

（3）将 π（$D+d$）改为 πD 和 πd，可以分别计算绞刀顶部压力角、根部压力角。顶部压力角、根部压力角也是绞刀组设计的重要设计参数，重要之处是，通过顶部、根部压力角范围，可以参考确定绞刀外径和绞刀轴套直径。

（4）正切函数三原则字义上很好理解，但充分利用三原则，排列出合理的绞刀之间的螺距组合还是有一定难度，头脑需要开窍，需要向世界范围内砖瓦制造商学习，学习他们的设计理念和思路，研究、解析他们的实际应用实例，领略其利用正切函数三原则，直径、螺距排列组合的独到之处。

（5）绞刀的平均螺旋角设计范围在15°～23°之间，这是几十年来业内人士普遍认可的，但通过反变螺距绞刀组的螺距组合，硬塑挤出机二次变径绞刀组的螺距组合，让人开阔了眼界，又有了更深一步的认识。反变螺距绞刀组，特别是硬塑挤出绞刀组的平均压力角的区间范围，整体前移，约为12°～20°之间，这一点应引起注意。

第四节　绞刀组直径、螺距排列组合

一、下级绞刀组直径、螺距排列组合种类

绞刀组直径、螺距排列组合是根据不同成型原理设计产生，其内容饱含着设计者的聪明智慧，以及长期反复的实践总结。深刻理解、学习不同组合的内涵，择百家之优，增长见识，对创新设计开阔了思路，对提高挤出机的设计能力不言而喻。挤出机下级绞刀组直径、螺距排列组合粗略地分为以下几种：

（1）等径、等螺距绞刀组的组合。

（2）等径、正变螺距（压缩型）绞刀组的组合。

（3）等径、反变螺距（非压缩型）绞刀组的组合。

（4）一次变径、变螺距（压缩型）绞刀组的组合。

（5）二次变径、变螺距（硬塑成型）绞刀组的组合。

前四种组合应该属于软塑、半硬塑成型，后一种组合则属于硬塑成型。

二、国外对挤出机下级绞刀组直径、螺距排列组合的分类

摘录美国1957年“挤泥用改进螺旋绞刀的发展”报告3对下级绞刀组直径、螺距排列组合的分类。

《摘录之三》

在用的可变容积的绞刀，根据每个螺纹的排出量的关系，有四种不同的式样：

（1）由喂料端到排出端连续降低容积。

（2）由喂料端到第二段螺纹连续降低容积，最前端的容积则稍大于第二段，形成一个“放松”段。

（3）每个绞刀等容积，最前端为“放松”段。

（4）由喂料端到排出端连续增大容积，这种式样统治着英国制造厂。

对《摘录之三》绞刀组直径、螺距排列组合分类的理解：

（1）由喂料端到排出端，连续降低容积，就是我们现在认为的正变螺距

(压缩型) 绞刀组的组合。

(2) 由喂料端到第二段螺纹连续降低容积，最前端的容积则稍大于第二段，形成一个“放松”段，就是现在美国 STEELE 公司典型的硬塑成型绞刀组的螺距排列组合。

(3) 每个绞刀等容积，最前端为“放松”段，就是我们认为的等螺距绞刀组的组合，双线绞刀增加“放松”段。

(4) 由喂料端到排出端，连续增大容积，就是我们认为行业专家陈鹏雄发明的反变螺距（非压缩型）绞刀组的组合。这一组合竟然在 20 世纪 50 年代早已被英国制造厂应用。

通过绞刀组直径、螺距排列组合的分类，让我们了解到，国外早在 20 世纪 50 年代就已经对绞刀组直径、螺距排列组合的种类有了很深的研究，特别是对“放松”段设计理论的建立。

三、绞刀组等径、等螺距排列组合

绞刀组等径、等螺距排列组合，顾名思义，就是绞刀直径相等、螺距相等的排列组合。在 20 世纪 90 年代之前，低压力成型，生产黏土实心砖，该组合得到广泛应用，现在虽然还有应用，但已逐渐减少，主要是制品和原料发生了变化，被其他组合所替代。因而，对该组合本章节不作为重点讲述，只是作为分类提出而已。但为了对比、记忆，以及保持类型的完整性，特列举德国某知名公司 60 型挤出机等径、等螺距绞刀组的螺距排列组合，浅释对其认识和基本设计参数的理解。

（一）绞刀组等径、等螺距排列组合，如图 4-11 和排序（2）所示

$$\text{主螺旋：}\underset{(1)}{\frac{220}{440}}+\underset{(2)}{\frac{400}{400}}+\underset{(3)}{\frac{500}{400}}—+—\underset{(4)}{\frac{400}{400}}+\underset{(5)}{\frac{200}{400}}\qquad \text{副叶：}\underset{(6)}{\frac{220}{440}}$$

绞刀组螺距组合　排序（2）

（二）绞刀组等径、等螺距排列组合的基本参数、特点与浅释

(1) 整个绞刀组为等径、等螺距排列组合，基本参数如下：绞刀外径 $D=600$mm，轴套直径 $d=180$mm，叶片厚度 $\delta=20$mm，末节绞刀螺距 400mm，容积 0.097723m^3，每节绞刀容积相等；平均压力角 18°，除双线绞刀外，其余节节相等；总绞刀圈数为 $4\frac{1}{4}$圈，封闭段为 $2\frac{3}{4}$圈，接近 3 圈，受料段为 $1\frac{1}{2}$圈。比值数据见表 4-13。

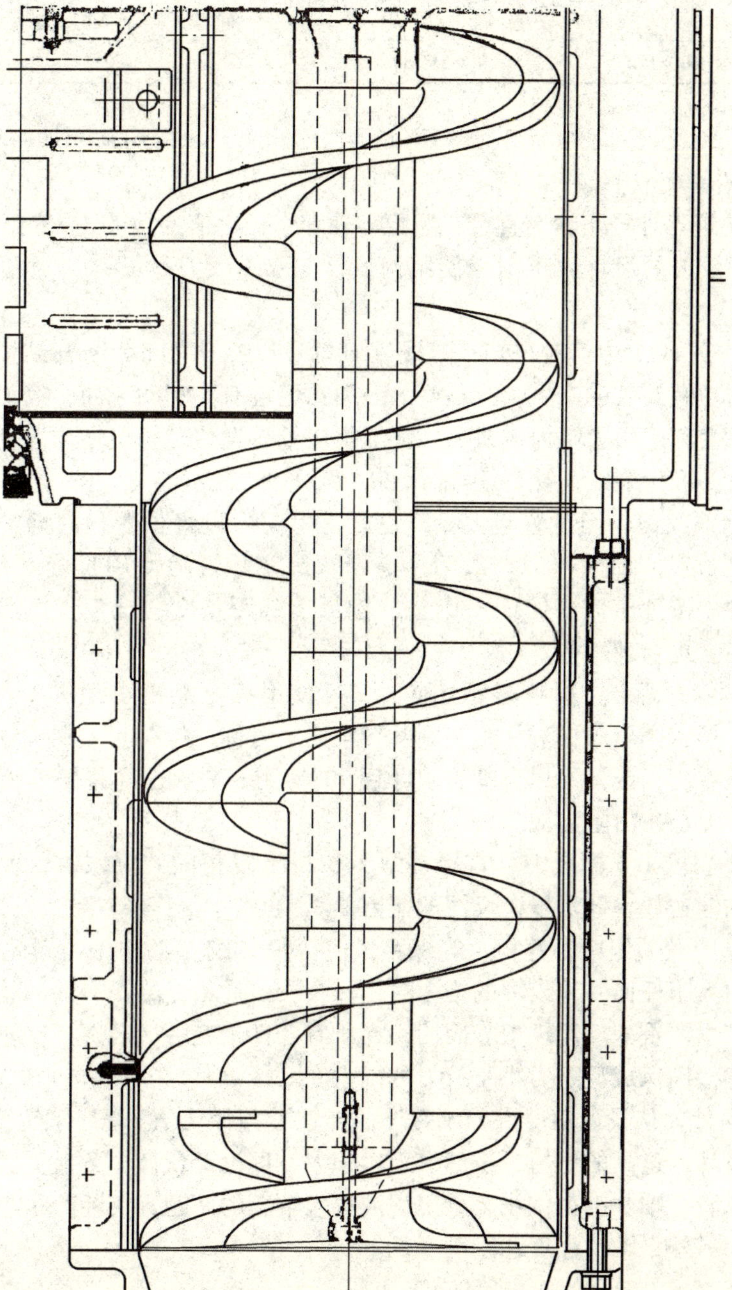

图4-11　德国某公司60型挤出机绞刀图

表 4-13 比值数据

绞刀号	绞刀外径/轴套直径比例	螺距/轴套直径比例	绞刀外径（mm）	螺旋高度（mm）	螺距（mm）
1	600/180 = 3.33	400/180 = 2.22	600	210	400

（2）封闭段排列了接近3个螺距（圈数）的绞刀。目的是增加密封长度，阻止反泥，提高挤出效率。

（3）从绞刀外径与轴套直径，螺距与轴套直径比值的数值3.33和2.22可以看出，该绞刀的设计属于深螺旋结构设计。双线绞刀处没有“放松”段的设置。

（4）从图4-11中直观得知，双线绞刀与末节绞刀之间为断开结构，安装阻泥棒，防止螺旋纹的产生，这是好的一面；但也有不利的一面，绞刀断开结构，挤出时会产生很大阻力，机头、泥缸衔接处易发热，挤出坯体温度高于室内温度时，易产生裂纹，功率消耗大，挤出效率低。

（5）双线绞刀，因设置阻泥棒，也就是阻泥棒设置位置，占据的是双线绞刀的螺距长度，而使得双线绞刀主、副螺旋实际螺距使用长度不足180°，降低挤出力。按理应该在保证180°主、副螺旋螺距长度情况下，之后，再设置阻泥棒，会更合理一些。

（6）副叶螺距与主螺旋螺距相同，实际使用长度也相同，其共同组成的双线绞刀，形状完全对称。从主、副叶形状完全对称，螺距与主螺旋螺距相同这一点可以看出，设计不尽合理，副叶后90°螺距，应大于主螺旋螺距，否则容易产生夹泥，挤出阻力大。

（7）受料段1.5圈绞刀，直径、螺距与封闭段相同，应该讲，此种设计组合结构的输送效率低，抵御反泥的能力差。

（8）整个绞刀组中，等径、等螺距，使得每节绞刀平均压力角均为18°，当挤出阻力大于任何一节绞刀的推力时，其余绞刀均不能给予有效的挤出力的支持，会产生严重的反泥现象。因而，在所有条件不变的情况下，严格控制原料的含水率，确保成型阻力小于绞刀的推力。

（9）另外，从设计角度讲，绞刀外径与轴套直径比值3.33有点过高，属于深螺旋设计。过高的比值，虽然绞刀容积大，理论产量计算数值大。但从实际使用效果看，轴套直径偏小，会出现泥料包轴套的问题，实际产量与理论产量有差距，另外，轴的强度和刚度降低。

四、等径、变螺距绞刀组的组合

等径、变螺距的绞刀组合，一般是由4.5节绞刀组成，去除双线绞刀外，剩余4节绞刀，按不同螺距组合，可排列出2种常用的组合。

（一）第一种绞刀螺距组合，如排序（3）所示

$$\text{主螺旋：}\underset{(1)}{\frac{160}{320}}+\underset{(2)}{\frac{280}{280}}+\underset{(3)}{\frac{280}{280}}—+—\underset{(4)}{\frac{320}{320}}+\underset{(5)}{\frac{320}{320}}\qquad\text{副叶：}\underset{(6)}{\frac{90}{320}}+\underset{(7)}{\frac{30}{320}}$$

绞刀组螺距组合　排序（3）

（二）第一种绞刀组合的基本参数、特点与浅释

（1）该绞刀组为400型挤出机，排列为等径、变螺距组合，基本参数如下：绞刀外径 $D=400\text{mm}$，轴套直径 $d=159\text{mm}$，两者比值：400/159＝2.52；叶片厚度 $\delta=20\text{mm}$，末节绞刀螺距280mm，容积为 0.02750m^3；封闭段绞刀平均压力角17°41″；受料段绞刀容积为 0.03173m^3，与封闭段绞刀（3）容积比值为：0.03173/0.02750＝1.15，平均压力角20°1″；总绞刀圈数4.5节（圈），封闭段2.5节（圈），受料段2节（圈）。

（2）受料段，2节相同的大螺距，封闭段2节相同的小螺距组合。受料段，采用大螺距设计，主要是提高向封闭段绞刀的输送能力（速度和量）。若绞刀（5）的螺距大于绞刀（4）的螺距，输送效率可能会更高一些。

（3）双线绞刀（1）分子中的数字160，表示的是主螺旋螺距的实际使用长度。绞刀（6）、（7）分子中的90和30数字相加为120°，表示的是副叶实际使用角度。采用120°副叶，螺距虽然与主螺旋螺距相同，但因长度仅为30°，故而也不会产生夹泥，挤出时绞刀阻力小，产量高，但120°副叶会出现中心回流的问题。

（4）从封闭段2.5节，720mm绞刀的封闭长度，再加上受料段大螺距的配合，应属于软塑成型，高产量，适宜黏土制砖的绞刀组合。

（5）封闭段绞刀平均压力角小于受料段绞刀平均压力角，成型阻力增大时，受料段绞刀不能给予有效的挤出力的支持。因而，只适应低压力成型。

（三）第二种绞刀螺距组合，如排序（4）所示。

$$\text{主螺旋：}\underset{(1)}{\frac{160}{320}}+\underset{(2)}{\frac{270}{270}}+\underset{(3)}{\frac{280}{280}}—+—\underset{(4)}{\frac{320}{320}}+\underset{(5)}{\frac{320}{320}}\qquad\text{副叶：}\underset{(6)}{\frac{90}{320}}+\underset{(7)}{\frac{30}{320}}$$

绞刀组螺距组合　排序（4）

（四）第二种绞刀组合的基本参数、特点与浅释

（1）排序（4）与排序（3）相比较，区别主要在绞刀（2）螺距变小，与绞刀（3）之间形成了压缩比的关系。

（2）此种绞刀组的压缩型螺距排列组合，对于页岩原料制砖可以采用，对于黏土制砖应慎重采用。

五、等径、反变螺距（非压缩型）绞刀组的组合

等径、反变螺距（非压缩型）绞刀组的组合，是行业专家陈鹏雄的发明专利，是极其有特点的组合，不仅经受了众多砖厂实际应用的验证，而且形成了一套较为完整的、具有理论依据（基础）的创新组合，是多年来在砖厂摸爬滚打、反复实践、不断总结取得的重大成果。为此，作为重点论述，下面以400型挤出机为例，说明等径、反变螺距（非压缩型）绞刀组的螺距组合和相关设计参数，如图4-12所示。

（一）等径、反变螺距（非压缩型）绞刀组合，如排序（5）所示

$$\text{主螺旋：}\underset{(1)}{\frac{270}{360}}+\underset{(2)}{\frac{320}{320}}+\underset{(3)}{\frac{300}{300}}—+—\underset{(4)}{\frac{280}{280}}+\underset{(5)}{\frac{260}{260}}+\underset{(6)}{\frac{X}{240}}\qquad\text{副叶：}\underset{(7)}{\frac{90}{360}}+\underset{(8)}{\frac{90}{400}}$$

绞刀组螺距组合　排序（5）

（二）等径、反变螺距（非压缩型）绞刀组合的基本参数、特点与浅释

1. 基本参数

该绞刀组为400型挤出机，排列为等径、反变螺距（非压缩型）组合，基本参数如下：绞刀外径 $D=400\text{mm}$，轴套直径 $d=159\text{mm}$，两者比值：400/159=2.52；叶片厚度 $\delta=20\text{mm}$，末节绞刀螺距280mm；摩擦系数1∶1.07；绞刀组总圈数 $4\frac{3}{4}$ 节（圈）+X 节（圈），封闭段 $2\frac{3}{4}$ 节（圈），受料段 $2+X$ 节（圈）。

容积排列见表4-14。平均压力角排列见表4-15。

表4-14　容积排列

(1)	(2)	(3)	(4)	(5)	(6)	(7)	(8)
0.03596	0.03173	0.02961	0.02750	0.02538	0.02327	0.03596	0.04019

表4-15　平均压力角排列

(1)	(2)	(3)	(4)	(5)	(6)	(7)	(8)
22°18″	20°2″	18°52″	17°41″	16°30″	15°17″	22°18″	24°30″

2. 特点与浅释

（1）通常，末节绞刀是指与双线绞刀相临（之前的）的第（2）节绞刀，是在封闭段之中；而反变螺距的末节绞刀为第（4）节绞刀，是在受料段之中。更准确地讲，与封闭段相连接的那节受料段绞刀，定为末节绞刀。

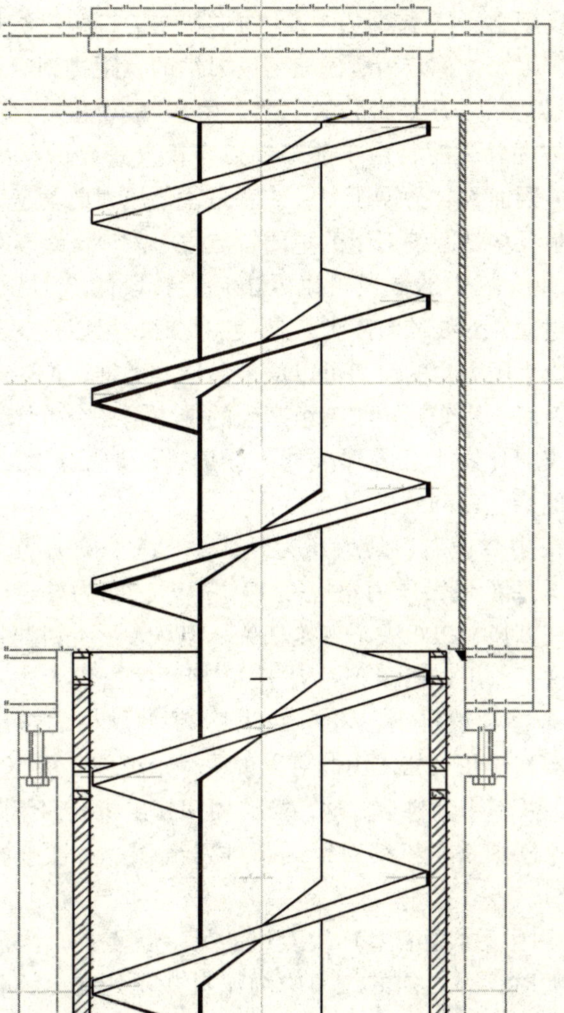

图4-12　反变螺距绞刀排列组合图

（2）从排序（5）的主螺旋可以清楚地看出，以“末节绞刀”（2）开始，向受料段方向，每节绞刀按某一常数量，即摩擦系数，使螺距逐级变小，形成绞刀螺距排列组合；反观之，从受料段向挤出方向，绞刀螺距逐级加大，反变螺距，呈非压缩状态，因而，称之为非压缩型绞刀组的螺距排列组合。

（3）等径、反变螺距（非压缩型）绞刀组，用摩擦系数替代压缩比数值。原料从受料段向挤出方向输送时，由于前节绞刀容积（螺距）大，泥料处在松散状态，阻力很小，因而称之为零压力，或者是说低压力的输送，显然，功率消耗要小得多。这是反变螺距绞刀组的重要特点之一。

（4）从平均压力角一栏中的数值可以看出，受料段的绞刀压力角最小，越往挤出方向压力角越大，双线绞刀压力角最大。此时，可以理解到，当双线绞刀推力不够时，后边小压力角的绞刀可以助推。依此类推，产生节节绞刀内在相连，形成合力，因而，反变螺距绞刀组产生的推力是一个整体合力挤出的概念，如同体育运动拔河比赛十几人形成的一股筋，这是反变螺距（非压缩型）绞刀组排列后必然产生一种效果。

从平均压力角一栏中数值看，最大压力角为22°18″，最小压力角为15°17″，并不尽如人意，理想的最大压力角应在17°～19°之间为好。压力角的大小，与绞刀外径、轴套直径、螺距大小直接相关，但从本质上讲与挤出机的产量紧密相关，以此，这一点可以引申出，大于40型的挤出机，按此绞刀螺距排列组合，压力角的合理数值排列，可能更好于40型规格的挤出机，比如420、430、440、450等挤出机规格。由此可以说明一个道理，用50mm数值间隔，规定挤出机型号，并不十分科学。这一点，硬塑挤出机绞刀螺距排列组合为我们作出典范，详见硬塑挤出机绞刀组螺距排列组合（二次变径、变螺距组合）之第三章第四节。

（5）等径、反变螺距（非压缩型）绞刀组的另一特点是，当前一节绞刀挤出力不够，出现反泥时，因之前的绞刀中的泥料并非处在压缩状态下，因而，能吸纳一定的反泥量，并以更大的挤出力将泥料向挤出方向输送。

最好的挤出效果，也就是最好的螺距排列组合，当上级停止供料，下级也随之暂时停止挤出，观察受料段绞刀，包括与受料段相连接的部分泥缸中，应是无泥料存在的。

（6）等径、反变螺距（非压缩型）绞刀组，双线绞刀主螺旋的使用螺距，为270mm长，即4/3圈螺距，为270°，大于一般180°排列的双线主螺旋螺距，这是反变螺距绞刀组的重要特点之二。

双线主螺旋4/3圈螺距，与第二节绞刀（2）形成了有机的内在组合。进一步解释或理解，就是双线主螺旋4/3圈螺距绞刀＋第二节4/1圈螺距绞刀，形成一节由2个螺距组成的绞刀，构成了一个"你中有我，我中有你"的整体。挤出时，合二为一的两节绞刀，因螺距（压力角）不同，自然形成挤出速度、挤出力的不同，在之前一节绞刀（2）的支承下，形成对双线绞刀构成强有力的挤出力的支援。这种组合同样可以适用于之前所讲述的其他绞刀组的螺距排列组合。

整圈与整圈，2/1圈与2/1圈不同螺距组合，形成不了内在组合，只是传统的单节绞刀的连接，只有4/3圈+4/1圈不同螺距的组合，即270°+90°的组合，才能产生此种效果。

（7）对于绞刀（2）同样也可以按双线绞刀270°排列设计，也就是说，绞刀（1）、（2）同为3/4圈螺距，绞刀（3）为整圈。按此排列，从分子数值上相加，封闭段的总圈数为2.5圈。该绞刀螺距（圈数）排列组合适用于成型阻力小、一般制品的挤出成型；对于成型阻力大、原料含水率低、强（硬）度高的制品，将绞刀（4）增加半圈，深入到封闭段中，使封闭段的总圈数达到3圈。

（8）从排序（5）副叶的组合中，可以得知，副叶是由2个不同螺距组成的180°。前90°螺距与主螺旋螺距相同，后90°螺距大于主螺旋螺距。这也是反变螺距绞刀组区别于其他排列组合的重要特征之三。

前90°的副叶螺距与主螺旋螺距相同，挤出时起到挤出力平衡的作用，后90°副叶螺距大于主螺旋螺距，挤出时不夹泥，阻力小，效率高。另外，副叶实际设计角度是大于180°的，大于180°的副叶，既可以有效地防止中心回泥，又提高挤出效率。还有，后90°螺距副叶的形状区别于其他副叶形状的设计。

（9）绞刀（6）X节，螺距最小，平均压力角也最小，但其推力是最大的，将其排列在最初始位置，是反变螺距（非压缩型）绞刀组合自然形成的一大特点，并非是设计的特意安排。这一大特点，既起到有效地将泥料推到其前节绞刀防止回流，又能很好地保护轴承组前密封法兰处进入泥料。

（10）反变螺距（非压缩型）绞刀组，适宜软塑、半硬塑挤出成型；对于硬塑挤出成型，原理相同，但直径、螺距排列还应有所不同。

（11）非压缩型绞刀组压缩比数值，即"摩擦系数"，是针对不同的制砖原料、地域原料特征如：页岩、煤矸石、黏土、粉煤灰、污泥、西北土、高州土、混合原料等，配以不同的"摩擦系数"，一般来讲：页岩3~4；西北土、粉煤灰6~7；黏土9~10等。这是反变螺距绞刀组区别于其他排列组合研究的重要特点之四。

"摩擦系数"是行业专家陈鹏雄提出来的，把各种原料同摩擦系数挂钩，使绞刀的设计有了针对性。所谓摩擦系数一词，不要从字面意义上解释，它是一种技术上的表示方法，是长期形成的一个似乎模糊的概念，但又具有其摩擦意义成分的称呼，可以理解为是一个代名词。

（12）从400型反变螺距绞刀组合的平均压力角来看，双线绞刀（1）和绞刀（2）的平均压力角略显偏大，若把绞刀外径改为420mm或430mm，可能综合效果更好。

绞刀直径应该按设计的内在本质确定，应该更符合科学发展观要求，不应该因为某一数值的限制，使其达不到最佳的组合和应用效果。

（13）双线绞刀（1）主螺距，按某一倍数关系，大于绞刀（2）的主螺距，形成放松段，这是反变螺距绞刀组区别于其他排列组合的重要特点之五。

（三）等径、反变螺距（非压缩型）绞刀组合排列的变化

等径、反变螺距（非压缩型）绞刀组合排列，还可以生成其他变化，如排序（6）所示。

$$\text{主螺旋：}\underset{(1)}{\frac{270}{360}}+\underset{(2)}{\frac{240}{320}}+\underset{(3)}{\frac{225}{300}}+\underset{(4)}{\frac{X}{280}}—+—\underset{(5)}{\frac{280}{280}}+\underset{(6)}{\frac{260}{260}}+\underset{(7)}{\frac{X}{240}}\qquad\text{副叶：}\underset{(8)}{\frac{90}{360}}+\underset{(9)}{\frac{90}{400}}$$

绞刀组螺距组合　排序（6）

（四）等径、反变螺距（非压缩型）绞刀变化组合的特点与浅释

1. 变化组合的特点

（1）排序（6）与排序（5）绞刀组的变化，在于绞刀（2）、（3）的分子数值，即实际螺距使用长度的变化，由整圈改为4/3圈，长度240mm、225mm，角度为270°。这也是反变螺距绞刀组区别于其他排列组合的重要特征之六。

（2）绞刀（4）是封闭段增加的一段X长度。增加一段X封闭段长度，是对2组或者1组4/3绞刀圈螺距的补充，补充长度范围在1/4～1/2螺距之间，也就是说，缺多少，补多少，以保证密封段的总长度不低于原先的设计长度（圈数）。

2. 浅释

绞刀（3）由整圈改为4/3圈，其道理同前面双线主螺旋4/3圈螺距＋末节绞刀组合的原理相同，也就是由（1）、（2）、（3）、（4）、（5），五节绞刀组成，形成了有机的、多节的内在组合。

（五）受料段小直径、封闭段大直径绞刀组的简介

受料段小直径、封闭段大直径绞刀组，源于日本生产电瓷绝缘产品的挤出机，该挤出机属于二次变径、变螺距的绞刀组合的大型挤出机，受料段为1m的直径，封闭段为1.3m的直径，双线锥绞刀为1.1m的直径。主轴（绞刀轴）转速仅为6r/min。

国内有的厂家生产的550/600型挤出机，就是按照此种绞刀变直径、变螺

距排列组合设计的，不同之处在于封闭段二次变径，改为一次变径而已。

受料段小直径、封闭段大直径绞刀螺距排列组合的最大好处是：封闭段大直径绞刀可以有效地利用直径差，在泥缸内形成台阶，阻止泥料向受料箱的反泥。

六、一次变径、变螺距组合

一次变径、变螺距绞刀排列组合，属于双数字标注的挤出机，俗称双型号的挤出机，是20世纪80年代末，为配合两部两局墙改革新系统工程，开发的最新一代挤出机。当时的代表作有：北京长城墙体材料装备联合公司联合开发的，以及南京建材机械厂自主开发的，50/45-20型；西安砖瓦研究所、贵州都匀4506厂、合肥建华厂等消化吸收，安徽肥西引进的西班牙紧凑型45/40-20型；20世纪90年代中期，双鸭山东方工业公司消化吸收法国西方公司的70/60-38型。

所谓双型号的挤出机，就是把受料段绞刀直径加大，将封闭段、受料段绞刀直径全部标注出来，形成的双型号，那时，行业标准中没有此规定，为之，参照欧洲的型号编排，又重新修订了标准。源于欧洲的型号编排是：每一种直径规格编有三个型号，如直径600mm规格的，可编成60/60；60/55；60/50。70/60型号就是依此而来。分子表示的是受料段绞刀直径，分母表示的是封闭段绞刀直径。

受料段大直径、封闭段小直径，是对绞刀组变径、变螺距理论研究的成果。国外研究认为：高效能挤出机的进料段绞刀螺距比随后封闭泥缸的绞刀螺距约大50%。为了再增加进料容量，挤出机受料段所用绞刀直径可比随后封闭泥缸中的绞刀直径大10%~20%。

上一小段德国理论研究的成果是从《砖瓦工业设计手册》一书中摘录的。

为引起注意，提示设计者：对进料段绞刀螺距比随后封闭泥缸的绞刀螺距约大50%的结论如何理解，还需要深入地认知。一般来讲，受料段绞刀螺距约大30%以里还是可以理解。美国STEELE公司硬塑挤出机二次变径、变螺距绞刀组的组合，受料段绞刀最大螺距比随后封闭段泥缸的绞刀螺距约大40%，关于此方面的详细内容见后面硬塑挤出机二次变径、变螺距绞刀组合的特点分析。

（一）一次变径、变螺距绞刀排列组合的主要特征

一次变径、变螺距绞刀组排列组合，产生出两种直径，即受料段一种直径，封闭段一种直径。

下面列举德国某公司40/35型挤出机一次变径、变螺距绞刀组的排列组合。

（二）一次变径、变螺距排列组合

如图4-13、排序（7）所示。

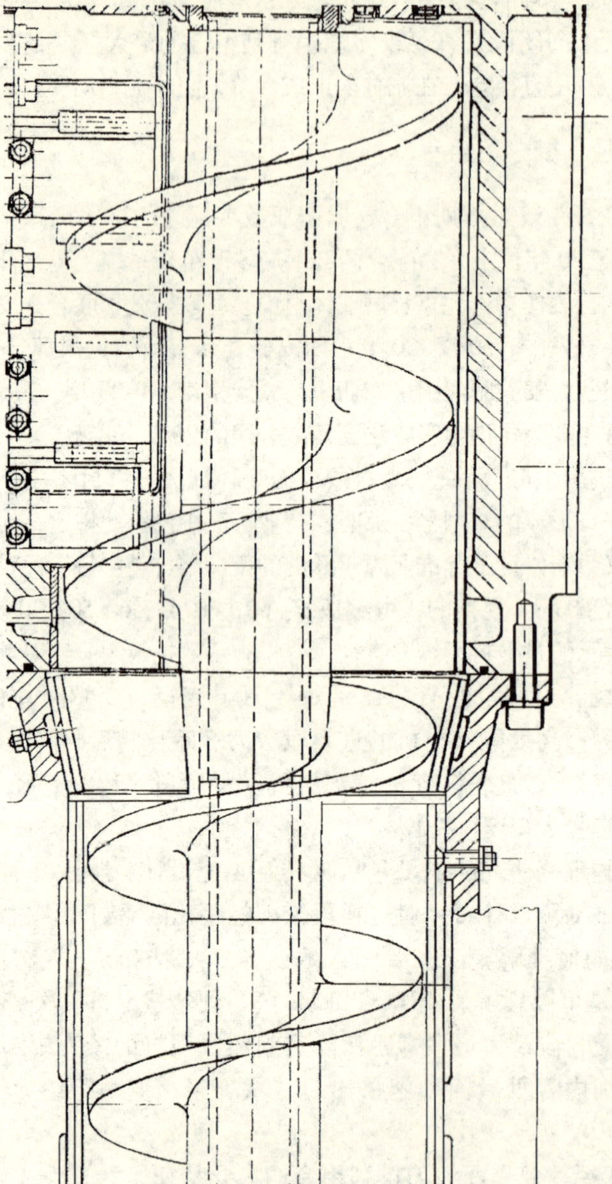

图4-13 一次变径、变螺距绞刀排列组合

主螺旋：$\frac{160}{320}+50+\frac{260}{260}+\frac{250}{250}+\frac{125}{250}+\frac{105}{335}—+—\frac{230}{335}+\frac{310}{335}$　副叶：$\frac{160}{320}$

（1）　（2）　（3）　（4）　（5）　（6）　（7）　（8）

绞刀组螺距组合　排序（7）

（三）一次变径、变螺距组合的基本参数、特点与浅释

1. 基本参数

（1）封闭段绞刀外径 $D=350$mm，轴套直径 $d=135$mm。

（2）受料段绞刀外径 $D=400$mm，轴套直径 $d=152$mm。

（3）由受料段，直径 400mm，过渡到封闭段直径 350mm，直径差为 50mm，两者比值：400/350 = 1. 14286 倍。

（4）绞刀组总圈数近似为 4. 5 节（圈），封闭段近似为 $2\frac{4}{5}$节（圈）；受料段，近似为 $1\frac{3}{5}$节（圈）；最小螺距为绞刀（3）和绞刀（4），其中绞刀（4）为 1/2 节锥绞刀，由直径 450mm 过渡到直径 350mm。

（5）副叶螺距与主螺旋螺距相同。

（6）叶片厚度 $\delta=20$mm。

（7）机头长度为 400mm。

（8）绞刀（1）与绞刀（2）之间的 50 数字，是断续绞刀，安装阻泥棒的设计间隔。

（9）相关数据，见表 4-16。

表 4-16　相关数据

绞刀序号	绞刀外径（mm）	螺距（mm）	螺旋高度（mm）	绞刀外径/轴套直径比值	螺距/轴套直径比值
绞刀 1	350	320	107. 5	350/135 = 2. 593	320/135 = 2. 37
绞刀 2	350	260	107. 5	350/135 = 2. 593	260/135 = 1. 926
绞刀 3	350	250	107. 5	350/135 = 2. 593	250/135 = 1. 852
绞刀 4	375	250	115. 75	375/143. 5 = 2. 632	335/143. 5 = 2. 334
绞刀 5	400	335	124	400/152 = 2. 632	335/152 = 2. 204
绞刀 6	400	335	124	400/152 = 2. 632	335/152 = 2. 204
绞刀 7	400	335	124	400/152 = 2. 632	335/152 = 2. 204
绞刀 8	350	320	107. 5	350/135 = 2. 593	320/135 = 2. 37

表 4-16 及之前，绞刀组变径、变螺距的基本参数中都列出了绞刀外径与轴套直径的比值、螺距与轴套直径的比值，这些并不是简单的数字罗列，而是以某一参数为基点（参照物），用合理的比值数据，确定出其他需要的设计参

数，这在挤出机设计过程中是经常采用的，是前辈经验的总结，有一定的科学道理。

序号中的变直径绞刀（4），绞刀外径、轴套直径均为平均直径。

（10）容积参数，见表4-17。

表4-17 容积参数排列表 m^3

代号	(1)	(2)	(3)	(4)	(5)	(6)	(7)	(8)
容积	0.02374	0.01965	0.02025		0.04436		0.04436	0.02374

表4-17中代号（3）+（4）中的数值，是2个绞刀的容积之和；

代号（3）+（4）绞刀与绞刀（2）的容积（压缩）比：0.02025/0.01965＝1.0305倍。

（11）平均压力角排列，见表4-18。

表4-18 平均压力角参数排列表

代 号	(1)	(2)	(3)	(4)	(5)	(6)	(7)	(8)
平均压力角	22°47″	18°51″	18°10″	17°4″	19°30″	19°30″	19°30″	22°47″
顶部压力角								
根部压力角								

注：代号（4）锥绞刀，是按平均外径和平均轴套直径计算出的平均压力角。

2. 特点与浅释

（1）一次变径，过渡结构是在封闭段内完成的，也就是绞刀（5）、绞刀（6）其实是1节，直径为400mm、螺距为335mm的整体绞刀，其中105mm螺距长度，直接深入到封闭段，与变径350mm的锥度绞刀大端直径对接。此种过渡结构布置，可以有效地防止锥度段的反泥，提高挤出效率。国内有许多厂家也采用此种过渡结构，但深入到受料段的绞刀长度有所增加，为1/2螺距，这样对锥绞刀形成的挤出力更大，效果更好。

反之，受料段大直径绞刀，不深入到封闭段中，变径过渡结构设置在受料段与封闭段边界处，由封闭段锥绞刀大端直径和受料段相同直径绞刀对接。显然，受料段绞刀处在低压力区域，敞开状态，形成不了有效的挤出力，特别是，产生反压时，或者锥缸、锥绞刀加工精度不够，以及磨损等原因，倒锥缸反而成为极易反泥的结构形状，挤出效率大为降低，此种过渡结构最好不采用。

这里的过渡结构一词，是指整个绞刀组在受料箱与泥缸内左右（前后）位置的布局，更准确地讲，就是在什么位置实现一次变径。

（2）封闭段，设置近似3节（圈）或是整3节（圈），是欧洲的普遍做法。

（3）无论是受料段，还是封闭段，绞刀外径与轴套直径的比值，即设计参数，是在合理的数值范围内。

（4）该型号挤出机实际应用是挤出硬塑制品劈开砖的，成型压力在 $26kgf/cm^2$。对于较细腻、塑性好、低含水率的原料，容积（压缩）比设计在：0.02025/0.01965 = 1.0305倍范围，是比较适宜的。

（5）从表4-18中可以看出，封闭段绞刀压力角从挤出方向，向受料段方向，排列逐级变小，能形成合力挤出。

（6）副叶螺距与主螺旋螺距相同，容易产生夹泥现象。

（7）一次变径、变螺距组合例题，虽然是40/35小型挤出机，但大同小异，其他型号挤出机的设计，完全可以参照其设计参数进行。

七、二次变径、变螺距组合

二次变径、变螺距组合，是20世纪80年代末，通过引进美国硬塑挤出机而出现的，适合页岩、煤矸石等低含水率原料挤出成型，制品为高强度等级的地砖、多种颜色的装饰砖等。硬塑挤出机成型压力高，适用原料颗粒级配范围略宽于软塑成型的原料，通过二次变径、变螺距压缩型绞刀组的挤出成型，坯体强度高，适合一次码烧等优点，得到业内广泛人士的重视。由此，硬塑挤出机也随之被开发。

为了推进行业的技术进步，20世纪90年代中期，北京长城墙体材料装备联合公司联合开发了75AD型，双鸭山东方工业公司开发了50F型，之后，山东泰安新汶矿务局消化吸收了引进的50F型硬塑挤出机。

鉴于当时的时代背景，遭遇到亚洲经济危机，所开发的硬塑挤出机没能及时有效地推向市场，直到2005年之后，硬塑挤出机才迅猛地发展起来。

硬塑成型绞刀组二次变径、变螺距排列组合有其独到之处，很值得学习、研究，为此，本章节作为交流、认知的重点。下面列举美国STEELE公司，90A型挤出机二次变径、变螺距绞刀组的排列组合。

（一）二次变径、变螺距绞刀排列组合的主要特征

二次变径、变螺距绞刀组排列组合，产生出两种直径，即受料段一种直径，封闭段两种直径。

下面列举美国STEELE公司90A型挤出机二次变径、变螺距绞刀组的排列组合。

（二）90A型，二次变径、变螺距排列组合

1. 图4-14、图4-16展示的是两种绞刀组合，其区别在于双线绞刀与之前的绞刀，断续和非断续连接结构。图4-15是双线绞刀最小直径的变化。

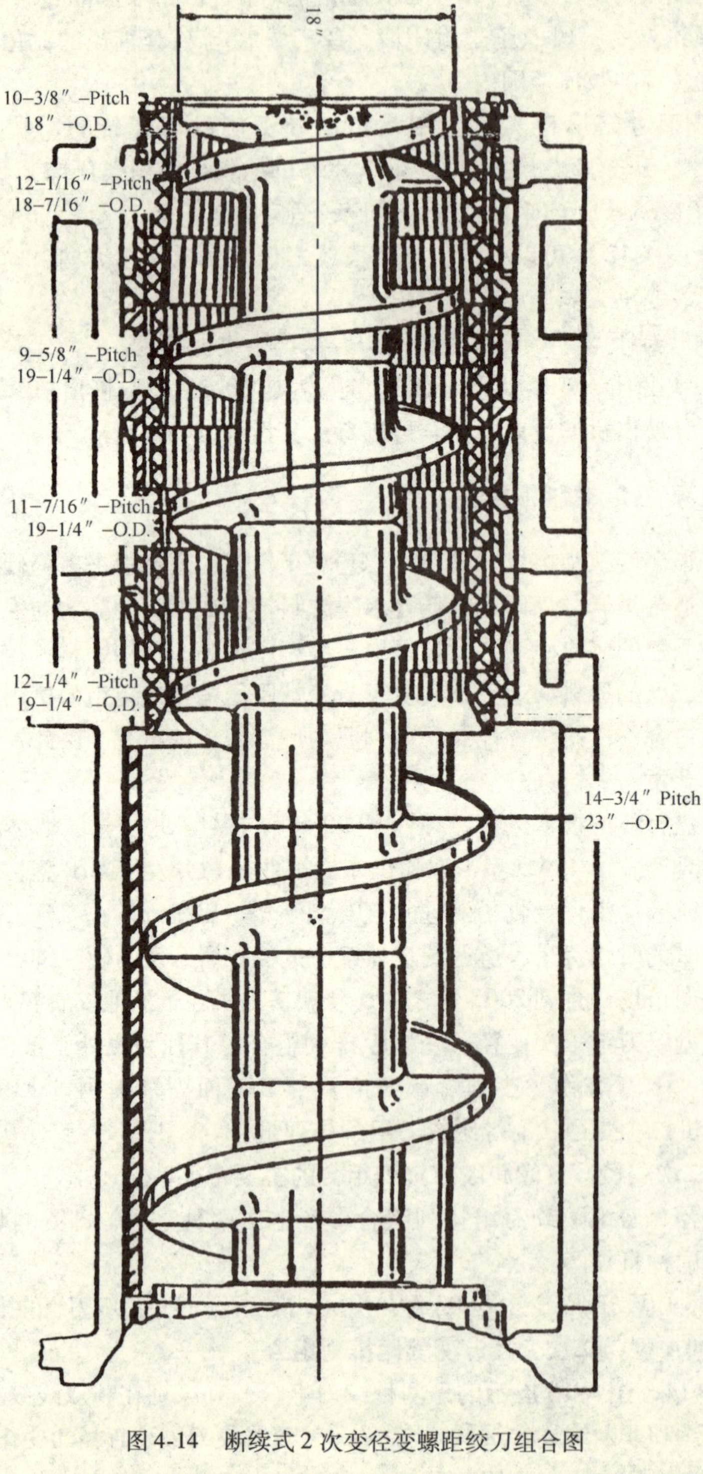

图 4-14　断续式 2 次变径变螺距绞刀组合图

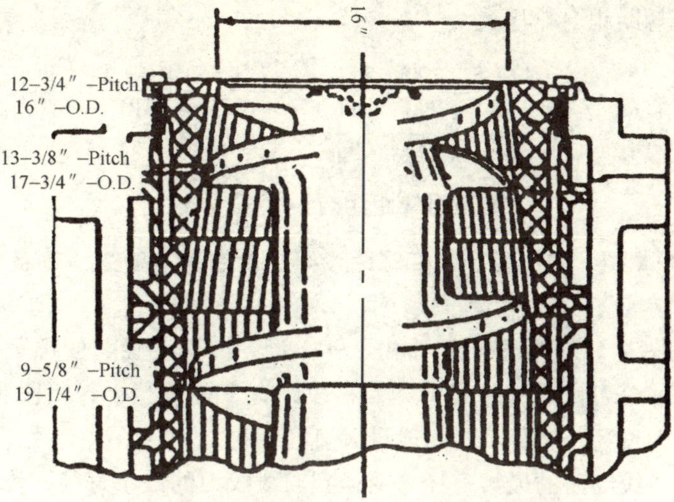

图 4-15　双线绞刀最小直径变化图

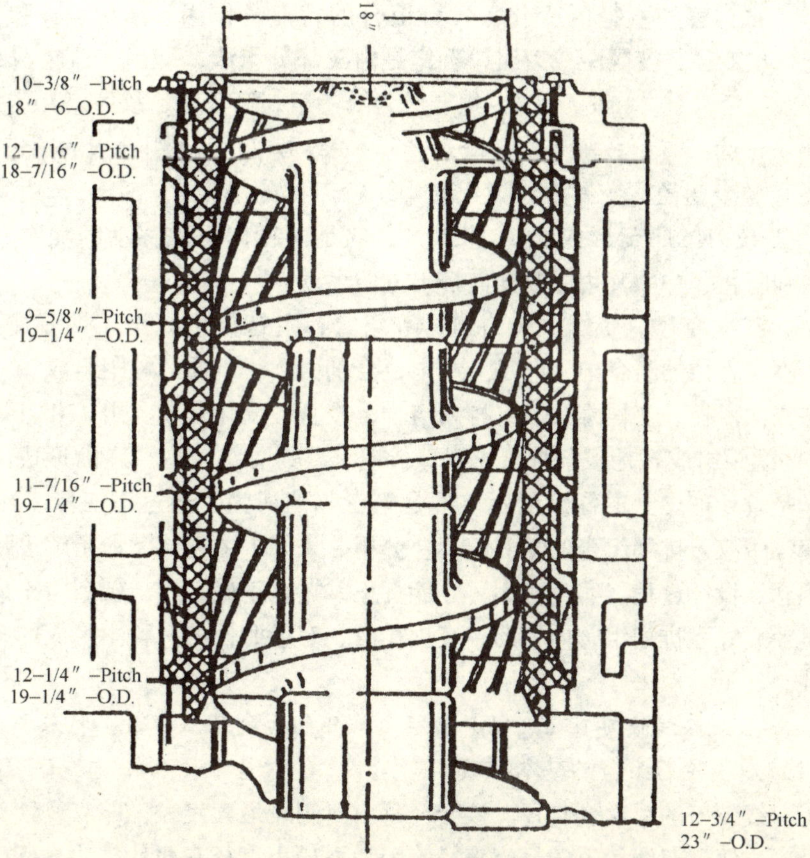

图 4-16　连续式 2 次变径变螺距绞刀组合图

2. 绞刀螺距组合排序：

$$\text{主螺旋：}\underset{(1)}{\frac{153}{306}}+90+\underset{(2)}{\frac{122.5}{245}}+\underset{(3)}{\frac{290}{290}}+\underset{(4)}{\frac{311}{311}}—+—\underset{(5)}{\frac{375}{375}}+\underset{(6)}{\frac{410+X}{410}}\qquad\text{副叶：}\underset{(7)}{\frac{132}{264}}$$

绞刀组螺距组合　排序（8）

（三）90A 型，二次变径、变螺距绞刀组合的基本参数、特点与浅释

1. 基本参数

（1）从图 4-14 中明显可以看出，90A 型，二次变径、变螺距绞刀排列组合派生出三种绞刀直（外）径，即受料段、有 1 种直径、封闭段有 2 种直径。从受料段最大直径，变径到封闭段最大直径，称之为第一次变径；从封闭段最大直径，即双线绞刀的最大直径，变径到双线绞刀的最小直径，称之为第二次变径。

（2）根据三种直径的变化，各自组合的特点、作用、结构、连接关系，可以把二次变径、变螺距绞刀组，看作是由三部分组成，即由 3 段组成：第 1 段，双线绞刀（1）＋绞刀（2）组合成为第一组；第 2 段，绞刀（3）＋绞刀（4）组合成为第二组；第 3 段，绞刀（5）＋绞刀（6）＋组合成为第三组。

（3）整个变径、变螺距绞刀组合中，绞刀体的厚度 $\delta=32$mm，边缘宽度 38mm，与绞刀体厚度形成 6mm 边缘，目的是向径向方向移动的泥料，到此处，受到阻止，并顺其边缘改为向挤出方向移动。

（4）二次变径、变螺距绞刀组排列组合，主螺旋由 6 个不同螺距组成，在 3 个不同直径的组合中，即每一组中，分别由 2 个不同的螺距组成。

把二次变径、变螺距绞刀组排列组合，按直径变化分成 3 组，并且每组由 2 个不同螺距组成，是硬塑挤出成型，长期实践、总结演变、逐渐形成的组合规律，是设计理念上的深度展示，不是笔者刻意所为。通过对三段（组）变径、变螺距绞刀排列组合的学习解读、分析、认知，才能清楚地了解设计者的思维理念、设计过程，实际应用，才能真正掌握，正确运用，硬塑挤出成型绞刀组直径、螺距排列组合内在的、有规律的、有参照性的、科学生成的多种设计参数。

2. 第 1 组双线绞刀直径、轴套直径、螺距组合的基本参数、特点与浅释

（1）双线绞刀组合的基本参数

①双线绞刀的二次变直径。该变径是由封闭段最大直径，即双线绞刀的最大直径，过渡到双线绞刀的最小直径。因为，最小直径有两种尺寸，所以，构成两组双线锥绞刀变径结构组合。双线绞刀的长度约为 420mm。

第一组，由双线绞刀最大直径 19 $\frac{1}{4}$英寸，折合 $D=489$mm，过渡到双线绞刀的最小直径 18 英寸，折合 $D=457$mm，直径差的倍数关系值为：489/457 = 1.070。形成的锥度角为4.2°，单边斜度为2.1°。

第二组，由双线绞刀最大直径 19 $\frac{1}{4}$英寸，折合 $D=489$mm，过渡到双线绞刀的最小直径 16 英寸，折合 $D=406$mm，直径差的倍数关系值为：489/406 = 1.204。形成的锥度角为6.6°，单边斜度为3.3°。

②双线锥绞刀变径结构组合总长度尺寸配置，$L\approx 406$mm，即 16 英寸；双线锥绞刀变径组合，即绞刀（1）+绞刀（2）有两种结构连接形式：

第一种是绞刀（1）、绞刀（2）断开结构，如图 4-14 所示，断开间隙约 90mm，其锥度总长为406mm，断开结构主螺旋绞刀（1）和绞刀（2），实际使用长度为各自螺距的1/2，即 180°。

第二种是绞刀（1）、绞刀（2）非断开结构，如图 4-16 所示，其锥度总长同样为406mm，非断开结构主螺旋绞刀（1）和绞刀（2）螺距相连接。

③双线主螺旋、锥度变径绞刀组合其结构为整体式，由该公司自行研制的耐磨材料 28PC 合金铸造而成。双线处轴套直径的形状设计为锥形，长度从双线主螺旋 1/2 处起始，前端锥台直径约为：$d=100$mm。

④双线绞刀轴套直径 $d=220$mm，最大绞刀直径与轴套直径倍数关系值为：489/220 = 2.2；最小绞刀直径与轴套直径倍数关系值为：457/220 = 2.08。这些倍数关系的设计参数，是双线锥绞刀螺旋深度尺寸设计的重要参考数据。

（2）双线绞刀主螺旋螺距组合

双线主螺旋变径绞刀的螺距组合，从图 4-14、图 4-16 中可以得知，绞刀（1）螺距为 $S=12\frac{1}{16}$英寸，折合 306mm；绞刀（2）螺距为：$S=9\frac{5}{8}$英寸，折合 245mm。断开结构时，只用各自螺距 1/2 的长度，即 180°；非断开结构时，绞刀（2）约用满一个螺距。两种螺距之间的断开长度约为 90mm。

（3）双线绞刀副叶螺距

双线绞刀副叶螺距，从美国 STEELE 绞刀结构图形中可以清楚地看出，主螺旋螺距与副叶螺距有两种尺寸组合：一种是副叶螺距小于主螺旋螺距；另一种是副叶螺距大于主螺旋螺距。两种螺距尺寸配合，后者很好理解，前者理解起来有一定难度。

①第一种组合，双线绞刀副叶 180°设计，其螺距为：$S=10\frac{3}{8}$英寸，折合 264mm。主螺旋螺距与副叶螺距的倍数关系值为：306/264 = 1.16 倍。从螺距尺寸差看出，副叶螺距小于主螺旋螺距 42mm，属于小于叶片厚度的要求。副叶绞刀采用小螺距排列，可能会更有效地阻止反泥，或者是为针对某种产品的产量而采取的措施。

②第二种组合，双线绞刀副叶 180°设计，如图 4-17 所示，其螺距为：$S=13\frac{1}{2}$英寸，折合 343mm。大于双线主螺旋螺距，副叶螺距与双线主螺旋螺距倍数关系值为：306/343 = 0.892 倍。从螺距尺寸差看出，副叶螺距大于主螺旋螺距 37mm，基本符合大于叶片厚度的要求。

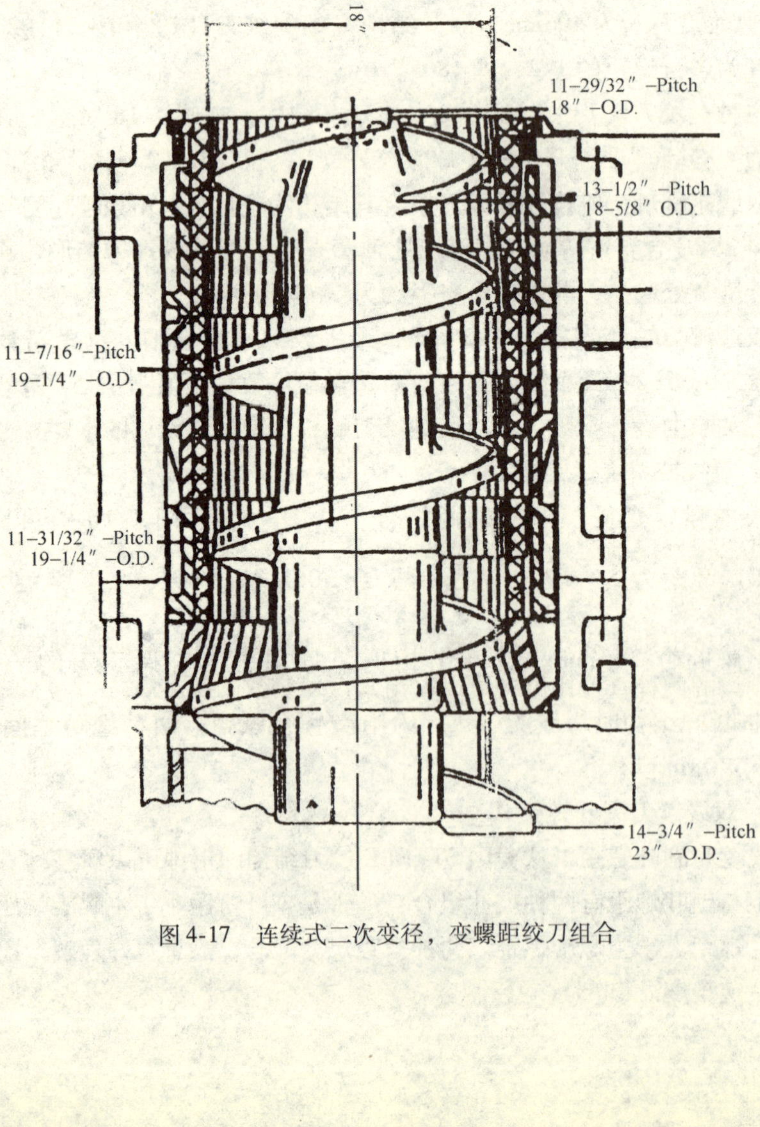

图 4-17 连续式二次变径，变螺距绞刀组合

（4）双线锥绞刀变径组合的特点与浅释

①作为硬塑挤出机，不管是 50F 型、75AD 型，还是最大型号 90A 型，其生产的制品外形尺寸、品种基本都是一样的，如高强度等级的地砖、各种颜色的装饰砖等，区别应该是产量的多少。这一点，从公司样本和展品中可以得到认证，由于挤出制品的孔型断面尺寸基本定位，设计思路自然清晰、明确，针对性强，因而，挤出机的压缩比，泥缸、机头直径尺寸与机口形状尺寸，必须符合制品孔型断面尺寸的比例关系；否则，过大的泥缸直径，或者是说过大的双线绞刀直径，造成机头入口与机头出口面积比值过高是不科学的。

双线绞刀采用变径的方式形成的锥绞刀最小直径，等于将机头的入口直径缩小，达到缩小机头入口与机头出口有效面积之比的目的，降低了因过大的压缩比而产生的压缩阻力，也就是说，降低了泥料在机头内的内集聚摩擦阻力。这是硬塑挤出机很重要的一个设计理念，非常值得学习和借鉴。关于缩小机头入口与机头出口有效面积之比，降低内集聚摩擦阻力，在机口阻力平衡计算中（第三章第 12 节）有详细的说明。

②由于上述原因，在绞刀组的变径排列组合时，自然就会将封闭段的变径纳入设计之中，科学地将双线绞刀最小直径定位在某一直径的设计参数上，再由大直径向其过渡，即是前面设计参数看到的，第一组绞刀（1）+绞刀（2）的组合，由封闭段最大直径 $D=489\text{mm}$，分别对应，过渡到 $D=457\text{mm}$，$D=406\text{mm}$，构成两种双线锥绞刀结构组合。

③从两种双线锥绞刀变径组合中可以看出，是设计者针对生产不同制品而采取的不同尺寸组合，第一种由 $D=489\text{mm}$，过渡到 $D=457\text{mm}$ 的组合，应该是针对生产类似高强度等级实心砖 240mm × 115mm 规格尺寸制品而设计；第二种由 $D=489\text{mm}$，过渡到 $D=406\text{mm}$ 的组合，应该是针对生产各种装饰砖而设计。

④为了把上述变径尺寸说明得更准确、清楚，证明得更充分，理解得更深刻，从厂家的样本中，如附录 8 所示，分别将 50F 型、75AD 型，90A 这三种规格型号的挤出机，双线锥绞刀变径组合设计参数罗列出，通过每一级最大直径与过渡到的两种直径比值，可以看出其设计参数的规律性。

50F 型：最大直径 $D=406\text{mm}$，过渡到 $D=406\text{mm}$ 和 $D=356\text{mm}$。其直径比值为：406/406 = 1.0 倍；406/356 = 1.14 倍。

75AD 型：最大直径 $D=432\text{mm}$，过渡到 $D=406\text{mm}$ 和 $D=356\text{mm}$。其直径比值为：432/406 = 1.064 倍；432/356 = 1.21 倍。

90A 型：最大直径 $D=489\text{mm}$，过渡到 $D=457\text{mm}$ 和 $D=406\text{mm}$。其直径比值为：489/457 = 1.07 倍；489/406 = 1.20 倍。

从三种规格的挤出机变径规律可以看出来，第一次变径，其直径比值在

1.06倍左右；再次变径，其倍数在1.20倍左右。直径 $D=406$mm，在任意一规格的挤出机中都出现，并以该直径尺寸向两边过渡，说明该直径的重要性。

⑤硬塑挤出机，泥缸内的二次变径，即双线锥绞刀中的变径，其目的是科学的设计机头入口直径尺寸，降低压缩比。

3. 第二组绞刀直（外）径、轴套直径、螺距组合的基本参数、特点与浅释

（1）第二组绞刀组合的基本参数

第二组绞刀组，由绞刀（3）+绞刀（4）的组合。绞刀直（外）径 $D=489$mm。绞刀（3）轴套直径为了与双线绞刀（2）轴套直径相一致，绞刀（3）必然是由230mm，过渡到220mm，形成锥轴套。过渡的缘由是因为第一组双线绞刀直（外）径变小，轴和轴套直径也随之必然减小，绞刀（4）轴套直径 $d=230$mm。绞刀（4）直（外）径与轴套直径倍数关系值为：489/230 = 2.126倍。

（2）第二组绞刀组的螺距组合和特点与浅释

第二组绞刀组属于等径变螺距的组合，绞刀（3）的螺距 $S=280$mm；绞刀（4）$S=310$mm，后者与前者比值310/290 = 1.07。这一比值虽然是螺距间的比值，但实质也是容积的比值，因而，该比值又称为绞刀组的自身压缩比的数值。这是很重要的设计参数，之所以重要的原因是，这一设计参数数值规律同样适用于其他型号的硬塑挤出机。说得再明白一点，就是绞刀（3）290mm长的螺距，乘以1.07倍数值，所得到的乘积，便是绞刀（4）的螺距设计长度，对于容积比，同样如此。

绞刀组自身压缩比数值为1.07倍，这是硬塑挤出机的设计者上百年总结的实际经验，为我们提供的极有价值的设计参数，从某种意义上讲，省略了之前讲的对原料需要进行的压缩实验过程。

4. 第三组绞刀直（外）径、轴套直径、螺距组合的基本参数、特点与浅释

（1）第三组绞刀组合的基本参数

第三组绞刀组，由绞刀（5）+绞刀（6）的组合。绞刀直径均为23英寸，折合 $D=584$mm，比第二组封闭段的最大直径绞刀尺寸大：584 − 489 = 95mm，其比值为：584/489 = 1.194倍。这一比值符合受料段绞刀直径比封闭段绞刀直径大10%～20%的要求，轴套直径为230mm，绞刀（5）、（6）直径与轴套直径倍数关系值为：584/230 = 2.254倍。

（2）第三组绞刀组的螺距组合和特点与浅释

第三组绞刀组，属于等径变螺距的组合，绞刀（5）的螺距为 $14\frac{3}{4}$ 英寸，折合 $S=375$mm；绞刀（6）的螺距为：$16\frac{1}{8}$ 英寸，折合 $S=410$mm，后者与

前者比值410/375 =1.093倍。这一比值是受料段绞刀的螺距排列组合很重要的设计参数之一，之所以重要的原因是，这一设计参数数值规律同样适用于其他型号的硬塑挤出机。说得再明白一点，就是绞刀（5）$S=375$mm长的螺距，乘以1.093倍数值，所得到的乘积，便是绞刀（6）的螺距设计长度，对于容积比，同样如此。

受料段绞刀（6）的螺距与封闭段绞刀（4）的螺距比值为：410/310 = 1.32倍，虽然符合50%的范围，但需要提示说明。

在前面《砖瓦工业设计手册》的摘录中，关于受料段绞刀螺距与封闭段绞刀螺距的关系为：高效能挤出机的进料段的绞刀螺距比随后封闭段泥缸的绞刀螺距约大50%。根据经验，在一般情况下，两者螺距间的比值最好在30%。从90A型号，受料段绞刀（6）最大螺距与封闭段绞刀（4）的螺距比值大32%，符合经验数值范围。

5. 容积参数排列（表4-19）

表4-19　容积参数排列表

	(1)	(2)	(3)	(4)	(5)	(6)	(7)
容积（m^3）	0.01624	0.03017	0.03818	0.04079	0.07759	0.08550	
容积和（m^3）	0.04641		0.07897		0.16309		
组别	第一组		第二组		第三组		副叶

容积参数排列说明：

（1）表4-19中的容积和是指每组2节绞刀容积相加所得之和，对于第一组双线断开结构的绞刀，断开部分的容积已经包含在内。

（2）容积比（压缩比）值：通过容积数值，可以直观反映出绞刀之间容积的变化关系，并以此计算出容积比（压缩比）的数值。

形成压缩比关系的绞刀为：绞刀（5）与绞刀（4）；绞刀（4）与绞刀（3）；绞刀（3）与第一组绞刀容积和之间的关系。

绞刀（5）与绞刀（4）的容积比为：0.07759/0.04079 =1.902。

绞刀（4）与绞刀（3）的容积比为：0.04079/0.03818 =1.0684。

绞刀（3）与第一组绞刀容积的比值为：0.03818/0.04641 =0.832。

从三组绞刀压缩比的数值关系可以得到：

①受料段绞刀（5）与封闭段绞刀（4）的设计参数。

②绞刀（4）与绞刀（3）压缩比的设计参数。

③绞刀（3）与第一组双线绞刀容积是非压缩性的设计参数。

④双线绞刀组容积与绞刀（3）的容积比值为：0.04641/0.03818 = 1.216倍，说明双线绞刀是按有“放松”段功能设计的。

通过三组绞刀压缩比的数值关系，为硬塑挤出绞刀组的直径、螺距排列组合，提供了可参照的设计依据。

(3) 关于末节绞刀的说明：

通常情况下，软塑成型，封闭段绞刀的圈数多为2.5圈，即双线1/2节 + 末节绞刀 + 进入封闭段的第一节，共2.5节（圈）；若要封闭段达到3圈组合，则是在进入封闭段的第一节绞刀的基础上再增加半圈来实现。对于末节绞刀的确定，则是与双线绞刀相连接的那节绞刀，末节绞刀实际使用长度为1圈，即1个螺距，其容积是按挤出机每转挤出量来确定的，因而，应该是所有绞刀中容积最小的，螺距最小的。

对于硬塑挤出机而言，从图4-16、图4-17中和相关数据中明确看出，其螺距排列组合，是在双线和末节绞刀之间又增加了1/2节，螺距最小，容积最小的绞刀与双线绞刀构成一组独特的绞刀组，以此，在断开的结构中，实现了封闭段绞刀3圈的目的。这一排列使得末节绞刀出现变数，由原先1节整体、单一螺距的末节绞刀，变成由2个不同螺距组合的末节绞刀，即第一组与第二组绞刀组合后形成的末节绞刀的螺距排列，对此，需要加以认识、理解。另外，在非断开的结构中，实现了封闭段绞刀3.5圈的目的。

对于如此构成的末节绞刀，是否可以这样理解，假如按通常设计，末节绞刀是与双线绞刀相连接的那节绞刀；当双线绞刀挤出力不足时，需要末节绞刀强有力的支持，虽然末节绞刀螺距最小，具有一定的支持能力，但还要肩负着对泥料的压缩，也就是像平常所说的带压力的输送。显然，负荷很大，会有力不从心之嫌，若末节绞刀与双线绞刀之间，还有1节螺距更小、推力更大的绞刀，阻止双线锥绞刀因反压而产生的反泥，这将缓解末节绞刀的压力。如此理解，螺距最小、容积最小的绞刀排列在此位置还是有一定道理的。

通过上述的理解，末节绞刀应该确定为绞刀（3），其容积为挤出机的每转挤出产量，单位是立方米。

(4) 挤出时成型阻力的大小、功率消耗的高低，可以通过每组（节）绞刀之间容积的比值关系给予分析，找出原因，适时改进。另外，还可以打开泥缸，检查每节绞刀中泥料的密实程度给予验证，若接近双线绞刀处的泥料硬、密实，而且相对位置的泥缸发热，说明该处的输送阻力大，前后绞刀推力不足，也有可能是“放松”的程度不够，或者是断开结构引起，应针对不同原因给予解决。

6. 平均压力角参数排列（表4-20）

表4-20　平均压力角参数排列表

	(1)	(2)	(3)	(4)	(5)	(6)	(7)
平均压力角	15°49″	11°51″	14°25″	14°34″	15°37″	16°50″	13°44″
顶部压力角							
根部压力角							

（1）平均压力角排列特征

①从表4-20所列出的数据中可以看出，90A型号的挤出机，平均压力角的使用区间范围，并不是传统经验数值15°～25°之间，而是11°～17°之间，最小平均压力角为11°51″，最大平均压力角为16°50″。

②三段绞刀组合中，第一组，双线绞刀中的绞刀（2）平均压力角最小；第二组，压缩绞刀组次之；第三组，受料段绞刀组，平均压力角最大。

③另外在表4-20中，还可以列出顶部压力角和根部压力角数据，顶部压力角和根部压力角属于参照性的设计参数，主要表明螺距与绞刀外径、螺距与轴套直径的关系。

（2）对压力角排列特征的浅释和理解

①平均压力角的使用区间范围整体前移和缩小，这是针对硬塑成型挤出阻力大，而必然采取的一种排列措施，是与软塑成型设计理念的最大不同，这一点必须深度理解设计者长期经验摸索、积累后，而形成的设计思路。

压力角小，说明螺距小，绞刀轴向挤出（推）力大，径向压力小，再配以每转的最佳挤出量，其效果就是前面所介绍的，挤出率提高，能耗降低，泥缸径向受力减小，轴向挤压（出）力增大。

②第一组双线绞刀组合，在双线绞刀的组合中，虽然双线主螺旋平均压力角大于第二组绞刀的平均压力角，这是根据螺距排列组合设计理念要求必然形成的，但就其压力角（15°49″）的数值看，应该属于是小螺距，大推力的设计，再加上与绞刀（2）平均压力角最小的组合，可以形成有效的挤出力。

③第二组压缩型绞刀组合，绞刀（3）、绞刀（4），平均压力角均小于双线绞刀主螺旋平均压力角。从其压力角的数值就可以看出，同样属于小螺距、大推力的设计理念，挤出时，完全可以形成对第一组绞刀组挤出力的有效支承。

④第三组受料绞刀组合，平均压力角虽然是最大的，但也仅仅是在15°～17°之间，充分利用直径大、压力角小、推力大的正切函数原则，形成高效能

的进料容量。

⑤双线绞刀副叶压力角小于主螺旋压力角，应该理解是为提高双线锥绞刀挤出力的能力，有效防止反压和针对某种制品产量而设计的。

⑥三组绞刀组合，平均压力角的排列，是通过不同直径、不同螺距组合的变化而实现的，变径采取的是突变结构。

八、双线绞刀的结构设计

20世纪80年代末，曾仿照欧洲普遍采用的双线绞刀的结构设计，如图4-18所示。

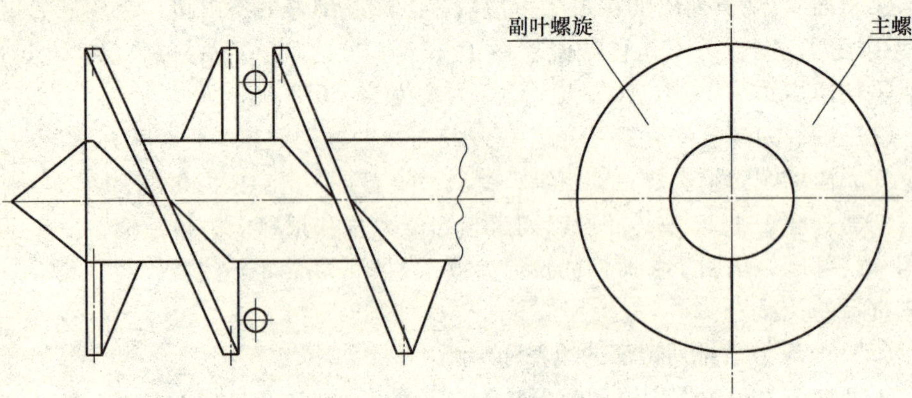

图4-18 双线绞刀的结构设计

（一）从欧洲采用的双线绞刀的结构看，其结构设计特点

（1）副叶螺距与主螺旋螺距相同；

（2）副叶螺距实际使用长度为1/2副叶螺距；

（3）副叶形式为满180度形状；

（4）双线绞刀与末节绞刀之间设置阻泥棒结构。

（二）对双线绞刀的理解

1. 双线绞刀主螺旋螺距

双线绞刀主螺旋螺距一定要大于末节绞刀的螺距，通常为末节绞刀螺距的（1.1～1.2）倍数之间，这样可以形成放松段。对于反变螺距的绞刀组合，虽然与双线绞刀相邻的那节绞刀不是末节绞刀，在此处应视为末节绞刀。

另外，对于双线主螺旋螺距还应该有一个要求，就是压力角，对于反变螺距的绞刀组合而言，双线主螺旋螺距的平均压力角最好控制在16°～17°之间为最佳，最好不要超过18°；对于硬塑成型的绞刀组合，双线主螺旋螺距的平均压力角最好控制在15°～16°之间为好。控制双线主螺旋平均压力角的设计范围，其主要目的是让双线绞刀具有很强的挤出力。

2. 副叶的螺距组合

180 度的副叶长度，即 1/2 螺距，由 2 种螺距组合而成，前 1/4 90 度螺距，与双线主螺旋螺距完全相同，后 1/4 90 度螺距，要大于双线主螺旋螺距，至少要大于叶片厚度，目的是防止产生夹泥现象。

3. 副叶的作用

由 2 种螺距组合而成的副叶，在其形状的配合下，应该有 3 个方面的作用：

（1）平衡作用：1/2 螺距与双线主螺旋螺距相同，挤出时起到平衡的作用。

（2）防止中心回泥的作用：大于 180 度的副叶，可以有效地防止中心回泥，如图 4-19、图 4-20、图 4-21、图 4-22 所示。

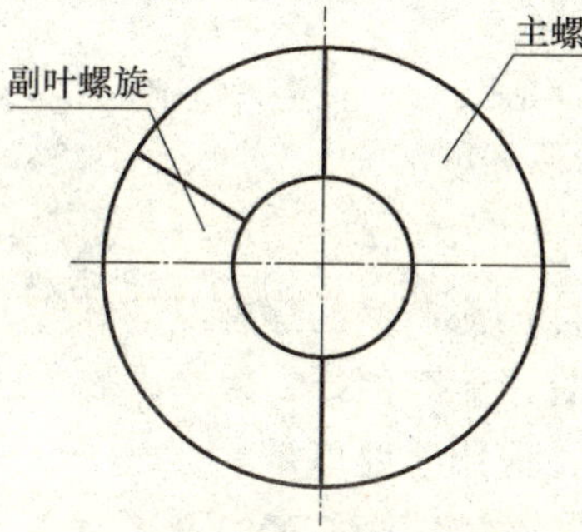

图 4-19　传统 120°副叶设计

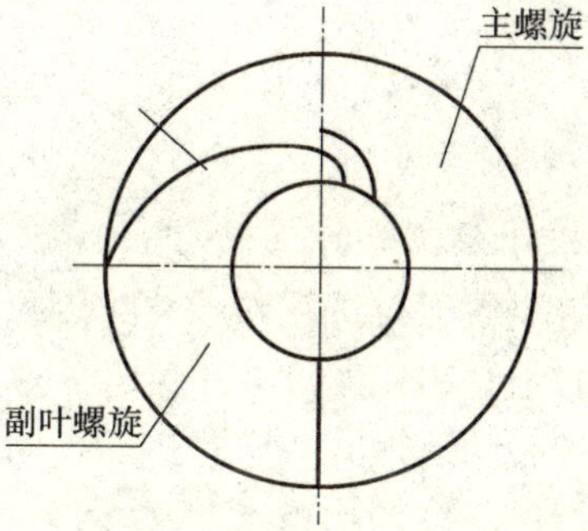

图 4-20　副叶大于 180°设计

（3）消除泥条偏斜（摆）的作用：如图 4-21、图 4-22 所示，适当延长副叶的尾部，相当于保持了中心处的绞刀推力，有效地防止中心回泥；反过来讲，就是阻止了中心处的反压。因而，可以消除泥条偏斜（摆）。尾部的长短，根据泥条摆动而定。一般尾部角度 + 后 1/4 副叶片角度之和（为 120°）。

4. 副叶的结构形状

副叶的结构形状很多人都在研究，但成果甚微，行业内的专家陈老经多年的反复实践，对副叶的形状和其理论的研究是比较深的，实际应用效果很好。

图 4-19 是传统的 120°的副叶设计，与图 4-20 相比较，图 4-19 缺少断面线的部分，因而，必然产生中心回泥、泥条偏斜（摆）的问题。

作为副叶，前 1/4 90 度螺距的副叶形状没有变化，后 1/4 90 度螺距的副叶形状与前 1/4 90 度螺距的副叶形状是不一样的，如图 4-21、图 4-22、图 4-23 所示，采取此种形状的目的，就是前面提到的，应该有的 3 个方面的作用。

从反变螺距副叶结构形状与欧洲满副叶结构形状相比，前者设计理论要好于后者。该副叶结构形状同样也适用其他绞刀组的螺距组合。

同样，从反变螺距副叶结构形状也适宜硬塑成型双线绞刀组。

5. 副叶的实际使用长度

副叶的实际使用长度要大于180°，如图4-21、图4-22、图4-23所示，其作用如前面所述，这里不再重复。

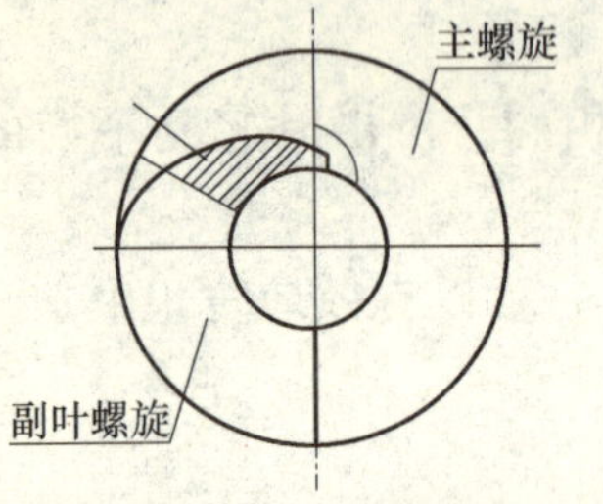

图4-21 为图4-19、图4-20的合成图

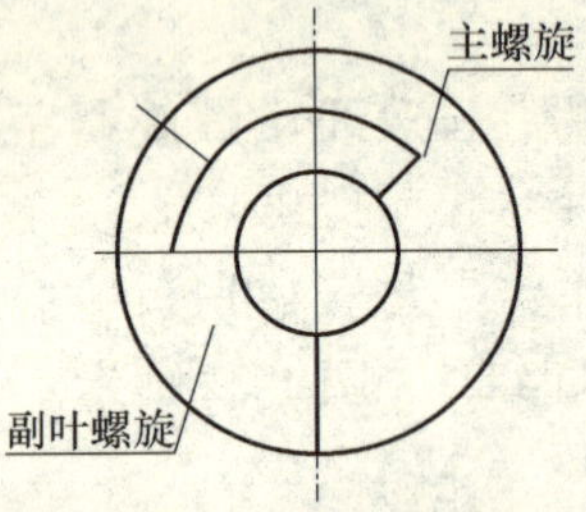

图4-22 副叶尾部延长结构（1）

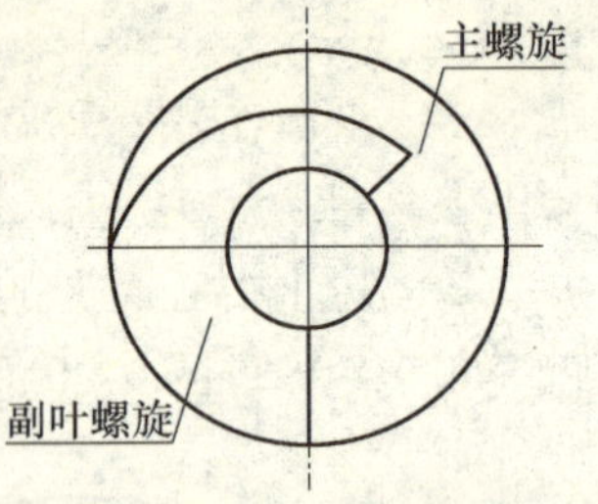

图4-23 副叶尾部延长结构（2）

6. 关于阻泥棒的应用

为解决绞刀推进泥料前移，因径向的速度差而产生的螺旋纹的问题，欧洲的普遍做法是采用断续绞刀组合，并在断续处设置阻泥棒，以消减螺旋纹的产生，此种做法虽然有一定道理，但阻力太大，应用时要慎重。

另外，从硬塑挤出机二次变径、变螺距、绞刀螺距排列组合来看，其绞刀组自身压缩比要大于软塑成型绞刀组的压缩比，但它并未设置阻泥棒，而是采取在双线绞刀末端，即与机头衔接处设置阻转结构。

九、绞刀的耐磨

绞刀直径和螺距的排列组合是挤出机设计的核心，而绞刀的耐磨则是其使用效率的重要组成部分。目前绞刀制作有两种形式：（1）铸造成形；（2）焊接成形。

铸造成形的耐磨绞刀已远不是几十年前铸铁、铸钢普通材料的绞刀，而是合金材料。比如，美国STEELE公司的铸造绞刀，材料为28PC合金，是该公司自己研制的耐磨材料。欧洲比较大的知名公司也都有自己的耐磨材料绞刀。国内，近些年来在山东淄博功力机械制造有限责任公司的带动下，精铸的耐磨绞刀也蓬勃发展起来。精铸的耐磨绞刀当砖坯生产到一定产量时必须更换，因材料性质原因，所以目前还没有更好的修复方法。

焊接成形的绞刀产生于20世纪70年代。焊接成形的绞刀，因为是低碳材料钢板制成，表面硬度低，不耐磨。为解决耐磨问题，用高铬焊条堆焊绞刀叶面，堆焊绞刀的叶面比较粗糙，工作时阻力大、效率低。当工作一段时间后阻力虽然变小，但堆焊的耐磨层也已磨损，需要再次修复。

随着节能、节土、环保、绿色新型墙体材料的推广，硬质页岩、煤矸石及矿渣等材料被大量用于砖瓦行业的生产。硬质页岩和煤矸石都含有大量的高硬度的 SiO_2 和 Al_2O_3，其显微硬度大于2500HV。因此，提高绞刀的耐磨性是提高挤出机挤出效率的重要组成部分之一。下面介绍目前常用的螺旋绞刀耐磨材料。

1. 高铬焊条

绞刀堆焊焊条属于高铬 Fe-Cr-C 合金系，依靠堆焊层中形成的 Cr_7C_3 作为耐磨硬质相抵抗磨损。但 Cr_7C_3 显微硬度较低，仅为1500HV，远低于 SiO_2 和 Al_2O_3 的硬度，使用效果不理想。使用耐磨焊条堆焊绞刀，焊条浪费严重，焊接时烟尘大，堆焊后不易清渣，堆焊面平整度差，绞刀阻力增大，产砖量低，耐磨性差。

2. 精铸高铬耐磨铸造螺旋绞刀

高铬铸造绞刀形式上与焊条有很大差异，但本质上都属于高铬 Fe-Cr-C 合金系。与高铬焊条相比，高铬铸造绞刀耐磨层厚度大大增加，因此耐磨性有很大提高。但在实际使用中存在以下问题：首先，高铬绞刀成本较高，广大砖机用户难以接受；其次，由于原材料质量和加工工艺容易发生波动，造成高铬铸造螺旋绞刀的工作寿命忽长忽短，质量和性能稳定性无法得到保证；最后，高铬铸造螺旋绞刀自重大，耗电量大，开机易断裂，磨损超限后无法修复，再次利用。

3. 固本合金丝

何奖爱，王玉玮等在《材料磨损与耐磨材料》一书中指出，磨料磨损不仅决定于材料的硬度 H_m，而且更决定于材料硬度 H_m 和磨料中磨粒硬度 H_a 的比值，当 $H_m/H_a<0.8$ 时，磨损进入高磨损区，而 SiO_2 和 Al_2O_3 的硬度远远大于普通金属材料，因此螺旋绞刀对泥料产生破碎、搅拌、揉练、混合均匀及挤压紧密等作用时，泥料对绞刀产生剧烈的磨损，而绞刀的更换更是耗时耗力，大大降低了挤出机的工作效率，因此可以说螺旋绞刀的使用寿命直接关系到真空挤出机的使用效果和生产效率。

由北京固本科技有限公司推出的固本合金丝，是用于砖瓦行业的新型耐磨材料，硬度高达62～67HRC。合金丝采用新型碳化铌，硬度大于2400HV，比刚玉还硬，耐磨性更强。与耐磨焊条和高铬铸造绞刀相比，新型固本合金丝堆焊后的绞刀具有以下特点：

(1) 可产页岩标砖 800 万块，成本相对比高铬铸造螺旋绞刀大幅度降低。

(2) 合金丝堆焊后的绞刀，表面光滑，阻力小。

(3) 合金丝堆焊后的绞刀韧性好，不会断裂，磨损超限后可使用合金丝继续堆焊。

(4) 合金丝堆焊后的绞刀重量小，耗电量少。

应该说固本合金丝是一种经济实用，效果显著的绞刀耐磨材料。下面向大家介绍固本合金丝焊接设备使用和工艺。

1. 固本合金丝焊接设备使用

固本合金丝堆焊设备为 500 型二氧化碳气体保护焊机，合金丝直径为 1.6mm，使用安装固本合金丝时注意，选用 1.6mm 的焊枪导电嘴和送丝轮。准备下级ϕ500mm 绞刀一副，固本合金丝一盘即可堆焊。焊接后的绞刀如图 4-24 所示。

图 4-24　堆焊后的双线绞刀和封闭段绞刀

2. 固本合金丝焊接使用工艺

挤出机绞刀一般由三段组成：挤出段、封闭段和受料段。在使用过程中，众所周知挤出段磨损最严重，封闭段次之，受料段相对磨损较小。对于同一节绞刀，叶片外圆由于线速度大，磨损较内圆更严重，一般绞刀叶片的磨损都始于外圆。对于绞刀挤出段和封闭段，建议使用固本合金丝时堆焊两层。第一层将挤出段和封闭段绞刀叶片堆满，厚度为 3 ~ 5mm；第二层只堆焊挤出段和封闭段绞刀外圆向内 7cm 宽处，厚度为 3 ~ 5mm，两层 5 ~ 8mm，随堆焊层厚度增加耐磨性呈线性提高（图 4-25、图4-26）。

图 4-25　堆焊后的受料段绞刀

图 4-26　焊缝形貌

对于绞刀受料段，堆焊绞刀外圆向内 7cm 宽处即可，堆焊两层厚度 5 ~8mm。绞刀的侧面也要进行堆焊，堆焊厚度约 5mm。

如果配合使用螺旋焊接设备，可实现完全自动化焊接。

十、小结

（1）绞刀组的直径、螺距排列组合是挤出机设计的成败关键，是设计理论的具体体现，是设计参数的核心，是设计步骤的第一步。直径、螺距排列组合确定后，设计就在其中了。因而，摸索、掌握一套成熟的软塑成型、硬塑成型绞刀组直径、螺距排列组合的理论、数据和设计方法，对挤出成型、制品质量、挤出效率、功率计算、产量计算、主轴转速等设计参数有着其重要的意义。

（2）前两种等径、等螺距，等径、变螺距组合的绞刀组，随着制砖原料的变化，应用会逐渐减少。

（3）反变螺距、非压缩型绞刀组合，对于软塑、半硬塑成型很值得推广，至于应用到硬塑成型还有待进一步的研究、实践。对于用硬塑挤出机生产成型半硬塑制品，也就是说，用反变螺距、非压缩型绞刀组合，替代硬塑成型绞刀组合是完全可以的。

（4）目前，一次变径、变螺距绞刀组合，让等径、变螺距绞刀组合取代，这应该是因为结构原因，导致认识上发生变化，这里的结构主要是指变径绞刀之间的连接方法，锥绞刀容积计算繁琐，阻止反压能力差，变螺距排列对挤出力的影响等方面因素。一次变径、变螺距绞刀组合，还需要深入研究、变革、创新。

（5）通过硬塑挤出，二次变径、变螺距绞刀组合的排列和结构特点，可参照其设计参数，引入到半硬塑成型绞刀排列组合的设计中，一定会得到事半功倍的效果。按硬塑成型理论设计的硬塑挤出，改变成为适宜半硬塑以下成型的挤出机，也就是让其变成具备两种成型能力的挤出机，改进内容可以从以下两个方面考虑：一方面保留原二次变径、变螺距绞刀组合，机头、机口、润滑等结构和设置，以备硬塑成型时使用；另一方面吸收二次变径、变螺距绞刀组合，反变螺距，非压缩型绞刀组合的优点，设计出提高产量、降低成型压力（半硬塑成型）的二次变径、变螺距绞刀组合，适宜的挤出成型机头、机口，多种孔型断面的制品。

(6) 通过对硬塑挤出，二次变径、变螺距绞刀的排列组合，特别是对变直径组合的了解，是否可以得到一些这样的启发，就是绞刀直径并非必须按国内行业标准 50mm 间隔配置，强制性的，必须是 40mm、45mm、50mm、55mm、60mm、65mm、70mm 的整数数值。应该讲，科学的绞刀直径数值，应该与绞刀容积、压缩比、挤出量、压力角、绞刀直径与轴套直径比值，螺距与轴套直径比值等相关设计参数，融为一体，按需定值，该是多少就是多少，这样所产生的数值应该是更科学的。

(7) 从一次变径、变螺距绞刀压缩比，二次变径、变螺距绞刀压缩比，表格中所罗列的设计参数，经对比可以得出，软、硬塑成型压缩比数值是不一样的。硬塑成型压缩比数值比软塑成型压缩比数值大一倍以上。

(8) 90A 是目前世界范围内生产出来的最大型号的硬塑挤出机，根据绞刀组二次变径、变螺距组合特点，是否还有上升空间，设计出超过 90A 型的大型硬塑挤出机，应该讲，还是有空间的，这里给出其设计参数，供参考。

规格型号为：115A 型。双线绞刀最小直径 20 英寸，折合 508mm；封闭段绞刀最大直径 $21\frac{1}{2}$英寸，折合 546mm；受料段绞刀直径为 $25\frac{5}{8}$英寸，折合 650mm。从双线绞刀最小直径来看，相当于 500 型的挤出机；从封闭段绞刀最大直径来讲，相当于 550 型挤出机。

这一规格型号，应该属于硬塑挤出机超大型号的创新，它不仅能满足高适度规模砖厂的产量要求，而且，还可以通过绞刀组螺距组合的适当调整，略提高原料的含水率，在半硬塑成型与硬塑成型压力交界区间，生产较大型的空心砌块。

(9) 在分析硬塑绞刀组直径、螺距排列组合的章节内容中，虽然并没有具体提到绞刀的结构问题，其实，细心者已经隐隐约约地看到了绞刀组的结构特征和设计参数。

(10) 再补充一点，在学习、理解硬塑挤出机绞刀组直径、螺距排列组合的章节内容中，并没有具体提到泥缸衬的形状结构。其实，硬塑挤出封闭段的泥缸衬中的阻泥条形状、长度尺寸、连接结构与软塑成型有很大区别。其中，阻泥条形状大约有内齿圈的齿形，牙嵌离合器的牙型等，其排列有直排、螺旋排列两种。对于连接结构，内齿圈的齿形是多个薄片的内齿圈叠加组合，可根据其磨损程度有选择地更换。牙型结构则是有三种形式：一种是窄轴套形式，其牙型贯通轴套，交错叠加组合；第二种同样是窄轴套形式，但牙型不贯通轴套的叠加组合；第三种则是将牙型长轴套径向 6 等分的连接形式。

（11）最后，再摘录美国 1957 年“挤泥用改进螺旋绞刀的发展”报告 3 中的一些结论作为小结中绞刀设计理论的补充，希望能再次深入理解。

摘录之四：

不变螺距的绞刀是制成及用于建立每转最佳的排出量及在最佳排出量时选定螺距与螺旋高的关系。

1）最大的挤出率是由最小螺距和最大可用的螺旋高度的绞刀产生的。

2）在使用商业上可用的模具的阻力下，最高的操作效率是由最小螺距及最大螺旋高的绞刀产生的。

可变排出量并可换最前端部分的绞刀是已制成并得到评价的。

1）在相等操作情况下，一个压缩型的绞刀的挤出率比不变排量的绞刀要高些。

2）在一定的最前端部分每转排出量及不变的喂料时，低压缩比的绞刀的挤出率比高压缩比的绞刀高些。

3）增加最前端部分每转排出量，超过最终压缩绞刀每转的排出量会降低挤出率。

4）为结构的稳定性，加大轮毂的直径不会降低不同排出量绞刀的操作特性。

第五节　硬塑挤出机的规格型号

上一节中，论述了 90A 型硬塑挤出机二次变径、变螺距的绞刀组合，90A 是目前美国生产的最大的硬塑挤出机。从设计参数中以了解到，其封闭段绞刀最大直径为 489mm，经变径，双线绞刀，即最小直径为 457mm，受料段直径为 584mm。假如，以封闭段绞刀最大值，或者以受料段绞刀最大值，确定挤出机的规格型号，显然，与美国型号中的 90 数字完全不相干，这就说明，90 数字不是指绞刀直径。同理，50F、75AD 规格型号中的数字，也不是指绞刀直径，因而，型号中绝不可以在 50、75、90 数字前面冠以行业标准中，用

JKY 表示的硬塑挤出机的代表字母。

增加本节，主要为了提醒、说明，不是说任何规格型号的挤出机，都可以称为硬塑挤出机，即使是成型压力达到 4.0MPa。通过二次变径、变螺距绞刀组合的分析，已经说明，硬塑挤出机与软塑挤出机的本质区别，用一句话概括就是设计理念的区别。

通过对美国硬塑挤出机二次变径、变螺距绞刀组的排列组合，90A 最大规格型号封闭段绞刀直径的了解，联想到国内抗出机的行业标准，每一封闭段绞刀直径规格型号的挤出机，均有硬塑挤出机这一档。显然，存在着认识上的误区，应该讲，大于封闭段绞刀直径 500mm 规格型号的硬塑挤出机是缺乏设计理论支持的，截至目前为止，世界范围内还没有生产出封闭段绞刀直径大于 500mm 的硬塑挤出机。

第六节　下级密封段长度尺寸的确定和计算

确定挤出机下级封闭段长度尺寸，有两种方法：一种是以封闭段绞刀组螺距实际使用长度数值相加，所得结果，就是下级封闭段长度尺寸；另一种是经过计算，而得到封闭段的长度尺寸，然后根据此长度，排列绞刀螺距组合。前者，必须是积累多年的设计经验和实践经验，针对不同原料、不同挤出制品，所排列的绞刀螺距组合；后者，则是初始设计，或者同样是针对不同原料、不同挤出制品而设计，以及验证封闭段长度尺寸的正确性，而采取的必要方法。

一、以绞刀组螺距排列确定封闭段长度尺寸（方法之一）

1. 封闭段长度尺寸的确定

在第三节绞刀组螺距排列组合，表示方法的说明中，明确地告知：横线左边分式中的分子绝对数值相加（与分母数值无关），所得之和为封闭段绞刀螺距的实际使用（排列）长度。

封闭段绞刀的螺距实际使用（排列）长度，就是封闭段的封闭长度尺寸，封闭长度尺寸从布局结构上讲，占据在两个组件尺寸之中，即受料箱体和泥缸之中。封闭长度尺寸减去受料箱体所包含的部分封闭长度尺寸，剩下的即是泥缸长度尺寸。

用此种办法确定封闭段的密封长度尺寸，可视为是设计上的捷径，是对已有软塑、硬塑挤出成型，绞刀组螺距排列组合的特点，原料、制品等内涵、有深刻的理论理解和丰富的实践经验所为，是最简单、快捷的设计方法。

2. 受料段绞刀长度尺寸的确定

在第三节绞刀组螺距排列组合，表示方法的说明中，也明确地告知：横线右边分式中的分子绝对数值相加（与分母数值无关），所得之和为受料段绞刀，螺距的实际使用（排列）长度。

经验表明受料段绞刀的螺距实际使用（排列）长度，一般为1.5～2.5个螺距，与封闭段绞刀相连接的受料段绞刀螺距，与其相连接的绞刀螺距成某一倍数关系，这在前面绞刀螺距排列组合中已讲过，对于另外的1节受料段绞刀螺距，可以是等螺距排列，但最好设计成为不等螺距的排列。

二、通过计算确定封闭段长度尺寸（方法之二）

1. 封闭段泥缸长度尺寸计算公式

$$L_s = 0.27\frac{p}{C}H\left(\frac{1}{1-\omega}\right) + 1.5H(\omega + 2\omega^2) \quad (\text{mm}) \qquad (4\text{-}23)$$

式中　L_s——封闭段泥缸长度，mm；

H——末节绞刀螺距，mm；

p——挤出压力；

C——泥料硬度，kgf/cm^2；

ω——挤出率。

2. 计算公式说明

（1）按照"埃森"砖瓦研究所的理论，成型压力除了泥料的水分之外，主要是靠机头和机口的合理设计来达到，经现场实验计算得出封闭段密封长度的尺寸。

（2）公式中的C值，表示的是泥料的硬度，是封闭段长度尺寸计算公式中，因牵扯到的泥料硬度参数，所以列出C值的求解公式：

$$C = c\frac{h}{h_0 - h} \quad (\text{kgf/cm}^2) \qquad (4\text{-}24)$$

式中　c——常数，（1kgf/cm^2），亦称多余变形强度；

h——试棒压缩后的高度；

h_0——试棒原来的高度。

（3）通过式（4-24）的未知数，可以得知，C值必须经过现场实验，或者在实验室，做出大量分组测试，取得数据，经计算才能得出C值。C值是泥料的屈服极限，用普氏塑性仪测试，操作步骤如下：

坯体挤出成型后，用取土器，直接在坯体上获取泥料试棒放在容器内，试棒尺寸为：直径ϕ33mm×40mm高，用普氏塑性仪做变形度测试，将1192g重的锤盘，提高到168mm，自由落下，砸在容器上，取出泥料试棒，测量出其变形后的高度 h。按上述做法，在不同时间段，测出多组数据。根据式(4-24)，计算出 C 值。

按现场挤出机的机头、机口的几何尺寸，实测成型压力值，经分析计算获得泥料的 C 值与成型压力 P 之间的关系曲线图。根据 P/C 比值，查螺旋挤泥机的特性曲线图4-6，得到封闭段泥缸内绞刀圈数，考虑到安全，还应加半圈。

测出的坯体硬度是否客观、准确，与厂房内的温度、成型坯体的温度、操作手法、实验速度等方面不确定因素有着直接关系，结果的准确性会有一定差异。

(4) 坯体（泥料）硬度测试仪，用坯体硬度测试仪也可以测出泥料的硬度 C 值。20 世纪 90 年代，由无锡建筑仪器器材厂生产的刻度式贯入仪可直接测出坯体硬度，该仪器缺点是直观程度差。目前，国外生产了一种仪表式坯体硬度测试仪，直观感觉好，灵敏度高，在国内也还可以找到，价格在 100 美元以上。用仪表式坯体硬度仪测试泥料的硬度，比用普氏塑性仪测定简单、快速、方便得多。

(5) 通过上述可以了解到，式（4-23）的计算内容并不是多难，但确定泥料的硬度 C 的数值，还是有一定难度的。对于有条件的单位，作为理论研究是必须做的，而且要做得很深，而对于一般砖瓦机械厂来讲，更多是在实践中学习、掌握、摸索自己的或借鉴别人成功的绞刀组直径、螺距排列组合。所以，在这里只做常识性的介绍，不做更多的赘述。

三、相关设计参数的确定

随着封闭段密封长度尺寸和绞刀直径的确定，已知了泥缸衬套内径与绞刀直径单边间隙（经验数值，单边间隙不大于3mm），即可延伸出衬套内径、外径、长度尺寸，泥缸内径、外径、长度的相关设计尺寸。对于泥缸与受料箱、机头的端面连接强度，根据轴向力，计算出螺栓的个数和直径，泥缸的设计就基本完成了。

第七节　绞刀叶片下料计算方法

用耐磨材料铸造而成的绞刀，不存在叶片下料计算的问题，而对于焊接结构成型的绞刀，叶片下料内径、外径是需要经过准确计算的。下料后，经各种方法（如拉制）成型的叶片，内径与轴套直径应做到严丝合缝，外直径与设计直径误差小于2mm，应该视为是合格的，说明叶片下料内径、外径尺寸是准确的。

绞刀叶片下料有两种计算方法：（1）按设计手册公式计算；（2）按经验公式计算。两种计算方法相比较，后者要比前者简单得多，但精确尺寸，两种方法都要在实践中反复摸索几次取得经验之后，方可作为长期使用的数值。

1. 按设计手册公式计算（图4-27）

$$r = \frac{bc}{a-b}, \qquad R = r + c, \qquad \alpha = \frac{2\pi R - a}{2\pi R} \tag{4-25}$$

式中　$a = \sqrt{(\pi D)^2 + H^2}$ 螺旋外圆展开长，mm；

$b = \sqrt{(\pi d)^2 + H^2}$ 螺旋内圆展开长，mm；

$c = \dfrac{D-d}{2}$ 螺旋节宽度，mm；

D——绞刀外圆直径，mm；

d——绞刀内圆直径，mm；

r——绞刀叶片展开内圆半径，mm；

R——绞刀叶片展开外圆半径，mm；

H——绞刀螺距，mm；

α——切角。

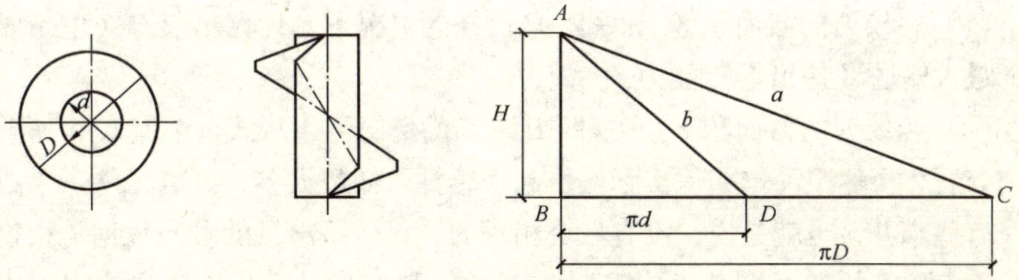

图4-27　绞刀叶片下料图

2. 经验计算公式

$$D = \frac{S}{7} + D_1, \qquad d = \frac{S}{7} + d_1 \tag{4-26}$$

式中　D——所求绞刀外圆直径，mm；

S——绞刀螺距，mm；

d——所求绞刀内圆直径，mm。

D_1——绞刀外圆直径，mm；

d_1——绞刀内圆直径，mm。

第八节 挤出机的产量计算

挤出机的产量计算，是设计挤出机至关重要的理论计算和技术参数。所谓计算挤出机的产量，其实质就是计算挤出机下级每小时的挤出量。

挤出机的小时产量，与绞刀组的设计参数直接挂钩。设计参数包括：末节绞刀容积、主轴（绞刀轴）每一转的最大挤出量 q_{max}、每分钟的转速 n、挤出效率 ω、60min 的工作时间等，所包括内容的乘积就是挤出机的小时产量。

一、每转最大挤出量的计算公式

$$q_{max} = 0.63 \times C_q \times F_S \times H \tag{4-27}$$

式中 q_{max}——末节绞刀每转的最大输送（挤出量）能力，m^3/r；

C_q——为泥料常数，它随泥料成分、绞刀表面的光滑程度等因素而变化，其值在 0.9～1.3 之间选取，一般取 $C_q = 1.1$；

F_S——绞刀截面积，m^2；

H——螺距，m。

公式（4-27）说明：

（1）在绞刀的截面积 F_S 和螺距 H 已知的情况下，计算出绞刀（主）轴每转的最人输送（挤出量）能力。

（2）当绞刀的截面积 F_S 和螺距 H 未知的情况下，从式（4-27）中所包含的内容看，虽然很简单，但实际操作起来感觉未知数太多，好像无从下手，似乎又有些难办，也就是说，没有一个相对的、每转挤出量的参照数据，根据什么来确定绞刀的截面积 F_S 和螺距 H，从这一角度讲，还是应该先确定出末节绞刀每转的最大的输送（挤出量）能力，然后，根据预想要设计的挤出机规格，计算出绞刀截面积 F_S 和螺距 H。

（3）对于已知绞刀的截面积 F_S 和未知螺距 H 的情况下，用式（4-27）计算出末节绞刀每转的最大输送能力，应该讲是很简单的。

（4）绞刀截面积 F_S 与螺距 H 的乘积表示的是末节绞刀的容积。

二、末节绞刀容积计算公式

$$V_{末} = \frac{\pi}{4}(D^2 - d^2)(S - \delta) \quad (m^3) \tag{4-28}$$

式中 D——绞刀外径，m；

d——绞刀轴套直径，m；

S——末节绞刀螺距，m；

δ——绞刀叶片厚度，m。

末节绞刀容积计算公式说明和技术参数的确定：

（1）绞刀外径 D：行业标准以封闭段绞刀直径为依据，规定出的挤出机规格型号，因而绞刀外径 D 是已知的。

根据小时产量，初步按行业标准选取，再经过反复计算后，最终确定出准确的绞刀外径。

（2）绞刀轴套直径 d：根据功率、主（绞刀）轴转速，经强度计算校核确定出主轴直径后，再确定出绞刀轴套的外径。经验数据：轴套直径一般为 1.2～1.4 倍的轴套内径（轴直径大的选小值，轴直径小的选大值）。对于无轴结构的浮动轴，因轴套是空心的，轴套壁厚过薄，刚度不够，挤出时容易引起颤动，挤出力（扭力）不足，所以内孔直径要适当缩小。也就是说，加厚轴套壁厚，轴套单边厚度最小应在 25mm。轴套最好选用标准的无缝钢管。

（3）这里再说明一点，打开泥缸，若有泥料包轴套现象，说明轴套直径偏小。轴套直径也可以按绞刀外径确定，绞刀外径与轴套直径比值为 2.4～2.8 倍，比值应该圆整为整数，或符合无缝钢管标准。

（4）末节绞刀螺距 S：对于在实际中已经使用的，挤出效率较高的绞刀组螺距排列组合，末节绞刀螺距是已知的。对于重新设计的，分以下两种情况：

①按已掌握绞刀组螺距排列组合规律螺距排序的，末节绞刀螺距自然是已知的；

②不掌握绞刀组螺距排列组合规律的，初始设计的，先拟定一个螺距参数，通过式（4-30），与主轴转速反复计算、比较，最终定出末节绞刀螺距和主（绞刀）轴转速。

（5）每转最佳的排出量、最大的挤出率是由最小螺距和最大可用的螺旋高度的绞刀产生的。

三、挤出机小时产量计算公式

$$Q = n \cdot q_{max} \cdot \omega \times 60 \quad (m^3/h) \qquad (4\text{-}29)$$

式中 Q——小时产量，m^3/h；

n——绞刀（主）轴的转速，r/min；

ω——挤出率。

四、挤出机小时产量计算公式说明

(1) 式 (4-29) 是在小时产量未知的情况下的求解产量的计算公式，该公式的计算难点在于等式右边有三个未知的因素，①绞刀（主）轴的转速 n；②末节绞刀每转最大的输送（挤出量）能力 q_{max}；③挤出率 ω。绞刀（主）轴的转速的确定，在设计经验不太丰富的情况下，确定主轴转速和末节绞刀每转最大的输送（挤出量）能力是有难度的，因而，使用式 (4-29) 计算产量，还需要有一个多方面熟悉、认知的过程，也就是说，需要一个深度理解、积累经验的过程。

(2) 在等号右边所有各项均为已知的情况下，直接计算出挤出机小时的产量是很容易的。若在各项是未知的情况下，最好是给定出小时产量，所谓给定出小时产量，也就是说，将小时产量作为已知条件给出，这就是在前面有关技术参数章节中所讲的，将产量作为已知条件的理由了。

(3) 式中挤出率 ω 取值，在前面功率计算公式中已有详细说明，在此不再赘述。

五、挤出机小时产量计算公式变形

将挤出机小时产量计算公式变形，改变其求解的内容，让未知的变成已知的，而且是简单的、科学的、切合实际的。将未知的变成为已知的技术参数，然后去反向求解设计参数变化范围宽，不好确定的或与某未知数形成的变量关系的，使计算变得更简单、更实用、更准确、更方便。

公式变形 1：

$$n = \frac{Q}{q_{max} \times \omega \times 60} \quad (r/min) \tag{4-30}$$

(1) 式 (4-30) 是在小时产量已知的情况下，将式 (4-29) 变形所得到的，求解绞刀（主）轴的转速的计算公式。

(2) 从变形后的计算式 (4-30) 中可以明显地看出，求解的内容发生了变化，由原先求解计算小时产量，改变为求解计算主（绞刀）轴的转速，减少了一个具有变量关系的未知数，让计算反而变得简单了。究其原因，就是挤出机小时产量由未知的变成已知的，在前面技术参数确定中已经给定。由此可以看出，按预先给定出的砖厂适度规模产量，根据年工作天数、日工作时间，反算出小时产量，既简单、科学，又切合实际。

(3) 关于绞刀（主）轴的转速，最初的设计必须要经过准确的计算得出，这一点是不容置疑的，转速高低一定是随着绞刀直径的变化而不同，并且与极限产量有关，绞刀直径越大，转速随之越低。为便于参照，考虑螺旋绞刀的线速度和减速机的承载能力，这里给出一些常用的主轴转速的经验数值，仅供参考，见表4-21。

表4-21　主轴转速

绞刀直径（mm）	400	450	500	550	600	750
转速（r/min）	36以下	28～32	24～27	21～23	18	13

（4）所谓极限产量，是指随着主轴转速的增加，产量反而下降，更准确一点地讲，就是转速超过某一数值后，挤出效率是下降的，此时的主轴转速，对挤出率来讲，是极限产量。从式（4-30）的结构可以看出，挤出率 ω 在分式中分母的位置，与转速成反比关系，挤出率 ω 的数值越大，转速是越低的；反之，则相反。据此分析，在挤出机的设计和使用中，应该追求高效率，低转速。对于主轴低转速而言，除了对减速机有较高的承载能力要求外，其余的好处是众所周知、不言而喻的。

（5）对于表4-21中的主轴转速，有些可能还是偏高。这里举一个例子：四川某砖瓦机械厂，400型挤出机，主轴转速为24.5r/min，原料为页岩，含水率在18%左右，小时产量达到1万块实心标砖，效果很好。

（6）关于主轴转速和挤出速率，在挤出速率曲线（图4-28）中，能很直观地看出，每一不同含水率的曲线的最高点，所对应的横坐标是主轴的最高转速。此时，所对应的纵坐标是挤出的最高速率，当转速超过最高点，随着主轴转速的提高，挤出速率反而是下降的。该挤出速率曲线是很重要的设计参数。

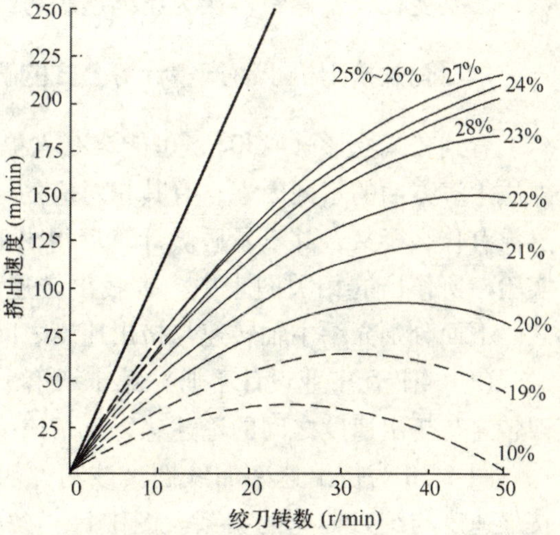

图4-28　挤出速率曲线图

（7）式（4-30）求解计算主（绞刀）轴的转速，表达清晰，计算简单，目的明确，容易掌握，可随时随地应用，特别是在现场实际指导生产，根据生产制品孔型断面的不同，挤出量的变化，准确变换、配置主（绞刀）轴的转速，有着很重要的现实意义，应该编写到使用说明书中为好。

公式变形 2：

$$\omega = \frac{Q}{q_{max} \times n \times 60} \tag{4-31}$$

由于前面首先讲到的是求解挤出机小时产量的计算问题，故而列出式(4-29)，通过式（4-29）的变形，演变成为求解挤出效率 ω 的式（4-31），其实，式(4-31)才是正确公式，其他求解挤出机小时产量、求解计算主（绞刀）轴的转速，都是通过挤出效率公式变形而得到的，这一点需要解释清楚。

通过式（4-31）组成内容中的挤出效率 ω 和主轴转速 n 之间成反比关系，可以得到这样一个结论：当小时产量 Q 和绞刀每转最大挤出量 q_{max} 确定后，挤出效率 ω 的高低完全取决于主轴转速 n，两者之间形成一个互为变量的反比关系，主轴转速 n 越高，挤出效率 ω 反而越低；反之，则相反。这一结论是设计挤出机非常重要的设计理念和指导思想。在前面功率计算中已经表明，挤出效率 ω 取值范围在 0.3 ~ 0.7 之间。该理解看似与所谓极限产量的论述有些雷同，其实，这是从不同角度加以分析的。

(1) 通过对挤出率 ω 的求解，可以进一步认知绞刀变直径、轴套直径尺寸、螺距排列组合的优劣，以及对挤出机功率计算提供准确的设计参数依据。

(2) 国外一般认为：提高挤出效率的途径，一是提高封闭段螺旋绞刀圈数；二是变径、变螺距，认为压缩型绞刀组可以提高挤出率 ω。

六、有关挤出机小时产量计算公式的解释

看到公式变形（4-30），可能会有人提出疑义，因为主轴转速是根据泥料性质等多方面的不同因素，有其相对应的转速，是预先可以查（取）得到的，这没有什么疑义，并不矛盾。计算后得出的转速值，可以从前辈人长期研究、实验、所作出的相关图表中，查找出转速值，进行对比，也可以反其道而行之。下面分别介绍主轴转速与挤出速度之间的关系。

(1)《砖瓦工业设计手册》第十章第十二节驱动装置与配件中，有关于绞刀转速与挤出速度之间的论述，以下是该手册相关内容的摘录：

图 4-28 为挤出速率曲线图。该图说明某一种原料在不同成型含水率下，挤出速度与绞刀转速的关系。图中每一条曲线均有一个明显的峰值。也就是说，在峰值前，增加绞刀的转速可以提高挤出速度，但达到峰值后，虽然再提高绞刀转速，但挤出速度却下降。

因为现今生产用挤出机的绞刀转速通常是不变的，故而难以确定该机的转速处于峰值的那一面。因此，很可能通过降低转速来增大效能。当转速降低

时，所需要的动力也相应降低且绞刀和泥缸衬的磨损减少，那么很值得定出挤出机的最佳工作点。这对各种不同尺寸的砖也基本适用。当单位时间内体积产量相同时，最佳转速与机口净面积成正比。上述是德国古德森（Goodson）在1959 年的研究报告中论证的。

挤出速度与绞刀转速的关系为什么在驱动装置与配件章节中说明呢？主要因为人们对驱动装置电动机没有真正重视，过去用的是定速电动机，而今应该用调速电动机。通过调速电动机调整绞刀转速，以适应不同原料性质、多品种制品的挤出成型。

对于图 4-28 在有些文章中也给出过这样的结论：对含水率一定的泥料，不能单纯用提高螺旋绞刀转速的办法获得挤出机产量的提高。尽管有时从表面现象来看，似乎转速增加产量也有所增加，但实际上从效率的观点，产量的增加是以更多动力消耗换来的，所以是不经济的，也是应该避免的。实践证明，有些挤出机当降低转速后，产量反而稍有提高，而动力消耗却有明显的下降，这足以说明挤出机原来确定的转速偏高。

（2）图 4-29 是原料含水率、成型压力与挤出速率之间的关系图。

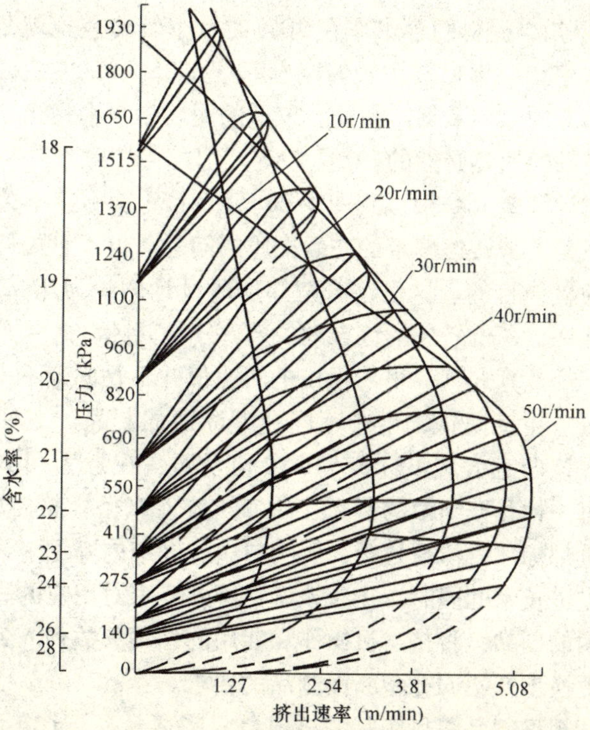

图 4-29　原料含水率、成型压力与挤出速率之间的关系图

图4-29表示出原料含水率在18%～28%，螺旋绞刀转速为10～50r/min时，挤出压力和挤出速率之间的关系。从图4-29中可以得知，对于各种不同含水率的泥料，采用固定的一种转速是不能获得最佳的挤出效率。含水率越低，要取得最高挤出速率转速也应随之降低。当泥料含水率固定不变时，不同的螺距绞刀转速有着不同的挤出速率。

对于上面的理论，中国建筑西北设计院的专家马恩普、汤伟立主编的《烧结砖瓦工业机械设备》一书，也对图4-28、图4-29给予论证。指出，主轴转速与挤出机的挤出效率有着密切关系，挤出机的挤出效率是指螺旋绞刀每一转实际挤出量与理论挤出量之比值。对于不等螺距或不等直径螺距绞刀，则是以末节绞刀螺距为计算依据。除主轴的转速外，螺旋绞刀的导角，泥料的性质，泥料的含水率，泥缸、机头及机口的长度以及螺旋绞刀与泥缸之间的间隙等都和挤出效率有关。当螺旋绞刀的导角和螺旋绞刀与泥缸之间的间隙确定后，影响挤砖机效率的主要因素是挤出主轴转速与泥料的含水率。从研究工作可知，泥料含水率固定不变后，不同的螺旋绞刀转速有不同的挤出速率。

图4-28、图4-29中所表明的是，在确定挤出机主轴转速时，应首先确定泥料的含水率，再根据含水率，从曲线图中找出最大挤出速率的最佳转速。从图4-28中可以得知，泥料的含水率在20%时，主轴转速也就是在35r/min左右；泥料的含水率在18%时，主轴转速也就是在25r/min左右。这为主轴转速计算值提供了相应的参照数据。另外，较低的泥料含水率是当今砖瓦行业发展的趋势，降低主轴转速是必然的。

从主轴转速计算式（4-30）到图4-28、图4-29挤出速率关系图，之间并不存在矛盾，只是主轴转速确定的先后次序的问题。但不管如何确定，以获得最高挤出效率为最终目的。这里，清楚知道所设计的绞刀组挤出率 ω 值是极为重要的。另外一点，低转速的综合效果要好于高转速。

转速调整。经计算式（4-30）得出的转速值并不是固定不变的，应留出一定的转速范围量。也就是说，生产不同孔型断面的制品，主轴转速应随之调整。这一点，应该向意大利BEDESCHI公司学习，在意大利BEDESCHI公司的样本中，对每一种孔型断面的制品，功率、绞刀直径（挤砖机规格）、主轴转速、小时产量都标注得清清楚楚，明明白白。详细内容见附录9。

学习国外先进技术的同时，还应该学习国外厂家对用户的高度责任感，根据不同孔型断面的制品，将挤出机操作和使用的相关参数列入到样本和说明书中，满足用户更换生产不同孔型断面制品的要求。

①针对不同规格制品泥料实际的挤出量（需要量），计算主轴转速值，加以调整，是科学的生产方式。从而也积累了经验，为日后的设计提供准确、可

靠的设计参数。

②调整转速，在设计时要注意，电动机皮带轮避开最小直径的选择，要留出转速值正负（高低）几转的调整量（一般为 ±3r），还要达到快速更换带轮的设计结构空间要求。选择调速电动机的除外。

七、国外经验介绍

挤出机设计产量的计算，首先第一步确定头节绞刀的螺距，即受料箱内第一节绞刀。根据不同土质确定螺距 H，原西德推荐数据 $H>0.8D$；若原料含 Al_2O_3 较高时，$H>0.5D$。D 为绞刀直径。

用绞刀直径的倍数为参照量，确定受料箱内第一节绞刀的螺距，是值得一提（学习）的确定设计参数的方法。

从式（4-11）$q_{max}=0.63\times C_q\times F_S\times H$ 计算每转最大挤出量。

说明如下：

（1）式（4-11）是计算末节绞刀每转的最大输送（挤出量）能力的计算公式，无可非议。但应该指出的是，该公式是在等式右边条件已知的情况下，求解末节绞刀每转的最大输送（挤出量）能力的计算公式，不存在任何问题，而对于新规格型号挤出机的设计，在等式右边条件一无所知的情况下，显然是无法计算的。

（2）鉴于上述原因，还需要从另一方面求解末节绞刀每转一转的最大输送（挤出量）能力，而且，这个最大输送（挤出量）能力，必须与所设计的适度规模产量挂钩，也就是说，能满足某一适度规模产量的末节绞刀每转一转的最大输送（挤出量）能力，这是设计起始点的关键一步。为此，再次引用式（4-29）$Q=n\cdot q_{max}\cdot\omega\cdot 60$。将其变形，改为求解每转最大输送（挤出量）能力的计算公式。

变形公式：

$$q_{max}=\frac{Q}{n\cdot\omega\times 60}\qquad (m^3)\qquad (4\text{-}32)$$

说明如下：

通过变形式（4-32）可以看出，末节绞刀每转一转的最大输送（挤出量）能力与挤出机小时产量紧密挂钩，建立了互为变量的正比关系，也就是说，末节绞刀的每转一转的最大挤出量取决于适度规模折算后的小时产量。这一关系的建立，让求解末节绞刀每转一转最大挤出量的这个未知数迎刃而解了。

第九节 压泥板的设计参数和计算

一、压泥板的组成与作用

1. 压泥板的组成

压泥板与主轴受料段绞刀组成一个受料系统，根据成型理论不同，分为双压泥板和单压泥板两种设置，软塑成型为双压泥板设置，硬塑成型为单压泥板设置。双压泥板自身组合后向内，相向旋转，单压泥板则与受料段绞刀组合，也向内相向旋转。

2. 压泥板的作用

双压泥板的作用：双压泥板应用在软塑成型的理论设计中，泥料因含水率较高，塑性好，流动性差，经上级挤出切割后呈块状，在落入到下级受料绞刀的过程中，容易依附在箱体壁上或粘连在绞刀上，产生堆积，形成空穴，最终导致真空箱堵塞。安装双压泥板，可以消除泥料堆积的同时，还可以把进入受料箱的泥料，压入到绞刀中，提高受料率，故而，软塑成型的挤出机必须设置两组压泥板。

单压泥板的作用：单压泥板应用在硬塑成型的理论设计中，泥料因含水率较低，塑性差，流动性好，经上级挤出切割后呈颗粒状，很容易落入到下级受料段的绞刀中，不会与箱体壁产生粘连。在绞刀旋转的作用下，形成的离心力会使泥料沿切向方向被甩出来，因而，在与受料绞刀相向旋转的方向，设置一组压泥板，既能阻止泥料沿切向方向甩出来，又能将泥料压入到绞刀中的双重作用，故而，硬塑成型的挤出机只设置一组压泥板。

对于目前国内的许多硬塑挤出机，也设计成双压泥板结构，主要是为适应半硬塑成型以下、含水绿略高的原料而采取的措施。

这里顺便提示一点：鉴别绞刀组挤出能力的强与弱，压泥板工作负荷的大与小，其方法是绞刀组在挤出过程中，当受料箱内泥料在充满的状态下，是否有从下至上的涌动（向上拱起）现象。泥料有涌动现象说明：绞刀组挤出能力弱，压泥板工作负荷大；反之，则相反，这一点很重要。

二、压泥板设计参数

压泥板设计参数包括以下五个方面内容：（1）压泥板中心位置；（2）压泥板的夹角；（3）压泥板的回转直径；（4）压泥板的长度和排列；（5）压泥板轴的转速。

1. 压泥板中心点位置

双压泥板中心点位置，是指两个压泥板中心点与主轴垂直中心线两侧之间的对应位置。一般设计，双压泥板中心点与主轴垂直中心线完全对称布置；特殊设计，则为不对称结构布置。

（1）2对（4个）齿轮传动的压泥板中心点，与主轴垂直中心线可以完全对称布置；1.5对（3个）齿轮传动的压泥板中心点，与主轴垂直中心线为不对称布置。

（2）独立传动的压泥板，是近十几年来兴起的结构，独立传动双压泥板中心点，与主轴垂直中心线可以任意布置。所谓独立传动，就是带有电动机的减速机，直接与压泥板轴连接，实现扭矩的传递。

采用压泥板独立传动结构，一定要设置超负荷的保险装置。

2. 压泥板的夹角

压泥板的夹角，是指单个压泥板中心和主轴中心连线与水平线形成的夹角。经验数据：软塑成型挤出机，该夹角为45°～50°之间，一般取50°；国外夹角为50°～60°范围之间，一般取60°。选择多大夹角，是设计理念的问题，是对压泥板作用的认识区别，认为压泥板的主要作用是将泥料压入到受料绞刀中，选择较大一点的夹角；反之，则选择较小一点的夹角。

硬塑成型挤出机单压泥板中心和主轴（绞刀轴）中心连线与水平线形成的夹角一般为35°～40°之间。其夹角远远小于软塑成型压泥板的夹角，这主要是硬塑挤出成型原理所决定的。

3. 压泥板的回转直径

压泥板回转直径一般取受料段绞刀直径的0.7～0.75倍，属于以绞刀直径为准的参照数值。配合压泥板中心位置尺寸，尽量圆整为10进位的整数。

除紧凑型挤出机外，压泥板的回转直径，与受料段绞刀回转直径近似为相切关系，其间隙不大于3mm。根据这一设计参数，选取某一角度，压泥板中心点的准确位置（尺寸）即可定出。

对于紧凑型挤出机，因为紧凑，落料的空间很小，必须靠安装在搅拌轴上的压泥板，将来料压入到受料绞刀中。为达到更好的受料效果，单个组成的、按螺旋排列的压泥板回转直径与受料段绞刀螺旋回转直径，采取相啮合的设计结构，啮合深度是$2-\psi$的关系，ψ为重合系数，一般为0.1～0.2。

压泥板功率计算，与其回转直径直接挂钩，过大的回转直径，功率配置高。运转时，因负荷的波动，对于压泥板独立传动结构来讲，很容易引起电机烧毁。

4. 压泥板的长度和排列

一般情况下，受料箱内方尺寸确定后，压泥板的长度也就基本确定，沿轴向方向，单边各留有 10～20mm 的间隙后，所剩长度尺寸，就是压泥板的长度尺寸。

压泥板长度与功率消耗直接挂钩，因而，压泥板轴向长度不宜过长，压泥板长度尺寸，主要取决于受料段绞刀的长度设计。

压泥板的排列，也就是压泥板的布置，压泥板的布置有两种形式：（1）一字型布置；（2）十字型布置。前者，众所周知，不再赘述；对于后者，有两种结构排列形式，将一字型布置的单个压泥板，交叉 90°排列，形成十字型布置，是第一种结构排列形式；第二种结构排列形式，是十字型布置，非交叉排列，而是由 2 个一字型布置组合成的排列形式。

结构一的功率计算结果与一字型布置是等同的；第二种结构，功率计算结果则是翻倍的。对于压泥板排列而言，最好不选择第二种结构排列形式。

5. 压泥板的转速

压泥板转速一般为绞刀轴转速的 1.5 倍左右，同样属于以绞刀直径为准的参照数值。

采用齿轮传动的压泥板转速分三种情况：（1）设置介轮（过渡齿轮）结构（4 个齿轮传动）的，双压泥板转速是不一样的；（2）介轮（过渡齿轮）与压泥板齿轮同轴安装，4 个齿轮传动结构的，双压泥板转速是一样的；（3）未设置介轮结构（3 个齿轮传动）的，主（绞刀）轴中心偏移的，双压泥板转速相同，国外挤出机大都采取此种结构设置，此种结构，齿轮传动是在减速机内实现的。

对于压泥板独立传动结构，因减速机不是为挤出机专用的，其功率、速比、传递扭矩参数等很难满足设计要求，所以计算时可能会出现压泥板转速偏高的问题，这也没办法，也存在高转速、低压泥效率、高功率消耗的问题。

压泥板转速高低与功率配置高低成正比，转速越高，功率消耗越大，功率配置自然就高，压泥板与挤出绞刀同样存在效率问题。因而，不可追求过高压泥板的转速。

三、压泥板的功率计算

不管是上下分离型的双级真空挤出机，还是紧凑型的双级真空挤出机，压泥板齿轮传动的，还是压泥板独立传动的，其功率都是要计算的，因为它都是挤出机装机总功率的一部分。知道压泥板的功率消耗，才能更准确地掌握、了解成型部分需要的挤出功率。

1. 压泥板功率计算公式

$$N = \frac{i\pi kb\sin\alpha(R^2 - r^2)n}{1.2240} \tag{4-33}$$

式中 N——功率，kW；

i——叶片数，$i=1$；

k——泥料硬度，$k=2\sim3\text{kgf/cm}^2$（泥料含水率为17%～20%），该泥料硬度k值系数，从泥料含水率中可以得知，不含硬塑成型范围，因而，对于硬塑成型还要适当提高泥料硬度k值的数值，或者取大值；

b——压泥板长度，m；

α——压泥板角度，90°；

R——压泥板回转半径，m；

r——压泥板轮毂直径，m；

n——压泥板轴转数，r/min。

2. 压泥板功率计算公式说明

（1）叶片数i：一般为1块，沿压泥板轴中心线两边分布，呈180°（即一字型）布置。多块螺旋排列，或前后分成2块90°交叉排列，均视为整块压泥板的分解。若在1块的基础上，再增加相同的1块，即2组一字型布置，呈90°排列，则视为2块。

（2）压泥板角度α：沿压泥板轴中心线两边分布，形成180°布置，其实是2块与轴中心线呈90°的组合。压泥板角度为90°。

（3）从计算公式中可以得知，功率大小与压泥板长度、压泥板回转直径、压泥板轴的转数紧密相关，所以，在计算过程中，根据所得功率数值的大小需要调整某些设计参数，最终达到设计要求。

（4）在实际应用当中，压泥板独立传动结构经常会出现超功率（负荷）运行，甚至会出现烧毁电动机的现象。出现超负荷的原因，大多数属于压泥板粘满了泥，形成棍状，因而，独立传动的压泥板结构在设计时，将总长度的压泥板分成几块，块与块之间留出间隔，间隔中设置拨泥棒，防止形成棍状。

第十节　受料箱的设计参数

一、受料箱的作用

受料箱是挤出机下级的中心构件，它内在包容组件，承受内力，外在承前启后、承上启下实现整机的连接组合。

内在包容的组件有：主轴、受料绞刀、轴承组、压泥板组件及传动部件。承受内力：承受挤出成型中产生的所有内（受）力，并经其得以释放。承前启后：前边连接泥缸，后边连接传动及减速部分。承上启下：上面与真空箱连接，下面与机架连接，形成整机组合。

二、受料箱设计参数包括的内容

受料箱设计参数内容包括以下几个方面：(1）受料箱中心高和整体高度；(2）受料箱内方尺寸和宽度；(3）受料箱的结构和外形形状。

1. 受料箱中心高和整体高度

受料箱中心高，就是减速机的中心高。这两个中心高很重要，由于两者关系属于挤出机机型结构的设计问题，详见第七章，挤出机机型结构的设计。

受料箱总高度可以看作由三个尺寸组成：

(1）受料箱底平面至主轴（绞刀轴）中心的高度，简称受料箱体中心高；

(2）压泥板中心至主轴中心（受料箱体中心高）的垂直距离；

(3）受料箱上平面至压泥板中心的距离。

前两个尺寸，受料箱（主轴）中心高与减速机中心高相同，压泥板中心至主轴中心的垂直距离计算得出（压泥板设计参数中已讲明)；第 3 个尺寸则是以第 2 个中心高的 0.85 倍左右来参照，这个倍数主要考虑受料箱存泥料的深度和箱体长、宽的比例关系，但也不是绝对的，尺寸可以上下略有浮动。

尺寸（3）属于按某一相关特征尺寸作基数，以倍数关系确定出需要的某一尺寸。

总高度还要兼顾与减速机的高度是否相称，压泥板独立传动减速机的连接和外形尺寸，以及与上级搅拌箱体之间是否干涉，与真空箱、对齿轮传动专用减速机外形尺寸是否整体配合匀称等要求。

2. 受料箱内方尺寸和宽度

受料箱的内方尺寸主要决定于上级真空箱的内口宽度，真空箱的内口宽度取决于双搅拌轴中心距、绞刀直径、外锥套等相关零件的叠加尺寸。这里，设计者可能有些困惑，尺寸叠加后，真空箱的内口宽度大于受料箱的内口宽度，不好解决，只得将真空箱两侧墙板下半部设计成斜的，这种设计的缺点是易形成泥料堆积，产生棚土现象，外部形状不十分美观，真空箱门大小也受限制。

改进真空箱各个结构环节，紧缩宽度尺寸，同时受料箱的内方尺寸适当加大，相互配合最终确定出受料箱的内方尺寸，从而，确定出受料段绞刀长度、压泥板的长度。

受料箱的内方尺寸确定后，再考虑到压泥板轴两端支承和传动部件的外形结构尺寸，整个箱体宽度也就自然形成。

3. 受料箱外形形状

受料箱的外形形状属于结构设计、形感设计，与整机机型结构巧妙搭配，设计出具有某一突出特征外形形状的产品，作为生产厂家的企业形象标志。应该讲，是企业管理者、技术人员、广大员工智慧的创造，与当地的文化紧密联系，与企业的发展思路紧密相关。利用产品机型结构和外形形状的突出结构，表达企业的技术特征，是当今产品机型设计的发展方向之一。

从产品的机型形状虽然可以展示出，该设备的设计理念、技术含量，内在结构设计的先进性，但这并不是说相同的设计理念，机型形（型）状就一定要相同。目前，国内的挤出机，效仿国外受料箱外“型”相同形（型）状的占有很大比例，对此，真诚希望国内的砖瓦机械制造厂，用相同的设计理念，设计出符合本厂标志性的、具有突出特征的外形形状产品。

为了更好地说明此问题，以软塑成型著称的欧洲德国汉德乐公司和意大利莫兰多公司同样也可以设计硬塑挤出机，见附录1、附录2以及附录3。

第十一节 传动系统

挤出机的传动系统，主要是指减速机的承载能力和与受料箱、主轴组成的机型结构。对于电动机为带动减速机的转动，所牵扯到的仅仅是皮带轮的结构设计、气动离合器的选择、三角带中心距和带型选择的计算，对此，这里不做论述。对于减速机与受料箱、主轴组成的机型结构在第六篇中有详细阐述，这里不再叙述。对于减速机的承载能力的具体内容详见第十篇第二章。

第十二节 挤出成型部分设计参数和计算

挤出成型部分所讲的内容，最终要达到的目的包含三个方面的内容：一是机头内、外摩擦阻力的计算；二是机口挤出阻力平衡的计算；三是对于硬塑成型的高压润滑系统的认识和计算。

一、挤出成型部分的组成和作用

1. 组成和作用

成型部分是由机头、机口、阻转法兰（棒）、闸板、芯具、润滑系统六个部分组成。

(1) 机头，是泥缸和机口之间的过渡部分，属于连接件。进出口形状为天圆地方。其作用是：①压缩、致密泥料；②改变泥料横断面的大小和形状；③调整泥料流的移动速度和阻力平衡。机头过渡部分的压缩而产生的压缩阻力，是泥料成型的先决条件。

(2) 机口，是定型所生产制品的外形尺寸。进出口形状为方型锥体。其作用是致密泥料的同时，逐渐将泥料聚集、理顺、达到成型。

(3) 阻转法兰（棒）。其作用是缓解、阻止泥料从绞刀组（双线绞刀）被挤出的过程中，而产生的转动惯性，使进入机头入口的泥料，由旋转加直线的复合运动，减缓、改变为单一的直线移动，消减螺旋纹的产生。

(4) 闸板，是阻泥器。其作用是调整泥料横断面内不同位置的泥料移动速度，从而达到挤出阻力平衡，闸板根据挤出制品需要可设置两道或者一道。

(5) 芯具，是制品横断面的孔型成型装置。其作用是在泥料中形成贯穿孔洞，同时也可以调整孔洞之间泥料移动时的阻力平衡。

(6) 机头、机口高压润滑系统。机头、机口高压润滑主要针对硬塑挤出机成型而言，其作用是因原料颗粒级配配置不同，含水率低，成型时阻力大，而采取的一种润滑方式，以降低挤出阻力。

2. 机头、机口结构的理解

随着挤出机技术的不断创新发展，成型部分的机头、机口结构设计有了很大的改进，结构设计分为整体结构和组合结构。

(1) 整体结构：为合二为一的组合，即机头总长度包含机口，机口属于内置形式。内置形式的机口是由机头内腔逐渐过渡而形成的。

(2) 组合结构：就是机头、机口，两者之间虽然还是通过螺栓连接的组合，但其机口，内在已不是传统镶嵌鱼鳞板、设置水槽的结构了。机口长度尺寸，一般小于或等于 80mm，内四方锥，出口带有可调定型尺寸耐磨块的成型器。

(3) 硬塑成型机头、机口加润滑：机头加润滑，水（油）路设置在机头、泥缸之间的连接件上；机口加润滑，水（油）路很简单地设置在机头、机口的结合面上。

二、成型部分设计参数包括的内容

成型部分设计参数内容包括以下几个方面：（1）机头、机口设计参数；（2）机头内、外摩擦阻力计算；（3）机口挤出阻力平衡计算；（4）阻尼设置；（5）闸板的分布；（6）机头、机口高压润滑系统。

机头、机口设计参数如下：

（1）机头入口与机头出口截面积的比例关系

过去的设计经验一般认为，机头入口与机头出口截面积之比不能大于2，最好控制在1.5倍左右；超过2时，机头产生的过高压缩比会造成内、外摩擦加阻力的增加，挤出时轴向抗力大。这种设计主要是针对短机头、长机口组合而言，成型主要靠机口的长度和机口水的润滑，很适合在非真空状态下生产实心砖，或大三孔之类的制品，后来，也被引用到真空挤出机，目的是降低成型阻力，减少电流的消耗。机头短、低压缩比的缺点是，在机头出口的四个角处会形成死泥区。

现代的设计与过去有了很大的不同，一是认识上的提高；二是制品的变化以及对制品质量要求的不同。现代的设计，以长机头，短机口的组合居多，成型靠机头内出口的引进部分及机口的长度以及高真空度下泥料间的聚拢，严格意义上讲，对于软塑在抽真空状态下成型，机口是不加润滑的，特别是多空砖的生产。对于硬塑在抽真空状态下成型，机口的润滑与传统的水润滑机口，不管是在理念上，还是在其结构设计上，都是两种不同概念。

长机头，其入口与出口的截面积比例必然得到提高，一般控制在4倍左右，这主要取决于制品的外形尺寸和机头的长度，倍数只是参考数值，不是绝对数值。为了说明得更清楚，以美国硬塑挤出机50F、75AD、90A三种型号，同生产KP1型空心砖为例，计算出其机头入口与机头出口截面积之比，见表4-22。

表4-22　机头入口与机头出口截面积之比

型　　号	50F	75AD	90A
双线绞刀小端直径（cm）	40.6	43.2	45.7
机头出口尺寸，长×宽（cm）	26.36×14.97	26.36×14.97	26.36×14.97
机头入口截面积（cm^2）	1294	1465	1639
机头出口截面积（cm^2）	395	395	395
截面积比值	3.28	3.71	4.15

计算前，首先需要说明的是，机头出口尺寸是以机口入口尺寸为参数确定的。一般来讲，机头出口尺寸要稍微大于机口入口尺寸，四周单边大0~20mm。下面，按制品3%的线性收缩率，机口长80mm，内周单边斜度为4°，机头出口比机口入口四周单边各大10mm为例，计算见表4-22中所得数值。

（2）机头长度尺寸的确定和内壁形状的形成

机头长度尺寸确定由两方面因素组成。首先，通过机口的外摩擦阻力计算，确定出机头长度尺寸；然后，从机头出口长方形的形状为准，以左右两侧单边约等于10°，以上下高度单边等于13°~18°之间，向机头入口延伸80mm左右，作为引进部分，然后，机头圆形入口与方形引进部分连接，连接处可采用圆弧过渡，最终形成天圆地方。

（3）机口的设计尺寸

机口出口尺寸根据制品宽、高尺寸要求，乘上收缩率（干燥、烧成线性收缩），即是机口出口尺寸。制品收缩率与含水率有关，从目前烧结工艺发展趋势来看原料含水率都在逐步降低，因而收缩率应控制在3%~5%之间，低含水率取小值；反之，则取大值。最好根据用户所在地区原料性质、成型的制品，或者按用户要求，有针对性地确定线性收缩率。

（4）机口四周内壁角度

机口四周内壁角度，经验数据为3°~8°之间，根据不同土质、原料含水率高低，在此范围选取。这里，根据不同地区的原料性质，积累经验，找出适宜的成型角度极为重要，一般讲，机口角度控制在4°~6°比较适宜。北京地区机口角度控制在4°~6°，对于中塑性土，取4°，指塑性指数为7~13之间；高塑性土，取5°，指塑性指数大于13的。另外，含水率高的，取大值；反之，取小值。

（5）机头、机口总压缩比

机头入口截面积比实际挤出坯体截面积（坯体截面积去掉孔洞部分），为机头与机口的压缩比也就是挤出机的压缩比。一般讲，压缩比应控制在7以下，最好在5~6之间，超过7应考虑生产双条。最大压缩比不要超过11。总压缩比计算公式如下：

$$\text{总压缩比}=\frac{F}{A\times B\times C} \tag{4-34}$$

式中 F——机头入口截面积，m^2；

A——机口宽度，m；

B——机口高度，m；

C——去掉孔洞的截面积，即孔洞率百分比数值。

在过去，基本都是500型以下的砖机，软塑成型，很少应用到压缩比这个概念；如今，挤出机朝着大型化发展，尤其是硬塑挤出机的推广应用，压缩比的应用就突显出其重要性。

三、机头内外摩擦阻力的计算

泥料在机头内的摩擦阻力 P_T 由两部分组成：一是泥料在机头里的内（聚集）摩擦阻力 P_{nk}；二是泥料在机头里的外（内壁）摩擦阻力 P_{WK}。因而，机头内的摩擦阻力 P_T 为：

$$P_T = P_{nk} + P_{WK} \tag{4-35}$$

1. 泥料在机头中的内（聚集）摩擦阻力计算

（1）计算公式为：

$$P_{nk} = C \times \ln\left(\frac{F_1}{F_2}\right) \tag{4-36}$$

式中　P_{nk}——泥料在机头内相互间的摩擦阻力，kgf/cm²；

C——泥料的硬度，kgf/cm²；

F_1——机头入口截面积，$F_1 = \frac{\pi}{4}D^2$，m²；

F_2——机头出口截面积，$F_2 =$ 宽 × 高，m²。

（2）公式内容说明：

①泥料的硬度是指物体对外力所能引起的形变（变形）的抵抗能力的大小。对于刚挤出的湿坯，通常用手指按压来检测其形变程度，形变小的，相对比较硬；形变大的，相对比较软，用软、硬程度来表明湿坯强度的高低。作为强度，则是指作用力的大小，或者说，物体抵抗外力作用的能力。在这里，已将强度与硬度看作是因果关系。

②泥料硬度 C 值的提取，最好用仪表显示的坯体硬度测量仪，方便、简单、快捷、准确，不要采用普氏塑性仪，通过泥料的变形度，做曲线图求得泥料硬度 C 值，那样，既繁琐、复杂，又不易做准确。

③硬塑挤出坯体硬度 C 值在 3～6kgf/cm² 之间，上级密封段计算时泥料硬度 C 值取 3kgf/cm²，下级机头阻力平衡计算时泥料硬度 C 值取值要大于 3kgf/cm²，原因是在抽出泥料空气的过程中，带走一定比例的水分，下级泥料硬度会增加。

④对于软塑挤出坯体硬度 C 值在 3kgf/cm² 以下。

2. 泥料在机头内的外（内壁）摩擦阻力 P_{WK} 的计算

（1）计算公式为：

$$P_{WK} = \tau \times \sqrt{(W.D.f)} \qquad (4\text{-}37)$$

式中 P_{WK}——泥料在机头内的外（内壁）摩擦阻力，kgf/cm^2；

τ——剪力，τ 与 C 值有关，取 C 值的0.4~0.42；

$(W.D.f)$——机头、机口阻力系数同斜度角 α；L/D 比值的关系（图4-6）。

注：1. L/D 比值的关系有两种情况：①当求解泥料与机头内壁的摩擦阻力时，L 表示的是机头长度，D 表示的是机头出口泥料的挤出高度；②当求解泥料与机口内壁的摩擦阻力时，L 表示的是芯头长度，D 表示的是被挤制品孔型断面中该因子的最大厚度之处。

2. 从图4-6中得知，$(W.D.f)$ 机头、机口阻力系数与 L/D 和机口斜度角有关。

四、机口挤出阻力平衡的计算

机口阻力平衡计算主要是针对空心制品孔型断面的设计而言，说得更确切一些，就是空心砖孔型断面的孔和筋，以及四周壁厚的均匀布置问题。机口阻力平衡计算，就是力求所设计的孔型断面，在成型过程中各处的泥料挤出速度一致，最终达到阻力平衡。

机口阻力平衡的相关计算包括以下几方面内容：（1）绘制挤出坯体孔型断面几何尺寸图；根据制品孔型断面孔洞排列形状，找出相对应的断面因子；（2）机口阻力平衡计算；（3）芯杆刚度（直径）计算。

（一）相关内容

（1）绘制挤出坯体孔型断面几何尺寸图。举例：KP119孔孔型断面几何尺寸图，如图4-30所示。

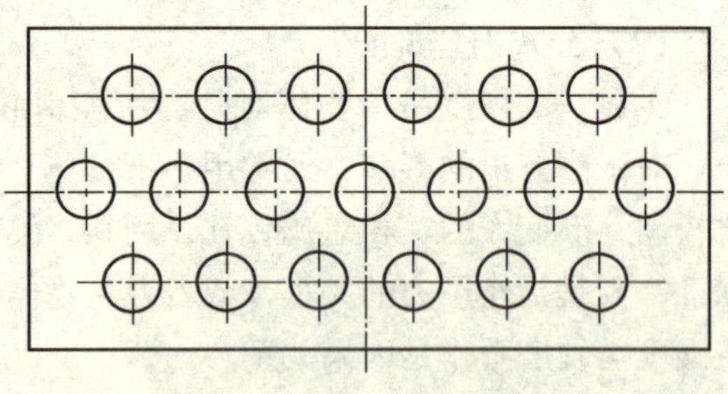

图4-30 KP1砖断面图

（2）根据制品孔型断面孔洞排列形状，将其分成若干个单元，按图4-31的形状，找出相对应的断面因子。把每一个断面因子视为一个单元，f 代表的是该断面因子的数值。图4-31为断面因子图。

（3）上述是对已设计好的制品孔型断面而言，反过来讲，根据这些断面因子，可以设计出不同孔型断面的制品。这里顺便说一点，新设计的孔型断面制品，应符合保温、隔热、轻质、建筑节能等方面国家墙改政策的要求。

（4）关于断面因子形状（图形）。上面所列出的断面因子形状（图形），是原西安砖瓦研究所，即现在的西安砖瓦研究设计院制作的，因而，机口阻力平衡计算之前，最好让设计院协助作出符合该制品孔型断面的断面因子形状（图形）的 f 数值。

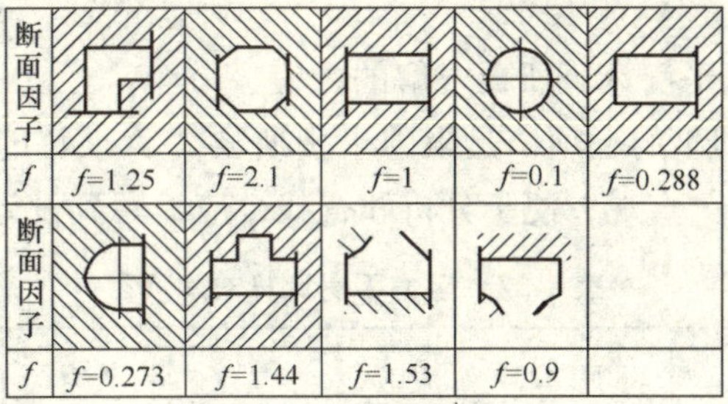

图 4-31　断面因子图

（二）机口阻力平衡计算

1. 泥料在机口内的外摩擦阻力的确定

（1）机口阻力平衡计算，首先要确定出机口的外摩擦阻力 P_{ik}，它等于总的抗出压力（阻力）减去机头阻力之和。由于总的挤出压力数值难于准确得知，因而可以用经验数据。经验数据是：泥料在机口内的外摩擦阻力大约为泥料在机头里内、外摩擦阻力之和的 1/3。因而机口外摩擦阻力 P_{ik} 等于：

机口外摩擦阻力 P_{ik} = 机头内、外摩擦阻力之和 $\times 1/3 = P_T \times 1/3$　　（4-38）

（2）机口外摩擦阻力也可以用式（4-37）计算得出，计算时给定机口长度即 L/D 中的 L 值，D 则是机口的高度尺寸。

2. 机口外摩擦阻力的说明（理解）

（1）用经验数据确定出机口的外摩擦阻力，可能认为不够准确，其实，机口的外摩擦阻力大一点、小一点，对阻力平衡计算来讲，不是特别至关重要，并非要求极为准确的数值，因为，制品孔型断面的任何一断面因子的阻力平衡计算，都必须用相同的断面阻力 W 数值为依据实施计算。也就是说，所有断面因子的阻力 W 必须相同，才能达到制品断面挤出成型时的平衡，这是断面因子阻力平衡计算的要点。机口的外摩擦阻力 P_{ik} 数值的大小，影响的仅仅是计算出来的断面阻力 W 数值的大小而已。

（2）孔型断面制品挤出阻力平衡计算的目的，是通过相同断面阻力 W 数值，求解出任何一断面因子处的芯头长度。不同断面因子，所计算出的芯头长度是不一样的，用不同长度排列、布局的芯头形成的腔内阻力，实现控制泥料的流速，从而达到使整个制品断面泥料的均匀挤出，这就是所谓的阻力平衡。

（3）这里再从另一角度理解机口外摩擦阻力 P_{ik} 数值的大小，影响机口外摩擦阻力数值大小的原因与原料含水率、泥料颗粒级配的配比等紧密挂钩，含水率高、细腻的泥料，机口外摩擦阻力就小，所形成的挤出压力就低；反之，则相反，这里机口外摩擦阻力大小的变化，仅仅是指挤出压力（阻力）数值高低，与平衡无关。

（4）机口阻力平衡计算所要求解的内容

表4-23中所列出的七项，是阻力平衡所要计算求解的内容，用表格的形式列出，数据清楚、直观，便于分析和查找，应编写到设计计算说明书中。

表4-23　阻力平衡计算求解项目

序号	W	$(W.D.f)$	D	f	L/D	L	α
1	相同	不同	不同	不同	不同	不同	相同
2	相同	不同	不同	不同	不同	不同	相同
3	相同	不同	不同	不同	不同	不同	相同

3. 对表4-23计算内容的说明

（1）序号中的1、2、3，代表的是制品断面因子的个数。

（2）断面阻力 W，只计算第一次，其余为相同的数值。用式（4-38）计算。

（3）$(W.D.f)$ 为机头、机口阻力系数，是一个整体，不可拆开。

（4）D 为该制品断面的挤出厚度。

（5）f 为该断面的断面因子。

（6）L/D，芯头长度与挤出泥料厚度的比值。

（7）L 为芯头长度，其长度等于 D 乘上 L/D 的比值。

（8）α 为斜度角，与机口斜度角相同。

4. 求解机口某一断面因子单元的断面阻力 W 的计算公式

$$W = \frac{(W.D.f)}{D \cdot f} \tag{4-39}$$

5. 断面阻力计算公式说明

（1）该公式由德国佩尔斯·娄斯敦经过大量研究、实验、总结后得出的简化公式，通俗易懂，计算简单。

（2）从式（4-39）中可以看出，影响某一断面挤出阻力的因素有三个方面：①分子中的 $(W.D.f)$，即机头、机口阻力系数；②分母中的某断面处泥料的挤出厚度；③该断面因子数值。

（*W. D. f*）用式（4-40）求解出，并从中可以看出，与机口长度、泥料与机口内壁的摩擦阻力、机口角度、成型压力、*L/D* 等因素方面有关。求解出的（*W. D. f*），即是图 4-32 中的纵坐标的（*W. D. f*）；分母中的断面挤出的泥料厚度，从该制品孔型断面处计算得知；断面因子 *f* 的数值，从断面因子（图 4-31）中查得。

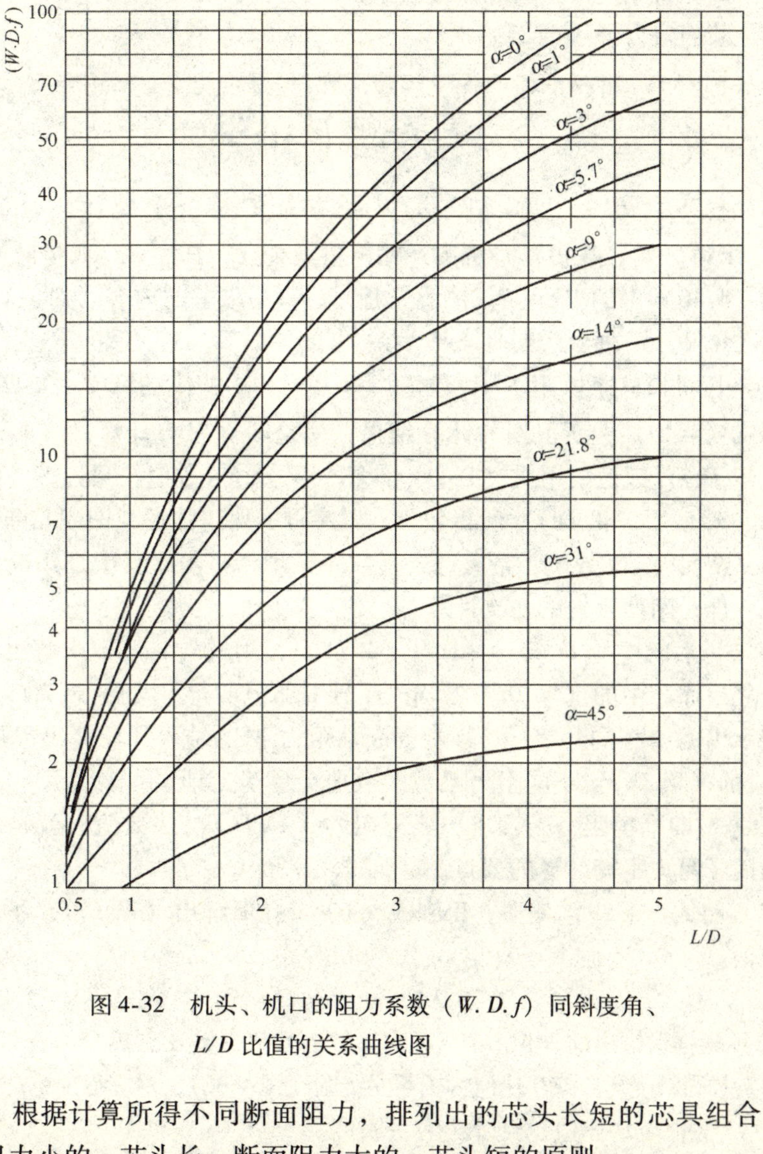

图 4-32　机头、机口的阻力系数（*W. D. f*）同斜度角、*L/D* 比值的关系曲线图

（3）根据计算所得不同断面阻力，排列出的芯头长短的芯具组合，应符合断面阻力小的、芯头长，断面阻力大的、芯头短的原则。

这里需要说明一点，排列好的芯头长短组合以及与芯架的组合，芯架对泥料的挤出速度影响也是很大的，如芯架横担的形状、芯杆的刚度、芯杆之间的变形程度等，对挤出时的阻力平衡都有很大关系，应根据实际挤出成型阻力平衡的情况，分清芯头与芯架组合之间的责任，通过对芯头长短进行阻力平衡调整，从中总结经验，为今后更准确地计算芯头长短和芯架设计提供宝贵的参数数据。

6. 断面阻力的初次计算

以挤出泥料厚度最大值的那组数据，作为序号 1，求解出该断面的阻力 W 的数值。断面阻力 W 只计算一次。

7. $(W.D.f)$ 阻力系数初次的计算方法

$$(W.D.f) = \left(\frac{P_{ik}}{\tau}\right)^2 \tag{4-40}$$

式（4-39）分子中的 $(W.D.f)$ 阻力系数是一个整体，通过计算式（4-40）求得。式（4-40）是机头外摩擦阻力公式，$P_{WK} = \tau \times \sqrt{(W.D.f)}$ 的变形。式（4-40）中的 P_{ik} 和 P_{WK} 的意义相同，只是求解的内容（对象）不同。

8. $(W.D.f)$ 阻力系数的计算方法

（1）用机口外摩擦阻力 P_{ik} 数值，剪力 τ，取 C 值的 0.4 ~ 0.42 的倍数，代入到式（4-40）中所得到的计算结果，就是断面阻力计算式（4-39）分子中的 $(W.D.f)$ 数值。用式（4-40）计算 $(W.D.f)$ 数值，只计算一次。

（2）然后用 $(W.D.f)$ 所得数值，以序号 1 那组数据，即制品断面的挤出厚度 D、断面因子 f 数值，带入到式（4-39）中，得出序号 1 那组断面阻力 W 的结果，即是断面阻力的初次计算。

（3）以后的序号 2、3……中的 $(W.D.f)$，用式（4-41）求解出来。也就是说，之后序号中的 $(W.D.f)$，均以序号 1 那组所得 W 的结果为准，即表格中所表示出的“相同”字样，以相同断面阻力 W 的结果，反算出以后序号 2、3……中的 $(W.D.f)$ 不同阻力系数的数值。更清楚地讲，就是用相同断面阻力 W 数据，即平衡阻力，反求出不同阻力 $(W.D.f)$ 的数值，就是前面讲到的断面因子阻力平衡计算的要点。

（4）将式（4-39）变形，得到式（4-41），求解出 $(W.D.f)$ 不同阻力系数的数值。

$$(W.D.f) = W \times D \times f \tag{3-41}$$

（5）根据求解出的 $(W.D.f)$ 阻力系数的数值，按 α 斜度角，查机头、机口的阻力系数同斜度角，L/D 比值的关系曲线图（图 4-32），对应得出 L/D 的比值。

（6）根据 L/D 比值，计算出芯头长度。

（三）关于机口

通过上述对机口阻力平衡计算了解之后，下面再摘录《砖瓦工业设计手册》中关于机口的论述，以便对此了解得更深入，认知得更清楚。

机口是成型的最后一关，它具有下述功能：

（1）保证泥条整个断面泥流速度均匀；

（2）保证整个泥条表面光滑而无缺陷；

（3）保证泥条具有所需要的断面。

要使泥条内所有每一流速均受相同的流阻 *W*，又要求黏土在机口内壁的接触面积要等于流速直径，这样，上述功能才可以满足。在图 4-33 中，将阻力系数（*W. D. f*）作为机口长度 *L*、流速直径 *D* 以及机口锥度 α 的函数表示。根据此图，小锥度长机口的阻力比大锥度短机口的大。过去，人们曾设想制造小阻力的机口，以达到较高的产量，但在目前这已不必要了，因为目前使用的螺旋绞刀具有足够高的压力容量。我们认为，为了获得满意的成型效果，关键是各流速要有均匀的流阻（大小无所谓）。

图 4-33 表示了泥条表面粗糙度与图 4-34 所述参数的关系。根据这两个图，只有机口长度 *L* 与流速直径 *D* 之比大于 1.2，且锥度一般不超过 7°时，才有可能获得光的泥条表面。图 4-34 的 *L/D* 数据在用于管形断面或其他泥条时，尚须提高一倍。

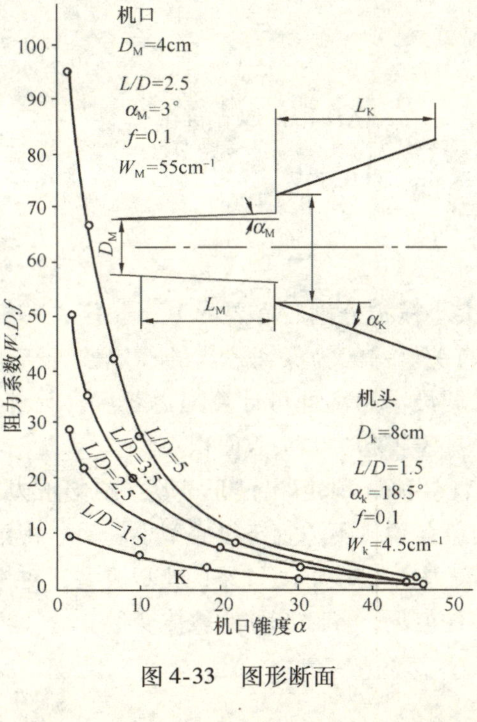

图 4-33 图形断面

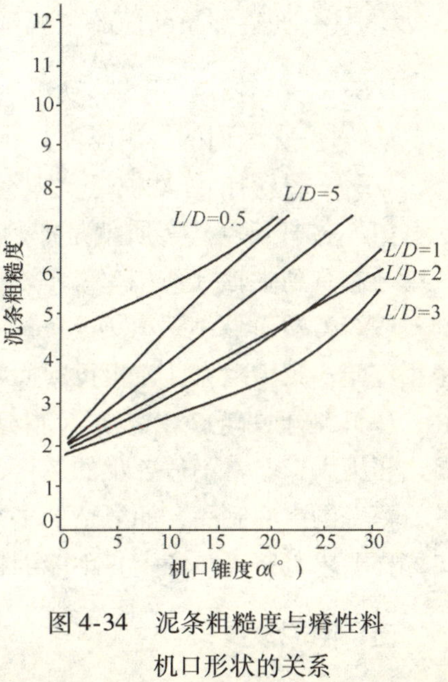

图 4-34 泥条粗糙度与瘠性料机口形状的关系

竖孔空心砖在机头内部的芯具是相当复杂的，芯具上安装着使泥条形成孔洞的芯件。特别在硬挤出高屈服点的陶瓷泥料时，芯具受到较大的磨损和应力。磨损和应力常使芯件偏离机口内的恰当位置。在已定的泥条断面中，应使芯杆尽可能地受到较小的变形。特别在采用硬挤出成型时，芯杆必须很稳定，使其可足够承受泥料所带来的应力。尤其在硬挤出时，机口芯具的设计应比目前一般使用的更坚固些，即使这样会增加机口中泥料的流阻和挤泥机的挤压力。不稳定的机口有可能迫使泥条产生应力（特别当成型含水率变化较大使屈服点经常改变时），因为由于机口芯具变形，使摩擦因素不断波动，而不能满足上面提出的均匀断面流阻的要求。

对于所摘录《砖瓦工业设计手册》中，关于机头、机口方面的论述，在此不再加以解释。

（四）芯杆刚度（直径）计算

芯杆刚度（直径）计算公式：

$$d = \sqrt[3]{\frac{2.5L^4CM\sin\beta}{DE}} \quad (\mathrm{cm}) \tag{4-42}$$

式中 d——芯杆直径；

L——芯杆长度，cm；

C——泥料硬度；

M——允许泥条断面的变形量，$M = \frac{D}{\Delta D}$，ΔD 指壁厚允许的偏差；

β——泥料对芯杆的移动角，一般 $\sin\beta$ 取 0.7；

D——该断面的挤出厚度，cm；

E——材料的弹性模量，$\mathrm{N/cm^2}$。

（1）芯杆长度其实质就是泥料被大小横担分割后需要的愈合长度，芯杆长度与芯具到主轴（绞刀）端面距离有关。一般为保证芯具的稳定性，横担至双线绞刀端面最小距离为90mm，依据最小距离即可计算出总长度。另外，根据经验，减少阻力，横担投影面积总和不得超过芯头截面积。

（2）对于硬塑挤出，要求芯杆刚性要好、稳定、不易变形。硬塑成型，挤出压力大，非常不适合小的芯杆，也就是说，不适宜挤出成型小芯头、密集的、薄壁的空心制品，如复杂的多空砖、大型砌块等。另外，硬塑成型，对机口同样要求其坚固、稳定，不能因机口的变形，导致芯具的整体变形。

五、阻尼设置

阻尼设置是为制止泥料脱离双线绞刀时，在转速速度惯性的带动下继续旋转，而产生的螺旋纹。阻尼设置结构装置分为两种：一种是沿径向排列布置，一种是沿轴向排列布置。如图4-35、图3-36所示。

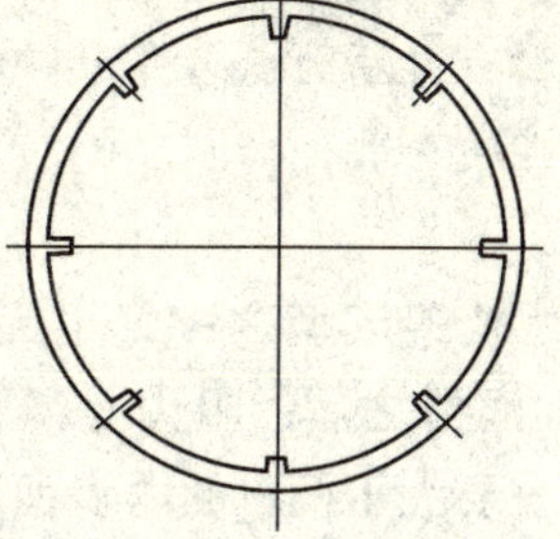

（1）沿径向排列布置

图 4-35　机头阻转示意图

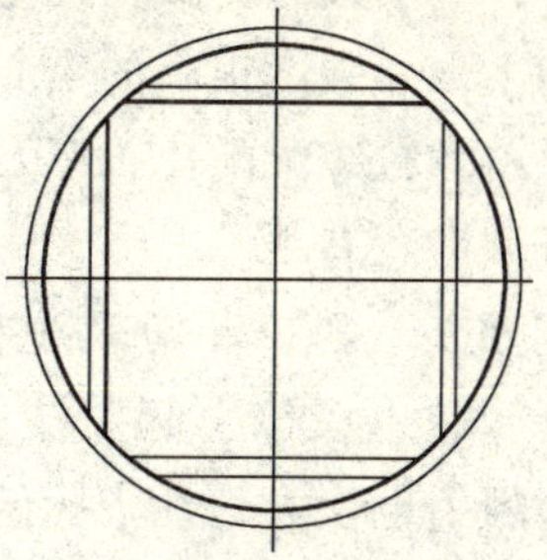

（2）沿轴向排列布置

图 3-36　机头阻转示意图

六、闸板的分布

（1）闸板的作用。闸板安装在机头、机口之中，作用是通过外面操作，调节机头、机口之内的泥料流量、流速的控制装置，也就是说，调整挤出制品横断面的阻力平衡作用。它的问世，可以称为挤出机成型模具的一场“革命”，是看得见、摸得着的直观操作，是一种非常值得称赞的创新。安装两道闸板的，第一道为粗调，第二道为微调，两组闸板联合作用，实现对制品断面的阻力平衡调整。安装一道闸板的，为制品定尺调整。

（2）闸板的分布。闸板的分布分两个部分（方向）：一是轴向方向，也就是与沿挤出方向在机头、机口中间布置一道，机口处布置一道；二是挤出制品横断面上下左右四个方向排列布置。闸板上下左右分布数量根据可控泥流断面（即制品断面）的宽、高比而定，一般情况，宽面闸板数量多于高面，也就是上下闸板数量多于左右方向的闸板。

（3）闸板与机头、机口组合。用一个长机头代替一个机头和一个机口再加上闸板的组合，是当前挤出机成型设计的发展趋势，不仅整体结构和操作得到简化，而且提高了制品的成型质量。

（4）闸板占挤出制品线性宽、高比例。闸板占制品宽度比例为 0.6～0.7 倍，闸板占制品高度比例为 0.7～0.75 倍，均以中心为准，两边对称排列。

七、机头、机口高压润滑系统

（1）机头、机口高压润滑系统，是对硬塑成型而言。目前，伴随着制砖的变化，一次码烧的广泛推广应用，原料含水率的降低，该系统被移植到软塑、半硬塑成型。

（2）硬塑成型机头、机口加润滑，目的是降低泥料与机头、机口内壁的摩擦阻力，利于成型，减少功率消耗。应该讲，硬塑成型制品基本以实体、高强度砖为主，如强度很高的实心砖、面砖等，没有大断面、多孔型的制品，这主要与原料颗粒级配配比，以及被利用的原料性质有关，与制品的应用范围有关，与成型理念有关。

(3) 机头、机口润滑系统移植到软塑、半硬塑成型之中，也无可非议，但有一个问题也应该引起关注，机头、机口加润滑之后，阻力是降低了，其实，芯头阻力也很大，几十孔的芯头比表面积，要大于机口的内表面积，显然成型时制品断面阻力发生变化，形成周边快、中间孔洞慢的现象，在周边泥料的快速带动下，虽然成型了，但造成中间孔洞之间的筋不饱满，制品质量下降。因而，可以得出一个结论。

结论是：机头、机口加润滑，芯头也要加润滑，才是完美的统一。当然，芯头加润滑难度是很大的。

(4) 机头、机口高压润滑系统的应用，应充分理解高压润滑系统压力表与机头压力表设置的关系。这里提出一种观点：挤出压力的高低、坯体的硬度和强度，主要取决于原料含水率的高低，原料的含水率高，必然挤出成型时阻力小，坯体软，强度低；原料的含水率低，挤出成型时阻力大，坯体硬，强度高，这是人所共知的道理，因而，通过坯体硬度对比出坯体强度，是检验制品含水率高低、是否符合一次码烧的主要指标依据。

压力表虽然能反映出成型时的阻力，但这个阻力是多种因素造成的，也就是说，去掉原料含水率因素，成型结构设计不合理因素，照样可以从压力表上反映出较高的挤出压力，显然，机头压力表显示的不是某原料含水率单一的成型压力因素。而高压润滑系统的润滑剂直接与原料相互作用，其系统中的压力表直接反映出相互作用力的大小，作用力的大小与原料含水率紧密挂钩，是最真实的。

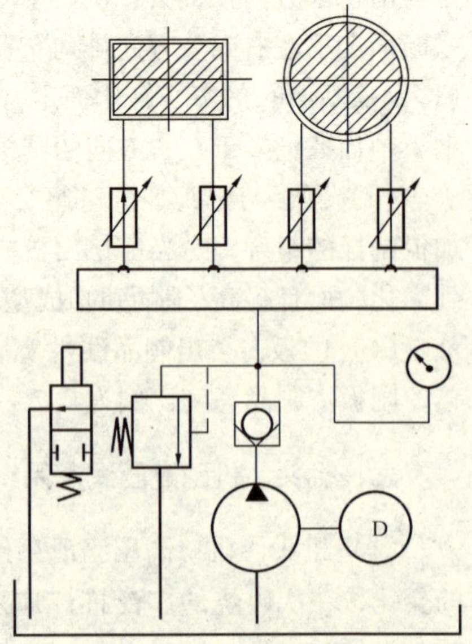

图 4-37 高压润滑系统原理图

从上述分析中可以得出这样以下几个结论：1）坯体的硬度和强度是检验含水率高低的主要指标；2）采用高压润滑系统，系统中一定要安装压力表；3）采用高压润滑系统，机头压力表应该去掉。

(5) 高压润滑系统原理图（图 4-37）

当机头、机口同时加润滑时，此时，

系统压力反映的是机口处的成型压力；若关闭机口处截流阀，此时，反映的是机头处的成型压力。

这里还需要说明一点：在高压润滑系统中，应该设置压力表，成型过程中，压力表指针所反映的数值就是油与泥料之间的作用关系，也就是成型压力值。采用高压润滑系统，机头是不需要安装压力表的。

（6）高压润滑系统润滑介质用量的计算

有关高压润滑系统中润滑介质小时用量的计算，在过去没有提出过，主要原因是过去用低廉价格的水作为润滑介质，水占砖的成本可以忽略不计。但对于采用油或含油成分的混合介质作为润滑剂，它所占砖的成本就要计算了。另外，需要比较准确地计算出润滑介质小时需要的用量。可依此选择标准的润滑泵站（组件），或者自行设计润滑泵站，计算油箱的容量、油泵的排量、电机功率等数据。

关于润滑介质小时用量的计算，这里只是提出一种计算方法，供参考。

机头、机口加润滑，显然，润滑是由两部分组成，因而，用油量也应该分两部分计算。其表达公式为：

$$\text{总的用油量} = \text{机口用油量} + \text{机头用油量} \tag{4-43}$$

1）在润滑介质流量的计算中，是以计算单块砖为用量的计量单位，也就是说，知道了所生产单块砖的用量，那么，乘上小时的砖产量就是小时的用油量。以计算单块砖为用油量的计量单位，可以适应任何外形尺寸的规格制品。

2）油膜厚度的确定。在挤出成型过程中，润滑剂是附着在坯体外表面的一层膜，其厚度与润滑剂有关，润滑剂越稠，膜的厚度就越厚；反之，则相反。如何确定附着在坯体外表面润滑薄膜的厚度，以及渗入到泥料间隙的油量，是计算用油量是否准确的关键。这里，暂时取薄膜厚度为0.05mm作为初始的计算单位，待正常生产后，再根据小时所消耗的油量反算出薄膜厚度，以取得设计经验。

3）在真正意义上的硬塑成型的生产线上，笔者反复观察、触摸坯体表面油膜厚度，应该讲是很薄的，但感觉渗到坯体中的量要大于附着在外表面的量，因而，很难说出准确的厚度值。

4）计算后所得到的立方厘米的用量，按每1000cm^3为1L的换算单位折算成升，就是每小时的用量。

（7）单块砖（机口的）润滑剂用量的计算

$$L_1 = 2(A + B) \times C \times \delta \quad (cm^3/\text{块}) \tag{4-44}$$

式中 L_1——单块砖需要的用油量，cm^3/块；

A——标砖宽度，cm；

B——标砖高度，cm；

C——标砖长度，cm（即砖沿挤出方向的厚度）；

δ——油膜厚度，cm。

（8）机头润滑剂用量的计算

$$L_2 = \pi D \times H \times \delta \quad (cm^3) \tag{4-45}$$

式中 L_2——机头需要的润滑剂用量，cm^3；

D——机头入口直径（泥料的直径），cm；

H——沿挤出方向的厚度，cm；

δ——油膜厚度，cm。

为了计算的简化、快捷，是否可以这样认为，就是每挤出成型一块砖，机头入口处的泥料也相当于移动了一环形体积，也就是说，将单块砖长方形的表面积，转换变形成为环形表面积，是完全可以的。这样就无需再计算机头处润滑剂的用量，只是将单块砖的用量乘以 2 倍就可以了，见下式：

$$L = [2(A + B) \times C \times \delta] \times 2 \quad (cm^3/块) \tag{4-46}$$

第四章　挤出机上级设计参数

第一节　挤出机上级设计参数链的组成

挤出机上级设计参数链的组成，是指围绕核心尺寸，延伸与之环环相接的尺寸关系和量的关系。

双轴挤出、搅拌组成尺寸关系链的部分有：（1）核心尺寸：双搅拌轴的中心距；（2）挤出部分；（3）搅拌部分；（4）对齿轮强度校核；（5）真空箱箱体结构；（6）机型结构部分；（7）传动系统。

对于设计参数链中对齿轮强度校核的内容，属于机械强度设计问题，故本章节中不做这方面的论述，只提出一些注意事项和设计要求。

单轴挤出、搅拌组成的尺寸关系链，与双轴有所不同，单轴挤出、搅拌不存在双轴搅拌挤出必须首先确定核心尺寸和两轴中心距的问题。相比之下，单轴搅拌不仅整体结构要简单一些，而且，设计参数也少了一个难点。其组成为：（1）挤出部分；（2）搅拌部分；（3）真空箱箱体结构；（4）机型结构部分；（5）传动系统。

所谓量的关系，就是通过计算才能得到的某些确切的数值，如挤出、搅拌部分小时产量和功率的计算，封闭段长度的计算等。

因软、硬塑成型理念的不同，挤出机上级有双轴挤出、搅拌和单轴挤出、搅拌之区别，并且工作原理、设计计算差异较大，因而，将分为本章的第二节和第五节论述。

关于机型结构部分与下级一样，在本书第六篇挤出机机型结构与分析中论述。

第二节　双轴挤出、搅拌部分的设计参数

双轴挤出、搅拌中心距是挤出机上级设计的核心尺寸，只要确定出中心距尺寸，随后的设计就在其中了。双搅拌轴中心距仅仅是一个名义尺寸，不因自身而产生，而是通过：（1）挤出、搅拌部分相关内容的计算；（2）对齿轮的强度校核之后而产生成的。因而，两者之间必须紧密配合，既要保证对齿轮的强度，又要满足挤出、搅拌部分设计参数的要求，经过调整、修改，最终使中心距尺寸满足双方设计参数要求。

由此可以明确得知，双轴搅拌、挤出上级的设计步骤。对双轴搅拌、挤出而言，真空箱箱体，内、外锥套，封闭段长度，传动系统等，只是双轴上的零件、轴的支承、轴的转动等必需的结构而已。

这里，挤出部分的相关计算，主要是绞刀直径，以及双绞刀重合系数的确定。一般讲，绞刀直径确定后，搅拌刀的回转直径也就确定了，但之前，也必须经过设计计算。

一、双轴挤出、搅拌部分的组成与作用

双轴挤出部分，由两组挤出绞刀组、内外锥套、碎泥刀等组成，其作用是将搅拌部分输送来的泥料，通过两组绞刀的挤出力，在内外锥套形成的封闭段中，产生挤压、均化、增塑作用的同时，被挤出，再经碎泥刀切碎，抽出空气，最后落入到下级受料段绞刀中。

双轴搅拌部分，是由单根轴 16 把、2 根轴共 32 把搅拌刀，组成的搅拌、输送系统。其作用是对外来泥料进行较为充分搅拌的同时，输送到之后的挤出绞刀中。

二、双轴挤出、搅拌部分的设计参数

双挤出、搅拌部分的设计参数概括起来，有以下几方面组成：挤出部分、搅拌部分、双搅拌轴中心距、封闭段长度。

(一) 双轴挤出部分的设计参数

挤出部分的设计参数，主要是确定出：绞刀外（直）径、轴套直径、绞刀螺距和节（圈）数三个方面的内容。

(1) 绞刀外（直）径的确定。在无任何可知的情况下，对于软塑成型的挤出机，以下级进入封闭段第一节绞刀直径的0.80~0.9的倍数值，作为初始的设计参数，大机型选小值，反之则选大值。按倍数乘积所得，圆整为整数。为了方便，列举一些经验数值供参考，见表4-24。

表4-24 上级绞刀设计参数参考数值

砖机型号	40	45	50	55	60	65	75
绞刀直径（mm）	400	400	450	500	500	500	600

(2) 轴套直径的确定。同挤出机下级一样，绞刀外（直）径与轴套直径比值的2.4~2.8之间的倍数，确定出轴套直径，要圆整为整数，或符合无缝钢管外径系列标准要求。对于轴套内径，按强度校核之后的搅拌轴直径确定。

搅拌轴直径（强度）是必须保证的，绞刀外（直）径、轴套直径是因地制宜，可以改变的参数量。

对于搅拌轴的受力分析可以这样认识：搅拌轴，虽然因自重，包括轴上零件的重量，受到弯曲应力，但从受力上应视为是带有（浮动）支承的。也就是说，搅拌轴工作时受到由封闭段内、外锥套泥料的挤压后，自动对中心，再加上搅拌槽内泥料对搅拌刀的托起作用，消解了轴的弯曲应力，因而，弯曲应力，即径向力可以忽略不计，只按纯扭矩强度理论校核即可。

(3) 绞刀螺距和节（圈）数的确定。绞刀外（直）径、轴套直径确定后，绞刀螺距是根据产量要求，经过计算得出。绞刀节（圈）数：单根搅拌轴上为2节（圈），即2个螺距的绞刀排列组合。

一般情况下，单根搅拌轴上的2节（圈）绞刀，是等螺距的组合，若采用变径、变螺距绞刀组合，所变的是与搅拌刀相连接的那一节绞刀，计算产量所依据（得到）的绞刀螺距，是与内、外锥套相连接的那一节绞刀。另外，反变螺距（非压缩型）绞刀组合，也适用上级的组合排列，但计算产量的那一节绞刀正相反。

有效总长度为两个螺距的上级挤出绞刀部分，安装在封闭的泥缸中，而与之连接的搅拌部分处在敞开状态下，两部分衔接处又有一个断开缺口，因而，在此处极容易产生泥料棚起、堵塞现象，为解决此问题，其方法是：一是制作一把加长的搅拌刀叶片，将缺口补齐；二是将绞刀延伸到泥缸外，1/4至半个螺距，也就是两个螺距的绞刀长度不变，将泥缸适当缩短。不管采取哪种方法，与绞刀衔接的第一把搅拌刀前移，与绞刀的螺旋面形成螺旋连接形态。

（二）双轴搅拌部分的设计参数

搅拌部分的设计参数，主要是确定出：（1）搅拌刀回转直径；（2）搅拌刀间隔和数量；（3）搅拌刀叶片的平均宽度和形状；（4）搅拌刀安装角度等方面的内容。

（1）搅拌刀回转直径。一般情况下，搅拌刀的回转直径与绞刀外（直）径相同。对于变径绞刀组合，搅拌刀的回转直径应该与变径后绞刀的最大直径大致相同，之所以大致相同，是指需要经过产量计算后，最终确定出搅拌刀的回转直径。

（2）搅拌刀的间隔和数量。搅拌刀安装在搅拌轴上，虽然呈螺旋状排列，但在产量计算公式中，却并没有搅拌刀螺距数值计算内容的存在，那如何确定搅拌刀的间隔呢?

在产量计算公式中，虽然没有搅拌刀螺距数值计算的内容，但存在着搅拌刀安装角度的计算要求，因而，视其为是螺旋排列。其螺距是同轴绞刀螺距的1.1~1.2倍，该数值的实质意义，是上级绞刀挤出产量对搅拌部分供给量的要求。详细内容见挤出机上级搅拌产量计算式（4-56）的说明。

搅拌刀的数量，一个搅拌螺距，间隔均分安装4把搅拌刀，为一组，单根搅拌轴上最多安装4组，16把搅拌刀。

另外，搅拌刀也可以采取变螺距排列组合，进料口处小螺距，向挤出方向逐级螺距加大。

（3）搅拌刀叶片的平均宽度和形状。搅拌刀的形状通常设计成为扇形，所以，产量计算时取其平均宽度数值。

作为扇形形状的搅拌刀，搅拌刀的扇形边（面），最好是向心的，这样可能对泥料的切碎、搅拌效果更好，就像硬塑挤出机单轴搅拌，搅拌刀杆沿回转直径方向，向后弯曲25°那样。

（4）搅拌刀安装角度。搅拌刀的安装角度，是指以搅拌刀杆为轴心的旋转角度，其旋转角度范围为13°~25°之间。

对搅拌刀安装角度的理解。若以搅拌轴为参照物，搅拌刀叶片平面与搅拌轴长度方向呈90°夹角，此时，应视搅拌刀叶片平面为180°平角，在此基础上旋转搅拌刀杆，即是搅拌刀的安装角度。

三、双搅拌轴中心距的确定

双搅拌轴中心距，是挤出机上级设计步骤首先要确定的核心尺寸。该尺寸确定后，设计才能够逐步展开，确定双搅拌轴中心距，必须满足两个条件，第一，满足挤出、搅拌产量的要求；第二，保证对齿轮传动的承载能力。

众所周知，挤出机上级的绞刀、搅拌刀都是重合结构设计的。采用重合结构设计目的：一是双挤出绞刀，内外锥套同处在一个腔体内，泥料在挤出力的作用下，达到相互挤压、均化、增塑的作用；二是有利于搅拌刀对原料的混合、切碎、搅拌作用。

既然是重合结构设计，就必然要有一个重合部分的比例关系，这个比例关系用重合系数 ψ 表示，重合系数 ψ 的取值范围为 0.2 ~ 0.4 之间。重合系数 ψ 的大小，表示的是两组绞刀相重合部分占绞刀直径比例的数值。这里用一个中心距计算公式说明：

$$A = \frac{D}{1+\psi} \tag{4-47}$$

式中 A——双搅拌轴中心距，mm；

D——上级绞刀直径，mm；

ψ—重合系数，0.2 ~ 0.4。

双轴搅拌中心距计算公式说明如下：

(1) 式（4-47）是挤出机上级挤出部分产量计算公式中的一部分，为了讲解得更明白，步骤清晰，便于快速计算出双搅拌轴中心距，故将其从公式中摘出来，与重合系数组合，成为一个简单的、直观的、初始的、计算双搅拌轴中心距的公式。

(2) 重合系数 ψ 的取值。为了设计的方便，表 4-25 根据绞刀直径的不同，对应出重合系数 ψ 的数值，仅供参考。

表 4-25 重合系数 ψ 的取值

上级绞刀直径（mm）	400	450	480	500	600
重合系数 ψ	0.25 ~ 0.2	0.2	0.2	0.25	0.2
中心距 A	320 ~ 335	375	400	400	500

(3) 按式（4-47），参照重合系数 ψ 的取值，计算得出的双搅拌轴中心距尺寸，要圆整为 5、10 进位的整数，圆整进位尺寸时，要向上靠。计算结果仅是一个初步、可参照的数据，不是最后的定性尺寸。最后的定性尺寸，必须通过产量计算，对齿轮强度校核之后，才能最终确定双搅拌轴中心距的尺寸，因而，初步确定的重合系数 ψ 值，还要根据产量计算，对齿轮强度校核结果进行适当的修改。

(4) 这里需要提示一点，重合系数 ψ 的取值越大，双搅拌轴中心距的尺寸就会越小，过小的中心距的尺寸，会对齿轮强度校核产生难度，并直接影响对齿轮选材、热处理、机加工等方面的制造成本。

（5）表4-26为欧洲某公司60型、40/35型挤出机上级绞刀直径、重合系数ψ、中心距A之间的尺寸关系。

表4-26　上级绞刀直径、重合系数ψ、中心距A之间的尺寸关系

上级绞刀直径（mm）	（40/35型）380	（60/60型）500
重合系数ψ	0.22	0.25
中心距A	310	400

第三节　上级双轴挤出压力的计算

关于上级双轴挤出压力的计算，其实并非是单一的、为了求解得到挤出压力数值而进行的计算。应该讲，挤出压力数值是已知的，早在20多年前，中国建筑西北设计院就明确阐述过：上级封闭段的挤出压力为3～5kgf/cm²。

根据已知的挤出压力数值，通过挤出压力的计算公式，达到求解未知的相关设计参数，是其最终目的。

上级封闭段3～5kgf/cm²的挤出压力，可以将其细化为：软塑成型为3kgf/cm²；半软塑成型为4kgf/cm²；硬塑成型为5kgf/cm²。

按不同压力段，将挤出压力3～5kgf/cm²范围进一步细化，作为一个参照量，如同机械零件强度校核的许用应力值一样，来计算出与其相适宜的，如外锥套的内直径、内锥套的外直径、封闭段长度等设计尺寸。

一、上级双轴封闭段挤出压力的计算

挤出压力计算公式：

$$p = \Delta P_{\text{iges}} + \Delta P_{\text{r}} \quad (\text{kgf/cm}^2) \tag{4-48}$$

式中　ΔP_{iges}——内摩擦阻力；

$$\Delta P_{\text{iges}} = C \times \ln\left(\frac{F_{\text{S}}}{F_{\text{Ma}}}\right) \quad (\text{kgf/cm}^2) \tag{4-49}$$

ΔP_{r}——外摩擦阻力：

$$\Delta P_{\text{r}} = \tau_{\text{r}} \times \sqrt{(W.D.f)} \quad (\text{kgf/cm}^2) \tag{4-50}$$

p——挤出压力，kgf/cm²；

C——泥料硬度，kgf/cm²；

F_{S}——入口截面积 cm²；

F_{Ma}——出口截面积，cm²；

ln——自然对数；

W——阻力，cm^{-1}；

D——挤出泥料厚度，cm；

f——阻力系数；

τ_r——泥料剪切应力，kgf/cm^2，其取值为泥料硬度 C 值的 0.4 ~ 0.42 倍；

$(W.D.f)$——阻力系数（是一个整体数值），按 α 斜度角，查机头、机口的阻力系数同斜度角，L/D 比值的关系曲线图图 3-16，对应得出 L/D 的比值。

二、对上级双轴挤出压力计算公式的理解

（1）从式（4-48）中可以得知，上级封闭段的挤出压力（阻力）p 来自两个方面：一是内摩擦阻力；二是外摩擦阻力。所谓内摩擦阻力，是指在内外锥套的压缩下泥料产生的内集聚摩擦阻力；所谓外摩擦阻力，是指泥料在内外锥套总长度之间的挤出厚度和移动产生的摩擦阻力，说得再清楚一点，就是在一定长度的内外锥套中，泥料与内外锥套表面产生的摩擦阻力。

（2）内摩擦阻力式（4-49）已清楚地表明，影响泥料内集聚摩擦阻力的主要原因有两个：一个是泥料硬度；另一个是入口截面积与出口截面积之比，即压缩比。也就是说，绞刀直径有效截面积与内外锥套形成的出口环面积之比。

从泥料内集聚摩擦阻力中可以理解到：（1）泥料越硬，C 值越高，也就是泥料含水率越低，内集聚摩擦阻力就越大，反之，则相反；（2）当泥料硬度成定值后，内集聚摩擦阻力的大小，完全取决于入口截面积与出口截面积之比，也就是，压缩比数值的大小，比值越大，阻力越大，反之，则相反。

两种内外摩擦阻力的形成，都与内外锥套尺寸有关。所谓有关是指，内锥套外径，外锥套内径，以及两者总长度的尺寸。

（3）从外摩擦阻力式（4-50）可以得知，外摩擦阻力的形成与两个因素有关：一个是泥料的剪切应力，另一个是根号下 $(W.D.f)$ 阻力系数。

这里，泥料剪切应力还是比较好理解的，它与泥料硬度直接挂钩，取值为 0.4 ~ 0.42 倍的泥料硬度，泥料越硬，剪切应力就越大，反之，软的泥料，剪切应力自然就小；对于 $(W.D.f)$ 字面上不是很好理解，其实，$(W.D.f)$ 它所表示的实质意义是阻力系数，它与斜度角 α、L/D 的比值有关。计算出的 $(W.D.f)$ 数值，根据斜度角 α 值，按图 4-34 查得 L/D 的比值。

（4）关于斜度角。在此是指内锥套的单边斜度，一般控制在 2° ~ 5°之间。

（5）关于 L/D。L 表示的是封闭段长度；D 表示的是挤出环形泥料的单边厚度，两者是互为变量关系。也就是说，在设计和计算过程中，尺寸可以调整，最终满足上级许用挤出压力数值的要求。

（6）式（4-49）中的入口截面积 F_S 与出口截面积 F_{Ma}。入口截面积 F_S 是已知的，也就是绞刀有效截面积。对于出口截面积 F_{Ma}，需要确定出两个相关尺寸：一是内锥套大端直径；二是外锥套小端的直径。

内锥套大端直径尺寸的确定：内锥套小端直径与绞刀轴套直径相同，大端直径以轴套直径单边斜度为2°~5°，延伸出来，其长度取决于 L/D 的比值。

外锥套内直径尺寸的确定：外锥套大端尺寸与绞刀直径相同，小端内直径尺寸，最初设计时，暂时取绞刀直径的0.85倍，但最终取决于 L/D 的比值。外锥套内直径尺寸在计算过程中是个变量的参数，用此参数来进行调整，最终满足 L/D 比值的要求。

上述内外锥套相关尺寸的确定都与 L/D 的比值有关，是设计的关键点，为了设计的方便，这里给出一个经验数值，L/D 的比值应控制在2~3范围内，这个经验数值所说明的意思是，封闭段长度 L 应该是单边挤出泥料厚度的2~3倍。

这里强调一点，所有内外锥套相关尺寸的确定，都必须以计算之后的数据为准。在求解、计算的过程中，反复修改、调整、比较各参数值之间的合理性，最终在许用的挤出压力数值范围内，求得需要的每个设计参数（尺寸）。

（7）“外锥套”这一名词，属于传统结构中一个零件的名称，从最新结构上来讲，已经被更新，替代它的是一个安装在出口的、50~80mm宽、内径与绞刀直径相同或接近相同的直套。在直套内的径向方向，按一定等分排列，设计出阻泥块，其作用有两个：第一个是，调整挤出阻力；第二个是，阻止因泥料的旋转，产生螺旋纹。该结构与图4-35机头阻尼设置类似。

第四节 双轴挤出、搅拌产量和功率的计算

一、上级双轴挤出部分产量、功率的计算

1. 上级双轴挤出产量计算公式

$$Q_1 = (2-\psi)\frac{\pi}{4}(D^2-d^2)(S-\delta)(1-p\beta)\times K\times 60\times n \tag{4-51}$$

式中 Q_1——挤出部分产量，m^3/h；

ψ——重合系数，0.2~0.4，一般取 $\psi=0.2$。

D——绞刀直径，m；

d——轮套直径，m；

S——绞刀螺距，m；

δ——绞刀叶片厚度，m；

p——上级密封处挤出（阻力）压力，许用值 $p=3\sim5\text{kgf/cm}^2$；

β——泥料系数，$\beta=0.03$；

K——系数，0.3～0.4，取 $K=0.3$；

n——绞刀（搅拌）轴转速，r/min。

2. 双轴产量计算公式说明

（1）挤出机下级产量与上级产量的关系，在前面，挤出机下级每小时产量计算公式中，已经说明，产量指标是已知的，在技术参数中已经给出；而对于上级挤出部分的挤出量，它只要满足下级每小时的挤出量即可。也就是说，挤出机上、下级小时的挤出量，从量上来讲应该是相等的，这一点无可非议。

（2）对于挤出机下级每小时的挤出量，可以这样理解，它是实实在在、抽去空气的、密实的泥料；而对于上级挤出部分，挤出的泥料虽然在封闭段中经过挤压、增塑、均化，但并未排除其空气，不属于密实的泥料，气体还占有泥料中的部分体积，因而，上级挤出部分小时的挤出量，应该包含空气所占的体积部分。反过来讲，就是上级的挤出量应该去掉空气所占有的体积部分。

（3）经验数据表明，一般认为松散的泥料中，空气的存量占体积的10%以上，所以上级所求得的产量 Q_1 应该是下级产量 Q 再乘以 1.1～1.2 倍的数值。另外，在抽掉空气的同时，也随之抽掉大约1%的水分。所以，还要加上水分所占有的体积。两个因素加在一起，为上级计算产量的依据，其表达公式为：

$$Q_1=(1.1\sim1.2)\times Q \qquad (\text{m}^3/\text{h}) \tag{4-52}$$

式中 Q_1——上级小时的挤出产量，m^3/h；

Q——下级小时的挤出产量，m^3/h。

（4）上级挤出部分的挤出量，经式（4-52）计算可以得到，那式（4-51）产量计算公式，就可以演变为求解其他未知的计算公式，将产量计算公式变形后得到，求解搅拌轴转速的计算公式。

3. 产量计算公式变形

转速的计算公式

$$n=\frac{Q_1}{(2-\psi)\dfrac{\pi}{4}(D^2-d^2)(S-\delta)(1-p\beta)\times K\times60} \qquad (\text{r/min}) \tag{4-53}$$

4. 上级双轴挤出部分的功率计算

上级挤出部分的功率计算与下级功率计算同样可以采用埃森公式——式（4-53），当然也可以采用硅酸盐机械设备有关功率计算公式——式（4-14）。

上级功率计算：

$$N = 0.027\frac{QP}{\eta_1\eta_2} \quad (\text{kW}) \tag{4-54}$$

5. 上级双轴挤出部分功率计算公式说明

（1）上级挤出部分的功率计算，同样采用埃森公式，与硅酸盐机械设备功率计算公式相比，快捷、简单，只是数据内容有所不同。

（2）计算数据选取：产量按式（4-52）的计算结果，挤出压力按 3～5 kgf/cm^2，机械效率按上级各传动链效率计算，挤出效率与之前相同。

二、上级双轴搅拌部分产量、功率的计算

1. 上级双轴搅拌部分产量计算

$$Q_2 = 60\frac{\pi}{4}(D^2 - d^2)\Psi vK \quad (\text{m}^3/\text{h}) \tag{4-55}$$

式中　Q_2——搅拌部分产量，m^3/h；

Ψ——填充系数，取 0.55；

K——搅拌轴数，2～1，对于双轴 $K=2$；

v——泥料移动速度，m/min：

$$v = Z \cdot b \cdot n \cdot \beta \cdot \sin\alpha \tag{4-56}$$

式中　Z——一个螺距搅拌刀的数量，$Z=4$；

b——搅拌刀叶片宽度，m；

n——搅拌轴转速，r/min；

β——回料系数，0.85～0.9，$\beta=0.85$；

α——搅拌刀叶片的角度，15°～25°。

2. 上级双轴搅拌部分产量计算说明

（1）在上级挤出产量计算公式的说明中，因空气占有泥料中的部分体积，所以，上级小时的挤出量 Q_1 要乘上 1.1～1.2 的倍数值。上级搅拌部分由于存在着填充系数、回料等原因，使搅拌部分的产量 Q_2，同样与下级挤出部分产量有一个比值关系，这个比值关系是：Q_2 等于 Q 乘上 1.3～1.4 的倍数值。

（2）搅拌产量计算公式中，泥料移动速度 v，与搅拌刀叶片的安装角度 α 有关。这里的 α 角度，最好在 15°左右为好，不宜过大。

（3）上级搅拌刀间隔尺寸，也就是说由每组螺距 4 把搅拌刀组成的搅拌、

挤出系统，在计算公式中并没有体现出搅拌的间隔距离要求，不管是产量计算，还是功率计算，都与搅拌刀的排列间隔无关，只与搅拌刀的安装角度有关。

3. 上级双轴搅拌部分功率计算

$$N_2 = \frac{i\pi Kb\sin\alpha(R^2 - r^2)n}{1.2240} \times 2 \times \frac{1}{\eta} \quad (\text{kW}) \tag{4-57}$$

式中 i——叶片总数，$i=16$；

K——泥料硬度，含水率17%～20%，$K=3$；

b——叶片宽度，m；

$\sin\alpha$——叶片对轴的夹角；

R——搅拌刀回转半径，m；

r——搅拌轴套半径，m；

n——搅拌轴转速，r/min；

2——两根搅拌轴；

η——机械效率 η。

三、上、下级产量比的表示方法

$$Q:Q_1 = 1:(1.1 \sim 1.2), \qquad Q:Q_2 = 1:(1.3 \sim 1.4) \tag{4-58}$$

式中 Q——下级挤出产量，m^3/h；

Q_1——上级挤出部分产量，m^3/h；

Q_2——上级搅拌部分产量，m^3/h。

第五节 挤出机上级单轴搅拌、挤出部分设计参数

上级单轴搅拌、挤出，并非是指普通的双轴搅拌、挤出结构，去掉一根轴所形成的单轴搅拌、挤出结构。单轴搅拌、挤出是针对不同原料、不同制品，配合硬塑挤出而设计的，独有的一种搅拌、挤出原理。

单轴搅拌、挤出，因设计理念、结构与双轴搅拌有所区别，因而其产量、功率的计算，设计参数也都不尽相同。

一、上级单轴搅拌、挤出部分的组成

单轴搅拌的结构组成：单轴搅拌部分是由一根搅拌轴、49 把搅拌刀与搅拌槽组成的双螺旋搅拌系统。由于与搅拌刀是双螺旋排列，因而形成两个泥料

流。搅拌刀叶片为特殊形状设计，搅拌刀叶片以近似180°的形式安装在搅拌轴上，也就是说，搅拌刀叶片与搅拌轴，轴线的夹角近似90°。弯曲25°的搅拌刀杆，更符合旋转时搅拌刀的向心原理。搅拌刀排列由三个导程组成。

挤出部分的结构组成：挤出部分是由一组锥绞刀+一组直绞刀+内外锥套和阻转零件组成的挤出和封闭（密封）系统。

二、上级单轴搅拌、挤出部分的工作原理

（一）上级单轴搅拌部分的工作原理

在搅拌轴带动搅拌刀作回转运动时，偏于搅拌刀杆轴1/8英寸距离的叶片靠顶部突出部分，像耕地犁形状的端头使泥料向两边翻动，利用搅拌刀杆弯曲25°、旋转时的向心原理，使原料向上勾起，形成有效的翻动，并与前后相邻两搅拌刀翻起的泥料混合。

一个导程内装有十几把搅拌刀，组成的双螺旋排列是安装在一同根轴上，被搅拌的原料也同在一个圆弧槽内，因此，所形成的两个泥料流混在一起是相互融合的，并且交替移动，在移动中再混合。

硬塑挤出成型原料含水率较低，一般控制在12%～16%，相对原料颗粒级配粗，由于原料加水是在加料斗落料过程中喷水的，使原料接受水量均匀（加水量很少），形成的颗粒体积很小，流动性好，容易被翻动混合。

单轴搅拌为满足产量上的要求，它的加料高度略低于搅拌刀的回转直径（单轴搅拌，搅拌刀的回转直径较大）。搅拌刀在做回转运动时，所翻动的是一个与搅拌刀厚度一样的物料环，由于一个双螺旋导程内装有十几把搅拌刀，且搅拌轴每分钟转20r左右，因此，在一个导程内能翻动几百个泥料环，不断打破泥料间的位置平衡，自然填充搅拌刀叶片运动轨迹所产生的空间，相互混合。在整个3m多长的搅拌槽内，三个导程中，搅拌轴带动几十把搅拌刀旋转犹如入海蛟龙，使搅拌槽内原料上下左右翻腾，暗流涌动，在得到充分搅拌的过程中，同时沿着槽长方向均匀缓慢地向前移动，泥料被翻动的机会多，混合的机会也多，使之搅拌得更均匀，效果更好。

泥料流的移动是靠偏于搅拌刀杆轴1/8英寸距离形成的螺旋推动的。

（二）上级单轴挤出部分的工作原理

挤出部分锥绞刀大端直径与搅拌部分相连接，将搅拌刀输送来的泥料，通过直绞刀、经内外锥套、阻转零件、碎泥刀被挤出到真空箱内。12～16齿的碎泥刀与内外锥套的轴向间隙为10mm，因而，被切碎的泥料粒径很小，其中的空气很容易被抽出。为防止泥料在挤出、切碎的过程中，因离心力飞溅到真空箱体内壁上，这一过程是在护套中完成的。

三、上级单轴挤出、搅拌部分的设计参数

单轴挤出、搅拌部分的设计参数概括起来，由以下三方面组成：挤出部分、搅拌部分、封闭段长度。

（一）上级单轴挤出部分的设计参数

单轴挤出绞刀，是由一节直绞刀和一节锥绞刀组合而成的变径、变螺距排列的绞刀组，之所以采用一节大直径的锥绞刀，主要是因搅拌刀回转直径大，为实现挤出、搅拌两部分的有效衔接而采取的必要措施，这一措施同时也起到了提高输送效率的作用。

对于直绞刀和锥绞刀的组合，可以这样理解，直绞刀视为是封闭段的绞刀，锥绞刀视为是受料绞刀。设计时，首先要确定的是直绞刀的设计参数，而后，以直绞刀的设计参数为依据，设计出锥绞刀的设计参数。

1. 直绞刀的设计参数。直绞刀是上级挤出产量的计算依据，相当于下级绞刀组的末节绞刀。在双轴挤出产量计算时明确指出，上级小时的挤出量是下级小时挤出量的1.1～1.2倍，这一倍数关系同样适应单轴挤出。根据产量确定出：绞刀外（直）径、轴套直径、绞刀螺距三个方面的尺寸。

轴套直径 d，根据轴的直径来确定；绞刀外（直）径 D，参照下级封闭段末节绞刀直径确定；螺距 S，通过计算得出。轴套直径尺寸确定后，是不变的，绞刀外（直）径和螺距，互为变量参数，经调整最终确定，并圆整为整数。

2. 锥绞刀的设计参数。锥绞刀的轴套直径与直绞刀轴套直径相同，锥绞刀的小端直径与直绞刀外（直）径相同，所要确定的是锥绞刀的大端直径和锥绞刀的螺距。

硬塑挤出机，上级的设计难点，就在于锥绞刀大端直径和锥绞刀螺距尺寸的确定，关于锥绞刀的作用，前面讲过，应该视为是受料绞刀，其实，从本质上讲它就是受料的绞刀。既然如此，就可以根据一次变径、变螺距绞刀排列组合；变径、变螺距的倍数的关系；再根据《砖瓦工业设计手册》，变径、变螺距理论研究的成果，认为：高效能挤出机的进料段绞刀螺距比随后封闭泥缸的绞刀螺距大约50%。为了再增加进料容量，挤出机受料段所用绞刀直径可比随后封闭泥缸中的绞刀直径大10%～20%。

针对上级单轴搅拌的特点，确保直绞刀每转的挤出量，以直绞刀和搅拌刀回转直径基本数据为参照量，确定出锥绞刀大小端直径的设计参数范围。

3. 锥绞刀的经验数据：

（1）锥绞刀的螺距为直绞刀螺距的1.2倍。

（2）锥绞刀的平均直径（中径），是直绞刀直径的 1.2 倍。通过此倍数关系可以用作图的方法，求解出锥绞刀的大端直径。

（3）这里还应该在说明一点的就是，锥绞刀大端直径应以搅拌刀的回转直径为参照量，两者之间的关系为：搅拌刀回转直径是锥绞刀大端直径的 1.1 倍左右，计算得出的数值，要圆整为整数的英寸数值之后，再乘以 25.4，所得就是锥绞刀大端直径。

为了设计方便，列举出美国硬塑挤出机各型号直绞刀外径和螺距、锥绞刀大端直径和螺距的尺寸，作为参照数值，见表 4-27。

表 4-27　美国硬塑挤出机各型号的尺寸　mm

型号	25A	40F	45A
直绞刀螺距	260≈10 英寸	277≈11 英寸	300≈12 英寸
轴套直径			
直绞刀外径	430≈17 英寸	460≈18 英寸	490≈19 英寸
锥绞刀螺距	300≈11 英寸	≈332	≈360
锥绞刀大端直径	533（21 英寸）	610（24 英寸）	686（27 英寸）
搅拌刀回转直径	610（24 英寸）	686（27 英寸）	762（30 英寸）
直绞刀螺距	≈300	330（12 英寸）	≈400
轴套直径		280	290
直绞刀外径	490≈19 英寸	520≈20 英寸	540≈21 英寸
锥绞刀螺距	≈360	396	≈480
锥绞刀大端直径	686（27 英寸）	762（30 英寸）	838（33 英寸）
搅拌刀回转直径	762（30 英寸）	838（33 英寸）	914（36 英寸）

通过表 4-27、表 4-28 的数据可以得知，任意规格的硬塑挤出机，其锥度绞刀大端直径是有规律可循的。同一规格的锥绞刀大端直径，比搅拌刀回转直径小 3 英寸，比其大一规格型号的锥绞刀大端直径小 3 英寸；不同规格的锥绞刀的大端直径，与前一规格的搅拌刀回转直径相同，而且，无论是锥绞刀大端直径，还是搅拌刀回转直径，左右相邻规格之间的差值为 3 英寸。

（二）上级单轴搅拌部分的设计参数

搅拌部分设计参数内容包括：搅拌刀的回转直径、搅拌刀的螺距排列（即搅拌刀的间隔）、搅拌刀叶片的宽度和斜角。

（1）搅拌刀回转直径的确定。相同规格型号的，直接采用表 4-27、表 4-28的搅拌刀回转直径数据；超出规格型号范畴的，按其已形成的规律设计。

锥绞刀大端直径比搅拌刀回转直径小 3 英寸，主要是因为泥料在搅拌槽内的加料高度不应超过搅拌刀，搅拌刀的钩状部分要露出来，保证搅拌效果。另外，3英寸的数值，可作为搅拌产量公式中的添料系数。

（2）搅拌刀的螺距排列（间隔）。回转直径按上述关系计算出的搅拌刀回转直径，必须经过产量计算之后，才能作为最终的直径尺寸。为了设计方便，列举美国硬塑挤出机，25A、40F、45A、50F、75AD、90A，上级搅拌刀回转直径，作为参照数值，见表4-28。

表4-28 美国硬塑挤出机，25A、40F、45A、50F、75AD、90A，上级搅拌刀回转直径

mm

型号	25A	40F	45A
搅拌刀回转直径× 搅拌刀间隔总长度	610（24英寸）× 2438（96英寸）	686（27英寸）× 3099（122英寸）	762（30英寸）× 3480（137英寸）
单螺旋搅拌刀间隔 H	4英寸	$5\frac{1}{12}$英寸	$5\frac{7}{10}$英寸
搅拌刀回转直径× 搅拌刀间隔总长度	762（30英寸）× 3480（137英寸）	838（33英寸）× 3658（144英寸）	914（36英寸）× 4115（162英寸）
单螺旋搅拌刀间隔 H	$5\frac{7}{10}$英寸	6英寸	$6\frac{3}{4}$英寸

从表4-28搅拌刀回转直径的数值中可以看出，搅拌刀回转直径，由小变大，是按3英寸数值间隔递增的。45A、50F型号，使用的是同一规格的上级。

（3）搅拌刀的间隔、螺距（导程）、数量。

1）从表4-28搅拌刀间隔总长度得知，单螺距（导程）搅拌刀的间隔，随着挤出机型号的增大而加大，加大的原因是搅拌刀厚度和刀杆直径的增加。单螺距（导程）搅拌刀的间隔 H，等于搅拌刀间隔总长度的1/24。

搅拌刀间隔总长度，是指第一把搅拌刀至最后一把搅拌刀的距离。

2）任意规格型号的挤出机，单螺旋搅拌刀的间隔 H 均为总长度的$\frac{1}{24}$，单轴搅拌的搅拌刀为双螺旋（导程），交错排列，即第二螺旋的第一把搅拌刀与第一螺旋的第一把搅拌刀，相错两把搅拌刀的角度为起始点。24等分，双螺旋（导程），交错排列，形成48个等分间隔，所以搅拌刀的总个数为48+1，49把搅拌刀。单轴搅拌，搅拌刀总螺距（导程）为3.5个，单个螺距（导程）为6等分间隔，7把搅拌刀。

目前，国内硬塑挤出机，大多数厂家将上级缩短，由原装的3.5个螺距，缩短为2个螺距，29把搅拌刀，甚至更少。理由是，之前对原料已经有过搅拌的处理过程，在此没有必要再经过如此长的搅拌过程，减少搅拌长度，还可以降低装机功率，特别是可以大大缩减制造成本。

产生此种观念的主要原因是用硬塑挤出机生产什么制品的问题。目前，国内用硬塑挤出机生产真正意义上的，高强度的，多种颜色的墙、地砖，装饰砖等硬塑制品的砖厂寥寥无几，据了解，不超过5家砖厂。绝大多数砖厂是用硬塑挤出机生产普通的、类似KPI之类的产品，能生产大一点的砌块产品已是不错的了。由于建筑市场普通标砖的需求量大，必然导致硬塑挤出机性能改变与其相适应，另一方面也与硬塑挤出机生产厂家的宣传和用户认识不清有关。其实，生产一般的制品，使用非硬塑成型的挤出机绰绰有余，完全没必要用硬塑挤出机。

用硬塑挤出机生产属于软塑、半硬塑的制品，没有真正发挥出硬塑挤出机，利用劣质、利废的原料生产高质量、高强度制品的目的，特别是对多种颜色制品需要的搅拌、混合、含水率控制范围的处理过程。看来，真正意义上应用硬塑挤出成型的设计理念，还需要时间和环境，就像当年400型挤出机由热变冷，逐渐发展过渡到如今500型，至600型挤出机的热销，还需要认识的提高、时间的推移和社会经济实力的整体提升。

（4）搅拌刀叶片的宽度和安装斜（度）角。

硬塑挤出机的搅拌刀叶片成锥度形状，大端厚度约为（50～60）mm，小端厚度约为10mm，形成单边12°左右的斜度，安装时叶片顶部（小端）至垂直基准距离为1/8寸，如图4-38所示。

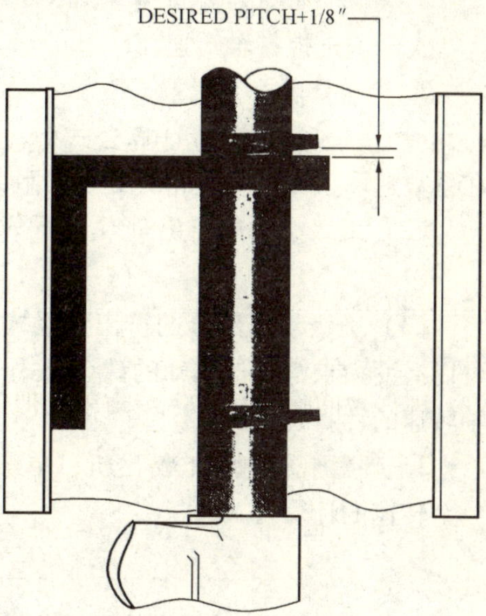

图4-38　搅拌刀安装角度展示图

（三）小结

（1）通过单轴挤出和搅拌两部分设计参数产生的来龙去脉，以及二次变径、变螺距绞刀组合特点的深入了解，可以得到这样的启示：硬塑挤出机经过百年多的发展历史，其型号、规格，技术参数，设计参数的数值的系统性、规律性很强，已经实现规范化设计，值得学习、研究、借鉴。

（2）为了对上述设计参数数值产生的来源加以证明，有据可查，同时也为读者提供查找、对照、交流的方便，特将美国硬塑挤出机样本中的数据登在附录8中。

第六节　上级单轴挤出、搅拌产量和功率的计算

一、上级单轴挤出产量和功率计算

1. 上级单轴挤出产量计算公式

$$Q_1 = \frac{\pi}{4}(D^2 - d^2)(S - \delta)(1 - p\beta) \times K \times 60 \times n \qquad (m^3/h) \qquad (4\text{-}59)$$

式中　Q_1——挤出部分产量，m^3/h；

D——绞刀直径，m；

d——轴套直径，m；

S——绞刀螺距，m；

δ——绞刀叶片厚度，m；

p——上级密封处挤出阻（压）力，3～5kg/cm²，硬塑取 $p=5kg/cm^2$；

β——泥料系数，$\beta=0.03$；

K——系数，0.3～0.4，取 $K=0.3$；

n——搅拌轴转速，r/min。

2. 产量计算公式说明

（1）单轴挤出产量计算公式中，除没有 $2-\psi$ 这一内容，其余完全相同，在系数选取方面，上级密封处挤出阻力按硬塑取值，$p=5kg/cm^2$。

（2）上级小时的挤出量 Q_1，同样是下级小时产量 Q 的1.1～1.2倍。

$$Q_1 = (1.1 \sim 1.2) \times Q \qquad (m^3/h) \qquad (4\text{-}60)$$

（3）上级挤出部分的挤出量经式（4-60）计算可以得到，式（4-59）就可以演变为求解其他未知的计算公式，将产量计算公式变形后得到，求解搅拌轴转速的计算公式。

3. 产量计算公式变形

转速的计算公式：

$$n = \frac{Q_1}{\frac{\pi}{4}(D^2 - d^2)(S - \delta)(1 - p\beta) \times K \times 60} \qquad (r/min) \qquad (4\text{-}61)$$

4. 上级单轴挤出部分的功率计算

上级挤出部分的功率计算采用埃森公式：

$$N = \frac{QP}{\eta_1 \eta_2} 0.027 \qquad (kW) \qquad (4\text{-}62)$$

5. 上级单轴挤出部分功率计算公式说明

（1）上级挤出部分的功率计算，同样采用埃森公式，与硅酸盐机械设备功率计算公式相比，快捷、简单，只是数据内容有所不同。

（2）计算数据选取：产量按式（4-60）的计算结果，挤出压力按硬塑取 $p=5\text{kg/cm}^2$，机械效率按上级各传动链效率计算，挤出效率与之前相同。

二、上级单轴搅拌部分产量、功率计算

1. 上级单轴搅拌部分产量计算

$$Q_2 = 60\frac{\pi}{4}(D^2 - d^2)\Psi vK \qquad (\text{m}^3/\text{h}) \tag{4-63}$$

式中　Ψ——填充系数，取 0.85；

K——搅拌轴数，2～1，对于单轴 $K=1$；

v——泥料移动速度，m/min；

$$v = Z \cdot b \cdot n \cdot \beta \cdot \sin\alpha \tag{4-64}$$

式中　Z——双螺旋一个导程内搅拌刀的总数量，$Z=13$；

b——搅拌刀叶片平均宽度，m；

n——搅拌轴转速，r/min；

β——回料系数，0.85～0.9；$\beta=0.85$；

α——搅拌刀自身单边斜度约为 12°，安装位置叶片顶部（小端）至垂直基准距离为 1/8 英寸（3.175mm），如图 4-38 所示。

2. 上级单轴搅拌部分产量计算说明

（1）单轴搅拌产量计算公式中，除没有 $2-\psi$ 这一内容，其余完全相同。

（2）单轴搅拌产量计算公式中，泥料移动速度 v 中的搅拌刀叶片角度 α，是指搅拌刀叶片安装角度，如图 4-38 所示。

（3）上级搅拌刀间隔尺寸，也就是说由每个导程十几把搅拌刀组成的搅拌系统，在计算公式中并没有体现出对搅拌刀间隔距离的要求，不管是产量计算，还是功率计算，都与搅拌刀的排列间隔无关，只与搅拌刀的安装角度有关。

3. 上级单轴搅拌部分功率计算

$$N_2 = \frac{i\pi Kb\sin\alpha(R^2 - r^2)n}{1.2240} \times \frac{1}{\eta} \tag{4-65}$$

式中　N_2——搅拌部分功率，kW；

i——叶片总数；

K——泥料硬度，含水率 12%～16%，$K=5$（硬塑挤出，K 值取 5）；

b——叶片宽度，m；

α——搅拌刀叶片安装斜角；

R——搅拌刀回转半径，m；

r——搅拌轴套半径，m；

n——搅拌轴转速，r/min；

η——机械效率。

三、单轴搅拌，挤出上、下级产量比的表示方法

$$Q:Q_1 = 1:(1.1 \sim 1.2), \qquad Q:Q_2 = 1:(1.3 \sim 1.4) \qquad (4\text{-}66)$$

式中 Q——下级挤出产量，m^3/h；

Q_1——上级挤出部分产量，m^3/h；

Q_2——上级搅拌部分产量，m^3/h。

第七节 挤出机上级对齿轮强度校核

对齿轮强度校核是确定双搅拌轴中心距尺寸的关键。本节不作具体的强度校核计算，只是提出概念上的要求。

通过挤出部分产量求得的搅拌轴的转速，挤出、搅拌两部分功率之和，来校核对齿轮强度。校核时最好按硬齿面齿轮强度计算，这样可以缩小减速机外形尺寸，整体机型形状配合较好。若软齿面或中硬齿面强度通得过也可以采用。

这里提示一点，结构上，对齿轮最好不安装在搅拌轴上，硬齿面齿轮更是如此，安装在搅拌轴上是传统的、落后的、不合理的设计，降低齿轮的寿命，对齿轮应以输出轴端的形式与搅拌轴之间采用联轴器连接。

关于减速机的壳体，国外减速机的壳体早已改为整体式，也就是说，减速机的箱体结构不是由上下箱体组成，而是整体、板式结构。目前，国内已有许多减速机厂家生产此种结构的减速机。

第五章 设计计算举例（撰写设计计算说明书）

第一节 概 论

设计计算举例，就是把前面讲到的设计步骤和设计计算，用说明书的形式梳理、复习、应用、总结一次，是任何设计必须要遵守的程序。将设计计算说

明书模式化，可以作为日后设计的行政规范、参照资料。

设计计算（撰写设计计算说明书），软、硬塑成型的挤出机各举一例，软塑成型以 JZR 50-20 型号为例；硬塑成型以美国 90A 型号为例。

一、例题选取说明

（1）原本想选择 400 型挤出机作为设计计算说明的例题，但从近些年行业发展的情况看，偏小型的砖机受市场的青睐程度呈下降趋势，故而弃之；若选择 750 型以上的大型挤出机为例题，从技术进步，向大型化发展的角度看，感觉像是方向，但仔细斟酌，似乎有些过早，不合时宜，故而也没有选。权衡再三，还是选择了应用广泛、型号适中、具有一定代表性的 JZR 50-20 型双级真空挤出机为计算例题。其实，只要真正掌握设计计算的理论，不在乎挤出机例题选择规格的大小。

（2）原本没有打算选择硬塑挤出机为例题，但近几年，硬塑挤出机在行业内，势如破竹地飞速发展，成为热点，在此形势的激励下，特意增加了这一例题。

这里作个声明，笔者虽然组织参与过硬塑挤出机的设计，但基本属于结构模仿型的设计，距离真正意义上的设计还有相当大的差距。由于对硬塑挤出机的设计理论认识得不是十分清楚，还属于学习、认知阶段，因而，在所讲述的内容中难免有错误，希望能给予批评、指正、谅解，同时希望此例题能起到抛砖引玉的作用。

两个例题，也就是软、硬塑设计计算说明书的内容，从本质上讲，虽然区别并不大，但还是有区别的，区别主要表现在上级搅拌部分的理论计算上，上级作为单、双轴结构，因原理、结构的不同，设计计算上要分别对待。

二、相关内容的说明

（1）绞刀组螺距排列组合，是挤出机设计的重要设计参数，属于核心尺寸，为全面掌握，广泛认知，特意将软塑成型 JZR 50-20 型挤出机、绞刀组按反变螺距排列组合设计举例；硬塑成型 90A 型挤出机、绞刀组按美国二次变径、变螺距排列组合设计举例。

（2）核心尺寸、反变螺距排列组合、绞刀组的设计参数是直接给出的，是经过实践验证的；二次变径、变螺距排列组合、绞刀组的设计参数是完全参照美国的。

（3）在设计计算过程中，插有许多说明，这些说明并不是什么赘述，而是对一些问题的解释，是对设计要点相互关系的提示，是对计算结果认知的理解。

第二节　例题 1——双级真空挤出机设计计算说明书

（撰写 **JZR50-20** 双级真空挤出机设计计算书）

一、第一部分——下级的设计计算

（一）已知条件

1. 技术参数

挤出机型号 JZR50-20；成型压力 20kgf/cm^2；产量 10000 块标砖/h。按 683 块标砖/m^3，折成立方体积为 14.64m^3/h。

关于产量的说明如下：

（1）上面的技术参数是按行业标准，JZR50-20 规格型号选取的，对于技术参数中的小时产量 10000 块标砖，与实际用户要求的产量相比有些偏低，故而，将小时产量由 10000 块标砖，调整为 12000 块标砖，折成立方体积为 17.57m^3/h。

（2）小时产量 12000 块标砖，属于名义产量，更为准确的、真正意义上的小时产量，应该以生产某种孔型断面的砖来确定。若生产 KP1 型，孔洞率为 25% 的多孔砖，产量还要减去孔洞部分，另外，根据原料的含水率，干燥、烧成的线性收缩率，还要加大砖外型的几何尺寸，以此重新计算更为准确的小时产量。

（3）这里以 KP1 型 90 多孔砖为例，孔洞数 20 个，孔直径为 22mm，孔洞率为 25%，线性收缩率按 3% ~ 5% 考虑，这里取 4%，含水率大约为 18%，确定出砖的外形尺寸和体积，重新核准小时产量。

①绘制 KP1 型砖孔形断面图，如图 4-39 所示。

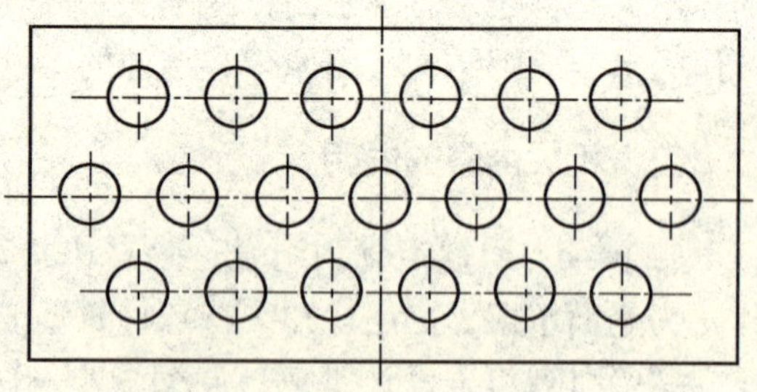

图 4-39　KP1 型砖孔形断面图

②计算 KP1 型砖的相关数据：

线性收缩率按 4% 计算，坯体外形（机口）尺寸：

长：$240 \times 1/0.96 = 250$mm

宽：$115 \times 1/0.96 = 119.8$mm

厚：$90 \times 1/0.95 = 93.75$mm

按孔洞率为 25%，计算坯体截面积：$F = 0.250 \times 0.1198 \times 0.75 = 0.02246$m^2

计算 90 砖坯体积：$T = 0.250 \times 0.1198 \times 0.09375 = 0.00281\text{m}^2$

每立方 90 砖块数：$S = 1/0.250 \times 0.1198 \times 0.09375 = 356$ 块/m^3

折成标砖：$S_{标} = 356 \times 1.698 = 605$ 块/m^3。

以小时生产 12000 块计算，按标砖折成体积则为：$12000/605 = 19.83\text{m}^3/\text{h}$

说明：一块 90 砖相当于 1.698 倍的标准砖。

（4）这里 $19.83\text{m}^3/\text{h}$ 是挤出机小时产量的技术参数，相关其他计算均以此为依据。该产量可以适合砖厂年产 5000 万块标砖的适度规模要求。

2. 设计参数

因为是 50 型，所以下级封闭段绞刀直径 $D = 500\text{mm}$。依据经验，给定出绞刀的设计参数：轴套直径 $d = 180\text{mm}$；末节绞刀螺距 $S = 280\text{mm}$；叶片厚度 $\delta = 20\text{mm}$。绞刀结构形式为焊接式。

设计参数说明：反变螺距绞刀组排列组合，以及给出的绞刀其他的尺寸，是通过多年实践检验，真实可靠的数据。螺距排列如下：

$$\text{主螺旋：}\underset{(1)}{\frac{270}{360}} + \underset{(2)}{\frac{320}{320}} + \underset{(3)}{\frac{300}{300}} - + - \underset{(4)}{\frac{280}{280}} + \underset{(5)}{\frac{260}{260}} + \underset{(6)}{\frac{X}{240}} \qquad \text{副叶：}\underset{(7)}{\frac{90}{360}} + \underset{(8)}{\frac{90}{400}}$$

3. 反变螺距排列组合绞刀组的设计参数（表 4-29、表 4-30）

表 4-29　容积排列

(1)	(2)	(3)	(4)	(5)	(6)	(7)	(8)
0.05809	0.05125	0.04783	0.04441	0.04010		0.05809	0.06491

表 4-30　平均压力角排列

(1)	(2)	(3)	(4)	(5)	(6)	(7)	(8)
18°38″	16°41″	15°41″	14°41″	13°41″		18°38″	20°32″

（二）下级产量、主轴转速、功率的计算

1. 求末节绞刀每一转的最大输送能力

$$q_{max} = 0.63 \times C_q \times F_S \times H$$

$$= 0.63 \times 1.1 \times \frac{\pi}{4} \times (0.5^2 - 0.18^2) \times (0.28 - 0.02)$$

$$= 0.03078(\text{m}^3/\text{r})$$

式中　q_{max}——末节绞刀每转的最大输送（挤出量）能力，m^3/r；

C_q——泥料常数，随泥料成分、绞刀表面的光滑程度等因素而变化，其值在 0.9～1.3 之间选取，一般取 $C_q = 1.1$；

F_S——绞刀截面积，m^2；

H——螺距，m。

其中 $F_S \times H$ = 末节绞刀容积 $V_末$：

$$V_{末} = \frac{\pi}{4}(D^2 - d^2)(S - \delta)$$

2. 主轴转速的计算

$$n = \frac{Q}{q_{max} \times \omega \times 60} = \frac{19.83}{0.03078 \times 0.4 \times 60} \approx 27(r/min)$$

式中 Q——小时产量，m^3/h；

n——主（绞刀）轴每分钟转速，r/min；

ω——挤出率，反变螺距绞刀组 ω 值在 0.3 ~0.4 之间，一般取 0.4。

3. 下级功率计算

$$N = 0.027\frac{QP}{\eta_1\eta_2} = 0.027\frac{19.83 \times 20}{0.0792 \times 0.72943} = 185(kW)$$

式中 Q——产量，19.83m^3/h；

P——挤出压力，20kgf/cm^2；

η_1——挤出效率；

η_2——机械效率。

$$\eta_1 = 0.075 \times C_q \times 4\omega \times (1 - \omega)$$

$$= 0.075 \times 1.1 \times 4 \times 0.4 \times (1 - 0.4) - 0.0792$$

$$\eta_2 = 0.96 \times 0.95 \times 0.97 \times 0.97 \times 0.96 \times 0.96 \times 0.98 \times 0.98 \times 0.98 \times 0.98$$

$$= 0.72943$$

机械传递路线：电动机→三角带（0.96）→减速机（0.95）→主轴轴承组［推力轴承（0.97）；调心滚子轴承（0.97）］→双压泥板齿轮传动［2 组齿轮（0.96）；4 个轴承（0.98）］。

功率计算说明：上面的功率计算，挤出压力是按 20kgf/cm^2所得到的结果，对于真正意义上的 JKR50-20 型号挤出机而言，属于软塑成型。实事求是地讲，该型号挤出机，长期在半硬塑成型、20kgf/cm^2 的高压力区域运行是很难的，在软塑成型 14kgf/cm^2以下的压力范围内运行，应该讲是比较适宜的。作为挤出机的机械强度，用 20kgf/cm^2 成型压力设计、校核是完全正确的。为此，在其他数据不变的情况下，有必要再按软塑成型 10 ~ 16kgf/cm^2 的数值，计算出所需要的功率。计算结果见表 4-31。

表 4-31　计算结果

成型压力（kgf/cm^2）	10	12	14	16
功率（kW）	93	111	130	148

通过表 4-31 的数据可以看出，大多数砖瓦机械厂，将 JKR50-20 型号的挤出机，下级配置 132kW 电动机功率是比较切合实际的。

假如，生产一次码烧的页岩砖，成型压力在 $20kgf/cm^2$，挤出机的机械强度必须按 $30kgf/cm^2$ 成型压力设计，下级配置电动机功率也必须达到或超过 160kW。

（三）压泥板功率计算

$$N=\frac{i\pi kb\sin\alpha(R^2-r^2)n}{1.2240}$$

$$=\frac{1\times\pi\times3\times0.5\times\sin90(0.18^2-0.06^2)\times40.5}{1.2240}$$

$$=4.6(\text{kW})$$

式中　N——功率，kW；

i——叶片数，一字布置或十字交叉布置，$i=1$；

k——泥料硬度，$k=2\sim3kgf/cm^2$（泥料含水率为 17% ~20%），该泥料硬度 k 值系数从泥料含水率中可以得知，不含硬塑成型范围，因而对于硬塑成型还要适当提高泥料硬度 k 值；

b——压泥板长度，m；受料段绞刀长度减去压泥板两侧面的间隙，即是压泥板的长度，单边间隙一般为 15 ~20mm，在此取 20mm，则 $b=280+260-2\times20=0.5$m；

α——压泥板角度，90°；

R——压泥板回转半径，m，取受料段绞刀的 0.7 ~0.75 倍，这里取 0.72 倍，则 $R=500\times0.72=0.36$m；

r——压泥板轮毂直径，m：根据压泥板轴直径尺寸，确定压泥板轮毂直径，这里取 $r=0.12$m；

n——压泥板轴转数，r/min：取主轴转速的 1.5 倍，则 $n=27\times1.5=40.5$r/min。

压泥板功率计算说明：上面计算出的是单个压泥板的功率，双压泥板还要乘以 2。总功率减去双压泥板功率，剩余数值则是用于挤出的功率。

对于压泥板独立传动结构，选取减速机时，还要在该计算所得功率的基础上，按减速机承载能力的相关要求选取。如果所选减速机输出转速与压泥板轴转速不相同，还需按最终确定的转速，重新计算压泥板功率。

二、第二部分——上级的设计计算

（一）已知条件

1. 挤出部分

绞刀回转直径$\phi=470$mm；轴套直径 $d=180$mm；螺距 $S=300$mm（单根轴2节绞刀，等螺距）；叶片厚度 $\delta=20$mm。

2. 搅拌部分

搅拌刀回转直径$\phi=470$mm；护套直径 $d=140$mm；搅拌刀平均宽度140mm；搅拌刀安装角度16°。

说明：通过多年的实践和用户的要求，目前，500型挤出机上级搅拌轴直径都在原先120mm的基础上，增大到130～140mm，所以，已知条件中轴套直径、护套直径都有所增加。

（二）双搅拌轴中心距的确定

绞刀、搅拌刀回转直径为$\phi=470$mm，ψ 取0.206，则双搅拌轴中心距经计算后所得：

$$A=\frac{D}{1+\psi}=\frac{470}{1+0.206}=390$$

式中 A——双搅拌轴中心距，mm；

D——上级绞刀直径，mm；

ψ——重合系数（0.2～0.4）。

双搅拌轴中心距的说明：搅拌轴中心距确定后，按中心距尺寸、搅拌轴转速、上级功率等相关数据，校核对齿轮的机械强度，机械强度通过后，搅拌轴中心距尺寸才能最终确定。

（三）上级挤出部分产量、搅拌轴转速、功率的计算

1. 双轴挤出部分产量计算

说明：上级挤出部分的产量，在双搅拌轴转速已知的情况下，按产量式（4-51）可以计算出来，若在挤出机设计的初期，双搅拌轴转速不知的情况下，按式（4-52）计算产量，应该讲更方便、简单、快捷。下面按式（4-52）计算出上级的挤出产量：

$$Q_1=(1.1\sim1.2)\times Q=1.11\times19.83=22(\text{m}^3/\text{h})$$

式中 Q_1——上级每小时的挤出产量，m^3/h；

Q——下级每小时的挤出产量，m^3/h。

2. 双搅拌轴转速计算

说明：上级挤出部分的产量按式（4-52）计算得知后，将产量式（4-51）变形，改为计算双搅拌轴转速的求解公式。下面按变形公式求解搅拌轴转速：

$$n = \frac{Q_1}{(2-\psi)\frac{\pi}{4}(D^2-d^2)(S-\delta)(1-p\beta)\times k\times 60}$$

$$= \frac{22}{(2-0.206)\times\frac{\pi}{4}(0.47^2-0.18^2)\times(0.3-0.02)(1-4\times 0.03)\times 0.3\times 60}$$

$$\approx 19(\mathrm{r/min})$$

式中　Q_1——挤出部分产量，m^3/h，$Q_1=22m^3/h$；

ψ——重合系数，0.2～0.4，取 $\psi=0.206$；

D——绞刀、搅拌刀回转直径，mm，$D=470mm$；

d——轴套直径，mm，$d=180mm$；

S——绞刀螺距，mm，$S=300mm$；

δ——绞刀叶片厚度，mm，$\delta=20mm$；

p——上级密封处挤出阻（压）力，3～$5kg/cm^2$，取 $p=4kg/cm^2$；

β——泥料系数，$\beta=0.03$；

k——重合系数，0.3～0.4，取 $k=0.3$；

n——绞刀（搅拌）轴转速，r/min。

3. 上级挤出部分功率计算

$$N_1 = 0.027\frac{QP}{\eta_1\eta_2} = 0.027\frac{22\times 4}{0.0792\times 0.72237} = 41.5(\mathrm{kW})$$

式中　N_1——上级挤出部分功率，kW；

Q——产量，$22m^3/h$；

P——挤出压力，$4kgf/cm^2$；

η_1——挤出效率；

η_2——机械效率。

$$\eta_1 = 0.075\times C_q\times 4\omega\times(1-\omega) = 0.075\times 1.1\times 4\times 0.4\times(1-0.4)$$

$$= 0.0792$$

$$\eta_2 = 0.96\times 0.95\times 0.98\times 0.98\times 0.98\times 0.98\times 0.97\times 0.97\times 0.97\times 0.97\times 0.97$$

$$= 0.72237$$

机械传递路线：电动机→三角带（0.96）→减速机（0.95）→对齿轮箱［4个调心滚子轴承（0.98）；一对齿轮啮合（0.97）］→真空箱［2个调心滚

子轴承（0.97）；2 个推力滚子轴承（0.97）]。

上级挤出部分功率计算说明：

（1）考虑到上级原料含水率的不均匀性，造成挤出段压力上下波动，故将挤出压力计算值提高到 4kgf/cm²。

（2）上级功率计算除可以采用埃森公式外，还可以采用硅酸盐机械设备有关功率的计算式（4-14）进行计算。两者相比，后者要麻烦一些。

（四）上级搅拌部分产量、功率的计算

1. 上级搅拌部分产量计算

$$Q_2 = 60\,\frac{\pi}{4}(D^2 - d^2)\Psi vK$$

$$= 60 \times \frac{\pi}{4} \times (0.47^2 - 0.16^2) \times 0.55 \times 2.5819 \times 2$$

$$= 26.93(\mathrm{m^3/h})$$

式中 Q_2——搅拌部分产量，m³/h；

Ψ——填充系数，$\Psi=0.55$；

K——搅拌轴数，2~1，$K=2$；

v——泥料移动速度，m/min。

泥料移动速度计算：

$$v = Z \cdot b \cdot n \cdot \beta \cdot \sin\alpha = 4 \times 0.145 \times 19 \times 0.85 \times \sin 16° = 2.5819$$

式中 Z——一个螺距搅拌刀的数量，$Z=4$；

b——搅拌刀叶片平均宽度，m，$b=0.145$m；

n——搅拌轴转速，r/min，$n=19$r/min；

β——回料系数，0.85~0.9，$\beta=0.85$；

α——搅拌刀叶片安装角度，15~25°，$\alpha=16°$。

上级双轴搅拌产量说明：

（1）双轴搅拌部分的产量 Q_2，应为下级挤出产量 Q 的 1.3~1.4 倍。计算后的搅拌产量 26.93m³/h 是下级挤出产量 Q 的 1.33 倍（26.93/19.83 = 1.36），在合理范围内。

（2）搅拌部分产量的调整，在搅拌轴转速一定的情况下，产量调整的办法是：调整绞刀的安装角度，或加宽、减窄叶片宽度。

2. 上级双轴搅拌部分功率计算

$$N_2 = \frac{i\pi kb\sin\alpha(R^2 - r^2)\cdot n}{1.2240} \times 2 \times \frac{1}{\eta_2}$$

$$= \frac{16 \times \pi \times 3 \times 0.145 \times \sin\alpha(0.235^2 - 0.07^2) \times 19}{1.2240} \times 2 \times \frac{1}{0.72237}$$

$$= 15.8(\text{kW})$$

式中　N_2——搅拌部分功率，kW；

i——叶片总数（一般设计单根轴为4个导程），$i = 16$；

k——泥料硬度，含水率17%～20%，$k = 3$（硬塑挤出，k值取4）；

b——叶片宽度，m，$b = 0.145$m；

α——叶片安装角度，$\alpha = 16°$；

R——搅拌刀回转半径，m，$R = 0.235$；

r——搅拌轴套半径，m，$r = 0.07$；

n——搅拌轴转速，r/min，$n = 19$r/min；

2——表示两根搅拌轴；

η_2——机械效率（数值与前面挤出部分相同），$\eta = 0.72237$。

（五）上级挤出、搅拌功率总和

计算后，挤出部分功率N_1为41.5kW；搅拌部分功率N_2为15.8kW。两者功率之和为：$N_上 = N_1 + N_2 = 41.5 + 15.8 = 57.3$kW，圆整电动机功率55kW。

上级双轴挤出、搅拌功率总和说明：

上级55kW功率，从实际使用经验表明，生产黏土实心砖，或降低挤出压力，略提高原料的含水率，功率配置还可以，但富裕量很小；生产其他原料的制品时，特别是略提高一点产量及原料含水率的变化等因素，55kW功率极容易超载，建议配置75kW电动机，适应性更强。

（六）上、下级挤出、搅拌产量比

$Q_1 : Q = 22 : 19.83 = 1 : 1.1$，　　$Q_2 : Q = 26.93 : 19.83 = 1 : 1.36$

（七）上级挤出压力计算（即封闭段尺寸计算）

（1）计算要求：当$C = 1.6$kgf/cm²时，上级密封处的许用挤出压（阻）力$p \geqslant [p]$ 3kgf/cm²，为计算依据。这里，许用值的大于是指略大于一些，比如3～3.3kgf/cm²之间的范围。

上级挤出压力计算的说明：

上级挤出压力的计算，其实质就是通过校核在密封处的许用挤出压（阻）力$p \geqslant 3$kgf/cm²时，求解外锥套内直径、内锥套外直径、封闭段长度的设计参数（尺寸）。

（2）绘制密封处（内外锥套）示意图（图4-40）。

（3）上级封闭段挤出压力的计算：

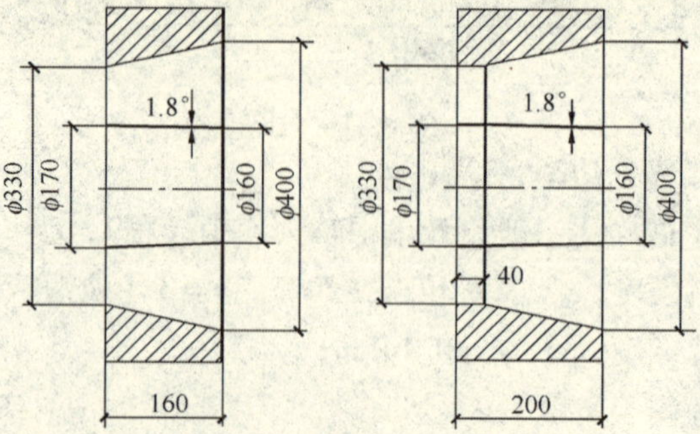

图4-40 内外锥套示意图

$$p = \Delta P_{iges} + \Delta P_r = 1.6 \times \ln\left(\frac{1055}{628}\right) + 1.6 \times 0.4 \times \sqrt{15}$$

$$= 0.83 + 2.48 = 3.3(\mathrm{kgf/cm^2})$$

式中 ΔP_{iges}——内摩擦阻力，$\Delta P_{iges} = C \times \ln\left(\frac{F_S}{F_{Ma}}\right)$；

ΔP_r——外摩擦阻力，kgf/cm²，$\Delta P_r = \tau_r \times \sqrt{W.D.f}$；

p——挤出压力，［p］≥3kgf/cm²；

C——泥料硬度，1.6kgf/cm²；

ln——自然对数；

F_S——入口截面积，$F_S = \pi(R^2 - r^2) = \pi(20^2 - 8^2) = 1055\mathrm{cm^2}$；

F_{Ma}——出口截面积，$F_{Ma} = \pi(R^2 - r^2) = \pi(16.5^2 - 8.5^2) = 628\mathrm{cm^2}$；

τ_r——泥料剪切应力，kgf/cm²，其取值一般为0.4倍的泥料硬度；

$W.D.f$——机头、机口阻力系数同斜度角 α、L/D 比值的关系，查图3-32；

L——封闭段长度，160cm；

D——挤出环形泥料的单边厚度，80cm。

斜度角 α：

$$\tan\alpha = \frac{(170 - 160) \times 0.5}{160} = 1.8° \approx 2°$$

$\because \frac{L}{D} = \frac{160}{80} = 2$，斜度角 $\alpha = 2°$；

$\therefore$ 查机头、机口的阻力系数 $W.D.f$ 同斜度角 α、L/D 比值的关系，查图4-32，$W.D.f = 15$

（4）挤出压力计算的说明：

1）通过对上级封闭处挤出压力的求解，可以清楚地认识到其计算意义所在，可以看出挤出压（阻）力大小与泥料的内摩擦阻力、外摩擦阻力、泥料硬度有关。当泥料硬度 C 已定，也就是说，原料含水率控制在相对稳定的数值范围时，挤出压（阻）力大小完全取决于泥料的内摩擦阻力、外摩擦阻力。

2）泥料间内集聚摩擦阻力的大小，与入口截面积和出口截面积的比值有关，这个比值其实就是二者之间的压缩比，压缩比越大，泥料间内集聚摩擦阻力就越大；反之，则相反。为保证挤出压（阻）力数值在设计范围之内，就需要调整入口截面积与出口截面积的比值，应该讲，入口截面积是已知的，也就是说挤出绞刀外径、轴套直径之前已给出，通过调整出口截面积，也就是调整外锥套内径、内锥套外径尺寸，达到合理的压缩比的取值。

调整出口截面积，就是反复推敲外锥套内径、内锥套外径的尺寸过程，最终确定的尺寸就是所要求得的设计参数。

3）泥料与内、外锥套表面的外摩擦阻力大小，与封闭处的长度直接相关，也就是 L/D 之间的关系。封闭段的长度 L 越长，外摩擦阻力就越大；反之，则相反。同样，为保证挤出压（阻）力数值在设计的范围之内，需要合理的 L/D 之间的比值关系，这里，D 是已知的，因为出口截面积已知，调整的是封闭段的长度 L 尺寸。

确定 L/D 之间的比值关系，就是反复推敲封闭段长度 L 尺寸的过程，最终确定的尺寸就是所要求得的设计参数。斜度角 α 不要太大，控制在 2.5°以下范围最好。

另外，这里多说一句，真空箱出现的放炮现象，其中原因之一，就是封闭段长度 L 尺寸过短所致。

4）总之，为保证挤出压（阻）力数值在合理的设计范围之内，调整入口截面积与出口截面积的比值（外锥套内径、内锥套外径尺寸），L/D 之间的比值关系（封闭段长度 L 尺寸），必须整体考虑，多方因素（尺寸关系）紧密结合，反复推敲，综合利弊。3kgf/cm^2 的挤出压（阻）力，内摩擦阻力大约占 1/3，外摩擦阻力大约占 2/3，最终确定出科学的设计参数。

三、第三部分——机头、机口阻力平衡的计算

机头、机口阻力平衡计算，软塑、硬塑大同小异，计算方法是完全相同的，只是某些数值的取值有些差异，因而，软塑成型机头、机口阻力平衡计算不再举例，详细计算举例参照硬塑成型机头、机口阻力平衡的计算即可。

第三节 例题2——双级真空硬塑挤出机设计计算说明书（美国90A双级真空硬塑挤出机）

一、第一部分——下级的设计计算

（一）已知条件

1. 技术参数

挤出机型号90A

成型压力30kg/cm²。

最低产量18000块美国标砖/h，折合国内15300块标砖/h，按683块标砖/m³，折成立方体积为22.40m³/h。最高产量30000块美国标砖/h，折合国内25500块标砖/h，折成立方体积为37.34m³/h。

配置电动机功率：下级400马力，折合功率为300kW；上级300马力，折合功率为225kW。

在90A型号单一样本中，给出了每一转的挤出量是1750（CU）立方英寸，折合成立方米，每转挤出量为0.02866m³/r。

注：1728（CU）立方英寸等于0.0283m³。一块美国标砖，相当于0.85倍的国内标砖。

2. 关于技术参数的说明

（1）技术参数中的各项指标，除成型压力指标外，其余完全是根据美国90A硬塑挤出机产品样本中所标定的数据而列出的。对于成型压力30kg/cm²的指标，产品样本中没有明确规定，暂时作为名义上的参考数值，准确的成型压力指标需要通过挤出不同制品，反算出成型压力的参数。

（2）硬塑挤出成型与软塑挤出成型相比，最大的区别之一就是原料含水率低，因此，这里同样以KP1型，孔洞数20个，孔直径为22mm，孔洞率为25%的90多孔砖为例，线性收缩率应该降低，取3%，含水率在12%～16%，确定挤出砖的外形尺寸和体积，重新核准小时产量。

①绘制KP1型砖孔形平面图，如图4-39所示。

②计算KP1型砖相关数据：

按线性收缩率按3%，计算坯体外形（机口）尺寸：

长：$240\times1/0.97=247\text{mm}$

宽：$115\times1/0.97=118.5\text{mm}$

厚：$90\times1/0.97=93\text{mm}$

按孔洞率为25%，计算坯体截面积：$F=0.247\times0.1185\times0.75=0.02195\text{m}^2$

计算 90 坯体体积：$T = 0.247 \times 0.1185 \times 0.093 = 0.00272m^2$

每立方 90 砖块数：$S = 1/0.247 \times 0.1185 \times 0.093 = 367.4$ 块/m^3。

折成标砖：$S_{标} = 367.4 \times 1.698 = 623.8$ 块/m^3。

最低小时生产标砖：$22.4 \times 623.8 = 13973$ 块/h。

最高小时生产标砖：$37.34 \times 623.8 = 23293$ 块/h。

（3）这里最低产量 $22.4m^3/h$，最高产量 $37.34m^3/h$，是挤出机小时产量的技术参数，功率计算均以此为依据。最高产量可以适合砖厂年产量约合 1.1～1.2亿块标砖的适度规模要求，最低产量可以适合砖厂年产量约合 0.7 亿块标砖的适度规模要求。

（二）下级的相关设计参数

1. 绘制绞刀设计参数（结构）图及螺距组合排序（1）

$$\text{主螺旋：}\underset{(1)}{\frac{132}{264}} + 90 + \underset{(2)}{\frac{122}{244}} + \underset{(3)}{\frac{290}{290}} + \underset{(4)}{\frac{311}{311}} - + - \underset{(5)}{\frac{375}{375}} + \underset{(6)}{\frac{406+X}{406}} + \frac{X}{240}$$

$$\text{副叶：}\underset{(7)}{\frac{153}{306}}$$

绞刀设计参数（结构）参照图 4-14。

2. 绞刀直径、螺距排列组合的设计参数

根据美国综合样本螺旋绞刀尺寸及前端直径一栏所标定的数据，以及 90A 型号绞刀设计参数图给定的具体尺寸，两者相结合，得知三组绞刀的技术参数如下：

（1）第一组双线绞刀由两个螺距组成，即绞刀（1）和绞刀（2），变直径由 $D=489$，过渡到 $D=457mm$；轴套直径直 $d=220mm$。双线主螺旋螺距为 $12\frac{1}{4}$英寸，折合 311mm；第二节绞刀螺距 $14\frac{3}{4}$英寸，折合 375mm；副叶螺距 $14\frac{3}{4}$英寸，折合 375mm。

（2）第二组绞刀由两个螺距组成，即绞刀（3）和绞刀（4），直径均为 $19\frac{1}{4}$英寸，折合 489mm；轴套直径相由 230mm，过渡到 220mm；末节绞刀螺距为 $11\frac{1}{16}$英寸，折合 280mm；封闭段第一节绞刀螺距为 $12\frac{1}{4}$英寸，折合 311mm。

（3）第三组绞刀由两个螺距组成，即绞刀（5）和绞刀（6），直径均为

23 英寸，折合 584.2mm；轴套直径均为 230mm，第一节绞刀螺距 14 $\frac{3}{4}$英寸，折合 375mm；第二节绞刀螺距 14 $\frac{3}{4}$英寸，折合 375mm。

3. 关于绞刀直径、螺距设计参数的说明

（1）关于末节绞刀的确定：虽然绞刀（2）的半个螺距，可以视为末节绞刀中的半个螺距，但从常规螺距组合看，此处的半个螺距还不能成为末节绞刀中的一部分，理由在前面已论述，这里不再赘述。

（2）关于第六节绞刀螺距的确定：虽然在第四篇中没有明确给出第六节绞刀的螺距，但从二次变径、变螺距绞刀排列组合有关章节的讲述中，已经说明第六节绞刀螺距尺寸与第五节绞刀螺距的倍数关系。

4. 容积参数排列（表 4-32）

表 4-32 容积参数排列

	(1)	(2)	(3)	(4)	(5)	(6)	(7)
容积（m^3）	0.02660	0.02950	0.03596	0.03890	0.06490	0.07870	
容积和（m^3）	0.0561		0.07486		0.14360		
组别	第一组		第二组		第三组		副叶

5. 平均压力角参数排列（表 4-33）。

表 4-33 平均压力角参数排列

(1)	(2)	(3)	(4)	(5)	(6)	(7)	(8)
13°22″	11°51″	14°09″	14°34″	15°37″	16°50″		15°24″

（三）下级产量、功率的计算

1. 求末节绞刀每一转的最大输送能力

在已知条件中，已经给出了 90A 型挤出机每一转的最大挤出量是 1750（CU）立方英寸，折合成立方米为每转挤出量为 0.02866m^3/r。因此，将求解末节绞刀每一转的最大输送能力公式变形，改为求解末节绞刀螺距 H 的公式。计算如下：

$$H=\frac{q_{max}}{0.63\times C_q\times F_s}=\frac{0.02866}{0.63\times 1.1\times \frac{\pi}{4}(0.49^2-0.23^2)}$$

$$=0.2814(m)=281.4(mm)$$

式中 q_{max}——末节绞刀每转最大的输送（挤出量）能力，m^3/r；

C_q——为泥料常数，它随泥料成分、绞刀表面的光滑程度等因素而变化，其值在0.9～1.3之间选取，一般取 $C_q=1.1$；

F_s——绞刀截面积，m^2；

H——螺距，mm；

$$F_s \times H = 末节绞刀容积\ V_末，V_末 = \frac{\pi}{4}(D^2 - d^2)(S - \delta)；$$

D——绞刀直径，mm，$D=490$mm；

d——轴套直径，mm，$d=230$mm。

2. 末节绞刀螺距 H 计算结果的说明

（1）计算后，得出末节绞刀螺距 $H=281.4$mm，与图4-14中所标定的末节绞刀螺距11－7/16英寸，折合 $H=280.98$mm，与290mm相差9mm。

（2）末节绞刀螺距计算结果虽然相吻合，但公式中各个参数的数值选取还是有一定的变数，比如泥料常 C_q 的取值、轴套直径的微小变化等，都会对计算结果有影响。这里，需要说明的是，计算误差是允许的，最好控制在加大0～10mm的范围。所以，在绞刀螺距排序组合中特意加大10mm，末节绞刀螺距为290mm。

（3）从图4-14可以看出，末节绞刀螺距11－7/16英寸，其容积内包含着叶片，也就是说，实际绞刀螺距应该减去叶片所占有的部分。

（4）对于计算结果是否准确，必须在实践中反复检验，只有这样才能积累经验，真正掌握、了解设计计算的内涵所在。

3. 主轴转速的计算

小时产量 Q、末节绞刀每一转的最大输送能力 q_{max} 得知后，下一步需要求解的就是主（绞刀）轴每分钟的转速和挤出效率 ω 的数值。这里，转速和效率是互为变量的反比关系，两者相比，作为主轴每分钟的转速，在90A型号的单一样本中，每分钟主轴转速已给出，完全可以参照执行，不需要再计算主轴转速，因而，只求解挤出效率 ω 即可，通过求解挤出效率，可以了解、掌握二次变径、变螺距绞刀组的效率。

下面按样本90A型中18000块/h，美国标砖产量，折合国内标砖15300块/h，22.4m^3/h，对应的主轴转速22r/min，计算挤出效率：

$$\omega = \frac{Q}{q_{max} \times n \times 60} = \frac{22.4}{0.02866 \times 22 \times 60} = 0.5921 \approx 0.6$$

式中　ω——挤出效率；

Q——小时产量，m^3/h，22.4m^3/h；

q_{max}——末节绞刀每转的最大的输送（挤出量）能力 m^3/r，0.02866m^3/r。

n——主（绞刀）轴每分钟转速，样本给出的转速为16～32r/min，这个转速范围是根据挤出不同制品选取相对应的转速，这里取22r/min。

4. 挤出效率计算说明

计算后，得出的挤出效率数值为0.5921，由此可以看出，二次变径、变螺距绞刀组的效率是很高的，达到60%的水平。

5. 下级功率（挤出压力）计算

90A型号挤出机，下级功率300kW已经给出，因而，将求解装机功率的计算转化为求解挤出压力的计算。求解挤出压力等同求解装机功率。

为了对硬塑成型产量、成型压力和功率三者之间的关系认识得更清楚，特别是对最高挤出压力和最低挤出压力有更深入的了解、认识，下面在求解挤出压力的计算中，按最低产量和最高产量分别求出相对应的成型压力。

（1）求解产量为22.4m³/h时的成型压力：

$$P = \frac{\eta_1 \eta_2 N}{0.027 \times Q} = \frac{0.0797 \times 0.78349 \times 300}{0.027 \times 22.4} = 30.97(\mathrm{kgf/cm^2})$$

（2）求解产量为37.34m³/h时的成型压力：

$$P = \frac{\eta_1 \eta_2 N}{0.027 \times Q} = \frac{0.0797 \times 0.78349 \times 300}{0.027 \times 37.34} = 18.576(\mathrm{kgf/cm^2})$$

式中 Q——产量22.4m³/h、37.34m³/h；

P——挤出压力，kgf/cm²；

η_1——挤出效率；

η_2——机械效率；

N——功率300kW。

计算η_1挤出效率：

$$\begin{aligned}\eta_1 &= 0.075 \times C_q \times 4\omega \times (1-\omega)\\ &= 0.075 \times 1.1 \times 4 \times 0.5921 \times (1-0.5921)\\ &= 0.0797\end{aligned}$$

计算η_2机械效率：

$$\eta_2 = 0.96 \times 0.96 \times 0.97 \times 0.97 \times 0.96 \times 0.98 \times 0.98 \times 0.98 = 0.78349$$

机械传递路线：电动机→三角带（0.96）→减速机（0.96）→主轴轴承组［推力轴承（0.97）；调心滚子轴承（0.97）］→单压泥板齿轮传动［1组齿轮（0.96）；3个轴承（0.98）］。

6. 功率（挤出压力）计算说明

（1）通过最高、最低产量技术参数，求解出的挤出压力数值，可以看出硬塑挤出机的成型压力最小值为18.576kgf/cm²，在半硬塑成型压力范围的中间值偏上的位置，最高成型压力则超过30kgf/cm^{2}以上。

（2）从最高、最低成型压力的计算结果可以认识到，成型压力的高低，不仅仅是针对产量而言，更主要的是针对制品而言，比如，生产低产量、低含水率、高强度的装饰砖等制品，必然需要较高的成型压力。

（3）90A型号的硬塑挤出机，虽然封闭段绞刀直径没有超过500mm，但与软塑成型750型挤出机（大规格）的技术参数相比，小时产量相当，功率配置基本一样，但绞刀的直径和制作难度却相差很大。从这一点来讲，硬塑挤出机应该占有很大优势；从生产大规格的砌块来讲，软塑成型的750大规格型号挤出机占有一定的优势；对于生产一般承重或非承重的多孔砖、装饰砖，750大规格型号的挤出机因压缩比的原因，需要挤出多条，显然复杂一些，而硬塑挤出机在此方面适应性更强、更简单一些。

（4）在成型压力的计算中，功率数值是按400马力，折合成300kW的功率数值计算的，若按电动机标准功率，向下靠280kW、向上靠315kW数值进行计算，成型压力的计算结果还会有变化。一般来讲，折合标准功率数值应该向上靠，在此，最好根据用户生产制品的实际需要来定为好。

（5）美国硬塑挤出机样本标定的最高和最低产量范围，分别是按最低挤出压力和最低挤出压力规范的。

二、第二部分——上级单轴的设计计算

（一）上级单轴挤出部分产量、搅拌轴转速、功率的计算

1. 上级单辆挤出部分产量计算

（1）上级挤出部分的产量Q_1是下级产量Q的1.1~1.2倍，直接按公式（4-14）计算出来，取Q的1.11倍。上级挤出部分产量计算为：

$$Q_1 = (1.1 \sim 1.2) \times Q = 1.11 \times 22.4 = 24.86(\mathrm{m^3/h})$$

式中 Q_1——上级每小时的挤出产量，m^3/h；

Q——下级每小时的挤出产量，22.4m^3/h。

（2）同理，作为上级单轴搅拌、挤出中的挤出部分，与下级是相同的，因而，上级每一转的最大挤出量q_{max}，同样也是下级每一转最大挤出量［q_{max}］的1.11倍。以此，上级挤出绞刀每一转的最大挤出量q_{max}为：

$$q_{max} = 1.11 \times [q_{max}] = 1.11 \times 0.02866 = 0.03181(\mathrm{m^3})$$

式中 q_{max}——上级每转一转的最大挤出量，m^3/h；

［q_{max}］——下级每转一转的最大挤出量，0.02866m^3/r。

2. 上级搅拌轴转速计算

作为搅拌轴转速计算，同样采用与下级主轴转速相同的计算公式。公式中的挤出效率按下级的计算结果 $\omega = 0.5921$。上级搅拌轴转速为：

$$n = \frac{Q}{q_{max} \times \omega \times 60} = \frac{24.86}{0.03181 \times 0.5921 \times 60} = 22(\text{r/min})$$

式中 n——搅拌轴每分钟转速，r/min；

ω——挤出效率，$\omega = 0.5921$；

Q_1——上级挤出部分小时产量，m^3/h，$Q_1 = 24.86m^3/h$；

q_{max}——直绞刀每转的最大的输送（挤出量）能力，m^3/r，$q_{max} = 0.03181m^3/r$。

3. 上级单轴挤出的部分绞刀的螺距计算

（1）根据上级挤出部分的小时产量 $Q_1 = 24.86m^3/h$，搅拌轴转速 $n = 22r/min$，计算上级直绞刀的螺距。

$$H = \frac{q_{max}}{0.63 \times C_q \times F_s} = \frac{0.03181}{0.63 \times 1.1 \times \frac{\pi}{4}(0.54^2 - 0.3^2)} = 0.290m = 290(mm)$$

式中 q_{max}——直绞刀每转一转的最大输送（挤出量）能力，$q_{max} = 0.03181m^3$。

C_q——为泥料常数，它随泥料成分、绞刀表面的光滑程度等因素而变化，其值在 0.9～1.3 之间选取，一般取 $C_q = 1.1$；

F_s——绞刀截面积 m^2；

H——螺距，m。

$F_s \times H =$ 直绞刀容积 $V_末$，$V_末 = \frac{\pi}{4}(D^2 - d^2)(S - \delta)$；

D——直绞刀直径，m，$D = 540mm$；

d——轴套直径，m，$d = 300mm$。

（2）在二次变径、变螺距绞刀组合分析中讲到，上级锥绞刀相当于是受料绞刀，因而，参照下级受料段绞刀与封闭段绞刀的螺距倍数关系，上级锥绞刀与直绞刀的螺距同样为 1.2 倍的关系，锥绞刀的螺距为：

$$锥绞刀螺距 = 290 \times 1.2 = 350mm$$

计算所得直绞刀、锥绞刀的螺距，均不包括叶片的厚度，实际的设计参数应该加上叶片厚度。

4. 上级单轴挤出部分功率计算

$$N_1 = 0.027\frac{QP}{\eta_1\eta_2} = 0.027\frac{24.86\times 5}{0.0797\times 0.832} = 55(\mathrm{kW})$$

式中　Q——产量，$24.86\mathrm{m^3/h}$；

P——挤出压力，$5\mathrm{kgf/cm^2}$；

η_1——挤出效率；

η_2——机械效率。

计算 η_1 挤出效率：

$$\eta_1 = 0.075\times C_q\times 4\omega\times(1-\omega)$$

$$=0.075\times 1.1\times 4\times 0.5921\times(1-0.5921) = 0.0797$$

计算 η_2 机械效率：

$$\eta_2 = 0.96\times 0.95\times 0.98\times 0.98\times 0.98\times 098\times 0.97\times 0.97\times 0.97\times = 0.7677$$

机械传递路线：电动机→三角带（0.96）→减速机（0.95）→对齿轮箱体［4 各轴承，一对齿轮］→真空箱［1 个调心滚子轴承（0.97），1 个推力滚子轴承（0.97）］。

（二）上级单轴搅拌部分产量、功率的计算

1. 上级单轴搅拌部分产量计算

$$Q_2 = 60\frac{\pi}{4}(D^2-d^2)\Psi vK = 60\times\frac{\pi}{4}\times(0.914^2-0.25^2)\times 0.85\times 1.0181\times 1$$

$$=31.5(\mathrm{m^3/h})$$

式中　Q_2——搅拌部分产量，$\mathrm{m^3/h}$；

D——搅拌刀回转直径，m，$D=914\mathrm{mm}$；

d——轴套直径，m，$d=250\mathrm{mm}$，

Ψ——填充系数，$\Psi=0.85$；

K——搅拌轴数，$K=1$；

v——泥料移动速度，m/min。

泥料移动速度计算：

$$v = Z\cdot b\cdot n\cdot\beta\cdot\sin\alpha = 13\times 0.12\times 22\times 0.85\times\sin 2^\circ = 1.0181$$

式中　Z——双螺旋一个导程搅拌刀的数量，$Z=13$；

b——搅拌刀叶片平均宽度，m，$b=0.12\mathrm{m}$；

n——搅拌轴转速，r/min，$n=22\mathrm{r/min}$；

β——回料系数，0.85～0.9，$\beta=0.85$；

α——搅拌刀叶片安装斜度 1/8 英寸，$\alpha\approx 2^\circ$。

2. 上级单轴搅拌部分产量计算说明

（1）上级单轴搅拌部分的产量 Q_2，应为下级挤出产量 Q 的 1.3～1.4 倍。计算后的单轴搅拌产量 31.5m^3/h，是下级挤出产量 Q 的 1.4 倍（31.5/22.4 = 1.4）。

这一计算结果虽然在要求的范围之内，但已属于上限，当公式中各个系数的取值变化时，计算结果会有很大出入。因而，对各个系数的取值还需要长期积累经验，对单轴搅拌原理还需要深入认知。

（2）对单轴搅拌，搅拌刀回转直径的理解。无论哪种规格型号的硬塑挤出机上级，搅拌刀的回转直径都是应该保证的。90A 型号搅拌刀回转直径尺寸为 914mm。因而，在计算搅拌产量时按回转直径名义尺寸计算。

（3）对单轴搅拌，搅拌轴（轴套）直径的理解。单轴搅拌，搅拌刀安装在倾斜 25°的刀杆上，搅拌刀根部距搅拌轴有一定间隔，因而，轴套直径的计算尺寸还要适当加大，故而，轴套直径取 d = 250mm。

（4）关于填充系数 ψ。单轴搅拌与双轴搅拌一样，加料高度应低于搅拌刀的回转直径，这里取 0.85 的直径。

（5）泥料移动速度 v。单轴搅拌泥料的移动速度不是很快，只有 1m/min 多一点，比双轴搅拌泥料的移动速度慢一倍多。这说明，单轴搅拌的设计指导思想极为重视对泥料的搅拌效果，为多种原料均匀混合，提高制品质量，特别是针对某一种颜色制品的均匀、质感、色差好坏起到至关重要的作用。虽然泥料的移动速度慢，但在大回转直径、双螺旋（导程）的配合下，完全满足产量的要求。

（6）回料系数 β。回料系数 β 的取值范围在 0.85～0.9 之间，这里取小值，主要考虑其搅拌效果与双轴搅拌取值相同。

（7）搅拌刀叶片安装斜度 α。搅拌刀叶片安装斜度在图 4-38 中已标明为 1/8 英寸，转换成角度约为 2°。

（8）这里还须进一步指出，作为单轴搅拌，在产量的计算中，各种参数的选取还应该在实践中不断地摸索、修改，还需要一个长期的认识、理解的过程，此次计算，仅仅是举例、参考而已。

3. 搅拌部分功率计算

$$N_2 = \frac{i\pi kb\sin\alpha(R^2 - r^2)}{1.2240} \times \frac{1}{\eta_2}$$

$$= \frac{49 \times \pi \times 5 \times 0.12 \times \sin2° \times (0.457^2 - 0.125^2) \times 22}{1.2240} \times \frac{1}{0.7677} = 15(\text{kW})$$

式中　N_2——搅拌部分功率，kW；

i——搅拌刀总数，$i=49$；

k——泥料硬度，含水率12%～16%，$k=5$；

b——叶片宽度，m，$b=0.12$；

α——搅拌刀叶片安装斜度，$\alpha=2°$

R——搅拌刀回转半径，m，$R=0.457$；

r——搅拌轴套半径，m，$r=0.125$；

n——搅拌轴转速，r/min，$n=22$；

η_2——机械效率（数值与前面挤出部分相同），$\eta_2=0.7677$。

（三）上级单轴挤出、搅拌功率总和

（1）计算后，挤出部分功率 N_1 为 55kW；搅拌部分功率 N_2 为 15kW。两者功率之和为：

$$N_{上} = N_1 + N_2 = 55 + 15 = 70(\text{kW})$$

（2）上级功率总和说明：

上级功率计算结果 70kW，美国 90A 硬塑挤出机样本标定的功率数值为 150kW，计算结果小于美国样本标定的功率数值。美国硬塑挤出机上、下级功率配置关系，一般来讲，下级功率是上级功率的 2 倍。

（四）上级挤出压力计算（即封闭段尺寸计算）

1. 计算要求

当 $C=3\text{kgf/cm}^2$ 时，上级密封处的许用挤出压（阻）力 $p=[p]5\text{kgf/cm}^2$，为计算依据。

上级挤出压力的计算，其实质就是通过校核在密封处的许用挤出压（阻）力 $p=5\text{kgf/cm}^2$ 时，求解外锥套内直径、内锥套外直径、封闭段长度的设计参数（尺寸）。

2. 绘制密封处（内外锥套）示意图（图 4-41）

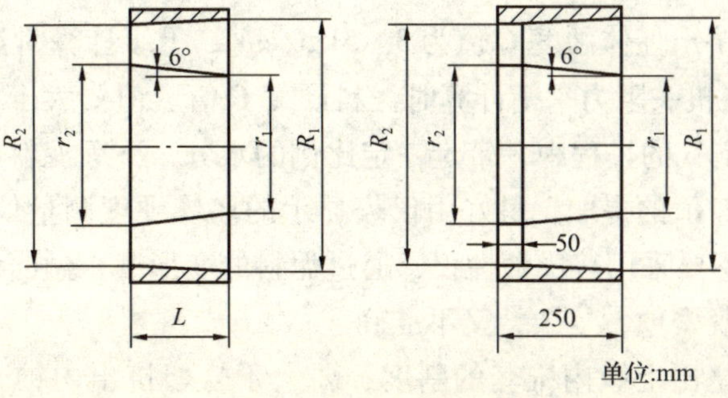

图 4-41　密封处示意图

3. 上级封闭段挤出压力的计算

$$p = \Delta P_{iges} + \Delta P_{r} = 0.88 + 4.65 = 5.53(\text{kgf/cm}^2)$$

式中 ΔP_{iges}——内摩擦阻力：$\Delta P_{iges} = C \times \ln\left(\frac{F_S}{F_{Ma}}\right) = 3 \times \ln\left(\frac{1582}{1180}\right) = 3 \times 0.293 = 0.88\text{kgf/cm}^2$；

ΔP_r——外摩擦阻力：$\Delta P_r = \tau_r \times \sqrt{W.D.f} = 3 \times 0.4 \times \sqrt{15} = 4.65\text{kgf/cm}^2$；

p——挤出压力，$[p] \geqslant 3\text{kgf/cm}^2$；

C——泥料硬度，3kgf/cm^2；

ln——自然对数；

F_S——入口截面积，$F_S = \pi(R_1^2 - r_1^2) = \pi(27^2 - 15^2) = 1582\text{cm}^2$；

F_a——出口截面积 $F_a = \pi(R_2^2 - r_2^2) = \pi(25.85^2 - 17.1^2) = 1180\text{cm}^2$；

τ_r——泥料剪切应力，kgf/cm^2，其取值一般为 0.4 倍的泥料硬度。

$\sqrt{W.D.f}$——机头、机口阻力系数同斜度角 α，L/D 比值的关系；

L——封闭段长度，200cm；

D——挤出环形泥料的单边厚度，87.5cm；

斜度角 α

$$\tan\alpha = \frac{(345 - 300) \times 0.5}{200} = 0.105, \quad \alpha = 6^\circ$$

$$\because \frac{L}{D} = \frac{200}{87.5} = 2.28; \quad 斜度角\ \alpha = 6^\circ, \quad \therefore\ 查图(W.D.f) = 15$$

计算后上级封闭段挤出压力为 5.53kgf/cm^2，与要求的挤出压力 $5.\ \text{kgf/cm}^2$ 基本相符。

4. 挤出压力计算的说明

（1）硬塑挤出坯体硬度 C 值为 $3 \sim 5\text{kgf/cm}^2$，上级计算时泥料硬度 C 值取 3kgf/cm^2，下级机头阻力平衡计算时泥料硬度 C 值取值要大于 3kgf/cm^2，原因是在抽出泥料空气的过程中，带走一定比例的水分，下级泥料硬度会增加。

泥料硬度 C 值的提取，最好用仪表显示的坯体硬度测量仪，方便、简单、快捷、准确。不要采用普氏塑性仪，通过泥料的变形度，做曲线图求得泥料硬度 C 值，否则既繁琐、复杂，又不准确。

（2）硬塑挤出上级内锥套的斜度，要大于软塑挤出内锥套的斜度，主要目的使封闭段形成较大的挤出阻力，对泥料实施挤压、均化、增塑等目的，这一点与软塑挤出有所不同。

(3) 硬塑挤出上级 L/D 之间的倍数关系数值，大于软塑挤出上级 L/D 之间的倍数值，也就是说，加长了封闭段的长度 L，目的是能起到有效的密封作用。

(4) 为保证挤出压（阻）力数值在合理的设计范围之内，调整入口截面积与出口截面积的比值（外锥套内径，内锥套外径尺寸），L/D 之间的比值关系（封闭段长度 L 尺寸）必须整体考虑，多方因素（尺寸关系）紧密结合，反复推敲，综合利弊，最终满足上级 5kgf/cm^2 的挤出压（阻）力要求。

这里还要提出一点的是，在上级功率配置略有充分（有富裕）的条件下，计算出的挤出压力值要略大于许用压力值，这样可以延长内、外锥套的使用寿命和封闭段的密封作用。

(5) 图 5-3 中的左侧视图是给定尺寸计算用的，右侧视图则是结构设计用的，二者的区别在于内锥套和外锥套出口处的结构设计。正确的结构应该是有一直台的右侧视图，直台长度是否包含在 L 的长度范围内，应根据计算数值的大小而定，计算后的压力 P 小于许用数值，直台长度可以不在或者少在 L 的长度范围；反之，也是如此。

(6) 上述挤出压力计算中图 4-41 的尺寸数据仅仅是为举例而用。

三、第三部分——机头、机口阻力平衡的计算

（一）已知条件

(1) 美国硬塑挤出机样本中明确标明，泥条湿坯强度在 $3\sim5\text{kgf/cm}^2$ 之间。湿坯强度与泥料的硬度有直接关系，坯体强度高，说明泥料的硬度高；反之，则低。

强度是指作用力的大小，或者说，是物体抵抗外力作用的能力。对于湿坯来讲，就是在外力的作用下，能抵抗变形和不受破坏的一种能力。

硬度则是指物体对外力所能引起的形变（变形）的抵抗能力的大小。对于湿坯来讲，则是抵抗另一种更硬物体压入的性能。

刚挤出的湿坯，通常用手指按压来检测其形变程度，形变小的，相对比较硬；形变大的，相对比较软。用软、硬来表明湿坯含水率的多少，并以此判断湿坯强度的高低是可以的，但数值的精度误差较大。科学的方法应该是：用贯入仪，或者用带仪表显示的硬度测量仪，准确地测量出湿坯的硬度，然后，将湿坯放在压力机上做抗压强度检测，得出准确的湿坯强度数值。

(2) 关于泥料硬度 C 值的确定。

在硬塑成型相关设计计算时，泥料硬度 C 值可取 4kgf/cm^2；软塑成型时，泥料硬度 C 值可取 3kgf/cm^2 以下。C 值取值大小对机口阻力平衡计算没有太大影响，仅仅与成型压力高低有关，因而，在此没有必要过高追求泥料硬度 C

值的精确度。这是多年经验所得出的结论。

上述 C 值的取值可以视为假设的数值参数，所谓的假设数值参数，就是指不是届时在现场或实验室直接动手参与取得的实验数据，而是之前所取得的，这主要是为了例题讲解的方便。按理，每一台挤出机的设计参数，都应该根据制砖原料的性质不同，在现场或实验室获取相对应的实验数据。不同原料性质、不同孔型断面制品、不同挤出条件、不同硬件设施，在现场或实验室，取得的实验数据是不一样的。说得再明白一点，就是不能用此砖厂的数据用于彼砖厂。

（3）坯体线性收缩率按3%以下考虑，机口的定型（出口）尺寸（宽与高）为：247mm×118.5mm。机口长度80mm：按一般中塑性土考虑，机口内的角度为4°，则机口的入口尺寸（宽与高）为：$263.6\times129.7=34.189\text{cm}^2$。

（4）关于机头入口、机口出口截面积的取值。双线绞刀端面直径，就是机头入口截面积的计算直径 $D=457\text{mm}$；机头出口截面积、机头出口实际尺寸一般都要大于机口入口尺寸的，这是设计上的要求，但对于计算机头入口与机头出口的截面积比，应该按机口入口尺寸挤出坯体截面积计算，因为该尺寸是泥料实际通过的面积。按此，机头出口坯体截面积为：$F=263.6\times129.7\times0.75=256.42\text{cm}^2$。数值中的0.75是抛去孔洞率的实际挤出面积。

（5）泥料与机头内壁的摩擦阻力计算式中的 L/D，L 即是机头长度，此时的 D 即是机头出口的高度，129.7mm；斜度角 α 按高度尺寸角度计算，$\alpha=22.3°$。

（二）机头、机口结构尺寸示意图（图4-42）

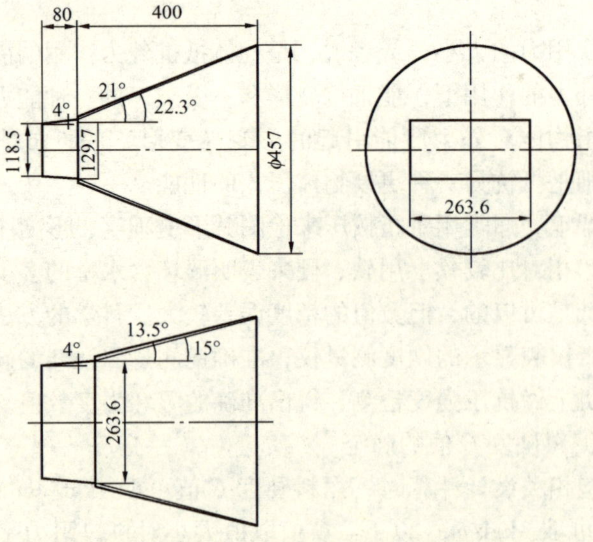

图4-42　机头、机口结构尺寸示意图

（三）泥料在机头内的摩擦阻力计算

泥料在机头内的摩擦阻力 P_T 由两部分组成：一是泥料在机头里的内（聚集）摩擦阻力 P_{nk}；二是泥料在机头里的外（内壁）摩擦阻力 P_{WK}。因而，机头内的摩擦阻力 P_T 等于：

$$P_T = P_{nk} + P_{WK}$$

1. 泥料在机头中内（聚集）摩擦阻力 P_{nk} 的计算

$$P_{nk} = C \times \ln\left(\frac{F_1}{F_2}\right) = 4 \times \ln\left(\frac{1639.5}{219.52}\right) = 4 \times 2.01 = 8.428(\text{kgf/cm}^2)$$

式中　P_{nk}——泥料在机头内相互间的摩擦阻力，kgf/cm^2；

C——泥料的硬度，$C = 4\text{kgf/cm}^2$；

F_1——机头入口截面积，$F_1 = \frac{\pi}{4}D^2 = \frac{\pi}{4}45.7^2 = 1639.5\text{cm}^2$；

F_2——机头出口截面积，$F_2 = 24.7 \times 11.85 \times 0.75 = 219.52\text{cm}^2$。

2. 泥料在机头内的外（内壁）摩擦阻力 P_{WK} 的计算

$$P_{WK} = \tau \times \sqrt{(W.D.f)} = 4 \times 0.4 \times \sqrt{7} = 4.233(\text{kgf/cm}^2)$$

式中　P_{WK}——泥料在机头内的外（内壁）摩擦阻力，kgf/cm^2；

τ——剪力，τ 与 C 值有关，取 C 值的 0.4～0.42；

$W.D.f$——机头、机口阻力系数同斜度角 α、L/D 比值的关系。查图 4-32。

斜度角 $\alpha = 22.3°$；$L/D = 400/129.7 = 3.084$。查图（4-42）（$W.D.f$）$=7$

3. 机头内、外摩擦阻力之和

$$P_T = P_{nk} + P_{WK} = 8.428 + 4.233 = 12.7(\text{kgf/cm}^2)$$

（四）泥料在机口中的外摩擦阻力计算

1. 泥料在机口内的外摩擦阻力的确定

泥料在机口内的外摩擦阻力 P_{ik}，等于总的挤出压力（阻力）减去机头阻力之和。由于总的挤出压力数值难以准确得知，因而，可以用经验数据。经验数据是：机口外摩擦阻力大约为机头内、外摩擦阻力之和的 1/3。所以，机口外摩擦阻力 P_{ik} 等于：

机口外摩擦阻力 P_{ik} = 机头内、外摩擦阻力之和 ×1/3 = $P_T \times 1/3$

2. 机口外摩擦阻力的说明

（1）用经验数据确定出的机口外摩擦阻力，可能认为不够准确，其实，机口外摩擦阻力大一点、小一点不是特别至关重要，并非要求极为准确的数值，因为，制品孔型断面的任何一断面因子的阻力平衡计算，都必须用相同的断面阻力 W 数值为依据实施计算，也就是说，所有断面因子的阻力相同才能达到制品断面挤出成型时的平衡，这是断面因子阻力平衡计算的要点。机口外摩擦阻力 P_{ik} 数值的大小，仅仅是影响计算出来的断面阻力 W 数值的大小而已。

（2）孔型断面制品挤出阻力平衡计算的目的，是通过相同断面阻力 W 数值，求解出任何一断面因子处的芯头长度，不同断面因子所计算出的芯头长度是不一样的，用不同长度排列、布局的芯头形成的腔内阻力实现控制泥料的流速，从而达整个制品断面泥料的均匀挤出，这就是所谓的阻力平衡。

（3）这里再从另一角度理解机口外摩擦阻力 P_{ik} 数值的大小，影响机口外摩擦阻力数值大小的原因与原料含水率紧密挂钩，含水率高，机口外摩擦阻力就小，所形成的挤出压力就低；反之，则相反。这里，机口外摩擦阻力大小的变化，仅仅是指挤出压力（阻力）数值高低，与平衡无关。

3. 机口外摩擦阻力 P_{ik} 的计算

$$\text{机口外摩擦阻力 } P_{ik} = P_T \times 1/3 = 12.7 \times 1/3 = 4.23\ (\text{kgf/cm}^3)$$

（五）泥料在机头、机口内总的摩擦阻力 P_z

$$P_z = P_T + P_{ik} = 12.7 + 4.23 = 16.93(\text{kgf/cm}^2)$$

（六）泥料在机头、机口内总的摩擦阻力说明

（1）通过计算可以清楚得知，当泥料硬度 C 值为 4kgf/cm^2 时，泥料在机头、机口内产生的总的摩擦阻力为 16.93kgf/cm^2，这也就说明，挤出 KPl 孔型断面的砖，半硬塑的成型压力在 16.93kgf/cm^2 左右。

（2）在机头、机口尺寸不变的情况下，随着泥料硬度 C 值的不同，也就是，原料含水率的变化，需要的成型压力必然也会随之不同。为了表达得更清楚，下面分别计算出，泥料硬度值 C 在 3～6kgf/cm^2 范围内，生产 KPl 孔型断面的砖产生的摩擦阻力（即需要的成型压力），见表 4-34。

表 4-34　泥料硬度与机头摩擦阻力关系

泥料硬度值 C（kgf/cm^2）	3	4	5	6
机头摩擦阻力 P（kgf/cm^2）	9.21	12.7	15.34	18.95
机口外摩擦阻力 P_{ik}（kgf/cm^2）	3.07	4.23	5.113	6.317
总的摩擦阻力 P（kgf/cm^2）	12.28	16.93	20.45	25.267

（3）表 4-34 的计算数据主要表明：不同泥料硬度所对应的挤出压力（总的摩擦阻力）泥料硬度 C 值在 6kgf/cm^2 时，生产 KPl 孔型断面的砖产生的摩擦阻力，也就是需要的成型压力高达 25.267kgf/cm^2。若生产更小孔型断面的制品，或者加大封闭段校刀直径，产生的摩擦阻力会更大，原因就是压缩比发生变化。

通过上述计算可以更深刻地理解，为什么美国90A硬塑成型的挤出机，封闭段绞刀直径最大才489mm的缘由了，这就是其重要的设计理论。其实软塑成型的设计理论也是如此。所以，真正意义上的大型挤出机，如750型挤出机，挤出成型两条KP1孔型断面的砖是不合理的，应该挤出成型符合压缩比范围要求的大型孔型断面制品。

另外，这也是为什么要研究、开发双挤出型双级真空挤出机的缘由。

（七）机口阻力平衡计算

1. 机口某一横断面的阻力平衡计算公式

$$W=\frac{(W.D.f)}{D\cdot f}$$

式中 W——机口某一横断面的阻力；

D——该断面的挤出厚度，cm；

f——该断面的断面因子；

$(W.D.f)$——阻力系数：

$$(W.D.f)=\left(\frac{P_{\mathrm{ik}}}{\tau}\right)^2$$

2. 阻力平衡计算公式说明

（1）阻力系数 $(W.D.f)$ 是泥料与机头外摩擦阻力 $P_{\mathrm{WK}}=\tau\times\sqrt{(W.D.f)}$ 公式的变形，在此式中，$(W.D.f)$ 表示的意思与前面介绍的意义相同，是机头、机口阻力系数同斜度角 α、L/D 比值的关系。

（2）关于斜度角 α 与机口斜度角选择的方法相同。一般控制在3°~5°，中塑性土，塑性指数在7~13，取4°：高塑性土，塑性指数大于13，取5°。

（3）用机口，外摩擦阻力数值（$P_{\mathrm{ik}}=4.23\mathrm{kgf/cm^2}$）；剪力 τ，取 C 值的0.4~0.42倍的数值，代入到 $(W.D.f)$ 阻力系数公式中，所得到的结果就是阻力平衡计算公式中，分子 $(W.D.f)$ 的数值。

（4）对照断面因子图形，找出制品孔型断面中符合断面因子图形的因子，根据因子个数，按序号1、2、3一次排列，并随之将每一个断面因子 f 数据、泥料的挤出厚度 D 数据填在表4-35中。

（5）以挤出泥料厚度最大值的那组数据和 $(W.D.f)$ 等于6.99，求解出该断面的阻力 W 的数值。之后，再求解任何一断面因子处的阻力平衡，都用此 W 的数值，就是前面讲到的断面因子阻力平衡计算的要点。

（6）依据断面阻力 W、泥料厚度 D、断面因子 f 的数值，用横断面的阻力平衡计算公式，分别计算出序号中其他的 $(W.D.f)$ 的数值。根据 $(W.D.f)$ 的数值，按 α 的角度，查图 3-32，对应找出 L/D 的比值，然后以此计算出芯头 L 的长度数值。

3. KPl 孔型断面阻力平衡计算

（1）KP1 孔型断面图如图 4-39 所示。

（2）阻力系数（$W.D.f$）的计算：

$$(W.D.f)=\left(\frac{p_{ik}}{\tau}\right)^2=\left(\frac{4.23}{4\times0.4}\right)^2=6.99$$

（3）序号 1 横断面的阻力平衡计算：

$$W=\frac{(W.D.f)}{D.f}=\frac{6.99}{2.28\times0.9}=3.41$$

（4）将上式变形，用序号 1 横断面的阻力平衡的计算结果 W 数值，分别计算出其他横断面的（$W.D.f$）值，计算结果见表 4-35。

$$(W.D.f)=W\times D\times f$$

表 4-35 计算结果

序号	W	($W.D.f$)	D	f	L/D	L	α
1	3.41	6.99	1.48	0.9	1.5	2.22	4°
2	3.41	7.714	1.48	1.53	1.65	2.5	4°
3	3.41						

4. 表 4-35KP1 孔型断面阻力平衡的计算说明

（1）表 4-35 中所罗列的各项数据和计算结果，表示的是挤出任何孔型断面的空心制品，计算阻力平衡所要求解的内容。其中，主要是计算出各个断面因子（$W.D.f$）的不同数值，然后，查图 4-32，确定出 L/D 的数值，根据 L/D 的数值，计算出 L 芯头的长度。

芯头的长度 $L=D$（挤出泥料厚度）$\times L/D$ 的比值

（2）对于 KP1 圆形孔型，计算出的 L 芯头长度，其形状是一个圆锥，如图 4-43 所示。为了更好地成型，所有芯头圆锥大端还要加长 10mm，与芯头直径相同的圆柱，如图 4-44 所示。芯头增加了长度，会稍微加大一点成型阻力，但平衡依然是相同的。对于其他孔型的芯头也都如此。

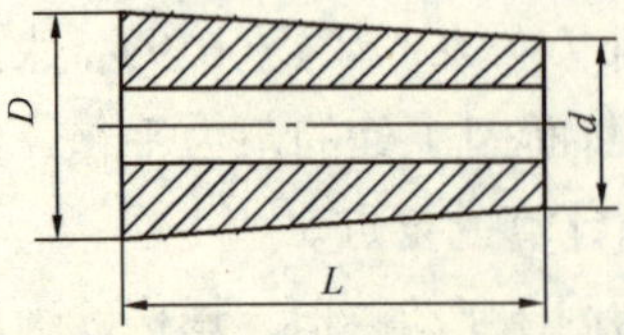

图 4-43 KP1 圆形孔型（1）

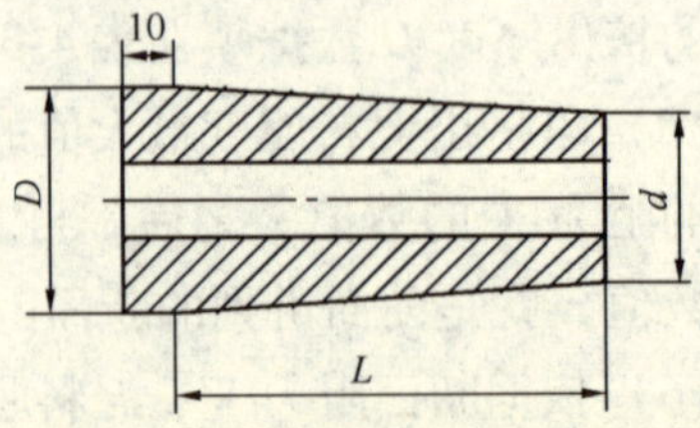

图 4-44 KP1 圆形孔型（2）

（3）通过表4-35所得出的各项数值，可以清楚地了解，并掌握孔型断面阻力平衡的计算方法，这不仅对于今后任何孔型断面制品的阻力平衡计算打下理论基础，更主要的是可以自主地、不再照搬别人地，设计符合国内不同地区墙材保温隔热性能孔型断面的制品。

这里顺便提示一点的是，设计任何孔型断面的制品，其壁厚要尽量做到均匀一致，不能偏差太大；孔型间的排列规律性、对称性要强，也就是说，断面因子越少越好。

（4）这里还需要再次强调一点，表4-35的数据，展示的是机口阻力平衡的计算方法，所罗列的各项数据和计算结果，虽然数值都是准确的，但断面因子形状（图形）选择不是十分准确，主要是没有相同的断面因子形状（图形）。另外，还有的断面因找不到相同的断面因子，而无法计算，因此，表4-35的数据仅仅是为举例而已。

（5）关于断面因子形状（图形）。前面所列出的断面因子形状（图形），是原西安砖瓦研究所，即现在的西安砖瓦研究设计院制作的，因而，机口阻力平衡计算之前，最好让设计院协助做出符合该制品孔型断面的断面因子形状（图形）的f数值。

（八）芯杆刚度的计算

1. 芯杆直径的计算公式

$$d=\sqrt[3]{\frac{2.5\times l^4\times C\times M\times\sin\beta}{D\times E}}=\sqrt[3]{\frac{2.5\times 17^4\times 3\times 10\times 0.7}{1.35\times 2.1\times 10^6}}=1.12(\text{cm})$$

式中　d——芯杆直径，cm；

l——芯杆长度，cm，170mm；

C——泥料硬度值，$C=3$；

M——允许的变形量，10；

β——泥料对芯杆的流动角，一般取 $\sin\beta=0.7$

D——泥料挤出厚度，cm，表4-35 中的 $D=1.48$；

E——材料的弹性模量，N/cm^2，2.1×10^6。

2. 相关说明

（1）由于机头、机口长度已定，要求芯具横担距离双线绞刀端面的最小距离为90mm，因而，芯杆的长度也基本定出。

（2）承重多孔砖的成型，芯头的长短、芯杆的直径、横担的厚薄，包括大小横担所产生的阻力，对制品成型有着至关重要的影响，关键的设计是芯杆与横担的连接，想方设法使用最少的横担连接更多的芯杆，特别是芯具的中间部分。通常，在芯具设计时，芯杆和大小横担的投影面积之和不得大于芯头面积之和。

(3) 实践证明，孔洞率高，孔洞较大，孔少的非承重的空心砖比较好成型。而孔洞率高，孔洞较小，孔多的空心砖成型较难一些。

(4) 芯杆直径计算中的数值仅仅是为举例而用，具体设计计算时，还要根据实际尺寸重新确定各个参数数值。

第五篇　挤出机结构与设计

所谓挤出机结构与设计，是指挤出机内在结构的技术设计。

对于机械来讲，结构就是经过思维而想象出的零件与零件间的组合搭配。设计就是完成零件间的搭配而最终达到的目的。挤出机结构与设计，就是经过结构组合搭配来完成挤出机的设计。

本篇所论述的挤出机结构与设计不是指挤出机整机的设计，而是指某些局部的结构与设计。它包括下级主轴轴承组的结构、压泥板的结构、上级搅拌轴轴承组结构，以及相应的密封结构的设计。上述结构都属于内在结构的设计范畴。

为了论述明确，首先对下级主轴、上级双搅拌轴进行受力分析，为结构设计打下理论基础。在此应该说明，上级双搅拌轴的受力与下级的主轴受力大同小异，因此，本篇主要分析下级的主轴受力。

还需说明的是，挤出机结构设计与挤出机种类和类型没有关系。也就是说，本篇所论述、举例的各部局部结构，以及主轴进行受力分析等，适应所有挤出机种类和类型。可以讲，挤出机内在结构设计都是相通的。

第一章　主轴的受力分析

为了把挤出机所受轴向力表示得更清楚，在此，讲述主轴（绞刀轴）的受力分析。

主轴的受力分析，就是分析主轴在传递动力过程中所承受的作用力，即受力状态。它是内在结构设计的理论依据，许多国家的砖瓦机械制造商都非常重视对其理论的研究和结构的设计。

目前，主轴的受力状态有两种表现形式：（1）主轴承受轴向力；（2）主轴不承受轴向力。两种受力状态中主轴所表现的稳定性、交变载荷，对挤出机的承载能力、工作寿命有一定的影响，对机型结构的连接形式起到决定性的作用。

挤出机工作时，也就是挤出坯体成型时，主轴在传递动力的过程中，除受到自身机械力以外，主要是受到因成型（阻力）压力而产生的多种反作用力。

下面阐述的就是主轴工作时的受力状态。

一、挤出压力的形成、传递及分布

（一）挤出压力的形成

在泥料脱离双线绞刀进入机头，经机口、芯具直至被挤出预先设计好的孔形断面的坯条，其整个过程可视为是一种纯压力驱动（泥顶泥的移动）。这一驱动原理就像水龙头开启后出现的水流，这种流动由于上流压力高于水龙头压力而产生的。而泥料经机头、机口、芯具被挤出成坯体，也是由于机头入口压力大于机口出口压力而产生的。由于泥料进入机头后受到压缩，因而产生与机头、机口内壁的摩擦，泥料间内聚力的摩擦以及芯具通道产生的摩擦阻力等。为克服这些阻力，需要有一定的压力迫使泥料从芯具机口通道中挤出。这个压力就是通常所说的挤出压力，也称为成型压力。挤出压力是上述原因所产生，而并不是挤砖机自身而产生的。挤砖机只要能产生，并能承受由最大挤出压力（阻力）所造成的负荷而不被破坏即可满足要求。

（二）压力的传递

当压力驱动泥料向机口方向挤出的同时，压力也向反方向传递（作用力与反作用力），经封闭段绞刀、泥缸传到受料段绞刀处，由于受料段绞刀设置在受料箱内为敞开状态，并与大气沟通，因而压力传到此处便得到释放，压力为负压（真空状态下）或大气压力（非真空状态下），从而也就产生反泥现象。

（三）压力曲线的分布

由于受料段绞刀设置在受料箱内，为敞开状态，因而其压力为零，从封闭段绞刀开始向挤出方向压力逐渐提高，到泥料脱离双线绞刀进入机头入口变为纯压力驱动时，此处的压力最高；从机头入口至机口出口压力逐渐降低，在出机口之前还保持一定的压力，出机口后瞬间释放为零压，如图 5-1 所示。

压力曲线表示的是绞刀在推进泥料挤出过程中，绞刀组（即主轴）的受力状态，以及泥料在泥缸、机头、机口的压力分布。分析其绞刀组的受力，不仅可以准确地对轴、轴承等其他零件的强度及寿命的校核，而且可设计出更合理、更经济的结构；分析泥料在泥缸、机头、机口的压力分布，可以更好地解决挤出成型时出现的一些问题。

二、主轴的受力分析

根据图 5-1 压力曲线分布图做出相应的主轴受力分析图（图 5-2）。从图 5-2 中可以看出，主轴承受着以下几个力：

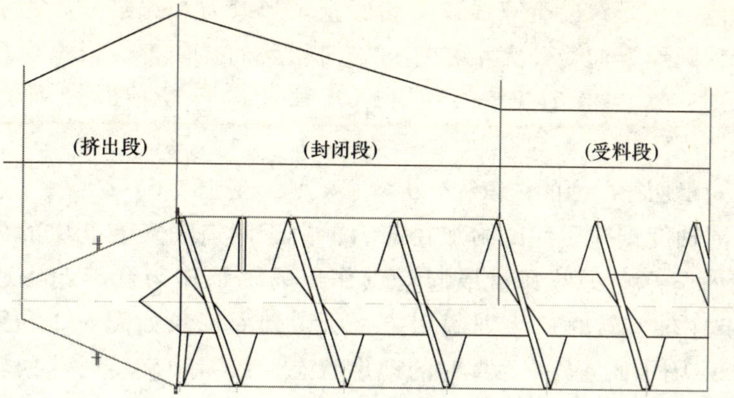

图 5-1　压力曲线分布图

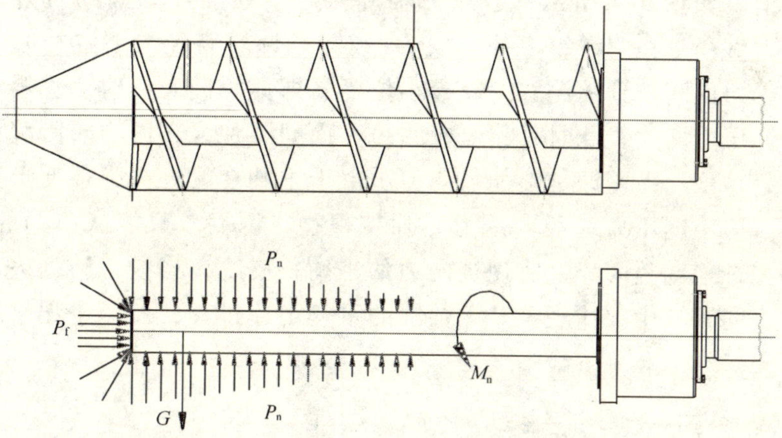

图 5-2　主轴受力分析图

（1）绞刀轴在封闭段承受着泥料的压力即径向力 P_n；

（2）沿挤出方向的轴向力 P_f；

（3）推动泥料向前移动所需要的扭矩 M_n；

（4）绞刀和轴的自重产生的重力 G。

对四种受力的认识和分析：四种不同的力使主轴受到压、扭、弯三种力的联合作用。

1. 对径向力和附加径向力的认识和分析

径向力是由两部分组成：一是如图 5-2 所示径向力 P_n；另一个是因制造误差而产生的附加径向力。

（1）对径向力的认识和分析

从主轴受力分析（图 5-2）中可以看出，径向力 P_n 是绞刀在工作中产生的，其范围在受料段至双线绞刀端面止。当绞刀和泥缸充满泥料时，绞刀轴即主轴圆周方向受到大小相等、方向相反的径向力。根据作用力与反作用力原理，其力相互抵消。在对轴及轴承进行校核时径向力可忽略不计。

(2) 对附加径向力的认识和分析

由不同轴度误差引起的附加径向力：由于制造和安装产生的泥缸与主轴同轴度的误差（即减速机或起支点作用的轴承座与受料箱中心高的误差），引起主轴旋转时产生划圈现象。所谓划圈现象如图 5-3 和图 5-4 所示，图 5-3 为同轴度误差为零时的理想状态，绞刀轴旋转时其回转直径与泥缸衬套圆周间隙相等，其侧压力即径向力大小相等、方向相反、作用力相互抵消。如图 5-4 所示，当绞刀轴旋转产生划圈（划圈的轨迹是一个圆，最大直径是在双线绞刀处），出现绞刀轴回转直径与泥缸衬套不同轴度，当绞刀逐渐转到距泥缸内壁最小位置（即偏心最大）时，泥料瞬间受到压缩，压力增大，此时其相对应的另一面间隙加大，压力瞬间降低，产生压力差，该压力差即是附加径向力。由于主轴在泥缸内弹性变形和调心量很小，为使侧压力（径向压力）保持平衡，因而，只能从薄弱的地方，即摆动泥缸来调整间隙，实现径向力的平衡；反之，当绞刀转到另一对应位置时，同样产生上述现象。无数次的重复上述过程，便产生泥缸摆动现象即摇头。

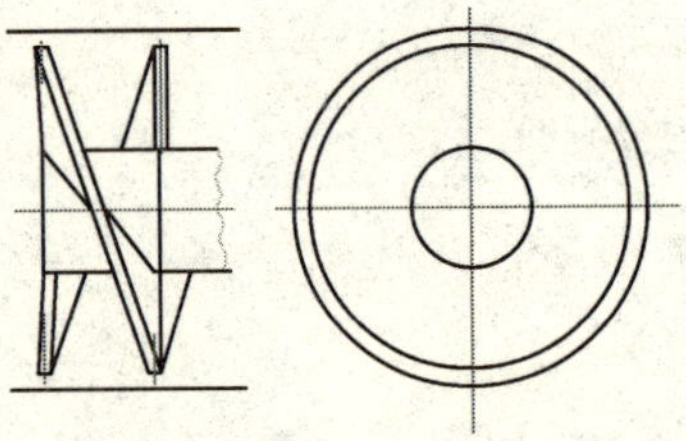

图 5-3 划圈现象（1）

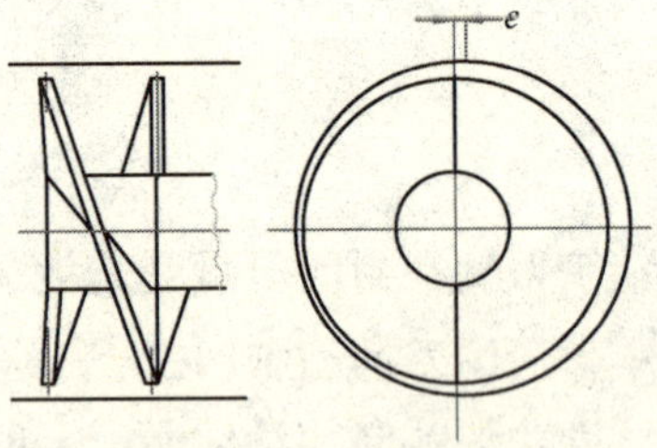

图 5-4 划圈现象（2）

由副叶小于 180°引起的附加径向力：如图 5-5 所示，副叶大于或等于 180°结构。大于或等于 180°的副叶绞刀与主绞刀螺旋组成的双线绞刀形成合力，能够平稳、一致将泥料挤出机口。图 5-6 副叶小于 180°结构，若为减少阻力将双线绞刀副叶做成小于 180°结构（虽然实际使用中能提高一定产量，其实是一种误区），则双线绞刀端面合力失去平衡，出现偏差和力矩，产生径向位移，形成附加径向力。原理和由不同轴度误差引起的附加径向力一样，最终导致泥缸摆动即产生摇头现象。

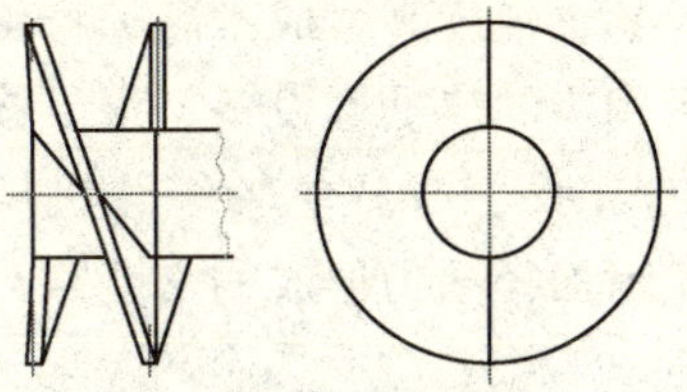

图 5-5　划圈现象（3）

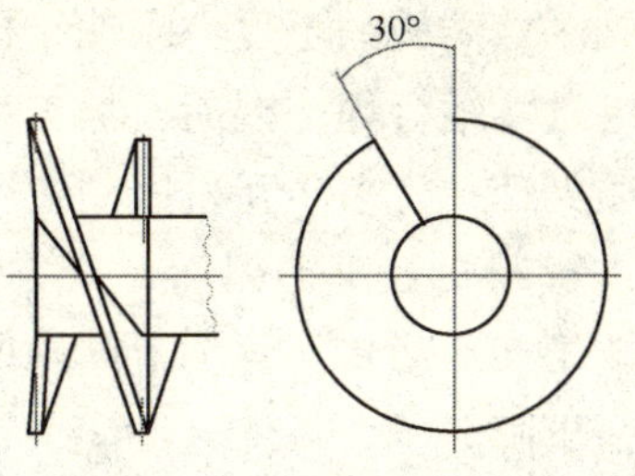

图 5-6　划圈现象（4）

依据主轴所受径向力的分析和认识，目前挤砖机主轴的结构设计有两种：一种是刚性结构；另一种是浮动式结构。前者主轴为一根通轴，如图 5-7 所示，后者则是主轴分为两截，一截固定，一截浮动，如图 5-8 所示。不管采取哪种结构都可以视为是一端固定的悬臂梁。现对这两种结构的优劣进行比较。

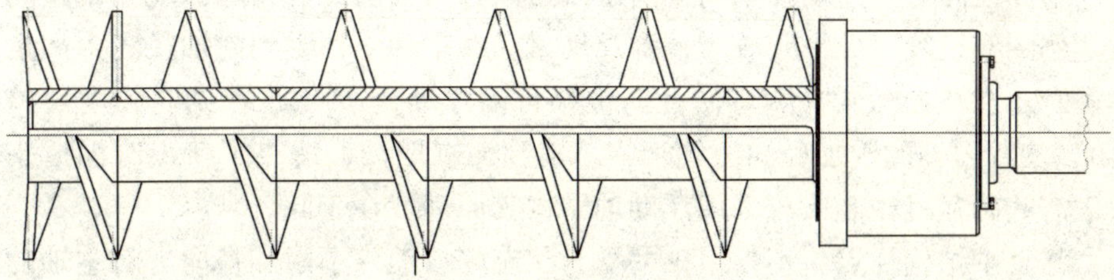

图 5-7　整体式主轴

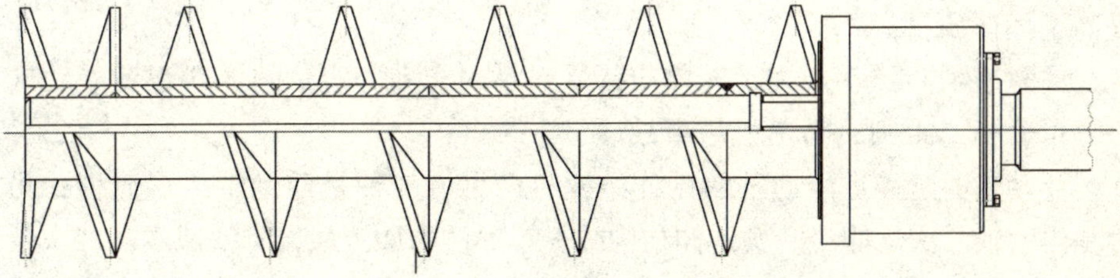

图 5-8　浮动式主轴结构

主轴刚性结构（图 5-7）：该结构主轴是一根长轴，绞刀内孔套在轴上，传递扭矩的连接为切向键或是平键，也有将轴和绞刀内孔加工成六方或八方等结构。

附加径向力对主轴刚性结构的影响：附加径向力严重时，不仅造成泥缸的摆动，影响挤出时坯体成型的稳定性及制品质量，而且，超过轴的弹性变形和轴承组的微调量时（即 3 字头轴承与 9 字头轴承组合），即在安装 3 字头轴承的轴肩处出现交变载荷，长期交变载荷作用会使轴肩局部产生疲劳，最终导致主轴断裂。

主轴刚性结构的不足：刚性结构主轴一般较长，长度约在3m以上，轴上设计有键槽、轴台等，因而，加工工序多，要求精度高、成本高。特别是较长轴的调质处理，许多砖瓦机械制造厂由于无相应的热处理设备，很难按图纸技术要求进行调质处理，因而，失去调质处理工序，导致主轴综合机械性能降低，影响了产品质量。再加上同轴度误差及附加径向力形成的交变载荷，使主轴的寿命下降。

浮动式主轴如图5-8所示。从图5-8中可以看出，与刚性结构的主要区别在主轴被分断为两截：第一截成为传动轴（主轴），经联轴器与减速机输出轴连接，伸在受料箱内的长度为1.5～2倍的直径；第二截为浮动轴。两根轴由六方形内孔的受料绞刀的毂套连接，负责扭矩的传递，其余排列好得多节绞刀安装在浮动轴上。

附加径向力与浮动轴结构：由于绞刀内孔与轴的配合为间隙配合，其间隙按比例到双线绞刀处得到放大，即浮动量。在主轴工作受到附加径向力产生不平衡时，在转动的同时随着做径向位移自动浮动调节（原理见同轴度误差段落），使绞刀轴的附加径向力趋于零。消除泥缸摆动，解决了挤出时泥摇头现象。有些砖瓦机械制造厂采用浮动轴结构其原理就在于此。

浮动轴结构优点：不仅主轴的受力状态好，消除了附加径向力对主轴的影响。结构合理，解决了刚性主轴的不足，克服了因长轴调质和必须有加长车床设备的困难。加工费用及轴料价格降低等。而且，消除了挤出时不稳定因素，提高了坯体质量。

注意事项：浮动轴在运转前应待受料箱内充满一定量的泥料起到浮动支承后方可开机，否则，易出机械事故。

浮动轴的延伸：浮动轴的延伸结构有两种，一种是浮动轴一次延伸；另一种是浮动轴二次延伸。一次延伸结构减少零部件的加工量，降低成本。二次延伸结构不仅保留一次延伸结构特点，而且使整机更加紧凑、合理，成本大大降低。

2. 对轴向力的认识和分析

挤出压力表示了挤出机的工作能力和适应范围，挤出压力实际上就是绞刀轴所受的轴向力。轴向力是挤出机所受力中最为重要的一个力。现阶段它更应该引起人们（设计者和用户）的高度重视。

轴向力是由两部分组成：一是由挤出压力形成的轴向力；二是由动载荷产生的附加轴向分量（压力）。

挤出压力形成的轴向力：从受力分析图5-2中可看出，挤出压力 P_f 作用在整个双线绞刀的端面上，其大小与机头长短、压缩比大小、原料的物理性能、含水率高低等有直接关系。

动载荷产生的附加轴向分量（压力）P_2：泥料向前移动时，泥缸衬为防止泥料的旋转产生的剪切阻力，即径向阻力；特别是断续型绞刀组处的泥料阻力，阻泥棒处的阻力；生产时由原料的物理性能和含水率的变化而瞬间挤出压力的提高等。

总轴向力 $P = P_f + P_2$。即挤出压力 + 附加轴向压力，其中挤出压力是主要的。

多年来，我国制砖行业主要是以软塑成型为主，硬塑成型很少。即使软塑成型挤出压力也是在最低线 3 ~ 5kgf/cm^2。由于我国砖厂大多数建在农村，设备简易，就地获取农田用土，生产低质量的实心砖。因而破坏耕地、浪费能源、污染环境现象十分严重。对此，国家 1988 年成立了墙改革新领导小组，并出台了相关的政策及法规。要大力发展以工业废渣、粉煤灰、煤矸石等为原料生产的新型环保节能墙材。由于制砖原料的变化，生产环保节能墙材，如多孔砖、空心砖，对挤出机的工作能力及适应范围提出更高的要求。挤出机的工作能力实际上就是挤出压力的提高和相关技术的配套。挤出压力提高到 12 ~ 22kgf/cm^2，即软塑成型的上线、硬塑成型的下线基本可以满足要求。为配合国家墙改革新工作，适应各种原料制砖及制品种类，许多砖瓦机械制造厂都提高了挤砖机的挤出压力，如 50/45-30 等。

挤出压力的提高意味着轴向力的增大，因而要求推力轴承的承载能力。作用在推力轴承上总的轴向推力 $P = P_1 + P_2$，即 P = 机头压力 P_f（挤出压力）乘以绞刀横断面积 + P_2 求得。

根据上述轴向推力可由下式确定：

$$P = P_1 + P_2 = \frac{\pi D^2 P_f}{4} + P_2 \tag{5-1}$$

式中 P——总轴向推力，kgf/cm^2；

P_1——挤出压力乘以绞刀横断面积；

D——绞刀直径，cm；

P_f——挤出压力，kgf/cm^2；

P_2——附加轴向力（挤出时由于动载荷产生的附加压力的轴向分量），根据经验，压缩型绞刀，高压力成型时 P_2 取大值，低压力成型时 P_2 取小值（或忽略不计），P_2 一般为 0.2 倍的 P。

泥料在脱离双线绞刀进入机头变为纯压力驱动时，驱动压力在将泥料挤出机口的同时，由于作用力等于反作用力，这种压力也作用于双线绞刀整个端面上，再加上附加轴向压力，因而，推力轴承承受着很大的轴向力。所以推力轴承的正确设计和尺寸选择，对挤砖机无故障操作至关重要。

推力轴承的寿命一般采取下列公式计算：

$$L = \left(\frac{C}{P}\right)^{\varepsilon} \tag{5-2}$$

式中 L——额定寿命，10^6r；

C——额定动负荷，N；

P——当量动负荷，N；

ε——寿命指数，对球轴承 $\varepsilon=3$，对滚子轴承 $\varepsilon=\frac{10}{3}$。

目前，主轴设计结构有两种形式：一种主轴承受轴向力；一种主轴不承受轴向力。以下对两种不同结构进行分析、比较。

两种结构对主轴承受轴向力的分析：

(1) 主轴承受轴向力（图5-16）。该结构轴承组（3字头双列向心滚子轴承与9字头推力滚子轴承的组合）安装在主轴上，两轴承间装有由两半环组成的卡套。力的传递：工作时，当挤出压力反作用于双线绞刀端面，绞刀轴受到轴向力的作用后，带动卡套将轴向力传到推力滚子轴承，经轴承套、受料箱最终传到地脚。轴向力是经过主轴带动卡套传递到推力滚子轴承的，因而主轴受到轴向力。由于技术问题本文不作详细介绍。

(2) 主轴不承受轴向力（图5-17）。

对于承受轴向力的主轴，由于轴向力的趋势永远是向后的，因而，对于使用夹壳联轴器结构的，即主轴与减速机输出轴采用夹壳联轴器连接传递扭矩，长期工作会使减速机输出轴在轴向力的作用下，后轴承受力加大，寿命降低。

主轴不承受轴向力，因而它可以适应各种形式的联轴器连接，传递扭矩，均不会对减速机造成影响。

3. 对扭（转）矩的认识和分析

在前面压力形成中讲到，为克服挤出时产生的阻力，需要有一定的压力迫使泥料从芯具通道中挤出，这个迫使泥料挤出的压力转换到挤砖机中实际上是一种扭（转）矩。受力分析图5-2中主轴受到4个力，对径向力、重力的认识和分析已得出结论，其力相互抵消，可忽略不计；轴向力的重要性已讲过，那么，主轴所承受的另一个力就是扭（转）矩。这个扭矩是在一定轴向力的作用下所承受的（不承受轴向力的主轴是纯扭矩）。

扭矩是根据功率计算出来的。功率是根据产量、挤出压力两者关系计算出来的。当功率确定之后，就可按材料的强度理论计算轴直径并校核。

(1) 主轴受扭转时的强度计算

当轴受到转矩 T 时（图5-9），在横剖面上的扭转剪应力分布，其最大剪

应力 τ，产生在轴的表面上，其强度条件为：

$$\tau_{max} = \frac{M_{tmax}}{W_p} \leqslant [\tau] \tag{5-3}$$

式中　$[\tau_{max}]$——许用扭转剪应力；

$[M_{tmax}]$——最大扭矩，kgf/cm^2；

W_p——抗扭剖面系数，对于实心轴 $W_p \approx 0.2d^3$；

$[\tau]$——许用扭转剪应力。

（2）主轴扭转时的刚度条件

经过强度校核确定出主轴直径，也就是说轴直径满足了强度条件，但也不能完全保证正常工作。因为，轴在受扭矩时若产生过大变形，会影响机器的运转精度，特别是在重载启动时（挤砖机经常出现重载停车，超载启动）会产生扭转振动。所以，对主轴除了要求具有足够的强度外，还应有足够的刚度。

主轴扭转刚度条件为：

$$\Psi = \frac{M_T L}{GI_p} \tag{5-4}$$

式中　Ψ——扭转角，一般传动轴为 0.5°～1°；

M_T——扭矩；

L——轴长度；

G——剪切弹性模量，常数；

I_p——圆轴截面的极贯矩，常数。

当轴受扭转 M_T 时（图 5-9），在横剖面上的剪应力分布，其最大扭转剪应力 τ_p 产生在轴的表面上。

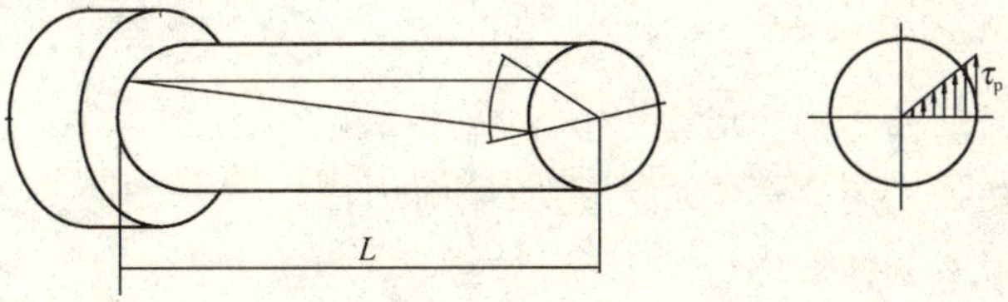

图 5-9　主轴受扭转时示意图

经过扭转刚度条件的分析，可以得出下述结论，同样条件，短轴刚度好，短轴结构要好于长轴结构。

（3）一组国内外主轴数据对比

经过对轴进行强度校核后所选的轴直径来看，我们与国外好像是有一定差距的，这种差距是计算差异、还是热处理手段落后、或是经验不足，还说不太清楚。下面进行一组数据对比：

如美国某型号砖机，其绞刀直径500/420mm，主轴最大直径是170mm，材料为1040号钢，相当于我国40号钢，最大挤出压力40kgf/cm^2，转速26r/min，传递功率220kW。按我们的强度校核公式计算轴直径170mm根本通不过。而引进的砖机主轴就是这么大的直径，使用至今也无问题。而我们设计的JZK50/45-20型制砖机，其绞刀直径500/450mm，主轴最大直径为185mm，采用45号钢，最大挤出压力20kgf/cm^2，转速26r/min，传递功率110kW。两组数据说明我们在某些方面还落后，仍需努力提高。

(4) 关于$L_2/L_1 \geqslant 0.7$

众所周知，$L_2/L_1 \geqslant 0.7$这个比值，表示的是绞刀轴前后轴承之间距离L_2与前轴承悬臂长度L_1之比，如图5-10所示。该比值是设计挤砖机主轴长度的一个基本参数，多年来延续至今。为保证绞刀轴工作的平稳性，两轴承（支点）距离，自然是越长越好，但距离太长，意味着主轴长度加长，使挤砖机外形尺寸加长并重量增加，很不经济。若两轴承（支点）距离过短，则悬臂段长，挠度大，会使绞刀运转不平稳，严重时会产生泥缸摇头现象。

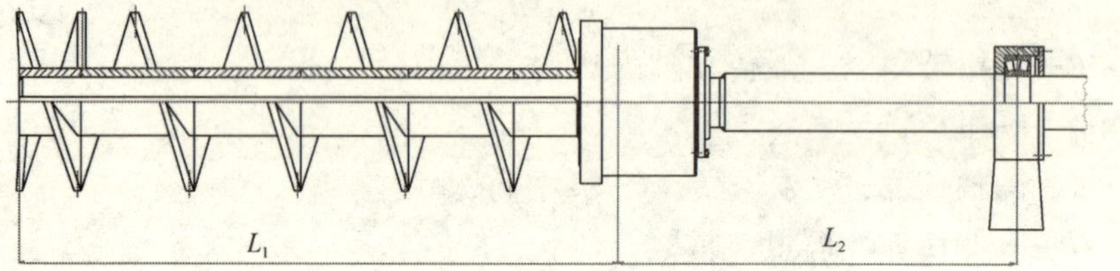

图5-10　绞刀轴前后轴承之间距离之比

对于由一根长轴构成的刚性结构来讲，$L_2/L_1 \geqslant 0.7$必须如此，否则，由不同轴度误差和副叶小于180°引起的附加径向力时，主轴工作时会增加不稳定。

对于浮动轴结构来讲，$L_2/L_1 \geqslant 0.7$的比值可以缩小。原因是刚性结构由于主轴是一根长轴，无调整环节，当附加径向力产生时，靠的是L_2的长度和调心轴承的调心量来调整附加径向力引起的偏移。当附加径向力引起的偏移量超过上述两环节的调整量时，则主轴工作时会增加不稳定。从实际情况看，诸多挤砖机中即使$L_2/L_1 \geqslant 0.7$，也很难保证消除泥缸摇头的普遍现象。而对浮动轴结构来说，由于主轴是断开的，增加了调整环节，这个调整环节就是绞刀内孔与轴之间的间隙，在整个L_1悬臂长度上得到放大，即浮动量。消除了附加径向力引起的径向偏移，这种消除与$L_2/L_1 \geqslant 0.7$无关。近些年来的实践证明，采用浮动轴结构的挤砖机消除了泥缸的摇头现象。

4. 对重力的认识和分析

重力是由绞刀和轴的自重而产生的。在挤出机未工作前，我们可以清楚地看到处于悬臂状态的绞刀轴由于自重的原因，自然下垂大约1～3mm，这一变形是属于正常的弹性变形范围。虽然重力使主轴产生弯曲应力，但绞刀轴在挤出过程中，四周受有压力相同、方向相反的径向力，加之绞刀与泥缸间隙中泥料形成的浮动支承，使绞刀轴自动处于对中状态。主轴所受重力影响的弯曲应力也随之自然抵消。重力使主轴产生弯曲应力可忽略不计。

5. 小结

正确分析主轴的受力，可以设计出更好、更合理的结构，不仅提高挤砖机的技术性能，而且还降低成本。

第二章　主轴轴承组结构设计

一台真空或非真空挤出机技术性能的优劣，不仅仅是看它能否挤出优质、高产的制品，而且必须看它的机械性能和使用寿命如何。而挤出机轴承组的结构和轴的连接及轴承组的密封，都会影响挤出机的机械性能和使用寿命。因而，轴承组的结构和密封是挤出机设计的重要一环。

一、轴承组的结构和设计

所谓轴承组，是指双列向心滚子轴承（2字头轴承）和推力滚子轴承（29字头轴承）的组合。也有双列向心滚子轴承（2字头轴承）和单向推力球轴承（8字头轴承）的组合。两轴承的组合起到承受作用在绞刀轴上的所有载荷。双列向心滚子轴承起径向支承作用，推力滚子轴承起承受轴向推力的作用；双列向心滚子轴承中心与推力滚子轴承回转中心重合，在传动时可起到微量的调心作用。

国内外轴承组的结构设计如下所述。

1. 国内最早轴承组的结构

图5-11所示，该结构是普通非真空挤砖机普遍采用的，轴承组是由双列向心滚子轴承（3字头轴承）和单向推力球轴承（8字头轴承）的组合。从图5-11中可以看出，轴承的定位是以安装在轴承座盖上的8字头单向推力球轴承的松环为基准，其余（单向推力球轴承的紧环、隔垫、双列向心滚子轴承、迷宫法兰等）依次贴紧。从所选8字头轴承直径尺寸分析，对轴所受轴向力和径向力的认识认为，径向力是主要的，轴向力是次要的。此结构主轴在轴向没有定位，易产生轴向窜动。结构简单、价格便宜是它的主要特点，很受一些小的砖瓦机械厂青睐。有些厂家将其密封处略加修改，作为真空砖机的下级出

售。从目前国家对制砖行业的政策看，此种结构的制砖机应属于淘汰产品。

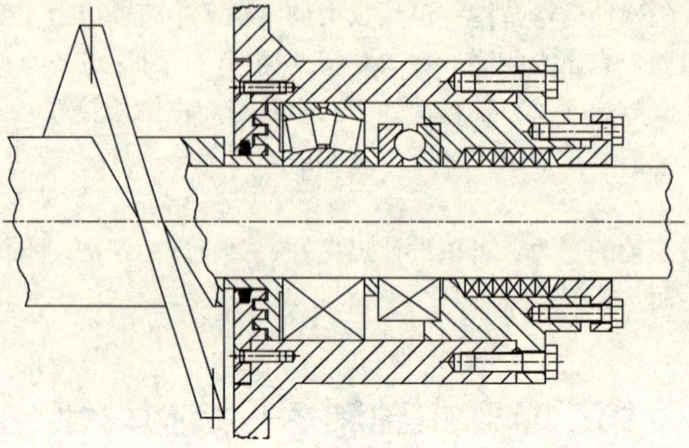

图 5-11 主轴轴承组结构图

2. 德国某公司轴承组的结构

如图 5-12 所示，此结构是受料箱与减速机刚性连接的 40/35 型挤砖机。轴承组的结构由双列向心滚子轴承与推力滚子轴承的组合。从图 5-12 中可以看出，3 字头轴承外圈由孔用挡圈定位，内圈与绞刀间装有隔套，两轴承间装有半圆卡套，轴向力经绞刀、隔套、通过卡套传递给推力轴承，装绞刀处的轴径是 110mm。经对轴所受轴向力和径向力的分析及计算，从其结构可以看出，轴向力是主要的，推力轴承外径大于向心滚子轴承，因而，其轴承套结构为后压盖式，便于安装。受料箱与减速机为刚性组合，减速机输出为空心轴，主轴轴端直接插入空心轴内，结构既简单，又实现浮动连接。该结构虽然主轴承受轴向力，但由于是插入式连接，主轴在空心轴孔内任意轴向移动，结构合理，因而，所受的轴向力已不对其他结构造成影响。

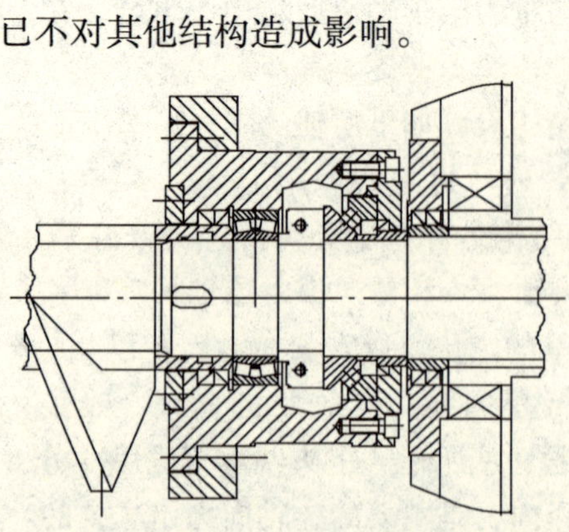

图 5-12 受料箱与减速机刚性连结的 40/35 型挤砖机

如图 5-13 所示，该结构是德国某公司 60 型挤砖机。轴承组的结构由双列向心滚子轴承与推力滚子轴承的组合。从图 5-13 中可以看出，3 字头轴承外圈由固定内迷宫法兰定位，内圈与绞刀间装有外迷宫法兰和隔套，装绞刀处的轴径是 120mm。由于机型较大，为确保承载能力，经对轴所受轴向力和径向力的分析及计算，轴向力是主要的，推力滚子轴承选择后，其外径及内径直径尺寸都大于双列向心滚子轴承。为不加粗轴直径，将两轴承间的间隔设计成由卡套和轴套两部分组成，卡套安装在轴槽内，防止主轴的窜动，轴套则安装大直径的推力滚子轴承，结构巧妙。其轴承套结构为后压盖式，便于安装。

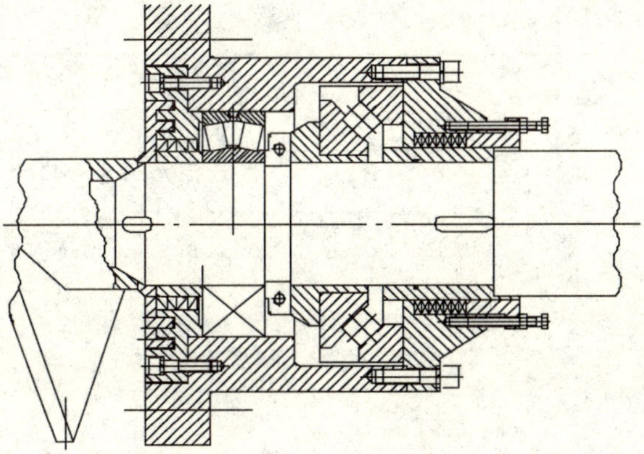

图 5-13　60 型挤砖机

3. 西班牙某公司轴承组的结构

如图 5-14 所示，该结构是 45/40 型挤砖机。从图 5-14 中可以看出该结构由两部分组成：一是双列向心滚子轴承与推力滚子轴承的组合，二是迷宫密封与柔性密封的组合。双列向心轴承安装在轴肩处，轴向力经向心轴承、隔垫传递给推力轴承，经轴承座传递给受料箱体，最后传到地脚螺栓。装绞刀处的轴径是 104mm。推力轴承外径大于向心轴承外径，因而，其轴承套结构为后压盖式，便于安装。由于密封结构与轴承组之间有一定间隔，这样，即使真空箱处的泥、水从迷宫及柔性密封处泄漏也进不到轴承组，使轴承使用寿命长，但增加了主轴的悬臂长度。该结构主轴承受轴向力。

4. 美国某公司轴承组结构

如图 5-15 所示，该结构相当于我国 50/45 型挤砖机。从图 5-15 中可以看出，该结构与上述结构的主要区别在于，双列向心滚子轴承和推力滚子轴承不是直接装在轴上的，而是装在轴套上。轴套设有轴肩，直接作用在推力滚子轴承，轴套和轴采用间隙配合，这样绞刀轴的轴向力通过轴套传递到推力滚子轴承，经轴承套、受料箱传递到地脚，绞刀轴在工作时不受轴向力。3 字头轴承安装在轴套的轴台上，由圆螺母锁紧。经对轴所受轴向力和径向力的分析及计算，认为轴向力是主要的，推力轴承外径大于双列向心滚子轴承，为使轴承套整体性能好，没有采用后压盖结构，而是轴套内径加套的结构与向心滚子轴承配合，以便于9 字头轴承的安装。

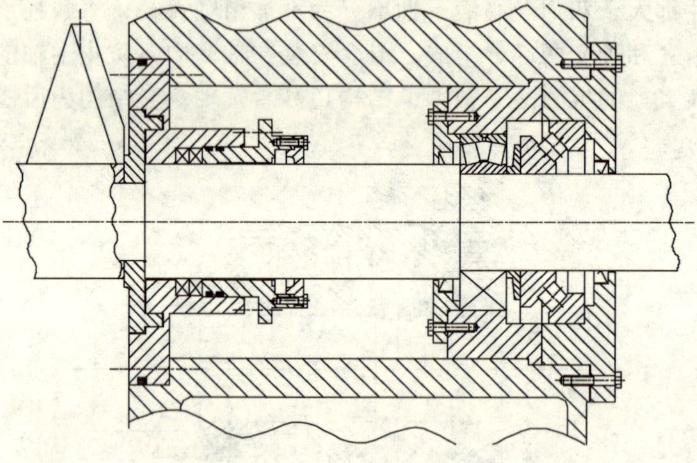

图 5-14　45/40 型挤砖机

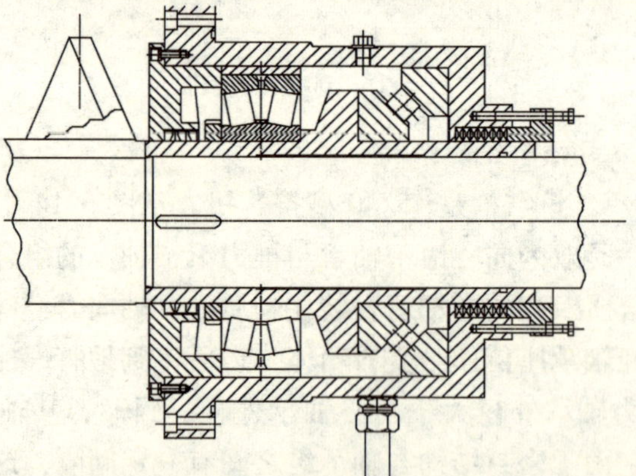

图 5-15　50/45 型挤砖机

5. 我国 JZK50/45-20 轴承组的结构

如图 5-16 所示，该结构是我国 50/45 型挤砖机。从图5-16中可以看出该设计结构显得有些复杂，3 字头轴承外圈由孔用挡圈定位，内径与绞刀间装有内迷宫法兰，两轴承间装有半圆卡套与轴固定，轴向力经绞刀、内迷宫法兰、3 字头轴承、半圆卡套传递给推力轴承。另外，直径 360mm 的孔用挡圈超出标准规格范围，采购或制作都有一定难度。从所选3字头轴承直径大于9字头轴承直径尺分析，对轴向力和径向力的认识认为，径向力是主要的，轴向力是次要的，显然不尽合理。装绞刀处的轴径是130mm。该结构主轴承受轴向力。

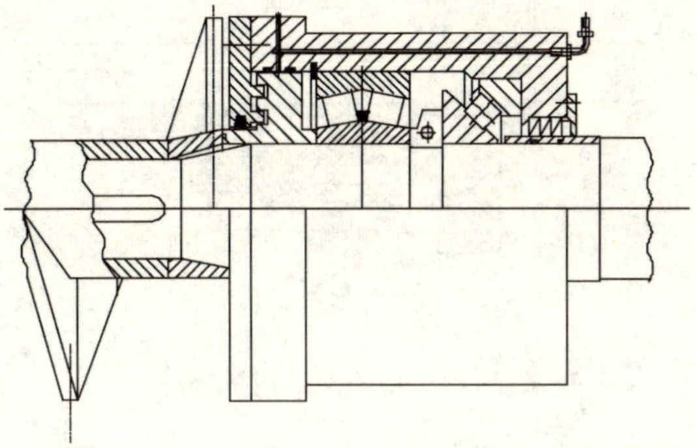

图5-16 50/45型挤砖机

6. 改进型结构

如图5-17所示，该结构为系列型号挤砖机的改进型。取德国、美国的长处，结合国内的特点设计而成。从图5-17中可以看出，轴承组安装在轴套上，使主轴工作时不承受轴向力。3字头轴承外圈由固定迷宫法兰定位，内径由轴套的轴肩固定。轴套与绞刀间装有外迷宫法兰，两轴承间装有隔垫。轴向力经绞刀、外迷宫法兰、轴套、3字头轴承、隔垫传递给推力轴承，经对轴所受轴向力和径向力的分析及计算，认为轴向力是主要的，推力轴承外径大于双列向心滚子轴承，轴向承载能力强。为使轴承套整体性能好，没有采用后压盖结构，而是轴套内径加套的结构与向心滚子轴承配合，以便于9字头轴承的安装。

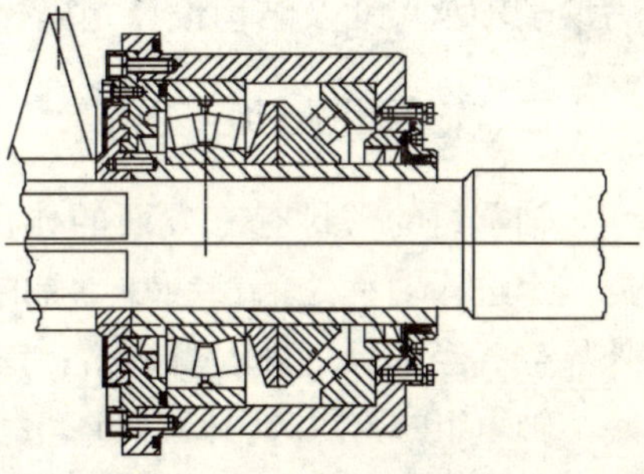

图5-17 改进型挤砖机

7. 特殊型结构

如图5-18所示，该结构较为新颖，与上述结构的主要区别在于轴承组的组合不同。从图5-18中可以看出，轴承组的组合是由两个深沟球轴承与推力滚子轴承的组合。两个深沟球轴承分别安装在推力滚子轴承的前后，替代了前面的3字头双列向心滚子轴承。两个深沟球轴承相当于两个支点，支承轴承组及轴套的平衡。前端深沟球轴承由轴套上的轴肩定位，后端深沟球轴承可轴向移动。轴向力经绞刀、迷宫法兰、轴套上的轴肩传递给推力轴承。该结构简单，支承平稳，便于安装，适合浮动轴延伸结构。

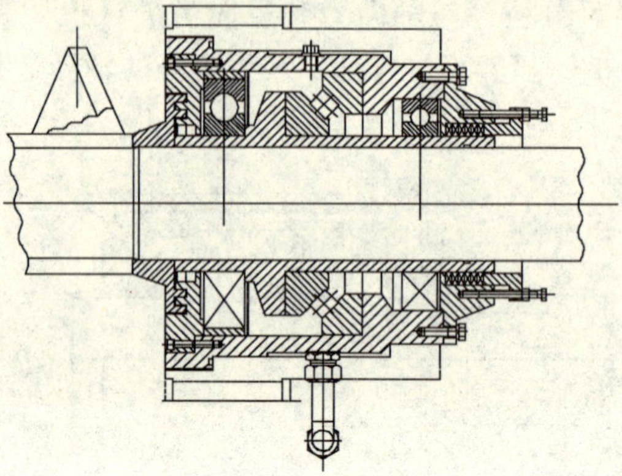

图 5-18 特殊性结构挤砖机

综合上述国内外轴承组的结构与设计，可以分析出国内最早的设计还是有欠缺，如 50/45-20 型挤砖机，主要表现在对主轴受力的认识上；国外的结构虽然各有特点，但有一点是一致的，即对主轴所受力的认识上是一致的。认为：

（1）轴向力是挤砖机所受最主要的受力，径向力可以忽略不计。

（2）为满足挤出压力，要求推力轴承的承载能力大，因而，正确选择推力滚子轴承尺寸及结构设计是确保挤砖机无故障运转的关键。

二、轴承组密封结构和设计

轴承组的密封有三方面的作用。对于非真空砖机，一是防止受料箱内的泥、水进入轴承处；二是另一端的防尘，对于真空砖机还要加一条，就是防止外界空气经轴承组进入受料箱；三是防止润滑剂的泄漏。

轴承组的密封分为两部分：一部分是受料箱与双列向心滚子轴承之间的密封，称为前端密封；另一部分是推力滚子轴承与后法兰的密封，称为后端密封。

轴承组的密封分为两种：一种是静密封；另一种是动密封。前者是指无相对运动的两个零件结合面的泄漏；后者是指有相对运动的两个零件结合面的泄漏。静密封经常采用的结构是在结合面（轴向或径向）设计 O 形密封圈；动密封一般前端采用的是迷宫密封和骨架密封组合，或者是迷宫密封和柔性密封组合，后端采用骨架密封和柔性密封。动、静密封结构设计质量的优劣，直接影响到挤泥机的技术性能和轴承的使用寿命。因而，各国都非常重视轴承组密封结构的设计。

（一）轴承组的前端密封

迷宫密封和毛毡、环行密封槽、骨架密封、柔性密封的组合。

迷宫密封属于非接触式密封，流体通过许多曲曲折折的通道形成的节流间隙，使流体产生节流效应，以达到密封目的。其优点是密封性能好，不受温度和转速的限制，无摩擦、功耗少等。

1. 迷宫法兰和毛毡组合的密封结构

外圈固定内圈旋转结构如图 5-19 所示，件 1 是固定迷宫法兰盘，件 2 是旋转迷宫法兰盘，件 3 是毛毡。该结构由于是内迷宫法兰盘旋转，因而与固定迷宫法兰盘的内径存有一定间，为防止泥料和水的进入，采用毛毡密封。在实际工作中，当主轴带动绞刀、迷宫法兰盘转动时，泥料不断地落入法兰盘的轴套处，并沿着轴套渐渐渗透到密封毛毡，毛毡与泥料接触，不断地研磨；当油毛毡磨损后，毡内的油消耗掉，泥土、水等便通过毛毡进入迷宫密封槽，随着不断旋转、泥料的增多，泥土和水使迷宫槽磨损，最终导致轴承遭到损坏。对于真空挤砖机不宜采取此种结构，因为没有与后端密封相配合使用的防止空气进入受料箱的密封件。

2. 环行密封槽、旋转轴唇形密封圈的组合

如图 5-20 所示，件 1 为环行密封槽法兰，件 2 为旋转轴唇形密封圈，环行密封槽也属于非接触式迷宫密封。该结构简单，易加工，但也存在经环行密封槽法兰和轴套间隙中进入泥料的问题。旋转轴唇形密封圈，一般成对使用，背靠背地装配，作用是防止油的泄漏和灰尘、杂杂质的进入。

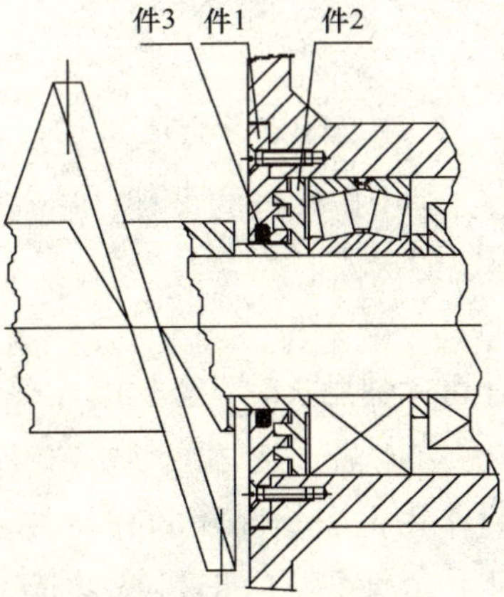

图 5-19　外圈固定内圈旋转结构

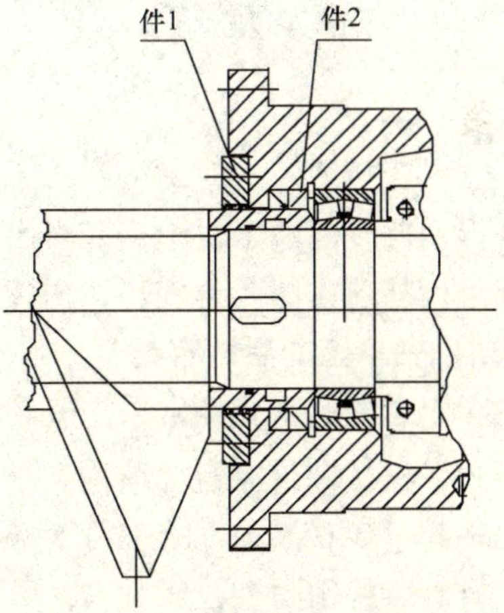

图 5-20　环行密封槽、旋转轴唇形密封圈结构

3. 迷宫密封和旋转轴唇形密封圈的组合

外圈旋转内圈固定结构如图 5-21 所示，件 1 为旋转外迷宫法兰盘，件 2 为固定迷宫法兰盘，件 3 为旋转轴唇形密封圈。此结构与前两种结构正相反，由于是外圈旋转，内圈固定，绞刀毂套端面直接与外迷宫法兰靠紧，不存在上

述结构中的径向间隙，因而，封堵了泥料的进入。另外，外迷宫法兰盘直径大于绞刀毂套轴径，小于绞刀直径，在此范围内不会产生泥料的堆积，因而，从法兰盘外径处进入泥料的可能性很小。即使有泥料依附在法兰盘端面，也会在旋转时所产生离心力的作用下被甩掉。

4. 迷宫密封和柔性密封的组合

内圈旋转外圈固定结构如图 5-22 所示，件 1 为旋转外迷宫法兰盘，件 2 为固定迷宫法兰盘，件 3 为柔性密封材料，件 4 为密封圈。该结构的主要特点是：将后端常用的柔性密封移到前端，整个密封组合与轴承组之间留出一定间隔，即使前端密封组合出了问题，泥料一般也不会进入轴承。柔性密封材料和密封圈可经常调整和更换。

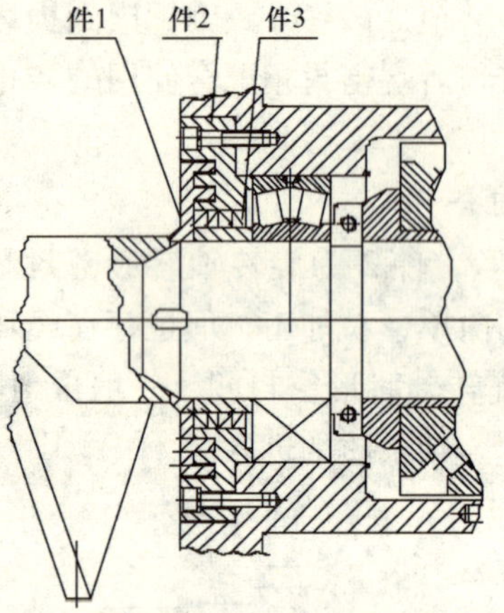

图 5-21　外圈旋转内圈固定结构（1）

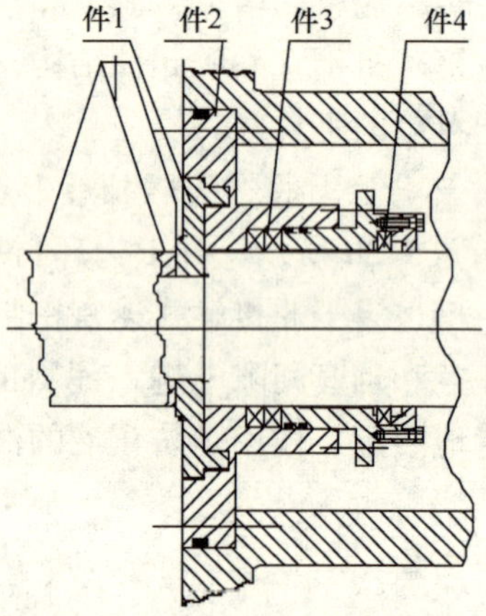

图 5-22　外圈旋转内圈固定结构（2）

从以上四种前端密封结构应得出这样的启示：对于挤砖机的设计，迷宫密封最好采用外迷宫法兰盘旋转，内迷宫法兰盘固定的形式。

（二）轴承组的后端密封

轴承组后端的密封经常采用旋转轴唇形密封圈 + 轴用 Y_Q 形密封圈、柔性材料密封、机械密封等组合结构。这些都属于接触式密封。旋转轴唇形密封圈在压力不超过 0.03MPa 的条件下对润滑油起密封作用，当外部环境有杂质时，应采用有副唇的密封圈。轴用 Y_Q 形密封圈适应于介质是空气的机械设备中，工作压力小于等于 3MPa。柔性材料密封（即填料密封）材料是靠装配时的压缩力，利用填料的弹性充满泄漏通道，而达到阻止泄漏的一种密封形式。机械密封又称端面密封，工作时利用旋转环和静止环相对运动的两个贴合表面来实现其密封功能的。

1. 图 5-23 是旋转轴唇形密封圈 + 轴用 Y_Q 形密封圈组合

旋转轴唇形密封圈对润滑油起密封作用；Y_Q 形密封圈可承受 3MPa 的压力，抽真空时防止外界空气的进入。

2. 柔性密封（图 5-24）

柔性密封要求材料可塑性好、耐磨，并设有良好的润滑。调整时与轴的间隙不可过紧，过紧摩擦力大、材料磨损快，增加动力消耗；过松容易漏气、漏油。

3. 机械密封（图 5-25）

机械密封结构主要用于外端，作用是阻止轴承处润滑油流出和防止外界空气的进入。

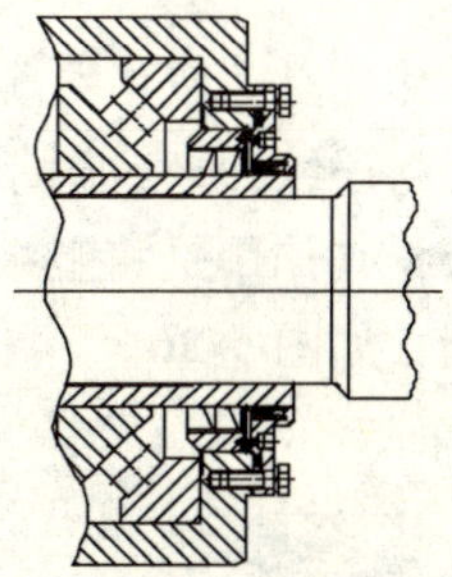

图 5-23　旋转轴唇形密封圈 + 轴用 Y_Q 形密封圈结构

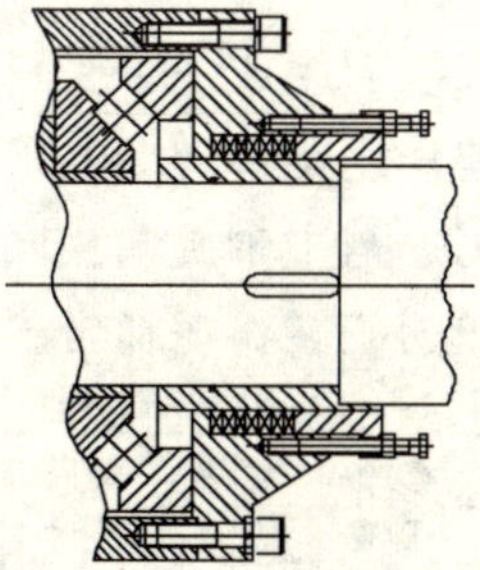

图 5-24　柔性密封

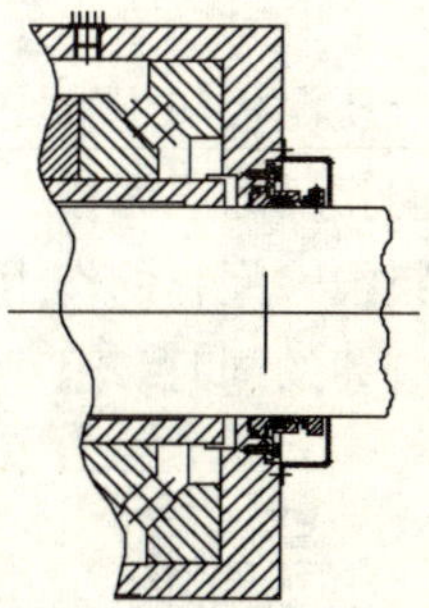

图 5-25　机械密封

三、轴承组两端密封件的润滑

由于轴承组两端均采用接触性密封件密封，因而，摩擦和磨损是接触形动密封必然存在的问题。密封件与有相对运动的零件表面产生发热、摩擦，导致密封件的磨损，这是引起泄漏的主要原因。根据此原因，在设计中应注意两点：

（1）与密封件相接触零件部位的表面粗糙度一定要高。

无论是骨架密封圈，还是柔性密封件，最好不要直接与传动轴表面直接接触，正确的设计应该是在轴上安装轴套，轴套直接与密封件接触，轴套与轴采取固定连接。

（2）必须具有良好的润滑条件。

良好的润滑是对密封件的最好保护，它不仅延长密封件的使用寿命，更主要的是能保持设备的应有的技术性能。

四、永嘉流遍润滑技术

永嘉流遍润滑技术是福建温州一家工厂引进日本技术生产的润滑系统。该技术特征：将设备中所有润滑点，用不同形式的接头，通过亚太尼龙管连接到油泵（手动泵或机械泵），在此之间设置流量调节阀等元件。需要加油时，用手动泵直接将润滑油打入润滑点。该润滑系统结构简单，安装、使用、操作极为容易，非常值得推广。

第三章　压泥板轴结构设计

压泥板与主轴受料段绞刀组成一个受料系统，其作用是：其中一个与主轴旋向相反的压泥板，主要作用是将上级的来料压入受料段绞刀，也附带起压住受料绞刀泥料的作用。另一与主轴旋向相同的压泥板，其作用是将上级来料压泥绞刀的同时，阻止因绞刀旋转将泥料带出来的作用，如图5-26。

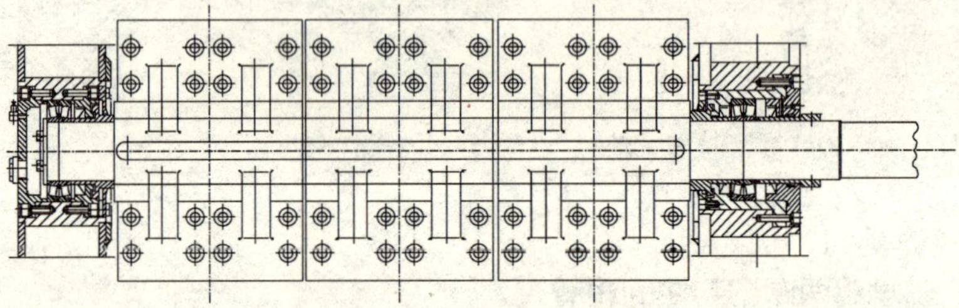

图5-26　压泥板结构图

压泥板轴结构设计主要是围绕着两端轴承形成支点后，内腔两端的密封，外侧两端的密封，以及轴承、密封件的润滑问题。从图5-26中可以看出：

两侧内腔密封为相同的迷宫密封+骨架密封圈结构，固定迷宫和转动密封之间的缝隙利用压盘端面将其挡住，以防泥料的侵入。转动密封件直径应在可能的范围内越大越好。

外侧密封，左端为轴承盖+O型圈结构；右侧为骨架密封圈+YQ形密封圈结构。前者，为封油所用；后者，为封气所用。

轴承采用稀油润滑。作为骨架密封圈，YQ形密封圈都应该安装在轴套上，轴套表面要有一定硬度，较高级别的粗糙度，并有良好的润滑。轴套与轴之间的密封可以采用将O型圈压紧形式的装配。注：轴套、轴、O型圈三者是一同旋转的。

第四章　上级前端搅拌轴轴承组的结构设计

上级前端搅拌轴轴承组的结构设计，就目前以设计出来的结构组合看有两种形式：一种形式如图 5-27 所示，推力滚子轴承在左端，调心滚子轴承在右端；另一种形式如图 5-28 所示，与图 5-27 正好相反，调心滚子轴承在左端，推力滚子轴承在右端。

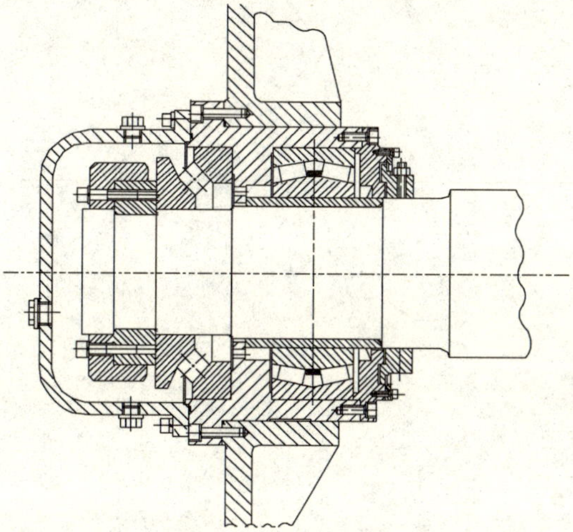

图 5-27　上级前端搅拌轴轴承组结构图（1）

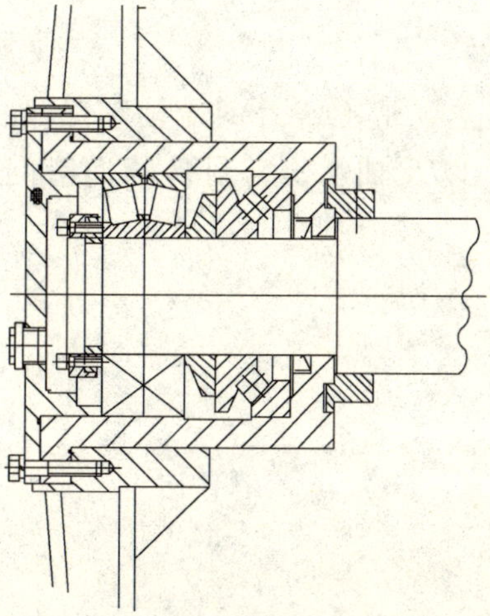

图 5-28　上级前端搅拌轴轴承组结构图（2）

多年来，图5-28结构为广泛应用，图5-27为硬塑挤出机引进后出现的结构。两者相比，性能上没有太大区别，但总的感觉，图5-27结构更合理一些。

前端搅拌轴轴承组结构，也包含轴承密封和密封件润滑的问题。作为轴承润滑一定要采用稀油，若采用脂润滑，工作时轴向力很快就会将润滑脂瞬间挤出轴承处，形成轴承干磨状态，最终导致轴承温度升高，硬度降低，寿命下降。同理，挤出机下级主轴轴承组也必须采用稀油润滑。

轴承组右端应为迷宫密封+骨架密封圈结构组合。最为迷宫密封的设计与前面主轴密封结构、压泥板密封结构要求相同，这里不再赘述。

第六篇　挤出机机型结构与分析

第一章　概　论

本篇主要论述的是挤出机机型结构与分析。

所谓挤出机的机型结构，是指围绕着某一类型的双级真空挤出机，在机械设计理论技术的指导下，其下级设计出来机械连接传动组合，称为挤出机下级的机型结构。同理，其上级设计出来机械连接传动组合，称为挤出机上级的机型结构。

具体地讲挤出机机型结构，是指各部件组合后而最终自然形成的整机机型结构的连接传动形式，其中各部件无论是上级，还是下级，主要是指传动部分与工作部分中起架构作用的组件。

所谓挤出机机型结构与分析，就是针对某一机械连接传动组合形成的机型结构形式给予理论上的认知，进行解析、论述，以取得设计理论的支持。

用机型结构设计理论论述、分析挤出机的工作性能、技术含量，是编者长期设计经验积累而提出的，是通俗易懂的设计理论。

应该讲，目前所产生的各种挤出机的机型结构是全世界挤出机设计者聪明才智的展示，辛勤劳动的结果。

这里说明一点，本篇重点论述、分析的是挤出机上级、下级，各自传动部分与工作部分之间的连接、传动关系。连接、传动关系确定后，整机的机型结构也就确定，机型构成形状，这里所说的机型构成形状是指不同连接、传动形式组合而形成的机型结构，不是指零部件的外形形状的设计。

连接传动部分与工作部分之间构成的机型结构形状，与重要零部件形成的外形形状是两个概念，重要零部件，如受料箱、减速机的外形形状，对整机机型结构构成而言，不起任何决定性作用，但当整机机型结构形状形成后，设计者可以依据这种机型形状构成特征，对其中重要零部件精心设计，突出某些点、线、面元素的搭配，使重要零部件具有一种独有风格的外型结构形状，达到机型结构形状与机型外形形状的完美而统一，形成代表企业形象的标志性产品。

从设计角度讲：挤出机机型结构形状的形成，其根本原因在于内在结构的设计技术，以及设计理论的支持，也就是说，不同机型结构形状代表着不同的内在结构的设计理论和设计技术，可以讲，从挤出机型结构形状完全可以判断出其内在结构设计技术的先进性和设计人员的设计水平，以及管理者的认知素质。应该讲，技术含量高的机型结构形状：结构一定是最简单的；加工一定是最容易的；性能一定是最好的；成本一定是最低廉的。

从制造角度讲：内在结构设计产生的不同机型结构的关键零部件的加工、制造和整机的组合，可直接反映出砖瓦机械制造厂设备的加工能力，工人的技术操作水平。

从标准件配套讲：机型结构中所选配套的组件，如减速机等，可折射出国家机械基础工业配套件对挤出机的适应性能，也可以反映出选用者对配套组件的认识程度。

因而，挤出机机型结构形状完全可以代表砖瓦机械制造厂的设计水平，综合能力，适宜用户的层次。

机型结构内在的设计技术，是指能左右机型结构布局发生重大变化的技术。有些技术虽然也是内在的设计技术，甚至是更重要的内在核心技术，但其技术与挤出机整机机型结构布局无关。如：绞刀组的直径、螺距排列组合是挤出机更重要的内在节能降耗的核心技术，但绞刀组直径、螺距组合排列后的长短和直径大小变化，仅仅是泥缸的长短和直径大小变化而已，与整机机型结构形状无关。

决定挤出机机型结构构成的关键是内在结构的技术设计。目前，出现的四种挤出机机型结构形状，就是不同内在设计技术的典范之作。

一、上下两级分离型双级真空挤出机，内在设计技术体现在两个方面

（1）对下级而言，主轴的内在结构设计（受力分析）+受料箱箱体、与减速机壳体两者之间距离的连接关系。

（2）对上级而言，单双搅拌轴的内在结构设计（受力分析）+齿轮箱箱体、与减速机壳体两者之间距离的连接关系。

二、紧凑型双级真空挤出机，内在设计技术体现在两个方面

（1）上级单、双轴搅拌挤出与下级挤出部分巧妙而紧凑的连接。

（2）为实现紧凑连接而设计的专用减速机。

说明：上、下两级分离型双级真空挤出机，内在设计技术体现的两个方面，同样适用紧凑型双级真空挤出机，上级和下级机型结构的设计的参考照

依据。

三、水平两级真空挤出机，内在设计技术体现在两种不同机型结构

（1）一根主轴串联两组绞刀，实现两级水平挤出一字型布置的机型结构。

（2）受料箱侧面进料，实现两级（三级）水平丁字型布置的机型结构。

说明：上、下两级分离型双级真空挤出机，内在设计技术体现的两个方面，同样适用水平两（三）级真空挤出机中的第一级、第二级和第三级。

四、双挤出型双级真空挤出机，内在设计技术体现在两个方面

（1）一个上级对应两个相同结构的下级而实现的巧妙连接。

（2）在相同产量的前提下，实现装机功率和自身结构两项节能的结构设计。

五、对挤出机种类与挤出机机型结构区分简述

对于挤出机种类而言，即上下分离型；紧凑型；水平两级型；双挤出型双级真空挤出机。展示的是同为实现对制砖原料的搅拌、挤压、增塑、抽真空处理、挤出成型等方面的工作原理和其应该具备的功能，而设计出来的上、下两级整机不同的连接布置组合结构变化形式。

对于挤出机机型结构而言，展示的是某一种类中的类型，在内在结构设计技术的支持下，其上级或下级各自独立的不同机械连接、传动变化，与上下两级之间的连接布置形式无关。

第二章　挤出机机型结构设计概念

这里提出挤出机机型结构的设计概念属于设计理念和意识上的，虽然没有具体参照数值，但很值得一提，原因就是提示设计者设计时要选择与其相适宜的内在技术结构，以确保机型结构构成的合理。

所谓挤出机机型结构的设计概念，主要是针对挤出机下级而言，其指向有两个方面：

（1）受料箱与减速机之间的构成距离。距离的核心是两者之间是刚性连接还是非刚性连接；

（2）主轴与减速机输出轴之间的连接传动关系。关系的核心是：主轴承

受轴向力方式的连接传动；主轴不承受轴向力方式的连接传动。

这里应该说明，挤出机机型结构的设计概念主要是指挤出机下级而言，因为，下级机型结构变化的形状较多。对于上级而言，同样存在下级指向的两个方面。因而，上级的设计完全可以参照下级的设计概念。

第三章 机型结构组合形式

所谓机型结构组合形式，就是指下级不同的连接传动组合构成的不同机型结构。

挤出机机型结构分析，就是围绕着这些组合形式、挤出机的机型结构设计而展开叙述。

这里应该说明：挤出机机型结构组合形式是以上、下两级分离型双级真空挤出机、下级机型结构形式为例来说明和分析的。

一、机型结构形式

（1）下级受料箱与减速机之间为分离型机型结构。下级主轴在受料箱与减速机之间设支点轴承座的非刚性连接。

（2）下级受料箱与减速机之间为分离型机型结构。下级受料箱中的主轴与减速机输出轴采用夹壳联轴器刚性连接。

（3）下级受料箱与减速机之间刚性连接，非零距离的机型结构。下级受料箱中的主轴与减速机输出轴为插入式连接。

（4）下级受料箱与减速机之间刚性连接，零距离的机型结构。下级受料箱中的主轴与减速机输出轴为插入式连接。

二、机型结构形式的相关说明

（1）对于上、下两级分离型双级真空挤出机，上级单轴搅拌挤出的，其下级机型结构依然可以按上述四种机型结构形式配置。

（2）对于上、下两级分离型结构，上级双轴搅拌挤出与传动部分组成的上级机型结构，依然可以按照下级机型结构形式配置设计。

具体而言，就是上级单、双搅拌轴、真空箱、搅拌槽、对齿轮箱、与主传动减速机的连接关系，是零距离刚性连接，还是松散连接传动。

（3）通过上述四种机型结构形式，对于紧凑型双级真空挤出机，水平两级型双级真空挤出机，均可以按照下级机型结构形式配置设计。

三、对机型结构形式的认识

（1）下级受料箱与减速机之间刚性连接，是挤出机机型结构的发展方向，是受力最稳定，刚性最好，连接最合理的结构。刚性连接分为零距离刚性连接与非零距离刚性连接两种机型结构形式。

（2）下级受料箱与减速机之间刚性连接传动，为零距离刚性连接传动，应该讲是最先进的，技术含量是最高的，是全世界挤出机设计人员追求的最高目标；非零距离的刚性连接传动，在欧洲也很普遍。两者相比，后者要比前者结构略显复杂，需要大型的加工设备。而前者虽然结构简单，但设计难度很大，对减速机性能要求也很高。

（3）目前，国内的上、下分离型双级真空挤出机，下级受料箱与减速机，零距离刚性连接的机型结构很少。对于非零距离刚性连接、传动的机型结构，已有厂家在生产。德国、意大利等一些知名公司生产的挤出机大都采用零距离刚性连接或非零距离刚性连接、传动的机型结构。

（4）国内，目前以下级受料箱中的主轴与减速机输出轴，采用夹壳联轴器（胀套式联轴器）刚性连接，再配以三出头的专用减速机的机型结构居多；下级中主轴在受料箱与减速机之间设支点轴承座的机型结构，还有一些厂家在生产；主轴与减速机输出轴为插入式连接构成的机型结构，目前还没有厂家生产。

第四章　机型结构组合形式

下级受料箱与减速机之间为分离型机型结构。

受料箱中的主轴与减速机输出轴采用夹壳联轴器刚性连接机型结构形式。机型结构形式如图 6-1 所示，是由山东聚祥机械有限公司生产的上、下两级分离型双级真空挤出机。从图 6-1 中可以看出，该连接传动机型结构组合为：下级受料箱与减速机之间为分离型机型结构。受料箱中的主轴与减速机输出轴，采用夹壳联轴器刚性连接的机型结构形式。上级真空箱、搅拌槽、专用减速机三者为刚性连接传动的机型结构。

1. 简要说明

600 型双级真空硬塑挤出机是由山东聚祥机械有限公司结合国内外挤出机机型结构特点自主开发研制的最新一代产品。

图 6-1 夹壳联轴器刚性连接机型结构形式的双级真空挤出机

2. 机型结构特征

下级：受料箱中的主轴与减速机输出轴采用夹壳联轴器刚性连接的机型结构，其内在设计技术为主轴不受轴向力结构，轴向承载能力大，适合半硬塑、硬塑挤出成型。压泥板轴与减速机输出轴则采用万向联轴器连接，消除两轴间同轴度误差，传递效率高、转矩大、噪声小，使用更加安全可靠。采用双机头结构设置，可快速更换机头、机口，变换挤出制品品种。主轴采用浮动轴自动调心结构，消除泥缸摇头现象。另外，该挤出机还配备了一套简易集中润滑系统，润滑介质控制精确，集中润滑操作方便，加注时根本不需要停机，只需手动润滑泵的扳手挤出润滑油，分配器会自动定量分配润滑油并通过管道输送到上级前轴承、压泥板轴承和下级绞刀轴承等处。

上级：真空箱、搅拌槽、减速机三者刚性连接，机型结构更加坚固紧凑，由于搅拌槽与减速机刚性连接，使得上级减速机具有专用性，必须专门定做。上级搅拌轴与减速机输出轴采用凸缘联轴器刚性连接的机型结构，其结构简单，工作可靠，传递扭矩大，装拆较方便，并且其连接方式采用花键连接，从而使搅拌轴与减速机输出轴的轴线对准精度（定心精度）进一步提高，导向性能更好，传递的扭矩更大，强度更高，连接更可靠。整机可以实现一字型或丁字型安装布置。

3. 选择指南

下级主轴承载能力大，适合半硬塑、硬塑挤出成型。也就是说，适合页岩、煤矸石等原料为主的砖厂选用。

第五章　挤出机机型结构分析

挤出机机型结构分析是本篇论述的重点。通过对机型结构的分析，达到两个方面的目的。

其一，从设计角度认知，挤出机不同机型结构形状类型，内在结构的设计技术连接、传动性能特点。最终优化、确定所要设计的机型结构。

其二，从使用角度认知，不同的机型结构，代表的是不同的内在设计技术。对挤出机构成的种类形状有一个较为深入的内在的认识，充分认识到机型结构与内在结构设计技术的关系，在选择什么样机型结构的挤出机时做到心中有数。

机型结构分析所包含的内容应该是挤出机的上级和下级两个部分。应该讲，下级机型结构的构成种类较多，结构相对复杂，因而，是分析的重点。上级机型结构的构成种类相对下级而言较少，结构简单，作为次重点分析。分析有两个方面：

（1）对于下级而言，主要分析两个方面的内容：

1）主轴（绞刀轴）与减速机输出轴之间的连接、传动关系。

2）支撑主轴（绞刀轴）的零件，受料箱体，与减速机壳体之间的连接关系。

（2）对于上级而言，主要分析两个方面的内容：

1）单、双搅拌轴，即（对齿轮箱）输入轴与减速机输出轴之间的连接、传动关系。

2）支承单、双搅拌轴的对齿轮箱体与减速机壳体之间的连接关系。

一、下级主轴与减速机输出轴内在连接构成的种类

挤出机下级主轴与减速机输出轴的连接形式，受料箱与减速机壳体（支点轴承座）的连接形式，是体现挤出机下级内在设计技术，最终构成机型结构的关键。从目前所生产，并形成的下级机型结构看，内在设计技术连接传动形式种类有三种：

（1）主轴与减速机输出轴之间为非刚性连接，即主轴后端设置支点轴承座构成的机型结构，也就是说，有两个支点支承主轴。其特征：主轴必须是承受轴向力的，也就是说，轴向力是通过主轴传递到推力滚子轴承的。然后通过

受料箱传递到机架，最终经地脚卸荷。受料箱、支点轴承座、减速机壳体三者之间为非刚性连接。

（2）主轴与减速机输出轴采用夹壳（或胀套）联轴器刚性连接的，构成的机型结构。其特征：主轴必须是不承受轴向力的，也就是说，轴向力不是通过主轴传递到推力滚子轴承的。受料箱减速机壳体之间为非刚性连接。

（3）主轴与减速机输出轴采用插入式刚性连接构成的机型结构。其特征：主轴必须是承受轴向力的，也就是说，轴向力是通过主轴传动到推力滚子轴承。减速机输出轴内孔和花键只是一种支承和扭矩的传递。受料箱减速机壳体之间为刚性连接。

这里需要说明的是，上述主轴与减速机输出轴，无论采取哪种连接传动形式，主轴均可以设计成不承受轴向力结构的。但（1）（3）两种的主轴必须在轴向位置相对固定，也就是说，主轴不允许在轴向任意位置窜动。

二、下级机型结构分析

1. 受料箱与减速机之间，设支点轴承座机型结构与分析

如图6-2所示，受料箱与减速机之间、设支点轴承座机型结构类型。

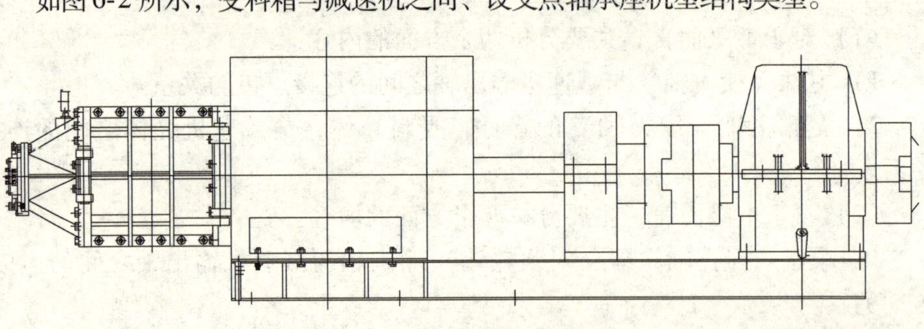

图6-2 受料箱与减速机之间设支点轴承座机型结构

其特征：（1）受料箱、支点轴承座、减速机箱体之间并没有实质性的连接，仅仅是通过机架组合在一起。（2）支点轴承座的一端，与减速机输出轴采用滑块式联轴器（浮动联轴器）传递扭矩外，再没有任何内在的连接关系，而另一端，与受料箱中的主轴来讲，有着至关重要的连接关系。其作用有两个：一是与受料箱轴承组中的双列调心滚子轴承形成两支点距离，支承前端处于悬臂状态的绞刀轴，其作用是缓解或消除因受料箱、支点轴承座中心高（同轴度）加工精度的误差和在装配中水平方向（同轴度）的位置误差而引起主轴（绞刀组）工作时的划圈现象和产生附加径向力时对绞刀

轴（主轴）的影响。二是当主轴受到轴向力的作用后向减速机方向传递时，或因装配时推力滚子轴承不到位而产生的轴向误差，起到向后微量位移的作用；而且浮动联轴器也留有间隙允许其向减速机方向的轴向位移，以保证减速机输出轴不受轴向力；最终由受料箱，承受轴向力，经机架、地脚螺栓卸荷。

两个作用说明为什么要在受料箱与减速机之间设支点轴承座，以及支点轴承座在该结构中起的重要作用，分析如下：

（1）从作用①中自然联想到两支点的距离应该确定一定的比例关系。为保证绞刀轴的工作平稳性，两支点距离当然越长越好。但距离太长，意味着主轴长度的增加，使挤出机外形尺寸和重量增加；若两支点距离过短，则悬臂端长，挠度大，会使绞刀轴运转不平稳，严重时会产生泥缸摇头现象。所以在挤出机设计时规定两支点距离，即 $L_2/L_1 \geqslant 0.7$，这在挤出机的设计中无疑是非常正确的措施。

但从实际使用情况看，采用此种机型结构的挤出机，即使 $L_2/L_1 \geqslant 0.7$，也很难保证泥缸不出现摇头的普遍现象，原因就是各零部件加工、装配积累误差总和超过两支点轴承座不同轴度的调整量。

（2）此种机型结构存在着受料箱与减速机之间的中心高度和左右同轴度的加工精度、装配精度问题。目前，因同轴度误差造成挤出机工作时泥缸摇头、整机摆动现象比较普遍。为解决此问题，挤出机设计时应增加加工定位（基准）要求，做到加工基准与装配基准为同一基准。最终达到的装配精度，不是靠工人的技术操作水平高低，而是靠科学的工艺手段来实现。这一点对于砖厂维修也很重要。

（3）受料箱与减速机之间中心高度和左右不同轴度引起的误差，受影响的不仅仅是泥缸摇头的问题，而且直接影响到主轴上的大齿轮与压泥板齿轮的啮合精度，增大交变载荷引起压泥板悬臂轴的径向力，严重时导致压泥板轴折断，齿轮快速磨损。凡是此种机型结构类型，压泥板齿轮传动基本都是背在受料箱后端的。

（4）受料箱与减速机之间设支点轴承座看似是很简单的机型结构，其实是最复杂，最难装配的机型结构。在 20 世纪 90 年代前是国内最好的机型结构，之后，随着技术的不断发展，设计理念的提高，展会上的广泛交流，再加上对引进设备的消化吸收，因而，采用此种结构的挤出机已逐渐减少。

（5）此种机型结构的挤出机若将受料箱、支点轴承座改为刚性组合连接设计，再配以不同结构形式的减速机，不仅能够消除该机型结构存在的所有不足，而且可以成为刚性十足、轴向距离缩短、外形美观、整体性能很好的机型结构。但刚性组合连接需要大型的机械加工设备。

(6) 这里还应该指出，若采用十字滑块联轴器，也必须达到同轴度的精度和轴向两侧应留有间隙的要求，否则滑块联轴器磨损是很快的。

2. 主轴与减速机输出轴采用夹壳联轴器刚性连接的机型结构与分析

如图 6-3 所示是主轴与减速机输出轴采用夹壳联轴器（或者胀套式联轴器）刚性连接的机型结构。从图 6-3 中可以看出，图 6-3 比图 6-2 在结构上发生了较大的变化。

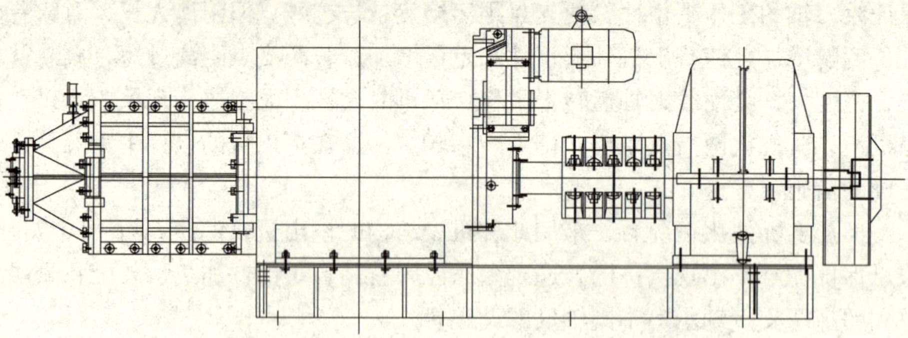

图 6-3　主轴与减速机输出轴采用夹壳联轴器刚性连接的机型结构

其特征：(1) 去掉了支点轴承座；(2) 扭矩的传递由浮动（十字滑块）联轴器改变为刚性（夹壳或胀套）联轴器，也就是，主轴与减速机输出轴为刚性连接；(3) 缩短了主轴的长度，拉近了减速机与受料箱之间的距离；(4) 受料箱与减速机箱体之间，并没有实质性的连接，仅仅是通过机架组合在一起。

该机型结构的主要特点是受料箱中的主轴与减速机输出轴采用刚性连接，显然该结构比较简单。为什么能去掉了支点轴承座，主要是内在结构的设计发生了变化，其变化体现在主轴的受力上。分析如下：

(1) 首先对主轴的受力认识。认为挤出机工作时绞刀所受轴向力是主要的，径向力是次要的，可忽略不计。然后，结构设计上所重点考虑的是如何卸荷更大轴向力的同时，让主轴不承受一点轴向力。

不承受轴向力的主轴与减速机的输出轴采用刚性连接是最合理的。否则，减速机输出轴上的轴承将受到轴向力的作用。主轴不承受轴向力向该结构提供了可靠的技术支持。

在这里需要说明一点：采用降低轴承内孔与主轴外径公差配合精度，实现主轴不承受轴向力结构的是不可取的。

（2）将浮动（十字滑块）联轴器改为夹壳式或者胀套式联轴器，变成刚性连接，使主轴与减速机输出轴成为一体。这样减速机输出轴上的轴承支点自然成为主轴的支点，相当于加长了 L_2，也就是 L_2 与 L_1 的比值增大，使主轴工作更加平稳。

（3）重载停车。超载启动是挤砖机工作时经常出现的问题，此时轴会因瞬间扭矩过大产生变形和扭转振动。在轴刚度校核公式中，轴变形和扭转角（振动）成正比，当轴长度（L）值增加时，扭转角（Ψ）值提高，说明轴的变形加大；当轴长度（L）值减少时，扭转角（Ψ）值降低，说明轴的变形减小。由此可得出结论：即刚性连接，结构得到简化，主轴缩短了，成本降低了，反而其刚性却得到提高。在同样扭矩条件下，短轴刚度要好于长轴刚度，短轴的结构要好于长轴的结构。

（4）与该机型结构组合最佳配置是：前端采用浮动轴及浮动轴延伸结构；后端选取与标准减速机或专用减速机的刚性连接。

前者为浮动轴结构不仅可以消除受料箱和标准减速机之间因中心高及左右同轴度误差带来的泥缸摇头问题，而且主轴不承受轴向力，有力地保障减速机在工作中不受到伤害。不采用浮动轴结构，是美国硬塑挤出机典型的机型结构；采用浮动轴结构，是法国半硬塑挤出机典型的机型结构；采用浮动轴延伸结构是具有中国特色的软塑、半硬塑挤出机典型的机型结构。

说明：法国浮动轴结构是带轴的浮动轴；中国特色的浮动轴延伸结构是不带轴的浮动轴。两者在绞刀的连接上有区别。

这里应该提出一点，对于硬塑成型的挤出机，也就是二次变径、变螺距的绞刀组合，是否可以采用浮动轴结构，在设计时还需要认真考虑。

后者则适应标准减速机或专用减速机的配置。配置标准减速机，受料箱后端装有压泥板传动系统，结构紧凑，或者采用压泥板独立传动系统，结构简单；配置专用减速机，因受料箱与专用减速机之间间距适中，留有空间实现两对压泥板轴的连接，机型结构合理。

（5）主轴与减速机的输出轴采用刚性连接，目前出现三种配置的机型结构。两种配置主要区别在于减速机的选用和压泥板的设置上。下面简单分析三种机型结构配置。

1）配置平行轴传递的标准减速机，压泥板有两种设置结构形式：一是受料箱后端装有压泥板传动系统；二是压泥板独立传动系统。

2）配置平行轴传递的专用减速机，压泥板齿轮传动融入到减速机中，构成专用减速机。

3）配置带底脚的行星齿轮传动标准减速机，采用压泥板独立传动系统。

行星齿轮传动标准减速机体积小，重量轻，安装方便，速比范围宽，承载能力大，是当今世界挤出机设计的趋势和发展方向。

但这里应该指出，行星齿轮传动的标准减速机输出轴与主轴采用夹壳联轴器刚性连接还应该慎重行事。原因是刚性连接让行星齿轮减速机前端轴承成为支撑主轴的一端支点，当同轴度精度偏差超出减速机的允许范围，减速机会出问题的。在此应该认识到，行星齿轮传动的标准减速机性能只能传递扭矩，不能承受其他任何多余的力。

（6）采用夹壳联轴器刚性连接，同样存在主轴与减速机输出轴同轴度误差的问题，该误差不要依靠浮动轴结构来消除，而应靠受料箱、减速机加工基准、公差要求和加工工艺来保证。同时，采用调心滚子轴承、推力滚子轴承不直接安装在主轴上的结构来配合，是至关重要的。

（7）受料箱与减速机箱体之间因为没有实质性的连接，而仅仅是通过机架组合在一起的。因而，在设计时还要考虑两者的连接问题。

3. 主轴与减速机输出轴插入式连接，受料箱与减速机箱体非零距离刚性连接机型结构与分析（1）

如图6-4所示是受料箱与专用平行轴减速机非零距离刚性连接传动组合的机型结构。

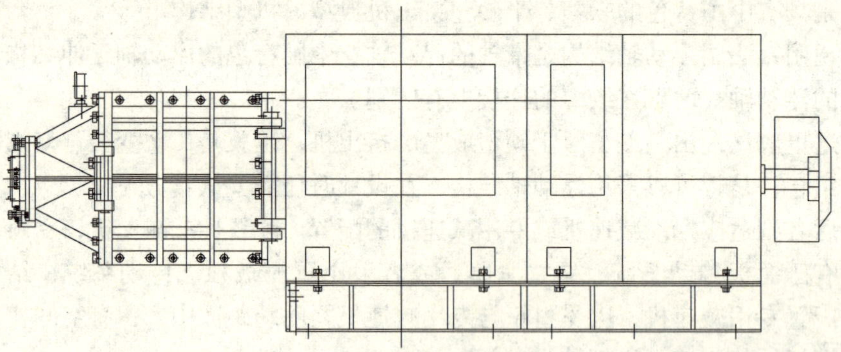

图6-4　受料箱与专用平行轴减速机非零距离刚性连接传动组分的机型结构

从图6-4中可以看出，图6-4比图6-3在结构上又发生了较大变化。

其特征：（1）去掉了刚性（夹壳或胀套）联轴器，主轴与减速机输出轴插入式连接；（2）受料箱与平行轴传动的减速机箱体刚性连接；（3）受料箱与减速机之间的轴向距离缩短，结构更加紧凑；（4）受料箱与减速机刚性连接整体性能好，封闭性好，外观整齐大方。分析如下：

（1）该机型结构类型，作为减速机为平行轴传动结构；传动级数为单级、双级、三级均可。压泥板可以设置在受料箱与减速机之间，也可以设置在减速机之中。

这里再进一步提示，无论平行轴传动为单级、双级还是三级的减速机，机壳（箱体）应该设计为整体式结构，也就是说，减速机无上、下箱体结合面。

（2）在该结构中，主轴与减速机输出轴采用插入式刚性连接是必然的。减速机输出轴中的轴承可以作为主轴另一端的支点，相当于加长了 L_2 的支撑长度。作为主轴，既可采用通轴结构，也可以采用浮动轴结构。

（3）设计该种机型结构时，主轴必须承受轴向力。当推力滚子轴承装配未到位，允许主轴在减速机输出轴内孔中向后微量位移。

说明：构成该种机型结构，主轴也可以设计成不承受轴向力。但主轴必须在轴向位置相对固定，也就是说，主轴不允许在轴向任意位置窜动。

（4）整体加工受料箱与减速机各孔和面，可以完全保证各轴孔、端面，同轴度，平行度，垂直度等加工精度要求。主轴工作时，不存在挠度、画圈现象。

（5）选用此种机型结构设计的挤出机，要求有大型的机械加工设备，否则难以实现理想的设计和加工精度的要求。另外，对该结构加工，特别是减速机装配有一定难度，需要采取相应措施。

说明：

1）这里讲的结构加工、装配难度，是指在刚性连接结构中，减速机箱体为整体式，也就是说，无上、下箱体结合面。因而，加工、装配平行轴传动的单级、双级、三级减速机的确有一定难度。

2）若要降低装配难度，可以将减速机拆分出来，构成独立的单级、双级、三级传动的专用减速机，由专业减速机生产厂制造。只要将与受料箱刚性连接的基准定位确定好（这一点很重要）即可，以实现简单的装配。这里还应该指出，专用减速机外形形状及尺寸，必须与刚性连接箱体吻合。

3）这里特别推荐采用平行轴、单级、大速比传动的减速机 + 标准单级行星齿轮减速机连接，传动组合应该更好。不仅可以获得较大的转速比，而且还可以更有效地保护标准行星齿轮减速机在工作中不受到其他力的作用。

4）放弃双级、三级的传动级数，不仅减速机的体积和重量降了下来，而且结构也变得简单，加工、装配也更容易。

再次说明：

1）推荐的平行轴、单级、大速比传动的减速机 + 标准单级行星齿轮减速机，此时的标准单级行星齿轮减速机安装在单级减速机的输入轴上。

2）平行轴、单级、大速比传动的减速机最好也拆分出来，构成独立的专用减速机，实现简单的定位装配。

3）另外，平行轴、单级大速比传动减速机与压泥板齿轮传动，可以融合到一个减速机箱体中，制作成独立的专用减速机，实现简单的定位装配，结构不仅更好、更紧凑，而且，机型结构演变成为零距离，或者是近似零距离的刚性连接，如图 6-5 所示。

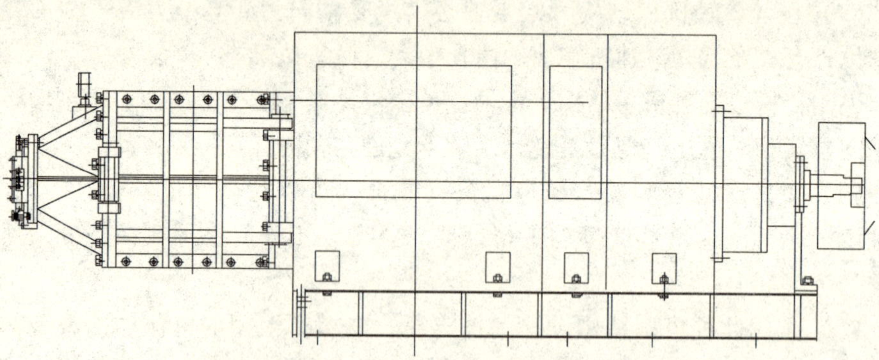

图 6-5　平行轴、单级、大速比传动减速机 + 压泥板齿轮传动 + 标准单级行星齿轮减速机的机型结构

4）在此，再推荐一个结构，就是在主轴后端再增加一个支点支承主轴。主轴与减速机输出轴为插入式连接。主轴既可以设计成为不受轴向力结构，也可以设计成为承受轴向力结构。作为减速机，为平行轴、单级 + 压泥板齿轮传动 + 标准单级行星齿轮减速机的组合，与受料箱箱体组合成非零距离刚性连接的机型结构。减速机外形尺寸设计符合受料箱整体尺寸、形状，基准定位要求，这样不仅装配简单，构成合理，而且，压泥板齿轮的啮合精度、使用寿命、润滑等问题都一并解决，与图 6-5 相仿。

（6）此种机型形式结构的挤出机下级对于整机内在连接和外形形状来讲，不仅刚性十足，而且美观大方，有霸气。

4. 主轴与减速机输出轴插入式连接，受料箱与减速机箱体非零距离刚性连接机型结构与分析（2）

如图 6-6 所示是采用标准行星齿轮减速机连接、传动组合的非零距离刚性连接的机型结构。

从图 6-6 中可以看出，图 6-6 与图 6-4 相比区别主要在减速机的选用上，图 6-6 结构选用的是标准行星齿轮减速机。

其特征：（1）主轴与减速机输出轴采用插入式连接，在主轴后端增加一个支点，以确保标准行星齿轮减速机工作时不受到伤害；（2）行星齿轮减速机至少为两级速比传动；（3）压泥板齿轮传动设置在主轴两支点之间；（4）受料箱与减速机箱体实现刚性连接，整体机型结构轴向距离要长于图6-5。分析如下：

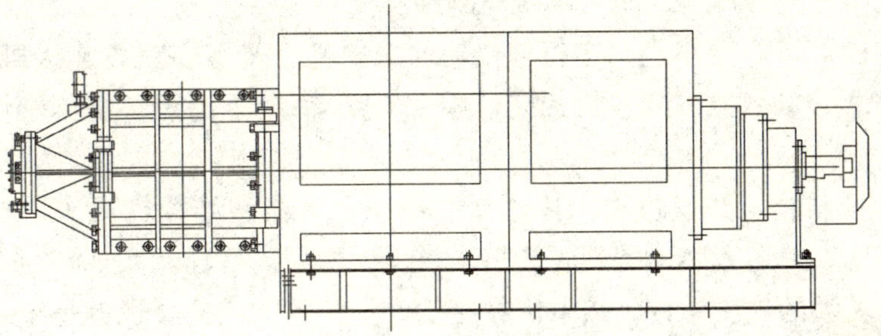

图6-6　受料箱与标准行星齿轮减速机非零距离刚性连接传动的机型结构

（1）该机型结构类型从加工、安装比图6-4机型结构类型相对要简单一些。所谓简单，就是指直接将标准行星齿轮减速机整体安装，而图6-4则需要装配减速机。

（2）在该结构中，主轴与减速机输出轴同样采用插入式连接，但主轴后端必须增加一个支点，形成两个支点支撑主轴，以确保标准行星齿轮减速机工作时只传递扭矩，不受到其他力，这一点非常重要。

（3）两个支点支撑的主轴，对于压泥板齿轮传动而言，传动精度等方面要好于图6-4的机型结构类型。但这里应该指出，压泥板齿轮传动的空间位置、润滑等，与主轴轴承组壳体交织在一起，当打开封闭的箱体维修时，箱体内并不是很干净利落。因而，此种结构对于设计者而言比较麻烦。

（4）该种机型结构设计时，主轴必须承受轴向力。当推力滚子轴承装配未到位，允许主轴在减速机输出轴内孔中向后微量位移。

同样，构成该种机型结构主轴也可以设计成不承受轴向力的。但主轴必须在轴向位置相对固定，也就是说，主轴不允许在轴向任意位置窜动。

（5）受料箱及连接件刚性壳体，整体加工各孔和面，可以完全保证各轴孔、端面、同轴度、平行度、垂直度等加工精度要求。主轴工作时，不存在挠度、画圈现象。

（6）选用此种机型结构设计的挤出机，要求有较大型的机械加工设备，否则难以实现理想的设计和加工精度的要求。

5. 主轴与减速机输出轴采用插入式连接，受料箱与平行轴减速机零距离刚性连接机型结构与分析（1）

如图6-7所示是受料箱与专用平行轴传动减速机零距离刚性连接传动的机型结构。

从图6-7中可以看出，图6-7与图6-4相比较，图6-7结构上又有了较大变化，受料箱与减速机之间为零距离刚性连接。

其特征：(1) 受料箱与平行轴传动的减速机，实现零距离连接机型结构；(2) 压泥板传动融入到减速机的设计中；(3) 轴向距离短，整体刚性好。分析如下：

(1) 受料箱与减速机零距离连接、传动，从机型结构构成来讲，应该算是最简单的，外形紧凑、美观，是挤出机发展的最高境界。实现零距离机型结构连接、传动的先决条件，需要内在结构设计技术的支持。也就是说，主轴与减速机输出轴连接结构需要巧妙地设计。牵扯到的问题是，轴承组前后两端的密封，轴承组的润滑等。

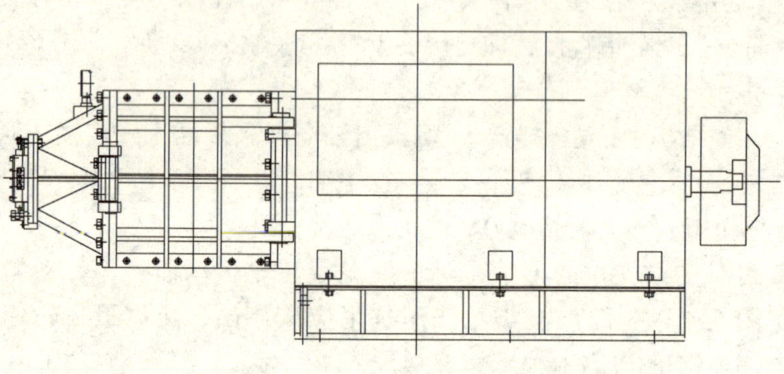

图6-7 受料箱与减速机零距离刚性连接的机型结构

(2) 零距离机型结构采用平行轴传动的减速机，其结构设计、加工、安装、维修相对要复杂，因而，必须保证减速机一定年限的使用寿命，应采取硬齿面齿轮传动。另外，为保证挤出机整体效果，设计时，减速机壳体形状与尺寸，应该与受料箱体外形尺寸、形状大小相匹配。

(3) 在该结构中，主轴与减速机输出轴同样采用插入式连接，主轴必须承受轴向力。主轴的装配必须从绞刀方向向后装配。另外，为防止主轴的轴向窜动，在减速机输出轴内孔中还要设置轴向拉紧装置。

同样构成该种机型结构，主轴也可以设计成不承受轴向力的。但主轴必须在轴向位置相对固定，也就是说，主轴不允许在轴向任意位置窜动。

(4) 主轴与减速机输出轴采用插入式连接，输出轴轴承支点也成为主轴的支点。对于与主轴插入连接处的减速机输出轴的轴承应该按设计要求选取，也就是说，轴承的承载能力要大。另外，主轴与减速机输出轴轴孔的配合间隙，也起到相应的浮动轴的作用。

（5）从机型结构构成来讲，受料箱与减速机零距离连接、传动应该算是最简单的，但主轴轴承组与减速机输出轴之间轴向空间很小，因而，设计难度是很大的。

6. 主轴与减速机输出轴采用插入式连接，受料箱与行星齿轮减速机零距离刚性连接机型结构与分析（2）

如图6-8所示是受料箱与行星齿轮传动减速机零距离刚性连接传动的机型结构。

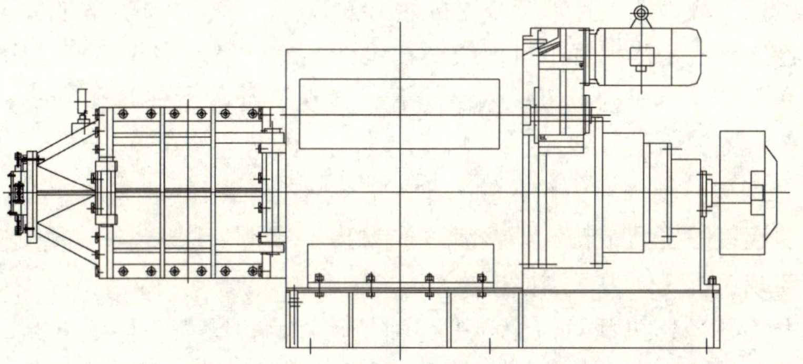

图6-8　受料箱与行星减速机零距离刚性连接的机型结构

从图6-8中可以看出，图6-8与图6-7相比较，受料箱与减速机同为零距离刚性连接传动，但在减速机的选用上有所不同，图6-8选用的是行星齿轮减速机。

其特征：（1）受料箱与标准行星齿轮减速机组成的零距离刚性结构；（2）压泥板为独立传动。分析如下：

（1）受料箱与标准行星齿轮减速机组成的零距离刚性连接传动，从机型结构构成来讲，应该算是最简单的，是目前挤出机设计技术的最高境界，外形紧凑、美观。

（2）实现零距离刚性机型结构连接传动的先决条件，主轴必须是承受轴向力的。同时，主轴与减速机输出轴采用插入式连接结构，即行星齿轮减速机输出轴为空芯轴。主轴轴承组与减速机输出轴需要巧妙地连接设计。

同样构成该种机型结构，主轴也可以设计成不承受轴向力的，但轴承组的结构构成必须设计得巧妙。

（3）对于压泥板来讲，采用此种机型结构必然是独立传动结构。

（4）采用标准行星齿轮传动的减速机实现的零距离刚性连接传动的机型结构，应该解决好以下三个方面的问题：

1）标准行星齿轮减速机技术性能、结构是否允许，不仅能达到挤出机工作状态的要求，而且能实现插入式连接结构的要求。

2）主轴轴承组与标准行星齿轮传动减速机组合后，必须能同时满足两者安装、拆卸、维修等方面的要求。

3）压泥板独立传动的减速机整体外形尺寸、结构，应满足安装空间位置要求。

三、上级搅拌轴、对齿轮箱、减速机输出轴三者内在连接构成的种类

挤出机上级单双搅拌轴与减速机输出轴的连接形式，对齿轮箱体与减速机壳体的连接形式是体现挤出机上级内在设计技术，最终构成机型结构的关键。从目前所生产并形成的上级机型结构看，内在设计技术连接传动形式种类有三种：

（1）双搅拌轴（对齿轮箱输入轴端）与平行轴标准减速机输出轴之间采用非刚性连接的机型结构，即两者之间采用十字滑块联轴器传递扭矩（对齿轮箱体与减速机壳体为非刚性连接）。

（2）专用减速机既对齿轮与平行轴传动减速机融为一体，不存在对齿轮箱输入轴端与减速机输出轴的连接传动关系，自然两者的箱体也成为一体，并构成专用减速机（专用减速机的输出轴与搅拌轴为刚性连接）。

（3）对齿轮箱体的输入轴与标准行星齿轮减速机的连接传动机型结构（对齿轮箱体的输出轴与搅拌轴为刚性连接）。

四、上级机型结构分析

1. 对齿轮箱输入轴与平行轴传动减速机输出轴采用十字滑块联轴器传递扭矩（对齿轮箱体与减速机壳体为非刚性连接）机型结构与分析

如图 6-9 所示是对齿轮箱输入轴与平行轴传动减速机输出轴采用十字滑块联轴器传递扭矩的机型结构。

从图 6-9 中可以看出，对齿轮箱体与平行轴传动减速机箱体为分离型结构，并在同一机架上连接，减速机为标准减速机。

其特征：（1）对齿轮箱体与平行轴传动减速机箱体之间，仅仅是通过机架组合在一起，属于非刚性连接；（2）对齿轮箱输入轴与平行轴传动减速机输出轴采用十字滑块式联轴器（浮动联轴器）传递扭矩。分析如下：

（1）此种机型结构存在着对齿轮箱输入轴中心高与减速机输出轴中心高，

以及上下、左右同轴度的加工和装配精度问题。十字滑块联轴器磨损程度、使用寿命与加工和装配精度有着直接的关系。

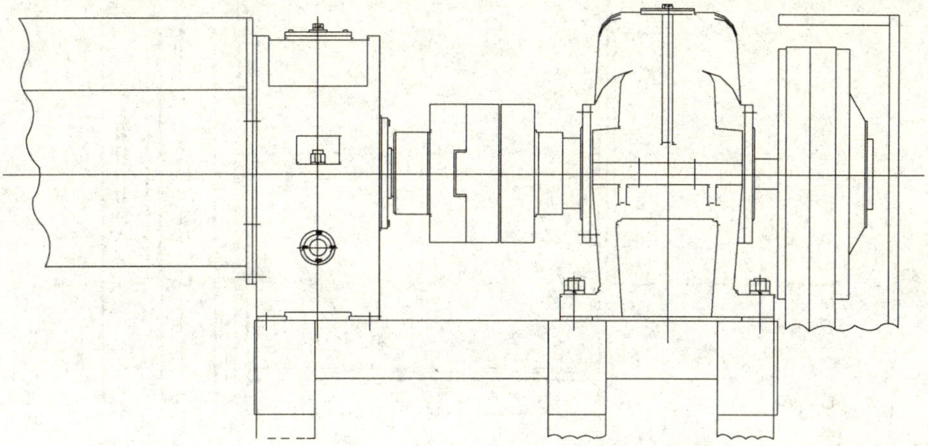

图 6-9　对齿轮箱输入轴与平行轴减速机输出轴采用十字滑块联轴器传递扭矩的机型结构

（2）采用标准减速机属于是一种传统的设计。该组合看似很简单，其实是较为复杂的机型结构。特别是当十字滑块联轴器磨损后，拆卸、维修、更换都是很麻烦的。

（3）此种结构组合的对齿轮是安装在搅拌轴上的。因而，当搅拌轴的一端支点调心轴承与另一端真空箱支点调心轴承产生同轴度误差时，在调心的过程中会直接影响到对齿轮的啮合精度，致使对齿轮磨损加快，寿命降低。

由此可以联想到，因为对齿轮是安装在搅拌轴上，所以当对齿轮磨损，需要拆卸、更换，显然是相当麻烦的。同理，一旦搅拌轴出现问题，需要拆卸、更换也同样是相当麻烦的。

（4）从上述情况可以看出，此种连接传动组合其设计理念和机械性能，以及设备档次上都属于是落后的。因而，随着设计水平和齿轮制造精度的提高，采用此种机型结构的已逐渐减少。另外，轴向距离较长，不够紧凑。

2. 专用减速机组合的刚性连接传动的机型结构

如图 6-10 所示是专用减速机组合的刚性连接传动的机型结构。

从图 6-10 中可以看出，图 6-10 与图 6-9 比较，其区别在于，对齿轮箱体与平行轴传动减速机箱体合而为一，形成刚性连接的机型结构；取消了十字滑块式联轴器（浮动联轴器）传递扭矩。

其特征：（1）对齿轮箱体与平行轴传动减速机箱体组合成为专用减速机，实现刚性连接；（2）由分离型演变为紧凑型。分析如下：

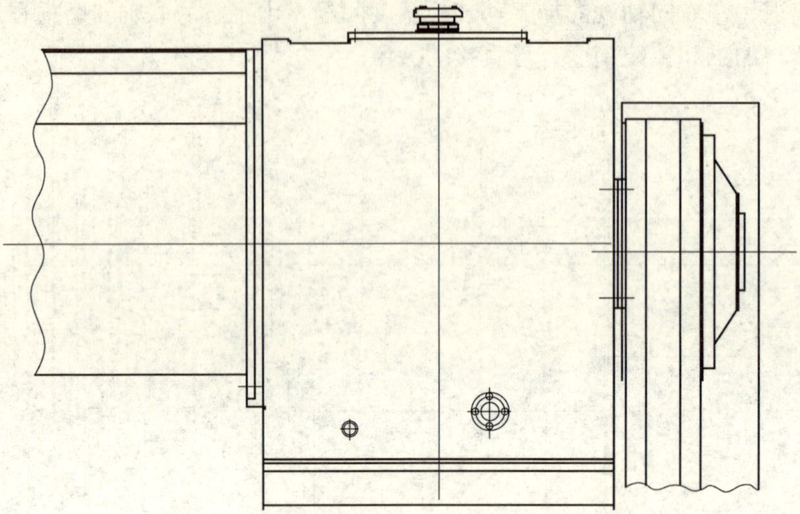

图6-10 专用减速机刚性连接的机型结构

(1) 从图6-10中可以看出，此种组合结构大为简化，不存在对齿轮箱输入轴中心高与减速机输出轴中心高、上下左右同轴度的加工和装配精度的问题，以及十字滑块联轴器磨损的问题。

(2) 采用专用减速机属于是打破传统观念的创新设计。设计时，只要保证专用减速机中齿轮的使用寿命，不存在维修、更换易损件的问题。

(3) 此种结构组合最大的好处是，对齿轮与搅拌轴脱开。也就是说，对齿轮不是安装在搅拌轴上的。

(4) 专用减速机的输出轴与双搅拌轴一端刚性连接，安装、维修、更换简单。专用减速机与真空箱产生的同轴度加工、安装误差，由真空箱的支点调心轴承调整。

(5) 从图6-10机型结构组合可以看出，其设计理念和机械性能，以及设备档次上都优于图6-9的机型结构组合。属于推广的机型结构。

(6) 采用专用减速机机型结构，设计、加工，以及装配，都有一定难度。

3. 对齿轮箱输入轴与标准行星齿轮减速机连接传动的机型结构

如图6-11所示是对齿轮箱输入轴与标准行星齿轮减速机连接传动的机型结构。

从图6-11中可以看出，图6-11与图6-10比较，其区别在于，该组合是对齿轮箱体+标准行星齿轮减速机连接传动的机型结构。

其特征：(1) 由标准行星齿轮减速机替代平行轴传动的减速机，与对齿轮箱体实现刚性连接传动；(2) 机型结构更为简单、紧凑。分析如下：

(1) 从图6-11中可以看出，此种组合结构更为简化，省略了专用减速机的复杂设计和加工，以及装配的难度。

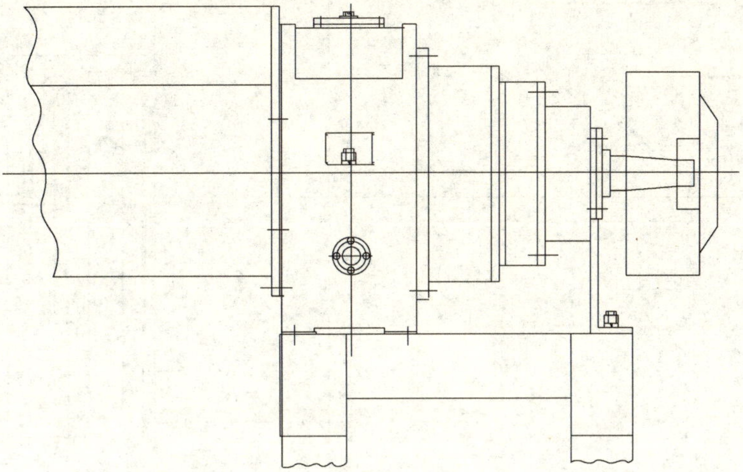

图 6-11　对齿轮箱输入轴与标准行星齿轮减速机连接传动的机型结构

（2）标准行星齿轮减速机 + 对齿轮箱体的组合。因为对齿轮箱的输入轴不增加任何其他受力，所以对标准行星齿轮减速机的使用来讲是最合理的连接，没有任何额外的负担。

（3）此种结构组合应该是目前上级机型结构连接传动的最佳设计。而且该组合为对齿轮箱无上下箱体结合面结构，即整体式结构。

（4）专用减速机的输出轴与双搅拌轴一端刚性连接安装、维修、更换十分方便、简单。专用减速机与真空箱产生的同轴度加工、安装误差由真空箱的支点调心轴承调整。

4. 上级双搅拌轴与减速机插入式连接

如图 6-12 所示是双搅拌轴与专用减速机插入式连接，搅拌槽与专用减速机采用刚性连接传动的机型结构。

从图 6-12 中可以看出，图 6-12 与图 6-10 比较，其区别在于双搅拌轴与专用减速机为插入式连接，对齿轮箱体与平行轴传动减速机箱体合而为一形成刚性连接的机型结构。

其特征：（1）对齿轮箱体与平行轴传动减速机箱体组合成专用减速机，实现刚性连接；（2）专用减速机输出轴端为内孔式。分析如下：

该机型结构组合与图 6-10 分析内容完全一样，只是双搅拌轴与专用减速机输出轴端的连接方式有区别，也就是说，双搅拌轴与专用减速机输出轴端采用插入式连接，搅拌轴工作时，向减速机方向的轴向位移只在输出轴端内孔移动，结构更加合理、紧凑，是上级机型结构的发展方向。

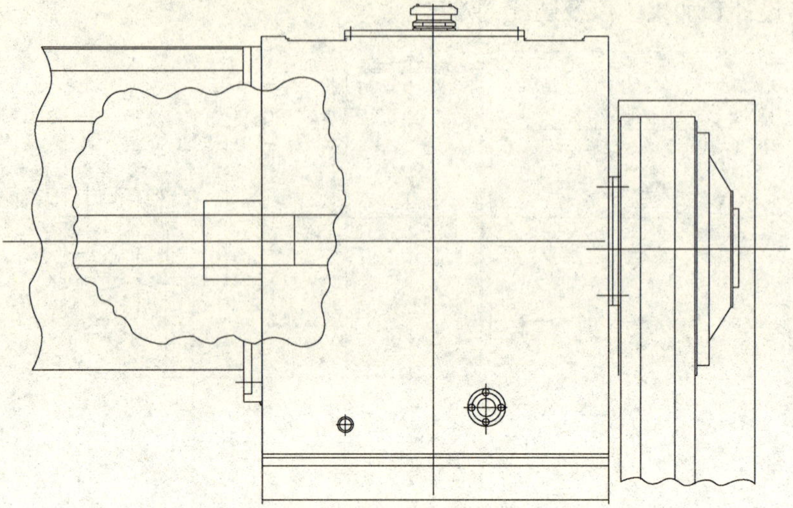

图 6-12　双搅拌轴与专用减速机插入式连接组合的刚性连接的机型结构

五、机型结构分析小结

（1）从上述挤出机下级六种不同机型结构类型形状分析可以看出，从设支点轴承座到无支点结构再到零距离的机型结构，区别看似很简单，其实代表的是不同的内在结构设计技术。不管上述哪种机型结构都是在不同设计思想指导下，对主轴受力分析后而设计的机型结构。因此，必然形成不同的挤砖机机型结构形状。

（2）六种不同机型结构的焦点有三点：

1）主（绞刀）轴与减速机输出轴的连接传动关系，采取相应的主轴承受轴向力或不承受轴向力或内在结构设计。

2）受料箱 + 不同传递扭矩形式减速机的组合，并与所选减速机箱体之间构成的连接距离是机型结构变化所在。

3）受料箱与减速机箱体之间中心高（同轴度）的问题。中心高（同轴度）是决定挤出机机型结构性能优劣的关键所在，是全世界挤出机设计人员研究的技术课题。谁把这两个问题解决得好，谁就处在世界领先地位。

（3）从第一种机型结构发展到第六种机型结构历经上百年，是设计理念的提高，是内在结构设计技术的提高，应该讲，第二种机型结构技术含量高于第一种机型结构；第三种机型结构技术含量高于前两种机型结构；以此类推，第六种机型结构技术含量是最高的，也是设计难度最大的。技术含量高的一定是性能最好，结构最简单，加工最容易，成本最低廉，维修、安装、操作最方便的机型结构。

（4）在六种机型结构的选用上，第一种机型结构最好不选用，第二种机型结构可以采用，第三种至第六种为刚性连接零距离或非零距离的机型结构是发展方向，是应该广泛推广应用的。

（5）从挤出机上级四种不同机型结构类型形状分析可以看出，第二种机型结构技术含量高于第一种机型结构，第三种、第四种机型结构技术含量高于前两种机型结构。这里推荐采用二、三、四种机型结构。

（6）对于紧凑型、水平两级型双级真空挤出机，双挤出型双级真空挤出机，完全可以参照上述机型结构分析的内容进行相应设计，故而，对此不再进行机型结构分析。

第六章　价值工程设计

价值工程设计也是机型结构的组成部分，是最值得推广的设计，特别是在市场竞争激烈的情况下，价值工程设计更突显出其重要性。价值工程设计涵盖两个方面内容：

（1）外在的资源性的节能。

（2）内在的自身性额定节能。

价值工程设计应从节约原材料、减少零件的加工过程、标准件的选用入手。

一、原材料的节约

减少原材料的耗用是降低成本的最直接的手段，说白了就是通过降低产品的吨位而节省的支出，是价值工程设计的具体体现之一。减少原材料的耗用包含多个方面：（1）对大型机体（件）结构上的设计改进。经力学计算，完全达到或超过同样承载能力要求，（2）部件结构的改进，用简单的结构替代复杂的结构。（3）机型结构的改进，合理选用标准件。

二、减少零件的加工过程

减少零件的加工过程同样是降低成本的最直接手段，说白了就是通过降低能耗而节省的支出。这里的能耗是指人工、运输、机床磨损、耗电、管理、加工周期等产生的费用。降低能耗包含多个方面（1）能不加工的就不加工，采用先进的下料工艺。（2）简化零件的结构，由复杂加工变为简单加工。（3）设置工装，通过工装省略加工，达到组合、装配精度。（4）缩短设备制造周期。

实现上述价值工程的设计，需要有一个由领导加技术人员、管理人员、工人组成的思想统一、步调一致的团队。

三、技术要求

所谓技术要求，其实质是为保证设备的精度而设置或提出的技术要求。技术要求体现在以下几个方面：（1）设计技术要求；（2）加工精度要求；（3）装配精度要求；（4）现场安装精度要求。四个方面的要求环环相扣，紧密相连，缺一不可。

1. 设计技术要求

设计技术要求是为保证设备的性能，也就是为保证后三项精度要求而提出的，并依此为依据来实施的技术要求。设计技术要求主要是加工基准的设置。如目前普遍存在挤出机工作时出现泥缸摇头、整个机身摆动现象。这个问题其实质是受料箱与减速机或与支点轴承座之间即中心（上下）高、水平（左右）距离的同轴度问题。解决此问题首先应在某一零件中设计出加工基准面以此为统一基准面，实施加工和装配，同时零件中还要设计出与加工基准面相一致的现场安装、找正的基准面，以便为安装人员现场使用。

2. 加工精度要求

加工精度要求属于工艺性的，应根据设计要求提出的加工基准，通过工艺手段，在加工机床上设置工装、定位，以及某些基准的点、线、面，利用这些工艺手段达到加工精度，最终保证设计要求，并为实施装配精度打下良好的基础。

这里需要强调一点，在设计关键零部件之间的连接精度关系时，就要将其定位基准考虑进去。

3. 装配精度要求

关键部件之间的装配精度不是靠技术工人的技术高低、操作水平来实现的，而是靠科学的工艺、严格的工装要求而实现的，装配时只要按照加工的统一的基准、统一的操作方法，实施装配即可。

装配精度的另一层的意义是，挤出机在砖厂的维修过程中，同样可以达到出厂时的精度要求。另外，这一点还需要在说明书中以图文并茂的形式展示出来，详细解释、说明其操作要领，以便砖厂维修人员掌握。

4. 现场安装精度要求

现场安装精度要求是通过使用某些仪器或检测设备达到安装精度要求，为此，就要设置相对应的基准面，便于安装人员使用。挤出机安装时，水平精度应采用框式水平仪。

第七篇　双挤出型 双级真空挤出机

第一章　概　论

目前，世界范围内的双级真空挤出机都是一个上级对应一个下级，而双挤出型 双级真空挤出机是因机型结构创新而出现的一个新名词。它是一个上级对应两个下级，若就两种机型结构按下级挤出个数分类，前者应称为单挤出型双级真空挤出机（即目前广泛应用的挤出机），后者则应称为双挤出型 双级真空挤出机。

双挤出型 双级真空挤出机的问世，拓展了挤出机上下两级机型结构的设计（搭配）范围，让人眼前一亮，好像看到挤出机发展的方向。其节能、减排、低成本等势不可挡的强劲原由，有可能引发挤出机机型结构创新的技术革命。

那为什么要用一个上级对应两个下级呢？

经过十多年墙材工业的不断发展，各省、市按国家相关部门政策要求，加大了对那些毁田、高耗、污染环境的小砖厂进行治理、整顿，整顿后涌现出一批节能利废、产量高、质量好、符合墙改政策并具有一定规模的新型砖厂，为达到折合标砖上亿块或更高的年产量，引进了大型如750型双级真空挤出机。

750型双级真空挤出机是目前世界范围内已生产出的最大机型，该机上级功率为110kW，下级功率为315kW，产量为1.2亿块标砖/年（折合小时产量为2.4万块标砖）。

目前，拥有此种大型挤出机的砖厂往往都是火力发电厂、煤矿等大型单位，对于绝大多数砖厂来讲，750型挤出机属于高不可攀，望尘莫及之事。原因就是这些砖厂即使能花上百万资金一次性投入买得起，但日常的耗电量也很难让砖厂承受。那如何在保证年产量1.2亿块标砖，成型压力相当，实现装机功率大幅降低，挤出机价格让市场接受呢？如何能实现让大型挤出机普及到一般砖厂改造，真正实现节能减排呢？甚至再进一步说，如何能让目前世界上还没有生产出的850型、1000型，甚至1200型等超大型挤出机普及到一般砖厂呢？这是研究的一个课题，是节能减排的需要，是行业纵深发展的关键。

这就是为什么要用一个上级对应两个下级的原因。双挤出型 双级真空挤出机的设计成功，解决了这一课题。

750 型挤出机去掉上级特征的俯视图，如图 7-2 所示。

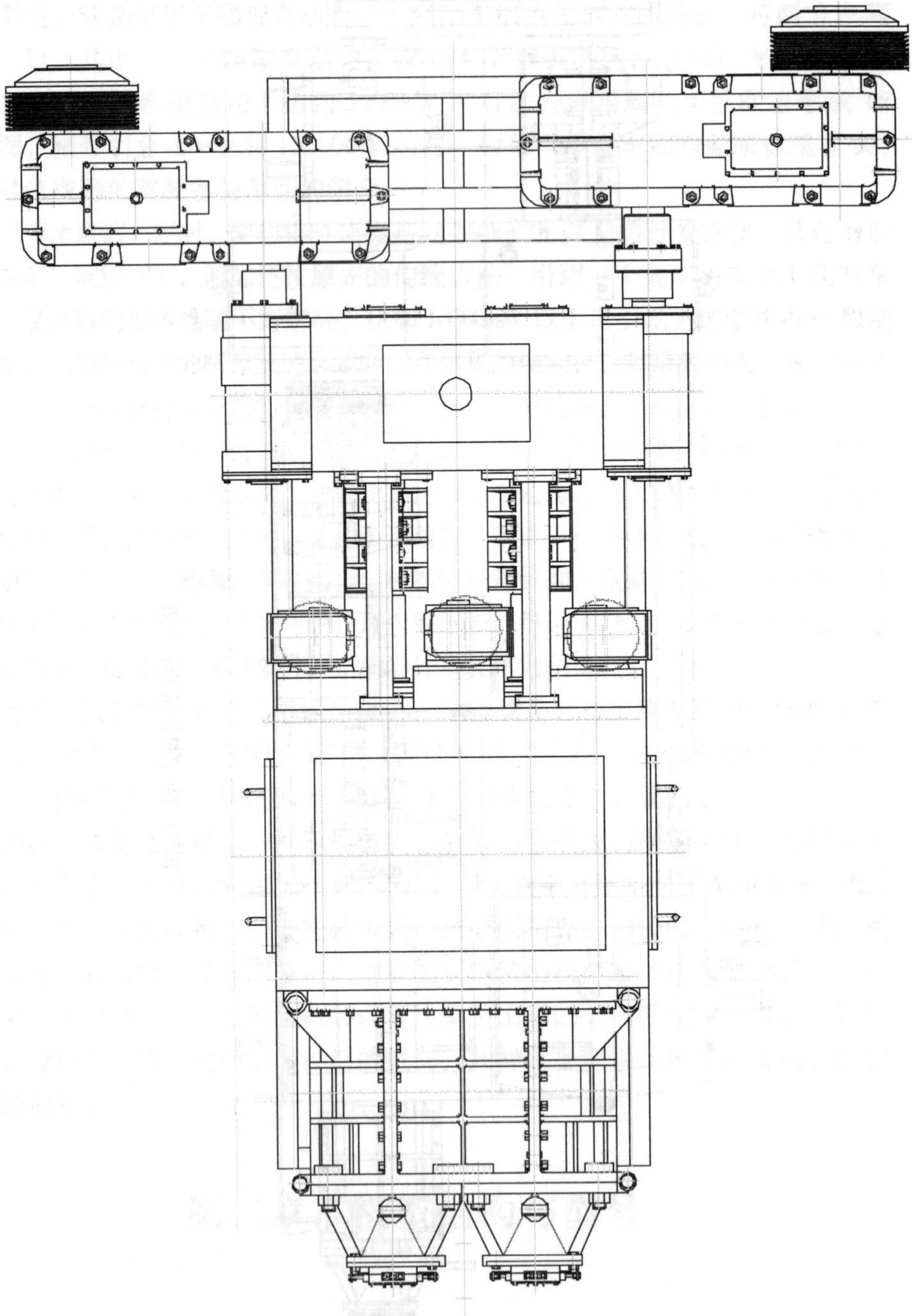

图 7-2　750 型挤出机的俯视图

从图7-1可以看出，上级没有多大变化，仍然保持750型的主要结构，从图7-2中可以看出，下级整体结构出现变化，由原先单挤出型结构形式，演变为两组独立传动的双挤出结构形式。下面简述双挤出型 双级真空挤出机的组成、结构特征、挤出形式和说明。

1. 组成

整机依然由上下两级组成：上级由真空箱、搅拌槽、带一级变速传动的对齿轮箱、主传动减速机、气动离合器、电动机等组成。除主传动减速机外，其余均为刚性连接。下级从图7-2可以看出：有两个机头、机口、双挤出泥缸、整体受料箱、一级减速机，它们之间为刚性连接；两个主传动减速机输出轴分别与一级减速机的输入轴实现独立传动，其输入轴各自配有气动离合器、电动机。压泥板为独立传动系统。

2. 结构特征

与目前挤出机不同的是双挤出型因结构的需要，在受料箱后端设置了单级减速机，这一结构设计解决了两个方面的难题：一是解决了两组主轴并连时，中心距偏小如何实现各自独立传动的难题；二是主轴在低转速下实现大速比的难题。

（1）单级减速机相当于目前挤出机中的专用减速机或是标准减速机，是受料箱后面的一个支点，与主轴采用夹壳联轴器刚性连接。

（2）单级减速机的设置是双挤出型 挤出机传动结构设计突破点之一，它不仅实现了双挤出传动的巧妙连接，而且彻底解决了长期困扰主轴低转速、大扭矩状态下所要求高传动速比问题，高传动速比使得电动机转速（即低级数电动机的选择）与皮带轮直径处于最佳的配置参数中。采用设置单级减速机的传动方式不仅没有增加成本，反而大大降低了设备成本，并延长了减速机的使用寿命，从而让挤出机的售价大幅下降，技术性能得以提高。

这里顺便说明一点，若将设置单级减速机的结构延伸运用到单挤出型 挤出机上，同样得到上述特征（2）的效果，这是研究、设计双挤出型 挤出机而得到的一种新的传动结构模式。

（3）与单级减速机输入轴相连接的主传动减速机，既可选用ZQ（ZQA）标准减速机、中等规格的硬齿面标准减速机，也可以选用小规格的行星齿轮传动的标准减速机，摆脱了各种大规格型号减速机的选型，这样不仅拓宽了减速机的选择范围，实实在在地降低了成本，而且让ZQ（ZQA）廉价的标准减速机继续发挥优势作用。

（4）压泥板独立传动系统，选用目前世界范围内流行的斜齿＋螺旋锥齿法兰式连接的减速机、FC系列平行轴传动斜齿减速机、摆线针轮减速机。

3. 挤出形式和说明

挤出形式如下：

（1）两个机头、机口，可各自独立地挤出某一规格相同孔型断面的制品，也可以各自独立地挤出某一规格不相同孔形断面的制品，实现两种不相同孔形断面制品的同时挤出。

（2）改变双机头、机口内腔结构，使之合二为一，可以共同完成挤出大规格孔形断面的制品及多条的挤出。采用闸板结构可实现两组绞刀挤出时阻力平衡的调整。

说明如下：

1）小型号、单挤出型挤出机，由于受到压缩比、绞刀直径小等自身条件的限制，难以实现大规格孔形断面制品及多条制品的挤出，而双挤出则弥补了这一不足，扩大了制品的规格、尺寸、品种的生产范围。

3）在挤出大规格孔形断面制品时，采用水平形式布置，重心低；在挤出模数砖或长、宽尺寸比例小的空心制品，采用垂直形式布置挤出多条时，宽、高的尺寸比例适中，有利于泥料移动时的阻力均衡。

3）大规格孔形断面制品或多条制品的挤出，其最大宽、高（长方形）尺寸投影到绞刀有效直径（面积）上。

①对于大型号、单挤出型挤出机来讲，是一个长方形投影到一个圆上。显然，背影部分面积上下、左右的均匀程度误差较大，容易造成挤出时阻力不平衡，因而，在排列、组合挤出制品孔形断面时颇费脑筋，组合不当，造成压缩比过大，挤出效率低。

②对于双挤出型 挤出机来讲是一个长方形投影到一个椭圆形上（两组绞刀组合后，所形成的有效面积近似一个椭圆形）。显然，背影部分面积上下、左右均匀程度误差要小得多，在排列、组合挤出制品孔形断面时，简单易行。挤出时阻力趋于平衡，挤出效率相对高。

二、双挤出型 双级真空挤出机的规格型号

由单挤出演变为双挤出结构形式，必然与单挤出型双级真空挤出机规格型号紧密相连，因此，规格型号中将参照单挤出型挤出机的标准，将双挤出的特征容纳进去，形成双挤出型 双级真空挤出机的规格型号。下面就挤出机的规格型号予以说明。

为了表示清楚、简明、易懂，接近目前行业标准的表示方法，而且与单挤出型挤出机规格型号相同，采用分子、分母形式表示上下两级的基本特征，形成双挤出型挤出机的规格型号。

下面以750型挤出机为例，规格型号表示为：JKRS750/2-45-2.0。其规格型号表示如下：

（1）型号中750表示的是双挤出型挤出机的规格型号。这里必须说明的是，750不是指双挤出下级封闭段绞刀直径，而是借用单挤出型挤出机以下级封闭段绞刀直径为参数确定的规格型号，来表明双挤出型挤出机这一相同的规格型号。再说明白一点就是双挤出型750挤出机型号等同于单挤出型挤出机型号，只是下级封闭段绞刀的直径不是750mm而已。

（2）分母中2-45所表示的是由2组封闭段为450mm直径的绞刀组成双挤出机下级。

（3）后边的2.0表示的是挤出压力。挤出压力同样可以按着单挤出机的标准规定：软塑为2.0MPa；半硬塑为3.0MPa；硬塑为4.0MPa来标注。

（4）分子中JKRS，前三个字母与行业标准相同，S则表示的是双挤出的结构形式。

第三章　双挤出型与单挤出型双级真空挤出机对比

两种机型结构的比较其实质是通过对比显示其设计、制造、使用、成本、发展趋势等指标的优劣，得出哪种机型结构才是真正具有市场竞争力，符合科学发展观的创新产品。下面就双挤出绞刀的直径配置、产量匹配、功率配置与成型压力、主轴受力、成本、应用等方面对比予以说明。

一、技术参数对比

1. 绞刀直径配置

从JKR750/2-45-2.0规格型号中看出，750型双挤出机下级配置的是2组封闭段直径为450mm的绞刀。为什么配置2组直径为450mm的绞刀呢？下面用产量匹配加以说明。

2. 产量匹配

（1）引进的750型双级真空挤出机，名义产量为70～80t/h，折合成标砖近似为1.1～1.2亿块/年。这里将年产量折合成小时产量，以长年生产为例，按年工作天数300d、日工作16h计算，则小时产量近似为2.3万～2.5万块标砖/h。这里需要说明的是由于是以吨为产量单位，所用原料比重不同，因而其名义产量为近似值。

（2）按照750型砖机名义产量要求，依据产量计算和长期实践检验，2组直径为450mm的绞刀组合完全可达到750型砖机的名义产量。众所周知，行业标准中规定450型挤出机，在软塑2.0MPa成型压力下，产量为9000块标砖/h。但从450型挤出机几十年实际使用效果来看，产量都大于行业标准的规定，一般为1.2万块标砖/h以上，这样用2组直径为450mm绞刀配置产量应该为2.4万块标砖/h，基本满足750型挤出机名义产量要求。

（3）功率配置与成型压力

成型压力值是当产量和功率恒定之后，计算后得出的理论值。由于结构的差异、机械效率的不同，因而计算结果为近似值。

750型挤出机下级配置功率为315kW，按照产量要求，成型压力设计值一般可以达到18kgf/cm^2。

450型挤出机下级配置功率为110kW，按照产量要求，成型压力设计值一般可以达到14kgf/cm^2。

从成型压力设计值看出，750型挤出机高于450型挤出机4kgf/cm^2。但从750型挤出机的实际使用看挤出成型压力值与450型挤出机成型压力值相当，属于软塑挤出成型。

二、设计参数对比

主轴在工作中受到四个力：径向力、绞刀和主轴的自重力、扭矩、轴向力。主轴（绞刀）在挤出泥料的过程中，当泥料充满泥缸时，前两个力相互抵消，可以忽略不计，但对于后两个力则是主轴（绞刀）的主要受力，当主轴直径满足扭矩（扭转剪应力）的要求后，轴向力则是挤出机主轴工作时最主要的受力。

成型压力是人为预先规定的，它不仅表示了挤出机的最大承载（工作）能力，而且是挤出机强度设计的硬性指标，我们以成型压力2.0MPa为例，将以下规格的挤出机在此成型压力下主轴所受轴向力的大小列于表7-1和表7-2。

表7-1　600型以下挤出机主轴所受轴向力

挤出机型号	400型	450型	500型	550型	600型
绞刀直径（mm）	400	450	500	550	600
轴向力（t）	25	32	39	47	57

表7-2　650型以上挤出机主轴所受轴向力

挤出机型号	650型	700型	750型	850型	1000型
绞刀直径（mm）	650	700	750	850	1000
轴向力（t）	66	77	88	113	157

通过表7-1和表7-2的数据可以看出，在承受相同成型压力的情况下，不同型号的挤出机主轴所受轴向力是不相同的，绞刀直径小的主轴所受轴向力

小，绞刀直径大的主轴所承受轴向力大。经过比较使我们得到以下一些启示：

（1）以750型与450型挤出机相比，750型挤出机主轴受到的轴向力为88t；450型挤出机主轴受到的轴向力为32t，比两个450型挤出机主轴所受轴向力的总和还要多24t，说明750型挤出机要多克服更高的轴向力。

（2）为克服较大的轴向力，必须有相对应的功率来支持。也就是说，大小规格型号不同的挤出机，克服相同的成型阻力，所需要的功率是不一样的。

（3）承载主轴轴向载荷的是推力滚子轴承，大直径的绞刀轴向力大，必然需要承载高能力的推力滚子轴承。

（4）通过挤出机规格大小所受轴向力的不同，让笔者联想起20世纪90年代中期在设计硬塑挤出机过程中对其技术参数了解时，百思不得其解的是硬塑挤出机小机型和大机型挤出压力和产量可以相差那么大，但绞刀直径却大致相当。经过上述不同规格挤出机所受轴向力比较，才有所理解，并由此认为：大型挤出机不适合高挤出压力；反过来讲，其原因也就是高挤出压力致使大型挤出机诸多因素出现变化，如结构由简单变为复杂；材料由薄变为厚；标准件由小变为大；制造由易变为难；外购件由普及变为奇缺；成本由低变为高等多方不利因素。由此看来，高挤出压力的硬塑挤出机绞刀直径不宜超过600mm，更准确地讲应该不包括600型挤出机。真正意义上的600型硬塑挤出机在4.0MPa的成型压力下，轴向力将达到100多吨。（这里所讲真正意义是指挤出机在最低2.5MPa成型压力下生产的硬塑制品）。另外，从外观可以看出，为适应较高的成型压力，硬塑挤出机受料箱明显重心低、底盘宽、敦实稳重，与软塑成型的受料箱设计思路完全不同。

（5）在多数情况下，没有触及到的领域往往是不十分清楚或是不理解的，当身临其境接触时才恍然大悟。挤出机的设计也同样如此，笔者就是在设计750型挤出机，联想850型、1000型、甚至1200型挤出机的设计难度和推广应用时才有所领悟，才更加深刻地认识到双挤出结构形式的巧妙之作。

三、成本对比

成本对比是真正体现两种机型结构价值工程的比对。比对是在以单位时间内，相同产出量为硬指标的前提下，比较出两种不同机型结构产品的内在（自身）节能和外在节能，内在（自身）节能是指低成本、低售价；外在节能是指对仅有资源消耗（占有）量和减少废气排放量的量化比。对比如下：

1. 功率对比

双挤出两组450型挤出机下级装机总功率为220kW，显然比750型挤出机装机总功率315kW节省95kW，实现装机总功率的节能。这一节能表明在相同产量下，每小时节电95°。节约每1度电，减少二氧化碳排放量1kg。

与750型单挤出机相比之后，还可以延伸与目前行业内推崇的70/60-38，下级装机功率250kW，年产6000万块标砖的单挤出型挤出机相媲美。显然，以两组450型挤出机下级组合的双挤出型挤出机从产量、装机功率指标都要优于该产品。

2. 减速机对比

大型单挤出型挤出机下级主轴的转速一般都比较低，能适应每分钟十几转（低转速、大扭矩），承载315kW功率的减速机。目前从减速机标准中还可以选出，但其价格十分昂贵，不管是平行轴传动的硬齿面减速机，还是行星齿轮传动减速机，其价格都在15~20万元。而适合110kW功率（转速、扭矩适中）的减速机选型则是多方面的，按最平常的选取，主轴与减速机输出轴刚性连接的ZQ1000的减速机，国内名牌产品其单台价格为2.5万元左右，两台合计5万元，节省3/4，约10~15万元。按双挤出设置一级单级减速的传动方式，其单台价格更便宜，为2万元，两台约4万元，大大降低成本，降低售价，实现价值工程的节能。

省钱是直接的感受，而省钱的背后则是成本的降低，成本的降低则是因标准组件的选用、原材料的选择和用量的不同，以及加工工艺的简化。

目前选750型单挤出型挤出机还不算太困难，也就是说还有的可选，而对于850型、1000型，甚至1200型的挤出机，抛去价格因素之外，选低输出轴转速、高速比、大扭矩的减速机的选型就十分困难。仅就这一点来讲，大规格的单挤出型挤出机是否是符合今后行业的发展方向就应该看得比较清楚了。

3. 综合对比

（1）315kW功率的电动机售价7.0万元左右，110kW功率的电动机售价1.8万元左右，两台3.6万元，节省3.4万元。

（2）符合315kW传递功率的气动离合器售价1.6万元左右，符合110kW传递功率的气动离合器两台售价仅为1.0万元左右，节省0.6万元。

（3）根据所受轴向力载荷大小所选主轴轴承组中的大直径调心滚子轴承、推力滚子轴承，其价格要高出许多，至少高出1.2万元以上。

此外，大型组件如受料箱、泥缸、机头的加工难度大、质量重、成本高，且需要大型机械设备。安装机架需用大型工字钢替代普通槽钢等都加大了成本。而双挤出型则正相反，降低了诸如此类的材料和制造成本。

大直径绞刀的铸造、拉伸成型、内外圆的加工，相对要难于小直径绞刀的铸造或拉伸成型以及加工。为承受大的轴向推力，绞刀叶的厚度要增加，重量加重，成本加大，不便于安装、维修、更换，特别是超大规格型号挤出机的绞刀铸造、拉伸成型、加工难度更大。

四、价格对比

综合对比不可能说明得很细致，而价格对比可以更概括地说明问题。750型单挤出型双级真空挤出机售价大约在100多万元人民币，而相同产量规格的双挤出型双级真空挤出机售价仅为单挤出型的1/2左右。可见，双挤出型双级真空挤出机的优势，既内在（自身价格）节能，又外在（节电）节能。

上述的各项对比是较粗糙的，但也足以说明了问题。由此可见，为达到更高规模砖厂的年产量，600型以上的大型单挤出型砖机不应该是发展方向，而占有多种绝对优势特征的双挤出型挤出机应该是发展方向。

五、应用对比

应用对比涵盖两个方面：一是系列型号规格设计方面的对比；二是使用经验上的对比。前者要说明的是有关设计研发方面的难度；后者则要说明的是有关推广应用方面的难度。

1. 系列设计研发（制）对比

一台750型挤出机设计研发（制）推广应用成功后，想消化吸收、仿制的厂家很多，因为这是一条捷径，仿制和研发（制）字面上虽然仅是一字之差，但实际上却是差之千里。仿制一台设备要比研发（制）一台设备容易得多，仿制几乎没有什么风险，而研发（制）不仅要承担巨大的风险压力，而且还要付出相当多的人力、物力、财力。这里我们不从是否侵犯知识产权角度去谈问题，而只是从系列设计、研发（制）角度来说明这方面的难度。

从750型挤出机设计成功，再到研发、设计系列，如850型、1000型，甚至1200超大型挤出机就没有那么简单了，设计并非是按比例缩小放大或局部改进、标准组件的套用，而是实打实地从零做起、从无到有，没有任何前车之鉴来借用，因而，研发（制）设计系列的大型或超大型规格的挤出机是有一定难度的，多种原因制约其向纵深发展，而研发（制）设计双挤出型挤出机则明显要容易得多。以750型双挤出机设计为例，只是将熟悉而标准的两个450型单挤出机并联组合起来，相应对某些部件加以改进，就能实现目的，而对于系列的、大型或超大型规格挤出机的研发（制），同样是把再大一级规格型号的单挤出型挤出机成对地并联组合起来，局部改进，加以实现。设想之中应该讲，系列的双挤出型挤出机设计更容易。

2. 推广应用对比

600型以下的单挤出型挤出机不仅广泛使用，而且为众多人所掌握。而对于系列的，如650型、750型、850型、1000型，甚至1200型等超大规格的单挤出型挤出机推广应用而言属于盲区，一无所知，都要从新摸索经验，积累数据，但这些似乎还不属于问题的关键。问题的关键是系列的大规格的挤出机因设计、研发（制）难度大，而且需要有一个相当长时间研制新产品的过程，因而，广泛推广应用，摸索经验，积累数据便无从谈起。特别是前面论述两种机型的价值工程对比，单挤出型式结构的价格高、能耗高，用户面相对较少，因而，更难以广泛推广应用。而对于双挤出型挤出机系列型号产品，都是眼前最熟悉的小规格型号的组合，结合多种相同的零部组件，很快就能制造出来，推广应用。使用时，充分发挥已掌握的丰富经验，利用众人智慧，把握好两组绞刀挤出时的配合关系，很快就能驾驭、使用、推广、摸索经验、积累数据。

可以断定，通过上述双挤出型与单挤出型双级真空挤出机的多方对比，低成本、低售价、低能耗、减排、创新产品——双挤出型双级真空挤出机应是具有市场竞争力，符合科学发展观的潜在产品。

第四章　双挤出型 双级真空挤出机系列规格型号和分级

通过对750型双挤出型挤出机规格型号、机型结构和多方对比的论述，已经表明，该机型结构同样可派生出系列规格型号。由于750型以上规格型号的挤出机已超出国内行业标准的范畴，所以，大规格型号标准参数只能参照世界范围内砖瓦机械制造商样本加以整理，确定系列规格型号。

一、规格型号

系列大规格型号挤出机功率配置见表7-3。

表7-3　系列大规格型号挤出机功率配置

型　号	单挤出功率	双挤出功率
JKR650/2-40-2.0	上级90kW 下级250（280）kW	上级90kW 下级90kW×2
JKR750/2-45-2.0	上级110kW 下级315kW	上级110kW 下级110kW×2
JKR850/2-××-2.0	上级×××kW 下级×××kW	上级×××kW 下级×××kW×2
JKR1000/2-××-2.0	上级×××kW 下级×××kW	上级×××kW 下级×××kW×2

表7-3中前两个型号的数据仅供参考；后两个型号的数据暂时空缺。

从表 7-3 中的系列大规格型号挤出机功率配置真是让人欣喜若狂，不仅 650 型、750 型双挤出型 双级真空挤出机能轻而易举地用于一般砖厂的改造或新建，让中型以上的砖厂实现梦寐以求大砖厂的生产量；连 850 型、1000 型的大型挤出机都不是高不可攀、望尘莫及之事（虽然后两个规格型号没有标出具体数据，但其数据可以近似地想象出）。

表 7-3 中还可以增加一档，就是超大规格 1200 型双挤出型 双级真空挤出机也能满足特殊用户高产量的要求。

另外，从表 7-3 中还可以增加 600 型、550 型、500 型小型档次的以适应小型砖厂实现提高生产量需求的双挤出型 双级真空挤砖机。

二、规格型号的分级

上述提到的所有规格型号是根据其生产能力（产量）高低，适宜砖厂规模范围，按小、中、大、超大型四个级别加以分级：

（1）JKR 500 型、600 型划分为同一级别，归为小型的双挤出型 双级真空挤出机。

（2）JKR 650 型、750 型划分为同一级别，归为中型的双挤出型 双级真空挤出机。

（3）JKR 850 型、1000 型划分为同一级别，归为大型的双挤出型 双级真空挤出机。

（4）JKR 1200 型划分为一级别，归为超大型的双挤出型 双级真空挤出机。

第五章　砖厂适度规模产量

一、适度规模产量

所谓适度规模产量，就是经过综合经济效益评估后，所确定出的砖厂年产量。

所谓综合经济效益涵盖两方面内容：一是社会效益；二是经济效益。两种效益相比较，以优先、确保、造福于社会效益的同时，得到适度规模产量所应获得的经济效益。

（1）社会效益体现在以下几个方面：

1）对环境的改善：环境的改善是指通过砖厂这个载体使原先被污染的环境得到一定的或是彻底的治理，各种废料得到有效利用等。如：煤矸石、尾矿、废渣、粉煤灰等，逐年在缩小或消失，毁田制砖得以根治。

2）对空气的污染：空气的污染是指并非因砖厂这个载体的出现，使原本清洁、优美的环境遭到不同程度的破坏，如：一氧化碳、二氧化硫、粉尘、烟气、有毒、有害物质等，要把砖厂的废气排放量治理好，使其排放量符合国家或行业标准。

3）资源的占有量：资源的占有量以每生产万块标砖为单位，折算对仅有资源消耗量的量化比。如生产万块标砖的用电量、用水量、用油量、钢材用量、维修费用等指标，以及砖厂的占地面积等。

4）适度规模产量：依据废料的排放量、存放量，以及其他制砖资源（如页岩、炉渣、尾矿）的总量，确定出与其相适宜的砖厂的年产量。产量最好在4000万~24000万块标砖/年之间。

（2）砖厂效益体现在以下几个方面：

1）制品的规格、花色品种：单一制品不是砖厂的发展方向，多品种、多规格、多样化、多种颜色的制品，满足各种建筑功能应用的需求。

2）制品的建筑节能：符合国家保温、隔热等方面建筑节能的标准要求。

3）制品的质量：制品的质量是指产品的外观、内在、几何尺寸、力学指标等符合国家或行业的标准。高质量的制品是提高经济价值的重要增长点之一。

4）文明生产：文明生产体现在对砖厂科学化、规范化管理，体现在砖厂的优美环境。

5）科研：研制开发新产品，学习新技术，吸收先进经验，特别是吸取节能减排，改善环境污染，降低成本的先进措施。

通过上述可以得出，用综合经济效益评估适度规模产量的目的，不是单纯以砖厂年产量计算盈利，也不是不管不顾地破坏生态环境，而是以优先造福于社会效益的同时，适度规模产量所应得到的最大经济效益，用科学发展观规范、治理、发展砖瓦厂。

用综合经济效益评估适度规模产量应该是今后新建或改建砖厂的准则。

双挤出型 双级真空挤出机可以适应多种适度规模产量砖厂的需求，选择范围要比单挤出型双级真空挤出机更广泛。

二、适度规模产量的确定

由于大规格型号的挤出机超出国内行业标准范围没有产量参数依据，因而，只能依据世界范围内砖瓦机械生产制造商的产品样本中单挤出型挤出机产量的标注、引进挤出机设备所建砖厂产量的指标、未来发展的产量指标，以某一参数为递增间隔，经归纳整理，得出如下适度规模产量，数据可归为两个档，见表7-4。

表7-4　适度规模产量　　万块标砖/年

第一档	600	12000	24000	28000	48000
第二档	4000	8000	16000	(20000)	32000

三、适度规模产量说明

(1) 适度规模产量间隔范围：以最低适度规模产量为基数，每级按前一级基数的倍数递增，形成多级的适度规模产量。两个档次的数据由小到大顺序排列，能满足多层次砖厂规模需求。为缩小之间的间隔，增加了一个括弧内产量。

(2) 优先选取的适度规模产量：从多种因素综合考虑，推荐适度规模产量为：6000万块标砖/年及其倍数12000万块标砖/年；8000万块标砖/年及其倍数16000万块标砖/年；12000万块标砖/年及其倍数24000万块标砖/年。

(3) 取消小级别的适度规模产量：年产4000万块以下的砖厂没有列入适度规模产量中，原因是从发展趋势、综合效益及国外先进国家砖厂产量规模看，小型砖厂在逐步淘汰。

(4) 过渡性规模产量：对于4000万块标砖/年及其倍数8000万块标砖/年，属于过渡性规模产量。意思是说，砖厂在整合重组初期，因多种原因制约其一步达到推荐适度规模产量的要求，先以4000万块标砖/年为最低规模产量，最终发展成其倍数8000万块标砖/年。

四、建立适度规模产量的行业标准

通过砖厂适度规模产量，由此想到目前行业中还缺少两个标准：一是年适度规模产量的砖厂标准；二是硬塑成型和软塑成型砖厂的工艺标准。

1. 建立年适度规模产量的砖厂行业标准

(1) 建立砖厂适度规模产量标准对投资者的意义：通过建立行业标准，对诸如规模产量级别、投资多少、制品品种、工艺流程、设备选型、文明生产、人员培训、成本核算、经济效益等内容形成文本，加以详细说明，服务于砖厂投资者，让其一目了然，有据可依，心中有数，促进本行业规范化发展，符合科学发展观的要求。

(2) 建立砖厂规模产量标准对砖瓦机械制造厂的意义，有以下几点：①根据砖厂规模产量，开发相关、准确的系列配套产品；②完善规格品种、适用范围、技术性能、技术指标；③确保设备质量、做好售后服务；④合理产品价格；⑤有针对性地促进具有市场竞争力和自主知识产权的创新产品的开发。

（3）建立砖厂规模产量标准有利于挤出机规格型号的准确适应性：依据规模产量标准，促进挤出机规格型号，在产量、挤出压力、功率三者互为因果关系中，让挤出机设计参数更合理，规格型号更规范，适应范围更宽广，成本价格更低廉，节能减排更明显，综合经济效益更高，加快真空挤出机的研究和开发。

（4）重点说明：对于挤出机来讲，建立年适度规模产量的砖厂行业标准，将有可能打破目前挤出机行业标准规格的规定，如400型，可能变成为420型或者430型；450型可能变成为470型或者480型，这里也包括其他配套设备。规格的改变主要是保证适度规模产量的要求，应该讲这是科学的，这就是上面所述准确的系列配套产品的内在含义。

（5）建立年适度规模产量的砖厂标准对行业的意义：没有规矩，不成方圆。建立年适度规模产量的砖厂行业标准，是用科学发展观规范，指导行业的发展。这是业内的呼唤，是迈向更高层次，更健康、标准化方向前进的重要一步，希望引起行业相关部门的注意。

2. 建立硬塑成型和软塑成型的砖厂工艺标准

（1）随着20世纪80年代末硬塑成型生产线的引进，特别是近十来年硬塑挤出机的推出，形成了硬塑成型、软塑成型两种制砖工艺模式。但是目前，两种制砖模式给人一种清晰度不够、界线不清的感觉，也就是说，硬塑成型、软塑成型理论区分不明确，制品近似，导致两种成型理论、制砖工艺、制品品种、挤出机结构向同一方向发展的趋势。出现此种现象的原因，应该讲是没有硬塑成型和软塑成型砖厂工艺行业标准。看来建立该标准势在必行。

（2）建立硬塑成型和软塑成型的砖厂工艺行业标准的意义：促使依据各自不同成型理论，向不同领域、不同方向方面研究。通过生产、研发各自制品的特征，建筑应用范围，达到工艺的不断完善，扩展原材料的广泛使用，实现综合利用、节能减排、纵深发展的目的，同时也促使硬塑挤出机规格型号及其配套设备的结构完善、开发和创新。建立硬塑成型和软塑成型砖厂工艺行业标准，应该是符合科学发展观要求的。

五、适度规模产量对应的双挤出型 双级真空挤出机

根据砖厂适度规模产量，选择不同规格型号的双挤出型 双级真空挤出机，投资少，能耗低，产量高，一步到位。适度规模产量4000万~32000万块标砖/年所对应的双挤出型 双级真空挤出机。表7-5为推荐的适度规模产量所对应的双挤出型 双级真空挤出机。

表 7-5　推荐的适度规模产量所对应的双挤出型双级真空挤出机

万块标砖/年

规模产量	4000～8000	6000～12000	8000～16000	12000～24000
双挤出规格型号	JKR650/2-40-2.0	JKR750/2-45-2.0	JKR ×××/2- ××-2.0	JKR ×××/2- ××-2.0

表 7-6 为备选的适度规模产量所对应的双挤出型 双级真空挤出机。

表 7-6　备选的适度规模产量所对应的双挤出型双级真空挤出机

万块标砖/年

规模产量	10000～20000	14000～28000	16000～32000
双挤出规格型号	JKR×××/2-××-2.0	JKR×××/2-××-2.0	JKR×××/2-××-2.0

这里还需明确说明，过小的适度规模产量也不适宜选用双挤出型 双级真空挤出机，如年产量 1500 万、2000 万、3000 万块标砖的砖厂，故没有这些对应关系最低适度规模年产量定在 4000 万块标砖也仅仅是过渡性的。适度规模产量越高，越适合选用双挤出型 双级真空挤出机，越能体现出其经济效益和社会效益。

六、适度规模产量适用范围

1. 表 7-5 为推荐的适度规模产量

（1）适度规模产量 4000 万块标砖/年及其倍数量 8000 万块标砖/年，适宜小型砖瓦厂的新建或改建，为过渡性的，最终达到其倍数量 8000 万块标砖/年。

（2）适度规模产量 6000 万块标砖/年及其倍数量 12000 万块标砖/年；8000 万块标砖/年及其倍数量 16000 万块标砖/年，适宜中型砖瓦厂的新建或改建。

（3）适度规模产量 12000 万块标砖/年及其倍数量 24000 万块标砖/年，适宜大型砖瓦厂的新建或改建。

2. 表 7-6 为备选的适度规模产量

（1）适度规模产量 10000 万块标砖/年及其倍数量 20000 万块标砖/年；14000 万块标砖/年，及其倍数量 28000 万块标砖/年，适宜中型和大型之间砖瓦厂的新建或改建。

（2）适度规模产量 16000 万块标砖/年及其倍数量 32000 万块标砖/年，适宜超大型砖瓦厂的新建或改建。

七、适度规模产量及其倍数产量关系

从上述内容和目前新建大型砖厂实际规模、适度规模产量与其倍数量有着密切联系，这是以前没有出现过的，之所以出现这种关系，主要原因有以下几点：

(1) 单条生产线满足不了新建砖瓦厂适度规模产量的要求，需建两条或两条以上的生产线才能满足综合经济效益要求。

(2) 适合高适度规模产量的超大型号单挤出型双级真空挤出机还有待于开发。

(3) 符合高适度规模产量的配套设备还不齐全，这里所指不仅仅是生产工艺线中的所有机械设备，而且还包括窑炉。

(4) 高适度规模产量的生产线，以及经验、技术等方面需要进一步的摸索和攻关。

八、适度规模产量　促进行业的进步

适度规模产量意味着在每年砖的总产量基本不变的情况下，砖厂数量将大幅下降，而其他所有方面将得到大幅提升，这是行业的最大进步。

单挤出型双级真空挤出机

为了便于与上述双挤出型双级真空挤出机适度规模产量参数相对照，现将单挤出型双级真空挤出机规格型号、产量、小时产量、上下级功率、单（双）条生产线适度规模产量相关数据罗列出来，见表7-7。

表7-7　单挤出型双级真空挤出机产量

规格型号	650型	750型	850型	1000型	1200型
产量（t/h）	50～60	70～80	90～100	110～120	130～140
产量（块/h）	15500～18600	21700～24800	27900～31000	34100～35700	10300～47800
下级功率（kW）	250	315	430	540	660
上级功率（kW）	90	110	132～160	180	220
适度规模产量（单条生产线）（万块标砖/年）	8000	12000	14000	17000	21000
适度规模产量（两条生产线）（万块标砖/年）	16000	24000	28000	34000	42000

注：将产量折成标砖，并按年300d工作日，每天16h工作时间，算出小时产量。

从表7-7中可以看出：

（1）850型以上型号挤出机下级功率为计算值，实际使用应按电动机厂家现有的标准，按大于此功率数值选取。

（2）标注出850型以上型号的挤出机下级功率参数其目的是，透过此功率可以直接、近似设想出双挤出型功率参数，从而比较出双挤出的优势所在。

（3）650型、750型和850型是砖厂配置的最佳适度规模产量，其中650型是现阶段应视为普及推广型。

第六章 双挤出型 双级真空挤出机难点分析

双挤出型 双级真空挤出机是机型结构的创新，因而，必然有技术难题的出现，特别是下级双挤出虽然是两组熟悉的小机型的组合，但就因其组合这一关键点而产生的技术难题也是多方面的，所以，双挤出型 双级真空挤出机的设计必须对每个技术难点有准确的理论认识，机型结构的正确分析，设计也就在其中了。

双挤出型 双级真空挤出机对于上级而言并无多少难点，只要挤出产量、落料部位与下级形成有机配合即可，对于下级而言，难点主要因组合而产生。

一、难点1——两组各自独立转动的主轴转速是否能保持同步

1. 说明

这一难点主要是针对电动机而言，要求的是两个电动机在相同载荷或非相同载荷状态下是否能保持转速同步，也就是工作时主轴（绞刀）转速保持一致。

相同载荷就是指两组绞刀挤出时，所受轴向力（挤出）完全相同。所表现出的效果是：机口、挤出的两条相同孔形断面的制品阻力平衡一致。更确切一点，就是两组绞刀每转一转挤出（输送）到机头入口的泥量的绝对数值量相等。

非相同载荷与相同载荷正相反，是指两组绞刀挤出时所受轴向力（挤出）大小不完全相同。所表现出的效果是，机口、挤出的两条相同孔形断面的制品阻力平衡不一致，产生一快一慢。更确切一点，就是两组绞刀每转一转挤出（输送）到机头入口的泥量的绝对数值量不相等。

另外，非相同载荷还有另外一层意思：是否可以同时挤出两条孔形断面不一样的制品，或挤出一条大形、复杂、多孔洞、高孔洞率的砌块。

2. 对难点1的认识、分析和解决办法

（1）主轴实现转速同步的措施和对比

保证主轴转速的同步，从理论上讲是完全可以做到的，比如采用同步电动

机、加变频器调整；另外也可以采用机械的方法，如齿轮定比连锁传动。

两种方法相比较，前者实现同步的精度很高，但加大了制造成本。后者定比连锁传动，虽然成本不高，同步精度也很准确，但当载荷出现变化时，两个电动机时刻保持相同的扭（转）矩有一定难度，当一个电动机稍有滞后时，另一个电动机瞬间会产生超负荷的现象，容易烧电机。另外，无法实现单根主（绞刀）轴挤出成型的各种调整。

（2）对主轴转速同步的认识、分析和解决办法

我们假设主轴转速已经达到相当精准的同步，那么，是否就可以说，此时机口、挤出的两条相同孔形断面的制品阻力平衡就能达到一致了呢？应该讲，答案是否定的。原因就是主轴转速虽然相同，但输送到机头入口的绝对泥量不一定是绝对相同的，因为输送到机头入口泥量的多少不完全取决于主轴的转速，还有其他很多原因，如，受料段绞刀受料量的不均匀性；两组绞刀直径、螺距，以及叶片表面粗糙程度等制造精度的误差；机头、机口内、外摩擦阻力大小不一产生的挤出（成型）阻力差等，都直接影响到进入机头入口的绝对泥量。

从上述的理由中可以看出，追求主轴转速精准的同步是完全没有必要的，只要达到相对同步就可以。所谓相对同步就是略有误差的同步，同步误差可控在1/16r/sin的以上精度。

达到主轴转速相对同步的方法，就是通过现场实测异步电动机的重载转速，最好实测主轴的转速，根据重载转速误差，通过电动机皮带轮直径变化，即微量速比的调整，实现两个电动机的相对同步，误差控制在1/16r/sin的以上精度，应该讲是完全可能的。

采用调速电动机也可以，但成本高。

（3）结论

通过上述对实现电动机（主轴的）同步转速的认识、分析、理解是正确的，提出的解决办法是完全可行的。

二、难点2——如何解决挤出成型阻力平衡问题

难点2就是如何解决两组机口挤出成型过程中造成阻力不平衡的问题。随着该问题的解决，主轴不同步所带来的误差也就随之消除。

1. 阻力不平衡的原因

（1）两组相同孔形断面制品同时挤出时，一快一慢、速度不一致，造成了阻力不平衡。

（2）不相同孔形断面制品同时挤出时，因泥流量需求不一，造成了阻力

不平衡。

（3）两组主轴（绞刀）因转速误差产生的挤出量的不同，造成了阻力不平衡。

（4）双线绞刀安装起始位置不对称，出现泥料的脉冲波动，造成了阻力不平衡。

2. 对造成阻力不平衡的认识、分析

（1）从宏观上讲，暂不考虑单个孔型断面制品局部的阻力平衡的问题，只要求两组相同孔形断面制品同时挤出时达到速度一致。

同时挤出双条产生速度不一致，不仅仅是双挤出产生的问题，对于单挤出而言，挤双条同样存在这样的问题，如600型以上大型挤出机挤双条，产生问题的根本原因在于双线绞刀挤出（输送）到机头入口的泥料流速快慢不一，再加上机头、机口内外摩擦阻力的不平衡，产生挤双条一快一慢、速度不一致的现象。对于这一点，应该讲是完全可以解决的。目前，国内外挤双条、挤多条的大型挤出机都很好地解决了此问题。解决的思路就是用阻尼的方法，使进入机头入口至机头出口每个断面处的泥料流速逐渐趋于平缓，内部压力接近平衡，在进入机口入口和成型过程中，最终达到阻力平衡。调整阻力平衡的办法就是设置闸板机构，提高相关零件加工和装配的对称精度等。

对于双挤出来讲，与单挤出的主要区别在于有两组绞刀同时向机头入口输送泥料，因而，只要解决好两组泥料的分流问题，同样可以挤出同步的双条和多条。调整阻力平衡的办法同样是设置闸板机构，提高相关零件加工和装配的对称精度等。

另外，如同前面所讲，双挤出两组绞刀组成的是一个近似的椭圆形，挤出双条上下与左右空间间隔均匀，因而，进入机头上下空间的泥料急剧地向两侧的挤出压力大大减小，阻力也就自然接近平衡，因此，从先天条件讲，双挤出要比单挤出大直径挤双条要优越得多。

（2）挤出不相同孔形断面制品，是双挤出型挤出机提出的一种设想。目前，在大型单挤出型挤出机中还没有先例，且不说是否可行，就不同孔形断面的坯体，在切、码、运、分类、烧成等工艺中就很难解决，这可能是至今没有先例的原因吧。

假如真要挤出不相同孔形断面的制品，不同制品也应该近似相似，如相同的孔洞率、类似的孔形属于同一属性的应用制品（承重、非承重制品）。

（3）两组主轴（绞刀）因转速误差产生的挤出量的不同，出现的阻力不平衡3）与1）属于同一类的问题，只要成功的解决好1）的问题，3）的难题便迎刃而解。

（4）双线绞刀安装起始位置不对称，出现泥料的脉冲波动，产生的阻力不平衡。对于此类的问题，在安装或更换易损件时找出参照基准即可解决。

三、难点3——两组受料段绞刀之间（受料箱中心）的蓬料问题

1. 说明

这一难点主要是针对下级两组受料段绞刀之间（受料箱中心）的蓬料问题。产生蓬料的原因有：（1）压泥板的配置：2组受料段绞刀配置2组压泥板，中心处无压泥板装置；（2）受料段绞刀组合：一是2组受料绞刀直径向切；二是2组受料绞刀直径向啮合。

2. 对难点3的认识、分析和解决办法

（1）难点的产生：

两组压泥板设置在两组受料段绞刀的两侧，中心处无压泥板装置。如此处的绞刀结构构成采取受料段绞刀直径向切的结构设计，随着绞刀外径磨损而产生的间隙，泥料很容易在此慢慢聚集、长大，最终导致受料箱产生蓬料；若采取受料段绞刀直径相互啮合的结构设计，虽然杜绝了绞刀外径磨损而产生的间隙，但啮合结构需要两组绞刀保持同步，不允许有误差；若要是有误差，随着时间的推移，最终会发生干涉。啮合结构的另一个不足之处是，无法实现单独对某一根主轴的转动和角度的调整。

（2）对难点的认识、分析和解决办法：

上述两个难点相比较，后者完全不可取，因为有无法解决的难题。前者应该是可取的，只要将间隙处的泥料打散，不让其聚集、长大，而让受料段绞刀直接吸纳，难点就可以有效地解决。打散机构与压泥板结构相近，只是回转直径很小而已。

第七章 小 结

双挤出型 双级真空挤出机不仅能给绝大多数砖厂带来重组整合、节能减排、增产增效、提升制品规格质量的难得机遇，而且能促使高能耗、粗放型砖厂面貌根本改变，为砖瓦机械制造厂带来产品更新换代、扩展市场领域、创新自主品牌、提高经济效益的发展机遇，而且能促使产品由模仿型转变为研发型、更新结构设计型，促进本行业砖瓦制品市场、砖瓦机械市场、有序健康地发展。

工业设计是21世纪制造业竞争的核心动力之一，它能给品牌带来延伸力和扩张力，使企业产品达到更高层次。所谓工业设计，对每个行业有不同的内涵，对本行业的挤出机来讲，就是设计理念的飞跃和突破，具有自主知识产权的创新

产品，机型结构和内在零件的巧妙搭配，标准组件的合理选用，外观造型的新颖创意，由多方元素统一而形成具有企业标志性产品的机型结构和外型形状。

为了对所取得的知识产权加以保护，双挤出型 双级真空挤出机已由笔者向国家知识产权局（国家专利局）申请了专利。

第八章　小型（级别）的双挤出型 双级真空挤出机

表7-3中所列型号规格没有600型以下型号的双挤出型 双级真空挤出机对应适度规模产量。表7-4中列出年产量6000万块标砖以下的小型双挤出型双级真空挤出机。其原因是前六节论述的是在高产量下，双挤出型、单挤出型和大型挤出机的价值工程分析，以及推广应用，节能减排的综合对比，没有涉及小机型的这些问题，本节着重说明此问题。

很多行业内的人士可能都曾有过这样的疑惑：

（1）对于使用者在选择挤出机时，类似600型、650型；500型、550型；400型、450型其型号相邻的规格中，产量和功率都相差不多，甚至上级尺寸都相差无几，特别是双挤出型的挤出机，如，45/40-2.0；50/45-2.0；70/60-3.8。更是不解其意，十分为难，最终在疑惑中选择了某一规格型号。

（2）对于设计者也是如此，在间隔密集系列规格型号中，特别是挤出机的上级，相邻型号的许多技术参数相差无几时，怎样选取，如何设计，双挤出型与单挤出型相比到底好处在哪，为之感到困惑。

用户的疑惑、设计者的困惑说明了单挤出型双级真空挤出机的确存在着这样的事实，这里，以一种规格的上级与下级产生多种对应关系给予解释。

（1）能对应下级650型双级真空挤出机的上级，也可以对应600型挤出机的下级，以致对应550型的挤出机的下级。

（2）能对应下级500型挤出机的上级，也可以对应450型挤出机的下级，甚至能对应高一级型号的550型挤出机的下级。

（3）能适应下级450型挤出机的上级，也可以适应400型挤出机的下级。

上述对应关系可以通过砖机型号更清楚地表达出一种规格型号的挤出机上级，能对应出三个不同规格型号挤出机的下级，如JZK60/60、JZK60/55、JZK60/50。从三种规格型号看，受料段绞刀直径均为600mm，通过更换不同封闭段绞刀直径600mm、550mm、500mm，而产生三种规格型号，从设计角度讲，受料箱外形、体积、压泥板的配置，必然是按受料段绞刀直径600mm规格设计的，其上级必然也是与其相适应的。

下面举几个例子说明：

双型号的 JKR50/45-2.0 双级真空挤出机，20 世纪为众人所熟悉而推崇，其实，该型号不是 500 型挤出机，而是 450 型挤出机。打开泥缸予以解析，抛去封闭段 450mm 直径的绞刀、泥缸、机头、机口，是按 450 型挤出机尺寸设计制造的；其余所裸露的整机（含上级部分），完全是按 500 型挤出机尺寸设计制造的，若将下级封闭段换上 500mm 直径的绞刀、泥缸、机头、机口，完完全全地演变成为一台彻头彻尾的 500 型双级真空挤出机。

举一反三，JZK70/60-38、JZK45/40-2.0，也是同样如此。例子清楚地揭示了上述的对应关系。

一种规格型号的挤出机上级能对应出三种不同规格型号挤出机的下级，是 20 世纪欧洲诸多知名公司的普遍做法，被国内行业引用后，便产生 JKR50/45-2.0 的规格型号。

随着时间的推移，规格型号排列过于密集也将会随之变化。行业发展的历史曾经记忆过：20 世纪 80 年代初，350 型挤出机可以说风靡全国，供不应求，而今，其产量规模基本只适应劈裂（开）砖的生产，已不适宜 240mm × 115mm × 53mm 标准砖的生产，行业标准中也看不见其踪影；20 世纪 90 年代初，双型号的挤出机占据市场主导地位，而今，让单型号的挤出机替代；近五年来，400 型的挤出机也逐年淡出市场，取而代之的是 450 型、500 型，现在 500 型挤出机市场前景极好。这种种变化迹象说明两个问题：一是随着时间的推移、社会的发展、认识的提高、需求的变化，使某些不适宜的规格型号被淘汰是很自然的；二是规模产量在发展，规模产量的发展促进大型挤出机的市场前景，促进挤出机规格型号的改变，促进挤出机机型结构的发展，这是推动行业前进的内在动力。双挤出型 双级真空挤出机的诞生，也应该是顺势而生的适宜产品。

对应关系其本质是一种匹配关系，也就是说，是上级与下级产量的匹配关系。设计者在结构不变的情况下，调整某些技术参数或局部尺寸达到上、下两级的产量匹配，对应出不同的规格型号，分别满足不同层次用户的要求。这种对应关系产生的同时也说明了在某一历史阶段，因对挤出机设计理念理解不同，而出现的新的结构搭配形式，是届时的产品创新，这不仅不能给予指责，而是应该加以称赞、学习和发扬的，它是行业发展的内在动力。

将能适应下级 650 型挤出机的上级与下级 600 型的挤出机相配置（对应），说明一个问题，此种配置上级的产量没有充分得到发挥，利用效率低。假如，按双挤出型机型结构，用两个 400 型单挤出机，组合成双挤出型下级，配置 650 型挤出机的上级，因两组 400 型下级组合，产量大于 600 型单挤出型下级，这样，不仅让650型挤出机上级产量得到充分发挥，效率因数利用率达到极致，而且，下级功率将减少三分之一左右。

用上级配置下级，挤出机的产量将按上级挤出量的最大化来计算，这意味着挤出机产量计算程序将有所改变。

挤出机的产量计算是先计算下级所能达到的挤出量（m^3/h），再计算出上级的供给量（m^3/h），这是对单挤出型挤出机而言。而对于双挤出型挤出机的则是应该先计算出上级最大的挤出量，然后再计算出适合该产量的下级两组绞刀直径的组合，以及其他的相关技术参数。

不管产量计算依据哪种先后程序，其参数量都应以适度规模产量为基础。看来，挤出机的规格型号不应该是按某一数字间隔简单罗列，而应该按适度规模产量与规格型号有机结合的规范，让两者之间匹配更科学，设计得更合理，让挤出机更好地为行业服务，这是时代发展赋予的历史使命。

双挤出型挤出机就是要在解决产量、挤出压力、功率三者互为因果关系中，让挤出机设计参数趋于更合理，规格型号更规范，适应范围更宽广，成本价格更低廉，节能减排更明显，综合经济效益更提高。

根据砖厂适度规模产量，为适应小规模的砖厂新建或改建，双挤出型 双级真空挤出机可设计相适宜的小规格型号的系列产品，见表7-8。

表7-8　小规格型号的系列产品　　万块标砖/年

适度规模产量	1500	2000	3000	4000	6000
双挤出规格型号	—	—	—	JKR××/2-××-2.0	JKR××/2-××-2.0

第八篇　烧结砖瓦工艺组合

第一章　概　述

本篇主要论述的内容是以某种原料为特征的、成熟的烧结制砖工艺线，同时展示烧结制砖工艺线中某一极具特点的局部，也就是挤出成型设备之外的配套设备（辅助）。

当前以保护耕地、节能利废、消除环境污染为主的制砖原料并与其相适应的先进制砖工艺线是砖瓦行业的发展方向。辅助配套设备是制砖工艺生产线的可靠保证。

中国建材 西安墙体材料研究设计院是国内知名的具有甲级资质的专业科研设计院。由它编写的以某种原料为特征的烧结砖瓦工艺组合具有一定的权威性，值得在行业中推广应用。

本篇以结合烧结砖瓦工艺组合内容为切入点，展示行业内相关重点工序中先进的配套设备的设计、研发和应用，特别是机器人的应用。

先进的配套设备凝聚着行业精英们对砖瓦事业的热爱和孜孜不倦的追求，以及用心血付出而作出的贡献。为此，本篇以图文并茂的形式，展示近十多年来开发、研制关键工艺中的重点设备。这些设备都具有一定特色，在行业中技术领先，有一定的知名度。

（1）坯体成型后切、码、运工艺组合，配以机、电、液（气）一体化先进科学技术，特别是智能化机器人的应用。

（2）具有特色的破碎、原料处理的工艺组合；陈化设备。

（3）软、硬塑挤出机在不同原料，以及新型建筑节能制品（多孔砖、空心砖、大型空心砌块）的生产过程。

总之，通过展示烧结砖瓦工艺组合，可以充分认识到：制砖行业已经不是几十年前概念中的高能耗、落后的农村乡镇群落性产业，而是一个朝着崭新的、符合国家产业政策、迈入现代工业机械化、智能化生产方式，向适度规模型砖厂发展、利废治污的大中型企业，是促进建筑结构、建筑节能的一场绿色革命。它不仅具有现代科技时尚的元素，而且当今又赋予它崭新的生命（节能减排、降低能耗、低碳经济、可持续发展）。

通过对先进的烧结砖瓦工艺组合的充分了解、认知，让承办砖厂的决策者、管理者改变观念、敞开胸怀、高瞻远瞩，在新建、改建、扩建砖厂时，规划、编织一个现代化的绿色家园，为国家、为行业、为子孙后代作出贡献。

在此，特别提出山东淄博功力机械制造有限责任公司—— 一个值得引起重视的办企业理念，就是从宣传上千年砖文化入手，充分认识到企业经营的最高层次是经营文化，通过经营文化，带动行业的整体素质的发展和各项工作的进步。

第二章　烧结砖瓦工艺组合

多年来西安墙体材料研究设计院在工业废渣利用、江河湖海淤泥制砖以及新型保温墙体材料方面取得了行业公认的业绩。

由该院编写的烧结砖瓦工艺组合共有三部分内容：（1）煤矸石烧结砖生产工艺组合；（2）烧结保温砌块生产工艺组合；（3）江河湖海淤泥生产烧结砖工艺组合。

第一节　煤矸石烧结砖生产工艺组合

（1）该生产工艺组合原料以煤矸石为主，采用一次码烧和硬塑挤出成型、大断面隧道窑焙烧技术，生产烧结多孔砖及空心砖，部分项目可以采用100%煤矸石为原料。

（2）采用硬塑挤出成型技术，最小成型水分为11%，实现坯体高硬度、高质量。

（3）多类形大断面平吊顶隧道窑焙烧。该窑型采用多种可靠的余热利用方式（如余热管道换热器、窑顶空腔热、窑顶预埋换热水管或水箱、余热发电等），有效地利用了煤矸石中的热量，提高了煤矸石的掺配量和用量。

（4）典型工艺流程：

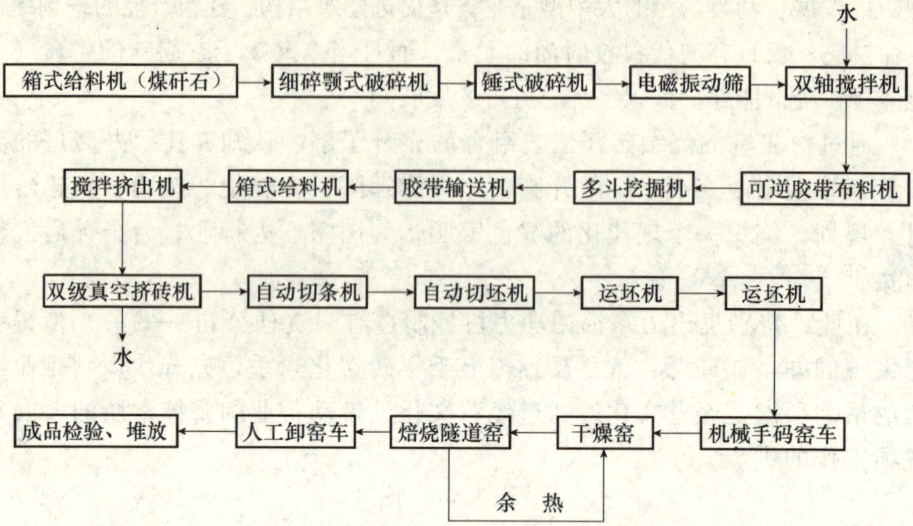

（5）典型设备：

1）图 8-1 高效破碎；

2）图 8-2 高效密封振动筛；

3）图 8-3 陈化库；

4）图 8-4 硬塑挤出机；

5）图 8-5 码坯机械手；

6）图 8-6 隧道干燥窑；

7）图 8-7 大断面隧道窑；

8）图 8-8 隧道窑余热系统。

图 8-1　高效破碎机

图 8-2　高效密封振动筛

图 8-3 陈化库

图 8-4 硬塑挤出机

图 8-5 码坯机械手

图 8-6 隧道干燥窑

图 8-7 大断面隧道窑

图 8-8 隧道窑余热系统

第二节 烧结保温砌块生产工艺组合

（1）该工艺组合以页岩、煤矸石等为原料，采用塑性挤出成型技术和二次码烧工艺生产烧结保温砌块。

(2) 烧结保温砌块由于多孔多层紧密交错排列，对于原料的处理要求较高。必须采用合理方法对原料进行精细加工，并且需要考虑原料的工艺性能加以调整配比，满足成型及干燥要求。

(3) 干燥过程是烧结保温砌块生产的关键环节，直接关系到生产的成败。生产线采用干燥室分区干燥技术，可以可靠控制各区参数，达到干燥效果。

(4) 典型工艺流程：

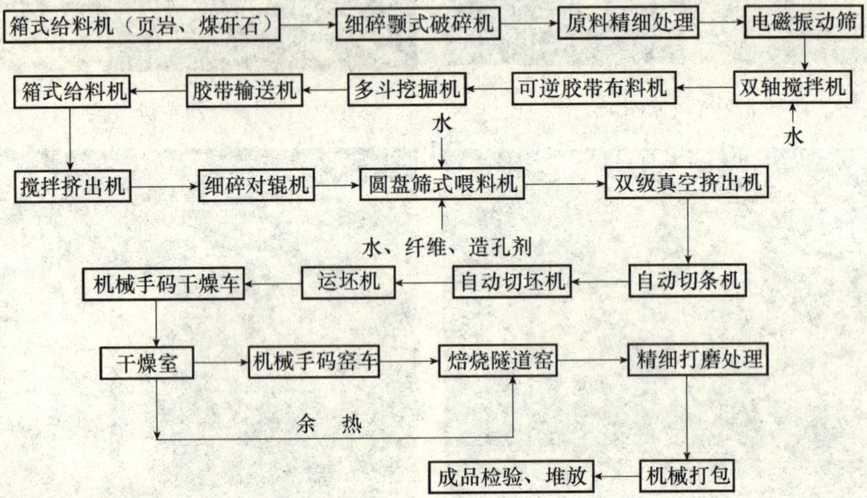

(5) 典型设备：

1) 图 8-9 高效破碎机；

2) 图 8-10 干燥室结构；

3) 图 8-11 干燥室；

4) 图 8-12 外燃烧嘴布置；

5) 图 8-13 大断面外燃隧道窑内景；

6) 图 8-14 打磨精细处理。

图 8-9 高效破碎机

图 8-10 干燥室结构

图 8-11　干燥室

图 8-12　外燃烧嘴布置

图 8-13　大断面外燃隧道窑内景

图 8-14　打磨精细处理

（6）生产复合保温砌块：

1）工艺路线：

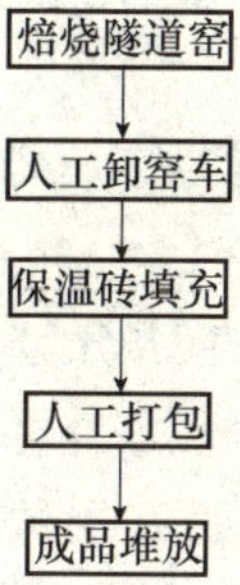

2）图 8-15 挤出成型。

3）图 8-16 复合材料填充前人工码放。

4）图 8-17 机械填充。

5）图 8-18 人工打包。

图 8-15　挤出成型

图 8-16　复合材料填充前人工码放

图 8-17　机械填充

图 8-18　人工打包

第三节　江河湖海淤泥生产烧结砖工艺组合

（1）该工艺组合以江河湖海淤泥为原料，采用一次半码烧工艺，生产烧结砖。

（2）一次半码烧工艺，即对于水分较高的原料在成型后首先以较低的码坯层数将坯体码放在窑车上，干燥后再将部分窑车上的干坯重新码放在另外的窑车坯体上，使焙烧时的码放层数多于干燥时的层数，以提高焙烧窑炉的产量。

（3）由于淤泥的含水量较高，其脱水过程相对缓慢。一次半码烧工艺在大工业生产过程中适应含水量较高的特点。

（4）典型工艺流程：

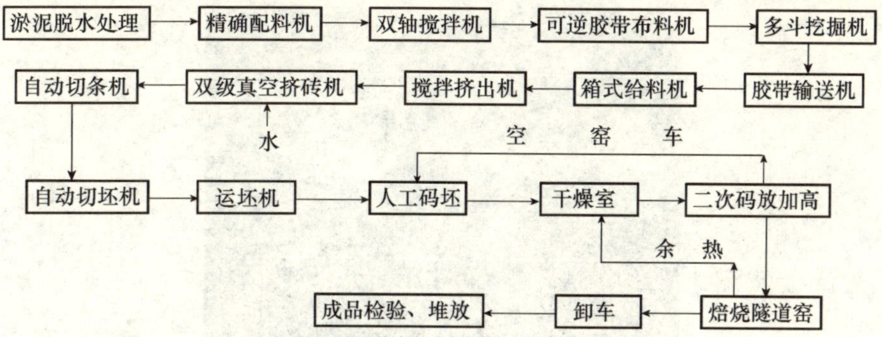

（5）典型设备：

1）图8-19高效脱水机。

2）图8-20精确配料机。

图8-19　高效脱水机

图8-20　精确配料机

3）图8-21陈化库。

4）图8-22阳光（太阳能）干燥棚。

5）图8-23一次半码放。

图8-21　陈化库

图8-22　阳光（太阳能）干燥棚

图 8-23 一次半码放

第三章 工业机器人在砖瓦行业中的应用

2008 年山东淄博功力机械制造有限责任公司率先在行业内把机器人应用到挤出成型后的湿坯码垛的制砖工艺中，在取得了成功同时，不仅推动了砖厂制砖工艺线的技术进步，而且带动了全行业机器人的应用。因此将工业机器人在砖瓦行业中的应用列为单独一章加以论述，目的是引起全行业人士的关注，同时也是重点设备展示的一部分。

第一节 工业机器人介绍

工业机器人是一种靠自身动力、感知能力和控制能力来实现自动执行工作的机器装置。它是机械、电子、控制、计算机、传感、人工智能等多学科先进技术的集合。它将各运动轴的控制和动作，用高技术控制系统固定在一起，让各工作零部件之间的协调动作达到最优化、最稳定最可靠，双 360°空间无处不及，在运动幅度所能覆盖的各个点准确到位和定位，动作的速度、力度、灵敏度适宜和可调可控，具有高度的多功能性和柔性，而且使用和操作上简捷易行。

工业机器人绝不是传统机械手和传统抓取码运机械的改良和改进。传统机械手和传统抓取码运机械是无脑的，靠液压、气动或机械式的简单动作控制，去完成简单的搬运、抓取和上下料，工作程序固定不变，一般用作自动机或自动线上的附属装置。

工业机器人由ABB公司发明并于1974年首先投入工业使用，多年来，ABB公司一直处于工业机器人的领军地位。随着20世纪70～80年代以新技术、新材料、新能源、自动化和信息化为核心的新技术革命运动在全球的兴起，机器人的应用得到了快速的推广。尤其是那些人工操作效率低、危险性大、工作环境恶劣的场合，那些人工操作受能力和情绪影响，做不了、做不好的工作由工业机器人替代以后，从效率效益和人性化等各方面实现了根本性的改变。

机器人在有关行业的应用，如汽车行业的焊接、涂装、起吊、定位、装配组合到辅助试验、试车等；医药行业的送料、检片、封板、装盒装箱、封存码放等；轻工食品行业的装包、装盒、码垛等；化工行业的危险点操作和打包、缝合、装箱、码垛等；加工行业中自动线上的零件上下拿取、装夹、定位及精密切割和精密处理等；铸造及注塑中的浇铸、表面处理及整理等；建材行业的码垛、卸垛、抓取传送、打磨、修整等各行各业的应用范围和使用数量日趋增大。可以说，凡是有一定规模要求、有一定质量要求、有一定效率要求、有一定劳动条件要求的场合，都在逐步采用工业机器人。

工业机器人在中国砖瓦行业的应用始于2008年山东淄博功力机械制造有限责任公司，应用于成型后的湿坯码垛。工业机器人发展到现在已经具备了代替人做某些单调、频繁和重复的长时间作业或是危险、恶劣环境下的作业。我国的砖瓦行业可能由于自发形成、自由发展的历史原因，一直处在劳动强度大、工作环境恶劣、用工人多的情况下，因此机器人在砖瓦行业的应用可大幅度扩展，可应用到码垛、卸垛、整理、打包、打捆、高保温砌块的填充、装箱装车等工序中，因国内机器人应用较少，故重点叙述码垛、卸垛方面。

第二节　机器人码垛

砖坯的码垛经历了人工码垛（图8-24）、码坯机码垛（图8-25）、机器人码垛（图8-26）三种方式，分别由手工生产方式进入了机械化生产方式，又由机械化生产方式进入到了现代化的生产方式。

人工码垛由于工作环境较差，又不可避免地存在着人们职业操守的差异、技术能力的差异、工作情绪的波动、工作时间内体力精力的周期性变化而引起的码垛效率、码垛效果的波动和不平衡。随着人力成本的增加，人们对工作条件追求的提高，人工码垛逐渐显示出这种方式与整个生产线中基本的机械化为主的生产方式的不协调性。

图 8-24　人工码垛现场

图 8-25　码坯机码垛现场

码坯机的出现从一定程度上调整了这种不协调性。但是码垛机放到机械装备大行业中比较，它与传统上下料机构、简单机械手机构同属于较原始的装卸机构，因而在国际上通常将它列入传统设备一类。

随着砖瓦生产行业的整合和提升，集约化生产方式和产品高水平化的普及，国际上已很快将目光转向了工业机器人码垛系统。

图 8-26　现代化的机器人码垛现场

工业机器人码垛系统优势特征：

（1）机器人占地面积小，安装摆放灵活方便。少而耐用的零部件经高技术控制系统固定在一起后，发生故障的概率极小，基本处于维护而不需维修的状态。

（2）集约化、专业化、大批量的研发制造生产方式决定了其技术水平高、质量平衡稳定，系列化、标准化水平高，服务点分布合理、服务周到及时的优势。

（3）机器人360°空间范围的工作空间使得它具有巨大布置和使用上的灵活性。

（4）对产品变动、产量变动、码型变动、货架规格和结构变动，其主体部分广泛适应有利于使用方的生产方式升级和产品升级调整。这一优势随着新型墙材的发展、产品体积的增大、产品形状的变动将会更加显现出来。

（5）机器人的灵活性可以让预整理和传输变得相对简单，减少了预整理系统的故障率。

机器人码垛集成系统依据高技术性、高可靠性、高灵活性、低运行成本的优势，在世界各国的砖瓦生产行业中得到快速的推广和广泛的应用。

第三节　机器人卸垛

中国独特的内燃烧结方式，传统码垛时普遍采用砖孔向上；而国外的外燃烧结方式，普遍采用砖孔水平摆放。国内的垛型列与列、行与行都留了较大的缝隙，而国外排列紧密。国内因窑炉不同、生产方式不同而垛型区别较大；国外一致性较强。国内的砖型较小，每垛块数较多；而国外砖型较大，每垛块数少了将近一半。国内由于种种原因造成的成品垛变形；而国外较少出现成品垛变形。这些问题卸垛机是不能很好地解决的。

目前机器人卸垛是世界上能够代替人工或卸垛机卸垛最先进的卸垛方式。成品砖经过自动化卸垛、整理、检选、实码后，再进行自动捆扎打包、成品堆垛。成品垛成为实垛以后方能有效捆扎，便于垛高堆放和运输传递。不论是机械装车或是直接用叉车装车，均能大幅降低工人劳动强度，大大提高生产效率，完全实现现代化的生产作业。机器人卸垛解决了卸垛机不能解决砖的虚垛问题，同时还可以辅助进行坏坯的检选工作。

图8-27　现代化的机器人卸垛现场

第四节　机器人在修理、切割和填充封堵方面的应用

随着建筑行业对砖型规整性的更高要求和少量异型砖的需求，国外已经开始对砌块类墙材实行打磨和特殊切割处理。而这类处理的工作条件又是十分恶劣的，如果使用机器人进行上下工件、夹持产品或夹持切割器去操作，都是提高效率和质量的有效方式。

填充型保温砌块不论是成型材料填充、还是发泡填充以及颗粒料填充后两面封堵，选用机器人操作无疑是最佳的方式之一。发达国家已经大量采用这种方式。

总之，工业机器人在砖瓦工业中会有更多更适合的应用场合和应用工艺让我们去继续开发和开拓，为砖瓦工业的自动化和现代化作出更多的贡献。

第四章　烧结砖瓦工艺组合重点设备展示

所谓重点设备，主要是指工艺组合中具有代表性的、突出工序中的重点设备。如破碎工艺中的锤式破碎机，大型双辊破碎机；陈化工艺中的液压多斗挖掘机，桥式多斗挖掘机；成型工艺中的挤出机；成型之后坯体的切、码、运系统，特别是机器人的应用等。

本章主要展示如下设备：锤式破碎机、双辊破碎机、液压多斗挖掘机、桥式多斗挖掘机、切条机、切坯机、机器人工艺组合等。

第一节　破碎设备

一、锤式破碎机

目前各种形式的锤式破碎机随着制砖原料的变化得到进一步应用，同时在业内人士共同努力下，经不断地完善、改进，其设计理论、技术性能、结构特点、机型结构创新等方面都取得了长足进步。可以讲国内最新结构的破碎机在世界砖瓦行业中具有领先的水平，其工艺配置也已成熟。领先的标志是对破碎机设计理论认知的提高，以及与其相适应的设计结构。

从已生产出的破碎机可以分为三类，但从某种意义上讲，分类并没有本质上的区分，只能从破碎机的破碎原理、设计结构、打击体与转子体的连接方式、

破碎工艺组合等不同特征方面划分为三类：（1）锤（头）式破碎机；（2）板锤式（反击式）破碎机；（3）锤柄式（反击式）破碎机。

1. 锤（头）式破碎机

所谓锤（头）式破碎机是以锤头为打击体，击打物料块，致使其被粉碎。锤式破碎机的锤头安装在锤柄上，锤柄以铰链连接的方式均匀分布在转子的转盘上，使锤柄能够环绕绞轴摆动。当转子高速回转时，靠一定重量的锤头所获得的动能击打物料块。

由于锤头的靠山是锤柄，锤柄与转子转盘为绞链连接，即非刚性连接，所以锤头因锤柄的原因在撞击料块时具有一定的退让性，所以产生的冲击力减弱。为此入料的料块最大粒径要有一定的限制，也就是说，料块的粒径在锤头所获得动能的击打力范围之内，才能获得最佳破碎比和破碎效果的要求。为提高破碎效果，可以在破碎腔内设置简易的反击板。锤（头）式破碎机具有结构简单等特点。

2. 板锤式破碎机

所谓板锤式破碎机是以板锤为打击体，击打物料块，属于冲击式破碎。因而，也称为反击式破碎机。该机板锤与转子刚性连接均匀镶嵌在转子体上。当转子高速回转时，利用板锤获得的冲击动能击打、撞击物料块。

由于板锤的靠山是转子体，两者为刚性连接，所以具有很强的撞击力，工作中无退让性。板锤轴向方向长，击打面宽，径向短，腔内空间大，所以可破碎较大的物料块，适合矿山开采。在破碎腔内设置多道可调节的反击板，与无退让性冲击动能极强的板锤形成有机的配合，极大地提高破碎效果。

3. 锤柄式破碎机

所谓锤柄式破碎机是以较高锤柄上的锤头为打击体，击打物料块，也属于冲击式破碎。锤柄式破碎机从结构上讲，是锤（头）式破碎机与板锤式（反击式）破碎机两者的有机结合。锤头刚性连接在一定高度的锤柄上，锤柄则同样以刚性连接的方式均匀分布在转子体上。当转子高速回转时，利用锤柄带动锤头所获得的冲击动能击打撞击物料块，使其破碎。

由于锤头的靠山是与转子体刚性连接的锤柄，且锤柄具有足够的刚性和强度，因而具有很强的撞击力，所以在工作中无退让性。为提高破碎效果，可以在破碎腔内设置多种形式的反击板和恒力调节机构与其配合，实现高效果的解理破碎。根据破碎机的规格，按最佳破碎比，虽然也限制入料的料块最大粒径，但与锤式破碎机相比要略宽松一些，也就是说，可以有少量的大于10%粒径尺寸的料块进入破碎腔。

锤柄式破碎机是笔者根据锤柄与转子体的连接特征以及其工作性能给定性

的名称，以表示与其他结构形式破碎机的区别。

关于冲击式破碎的定义：冲击是指对物体（料块）的撞击。顾名思义，冲击式破碎就是指对物体（料块）撞击的能力。

二、锤式破碎机的工艺组合

从上述三种不同结构形式的破碎机为主的破碎工艺组合，依据其排料（出料）形式可组成三种生产模式，即三种破碎工艺组合：（1）闭路生产的破碎工艺组合；（2）开路生产的破碎工艺组合；（3）半开路生产的破碎工艺组合。

1. 闭路生产的破碎工艺组合

所谓闭路生产的破碎工艺组合，就是在破碎机内完成对原料的破碎，不再有额外的设备配置。只有符合粒度要求的物料才能从破碎机下方筛板、筛条的孔或间隙中排出，因而，该工艺线非常简单。

该工艺线的设备配置：一般由颚式破碎机 + 锤（头）式破碎机，即粗碎 + 细碎的工艺组合。

为配合闭路生产的破碎工艺组合，在锤（头）式破碎机设计时，不仅要充分发挥锤头击打、反击板反击、物料间相互撞击、擦洗等工作原理之外，还要增加对物料的挤压、剪切、搓、研磨等综合作用，同时，还要重点考虑转子的转速（锤头的线速度不能过高），锤头回转直径与筛板、筛条之间的间隙及调整，筛板、筛条更换的结构方式，如何在排料区域增加锤头的下压力，锤头、筛板、筛条的耐磨程度等方面的要求。

闭路生产虽然能简化破碎工艺线设备的配置，但却增加了对破碎机结构设计的难度和对耐磨材料的选择。当筛板、筛条堵塞，锤头、筛板和筛条磨损使其之间的间隙加大，排料受阻，在锤头下压力不足的情况下，致使相当一部分能量转化为热能消耗掉了，即降低了破碎效率，导致产量下降，又白白消耗了功率。锤头、筛板和筛条的急剧磨损，增大了维修量和更换易损零件的成本。综上所述，该工艺线适合含水率低于 10% 的料块。对于功率大于相同规格开路生产的破碎机。鉴于锤头、筛板、筛条等耐磨材料难于选择的原因，该工艺线适合软质物料的破碎。

闭路生产所得到的物料，难免混入部分不符合要求的颗粒，最好再经过细碎对辊机、轮碾机等设备的挤压、碾炼、均化等方面的处理。

闭路生产的破碎工艺组合在十年前被广泛应用，如今随着对锤（头）式破碎机工作原理认知的提高，该破碎工艺组合已有被淘汰的趋势。

2. 开路生产的破碎工艺组合

所谓开路生产的破碎工艺组合，就是在转子的下方不设置筛板、筛条，破碎的物料直接从底部排出。开路生产必须经过筛分才能得到所需要的颗粒要求，因而，在工艺中需增加筛分设备。

该工艺线的设备配置：一般由颚式破碎机 + 锤柄式破碎机（锤头式破碎机） + 振动筛的组合，即粗碎 + 细碎 + 筛分的工艺组合。

为配合开路生产的破碎工艺组合，提高破碎效果，在破碎机设计时，偏向于强调在排料区域之前的破碎过程，重点考虑粗、中、细破碎腔的构成，如反击板的悬挂高度、角度，与锤头、板锤回转直径的间隙调整；反击板板面的形状；物料块被锤头反复击打，反击板多次反击，物料块自身高速相互撞击的次数。对于转子的线速度，一般比闭路生产转子的线速度可提高 5m/s 左右。为进一步提高破碎效果，在破碎腔内增设了自动退让，可调节与转子回转直径之间间隙的恒力调节机构。总之，在有效的空间内形成料块横飞，产生高效率的解理破碎，也就是说，物料块沿自身的脆弱面（微裂纹、自然裂隙、节理面、层理面）和结合力较弱的结合面破碎，形成无数小颗粒和大量粉尘。

开路生产的破碎工艺组合相对于闭路生产的破碎工艺组合而言，降低了破碎机的设计难度，以及对耐磨材料的选择和依赖。产量高，节省功率，原料含水率可略高于闭路生产料块的含水率。恒力调节机构的设置，虽然提高了破碎效果，但只要存在间隙的调整，必然加剧锤头的磨损。

该破碎工艺组合需要有高性能、高筛通量筛子的有效配合，一般讲，开路生产的破碎工艺组合，破碎后的物料符合粒度要求，也就是说，能够筛分出来的筛出量为破碎量的 30% ~40%，达到 50% 已经是相当高的效率了，特别是物料含水率高时，产生糊筛，筛通量会急剧下降。未被筛出的物料块，还要重新返回破碎机再次破碎，然后再筛分，多次重复上述过程。

3. 半开路生产的破碎工艺组合

所谓半开路生产的破碎工艺组合，就是闭路、开路生产破碎工艺组合的优选，在开路生产破碎工艺组合的形式下，在排料区域设置一段筛条，其区域的弧长可以为 90°或略大于 90°产生部分闭路生产的效果。

该工艺线的设备配置与开路生产破碎工艺组合相同：由颚式破碎机 + 锤柄式破碎机（锤头式破碎机） + 振动筛的组合，即粗碎 + 细碎 + 筛分的工艺组合。

半开路生产破碎工艺组合不仅吸收了开路生产排料区域之前的有效破碎过程，而且又兼顾了闭路生产排料区域（筛条）的结构设置，使物料得到进一步的细碎。从破碎效果上来讲，半开路生产实现了前两种破碎工艺的优化组合，但从利弊的角度看，半开路生产也继承了前两种破碎工艺的不足之处。如恒力调节机构与筛条结构的设置，会加剧锤头的磨损，降低转子的线速度；锤头回转直径与筛条之间的间隙调整以及筛条简单易行的更换方式等。另外，同样存在物料含水率高时，产生糊筛，筛通量会急剧下降。未被筛出的物料块，还要重新返回破碎机再次破碎，然后再筛分，多次重复上述过程。半开路生产破碎工艺组合，目前被广泛地应用。

三、三种破碎工艺组合的应用

综上所述，开路、半开路生产的破碎工艺组合要好于闭路生产的破碎工艺组合，特别是半开路生产的破碎工艺组合目前得到广泛的应用，因此，破碎机的原理设计、结构，必然是围绕着该工艺组合而展开的。

如图 8-28 所示的是，广东高州市砖机厂生产的锤柄式破碎机。该厂以“科技促发展、质量树品牌、服务创价值”为宗旨，紧紧围绕国家墙改政策，把握发展命脉，不断开发研制新产品，以满足市场需要。该机结构组合特征：转子 + 反击区域 + 恒力调节机构 + 90°的筛条布置。

图 8-28 锤柄式破碎机

第二节 双辊破碎机

所谓双辊破碎机，就是过去俗称的对滚机。在以黏土为主的制砖原料年代，其主要作用是对黏土块给与破碎。随着制砖原料的变化，该设备转化为对于页岩、煤矸石的细化、碾炼、均化、挤压等作用。功能的改变必然在结构及设计理念上发生变化，由退让性的双辊结构，改为强制性双辊结构，称为细碎对辊机。

为满足砖厂1亿块标砖以上适度规模年产量的要求，细碎对辊机的型号规格已经发展到1400mm的直径。

如图8-29所示是天津龙腾（控股）集团生产的直径为1400mm细碎对辊机。

图8-29　1400mm直径的细碎对辊机

对细碎对辊机在结构上的要求是控制其退让性，而在使用上则是要求双辊的表面耐磨，以及为达到高产量大直径辊圈（面）的制作。

对于上述控制其退让性的结构设计来讲不存在任何问题，而后两项辊子表面耐磨，大直径辊圈的制作是有一定难度的。通过近些年对这两项难题的技术攻关，反复实践、摸索，取得了一定的进步。如图8-30所示是北京市钻石耐磨铸造厂生产的直径1400mm细碎对辊机的辊圈。

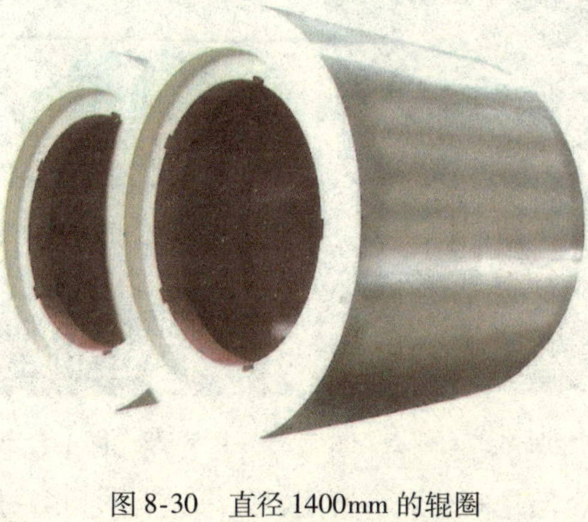

图8-30　直径1400mm的辊圈

直径1400mm的辊圈也是目前已生产出的最大直径辊圈，其硬度在55HRC左右，硬度层厚度可达100mm。

对于提高辊圈表面硬度，使其耐磨是研究的课题。目前，国内提高辊圈表面耐磨的方法基本上是以焊接为主。采用耐磨焊条是传统的做法，最新推出的是固本合金丝焊接方法。

由北京固本科技有限公司推出的固本对辊合金丝是用于砖瓦行业的新型耐磨材料，硬度高达60～62HRC。合金丝采用新型细化晶粒技术，提高耐磨性的同时，保证合金材料具有高的抗冲击性能。与耐磨焊条和铸造对辊相比，新型固本合金丝堆焊后的辊圈具有以下特点：

(1) 与铸造对辊相比，耐磨性可提高2～3倍，成本大大降低，可重复堆焊修复。

(2) 与焊条堆焊对辊相比，实现了全部自动化，使生产简单方便，时间显著缩短。

采用固本合金丝堆焊对辊，适用于砖瓦机械厂和广大砖厂用户。下面介绍这种新型固本合金丝的使用工艺。

采用普通A3钢铸造一个辊心，留出堆焊层余量，再用A3钢板将铸好的辊心包裹一周如图8-31所示。然后用固本合金丝对处理好的对辊进行堆焊，设备采用全自动堆焊机配合自动旋转装置，如图8-32所示，此工艺中辊心只起到支撑作用，对辊心性能要求低，采用A3钢铸造辊心即可。因此与高铬铸造对辊相比，此工艺制造的对辊成本大大降低。将堆焊好的对辊投入生产，使用寿命可达2年之久。待堆焊层和包裹辊圈的钢板磨损后，可将包裹钢板取下，再重新将辊心包裹钢板，并进行堆焊。此工艺最大特点是固定辊心加灵活式辊圈，实现了低价、方便、实用的目的。

图8-31 A3钢包裹好的对辊

图8-32 固本合金丝全自动对辊堆焊

应该说固本合金丝是一种经济实用，效果显著的耐磨材料。固本合金丝可以实现半自动化连续化加工辊圈，大幅提高辊圈生产效率，减低成本。固本合金丝加工的辊圈表面平整光滑，有效降低后期打磨处理的工作强度。

第三节　陈化库设备

陈化是对原料制备的极好工序，它的作用好比我们日常生活中和面。人们熟知日常生活中和好的面。醒一段时间后，其内部水分渗透均匀，软硬适中，颗粒间的粘结力增强，再经揉捏，其塑性大大提高，用起来得心应手。

制砖原料的陈化过程如同日常生活中的醒面，其中有一个很重要的因素是均匀布料、均匀取料的问题。对于原料混合，不同颗粒级配原料的均匀搭配、不同原料含水率的相互混合是通过桥式多斗挖掘机、液压多斗挖掘机与陈化库储料空间相互配合实现的。

山东淄博捷达机械设备有限公司是专业生产陈化设备的高新技术企业。该公司本着只有专业的，才是最好的管理理念，让多斗挖掘机挖出精彩。

如图 8-33 所示是该公司生产的液压多斗挖掘机。该机结构组合特征：机械行走 + 多斗 + 液压系统的组合。

图 8-33　液压多斗挖掘机（侧式多斗挖掘机）

利用液压多斗挖掘机取原料陈化采用的是一字型吊架可逆布料。布料时一字型吊架不动，吊架上的可逆布料皮带机移动，沿陈化池的水平方向进行布料。而取料的液压多斗挖掘机安装在陈化池的一侧，按照先进先出的原则进行取料。这种方式物料陈化均匀、稳定性较好、经济性好，是目前国内外最流行的陈化方式。

其结构特点：

（1）机架采用焊接结构，强度高、刚性好，可承受较大载荷。

（2）用液压传动机构代替传统的卷扬升降机构，使布局更加合理紧凑。液压传动也使多斗挖掘机具有运行平稳、操作简单、维修方便等优点。油缸增加双向液压锁，双向保压，可靠安全。

（3）料斗结构独特新颖，清料板很好地消除了粘料现象。

（4）液压升降系统具有快速升降，可调试慢速下落功能，实现平稳可靠地控制挖掘产量。

（5）大滚子板式输送链，使得链条和链轮更好啮合，并增加了滑板的寿命。

如图8-34所示是该公司生产的桥式多斗挖掘机。该机结构组合特征：利用桥式多斗挖掘机取原料陈化是采用H型吊架布料，也就是说，通过桥式多斗挖掘机将制砖原料纵向和横向布料。纵向通过主布料机来料，然后落到横向的小布料机上，通过小布料机的横向移动均匀地把料布到陈化池的每一个角落。布料是水平一层一层的，而取料是垂直取料，所以使陈化的原料又一次混合，物料更均匀，更有利于砖坯的成型。利用桥式多斗挖掘机取料最大的优点占地面积小、库容量大是一般陈化仓存储量的3倍，是目前国际上最先进的陈化方式。

图8-34　桥式多斗挖掘机

其结构特点：

（1）独特结构设计的取料斗，清料板很好地消除了粘料现象。

（2）采用锰钢材料的链条经热处理后，寿命可达3~5年。

（3）钢结构龙门式行车原理，维修方便。

（4）适合应用12000万~18000万块标砖/年的隧道窑生产线。

第四节　切、码、运工艺组合设备

切、码、运工艺组合有两种形式，一是以机器人为中心的切、码、运工艺组合；另一种是以取码坯机为中心的切、码、运工艺组合。

一、以机器人为中心的切码运工艺组合

此切、码、运工艺组合是由杭州萧山协和砖瓦机械有限公司自行开发研制的。该工艺组合由切条机、切坯机、升降托辊、换向台、存坯机、翻坯机、机器人码坯机等组成，如图 8-35 所示。

图 8-35　切、码、运工艺组合全貌

图 8-36 是切条机。该切条机的切割钢丝由气缸上下拉动进行泥条切割，钢丝的张力可以针对不同的产品进行调整，即达到钢丝切割锋利，断面整齐的效果。

切割前，运坯机的被动轴上装有传感器，可以将挤出机机口泥条的速度准确无误地反馈到控制中心，驱动切割架与泥条做同步动作，使泥条切割断面与底面垂直，最大限度地降低了泥头浪费现象。

图 8-37 所示是切坯机。该切坯机采用全自动化 PLC 编程。适用于单泥条、多泥条的生产。卧式切坯系统切坯时，设备上的切割钢丝架在气缸的作用下做纵向运动，切割定位准确，使钢丝容易切入泥条，降低了钢丝对泥条的损害，减少了断丝的频率，保障产品的质量。每根钢丝用单独的气缸涨紧，钢丝的张力可以针对不同的产品进行调节，既达到钢丝切割锋利、断面整齐的效果，又能提高钢丝的使用寿命。

图 8-36 切条机

图 8-37 切坯机

图 8-38 是切、码、运编组系统。该系统主要用于将运坯机输送来的砖坯，进行输送、翻转、编组、横向。

图 8-38 切码运编组系统

编组运坯机结构紧凑，动力消耗低；翻坯采用独到新颖的设计结构，使得速度提高 30%；在分缝上采用气缸分缝，降低了设备的功率。主要部件采用进口零件及元器件，使得此设备稳定、可靠，各种动作精确协调。

图 8-39 是机器人码坯。

该工艺组合是传统人工码坯的升级，既降低劳动强度，又提高效率。该系统在切坯之后，码坯机之前有翻坯机组，通过对坯体的输送、翻转、拉缝、编组等完成码坯机所需要的码坯方阵，然后码坯机（机器人）将坯体方阵按照事先设计好的窑车码坯图码放到窑车上。在生产过程中更换产品规格时，要事先调整设备机构和程控编组程序，使之符合该规格砖坯的码放。

机器人码坯机的码坯夹子是根据不同的砖形和码坯的方式来选择的，而且每对夹子容易更换，成本也很低。机器人采用机电一体化设计，能够高速、精确、稳定运行。交流伺服驱动系统有过載、过流、缺相、超差等各种保护，性能安全可靠。机器人运动轨迹精确，并易于维修。

图 8-39　机器人码坯

框架式码坯机（机器人）运动轨迹精确，易操作，并易于维修，应用灵活，适用于各种窑车码坯。

二、以取码坯机为中心的切、码、运工艺组合

此工艺组合是信阳雄狮建材设备制造有限公司自行开发研制的。以取码坯机为中心的切、码、运工艺组合，由切条机、切坯机、全自动分批机、全自动码坯机等组成，如图 8-40 所示。

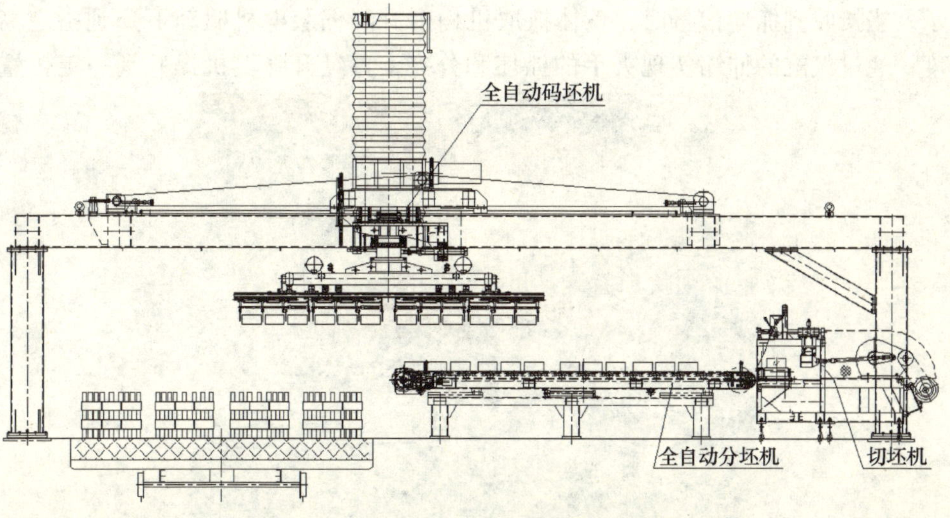

图 8-40　以取码坯机为中心的切、码、运工艺组合

1. 简要说明

随着近年来国家节能、禁黏、禁实工作推广，砖瓦生产企业正逐渐淘汰落后生产工艺，新型隧道窑烧结制砖工艺正快速推广。在新型隧道窑烧结制砖工艺流程中，挤出成型后坯体码放到窑车上由人工完成费时费工，劳动强度大，且码放的砖跺统一性、牢固性差，极大地制约砖瓦生产企业的发展。为适应市场发展需要，信仰雄狮建材设备制造有限公司结合自身多年制砖经验，学习引进德国技术自主研发了该套全自动码坯系统。该设备的成功研发极大地降低砖瓦生产企业的人工成本，以年产量8000万标砖的砖厂为例可减少人工15～20人，极大地提高了砖厂集成化、自动化管理水平。

2. 技术性能和结构特点

ZMP全自动码坯机系统由分坯机和码坯机两部分组成。配有先进伺服控制系统和进口气动控制系统。整体结构连接美观、大方，工作安全、平稳、可靠。

（1）技术性能：分坯机部分由上、下机架、传动装置和皮带等组成。采用伺服电机驱动，将切坯机切好的砖坯通过对射传感器信号的通断，控制伺服电机实现均匀分批、布坯。当分坯台布满砖坯时，通过另一端对射传感器，控制码坯机抓取动作。整个分坯机上架部分通过气缸和高精度直线导轨实现整体移动，便于更换钢丝或检修。

码坯机部分是由升降、抓取、旋转、水平移动等部分组成，如图8-41所示。当接收到抓坯信号时，整体抓取机构由升降伺服电机驱动下降到指定高度；通过气缸的伸缩实现夹手的抓坯和分夹，再经升降电机提升到一定位置

图8-41 全自动码坯机

后，在水平机构带动下到达窑车位置（间隔式旋转90°，实现交叉码放），抓取机构下降，夹手松开，同时压砖机构下压，防止倒砖，进而实现整个码坯动作。抓取机构每完成一个动作后，自动返回抓取位置（间隔式旋转90°复位）。整个升降动作由大功率伺服系统（带抱闸装置）控制，工作平稳可靠，无冲击。

（2）结构特点：

1）框架：采用低合金高强度矩形管焊接，材料本身抗弯、抗扭性能好；通过合理的焊接工艺和大型机床精细加工保证了产品的可靠性，提高产品使用寿命。

水平驱动及定位，采用变频制动电机驱动；动力传递采用T型齿同步带，运行无冲击；加减速及停止位置反馈采用电感式接近开关。启动、停止，运行平稳无冲击，定位准确无重复定位误差；

2）水平导向：采用进口高精度直线导轨导向；

3）特点：高精度、高负载能力、高刚性、高可靠性、全密封防尘、互换性好；使用寿命长，维护简便；导向准确，运行平稳。

4）提升机构：采用先进的伺服驱动技术，使用四柱高等级镀铬空心导向杆导向。

5）转向：采用美国回转气动控制系统，转向平稳，定位准确。

6）夹砖：气缸驱动，压力可调，通过调整气压保证合适的夹持力，避免掉砖或砖坯变形。

7）砖坯纵向分开：气缸驱动，压力可调，通过调整气压调整合适收夹、分夹速度，避免冲击，减少掉砖。直线导轨导向，移动平稳。

8）压砖：放砖时增加压砖动作，避免倒砖。

9）安全机锁：设备长时间停机或检修时安全机锁锁上，保证安全；避免误操作或线路故障引起意外。

10）急停保护：控制柜和立柱上安装具有互锁功能的急停按钮，出现意外时按下急停，设备暂停，故障处理后继续工作。

11）控制系统：采取校企联合方式，共同开发了自动控制系统；该采用先进的控制理念，将软、硬件完美结合，实现设备的全自动控制。美观大方的触控式界面操作简便、直观。多重检测、保护，从控制上实现安全保护。

3. 选择指南

该机码放方式为一次码放一层，夹手间隔旋转交叉码放，码放数量及层数根据窑的尺寸可做调整，适用于设计能力年产量（折标砖）8000万以上的砖厂选用；适用于多种砖型、多种断面尺寸的隧道窑生产工艺。

第五节 小 结

通过烧结砖瓦工艺组合，以及工艺组合中重点设备的展示，说明了近十几年来国内砖瓦行业的飞速发展和长足的进步。其进步表现在围绕着承重空心砖、大型空心砌块、保温砌块制品而制定出的较为先进的生产工艺，以及各种配套设备的开发应用。特别是制品在现代建筑工程中的应用，带动了砖瓦行业的发展。

第九篇　挤出机高端制造的企业管理

第一章　概　论

管理是一个企业生存和发展的基础条件。管理波及和渗透到企业从产品开发、生产、营销、服务到经营决策、队伍建设的全方位和全过程。“好的管理可以发现和弥补各项具体工作中的缺陷和错误；而具体工作做得再好，也弥补不了管理中的缺陷和错误”。这句通俗的语言非常形象地说明了管理对企业的重要作用。

科学管理理论是以美国泰罗先生的“科学管理法”和法国法约尔先生的“管理过程论”为基础形成的。“丰田管理学说”是对“科学管理理论”的细化、深化和发展，“现代化管理学说”和“信息化管理学说”是对“科学管理理论”辅以了不断涌现的诸多现代化和信息化的管理手段和管理工具后的发挥和发展。

法约尔先生给管理下了这样的定义：“所谓管理，就是计划、组织、指挥、调节、控制”。管理中的“管人”与“理事”是同等与并举的，管理过程中的“智能化组织原则”、“层级原则”、“标准概念”、“时间观念”、“职责观念”、“程序与纪律观念”等重要的行为观念和准则应给与充分的理解和贯彻。

应该说，我们的很多企业管理者还将管理理解和实施成“管人”为主，而在“理事”中事无巨细，直接插手包办，让下属各层级处于“有令执行”、“无令停等”的“不拨一拨”、“不转一转”的状态，其结果必然是很多事情管不到、管不了、管不好。这种方式被管理学定义为“放任式管理”。

管理的好坏不仅影响到企业生产经营活动的运行状态，而更深地影响到企业的进步和发展。本篇主要概述“计划与统计管理”、“生产管理”、“技术与质量管理”、“设备动力与工具管理”、“劳动人事管理”、“物资管理”六大类通用性管理中的主要原理和方法。山东淄博功力机械制造有限公司通过强化包括“经营与财务管理”、“营销管理”在内的企业八大管理，基本形成了“周密的计划、准确的调度、有序的运行、快速的反应”为特征的良好运行状态，其经验有一定的参考价值。但在工业企业管理中的“经营与财务管理”、“营销管理”这几年发展与创新较快，无定式可循，各企业都有适合自己情况的方式和方法，故不再讲述。图 9-1 是山东淄博功力机械制造有限公司高端制造车间的一角。

图 9-1 山东淄博功力机械制造有限公司高端制造车间的一角

第二章 计划与统计管理

计划作为管理中的首项内容，因为它是执行决策和实现目标的纲领性文件和保证性组织措施，也是企业各系统、各部门执行各项工作行动的依据和行动方案。古语说“凡事预则立，不预则废”。《孙武兵法》第一篇的篇名就是“始计”，中外管理学者都将“计划工作是一座桥梁，它把我们所处的这岸和我们要去的对岸连接起来”。可见“计划管理”的重要性。

可能有人认为：市场经济下计划管理不怎么重要了，其实恰恰相反，市场经济条件下更需要严格周密的随市场及环境变化快速反应滚动的计划，以保证企业有预见性的、能快速对应的、协调一致的生产经营活动及行动。

统计作为“计划跟踪、分析和考核”的重要依据，作为“计划和在制定”的重要参考。每一个企业都会有深切的体会。

第一节 计划管理综述

一、计划的重要作用

1. 计划是企业管理者指挥生产经营活动的依据

有了统一的周密的计划（包括企业统一下达的计划和各职能部门的工作

分计划），各级管理者就能有条不紊地指挥和协调全公司的生产经营活动及本部门本系统的工作行动，也就是说："有了统一的目标，才有统一的行动"。

2. 计划是企业预测和应对外部环境的变化，防止将来不确定性的手段

市场经济下，企业要应对不断变化的市场需求和环境变化，有预见性的计划以及能随变化而滚动的调整，才能正确地确定目标、策略、政策、方法、步骤，才能做到"处变而不惊"，使将来的风险减少到最低程度。

3. 计划是减少浪费、提高效益的方法

因为有效的计划能消除不必要的活动所带来的浪费，能起到让成员目标一致，将各个成员的努力形成合力，提高工作效率，能对资源进行有效调配，降低资源使用成本。

4. 计划是管理者进行调控工作的基础

因为计划包含目标，而目标提供了衡量工作的数量、质量、时间的标准，所以调控的标准要求源于计划，调控工作要依据计划的具体内容来进行。

二、统计的重要作用

1. 统计是计划编制中目标可完成性、可实施性的重要参考

计划编制前的统计数据、统计分析再加上对原条件下可扩展性的分析以及对将要或已经增大了的人力、物力、财力对计划目标的可增大性的支持，都是对计划目标可完成性、可实施性的预测依据。

2. 统计是计划跟踪、检查、分析、调整和总结的重要手段和依据

应该说有多少类计划就应有多少类统计，分阶段或定周期的及时统计，定量的或是定性的统计资料，是对计划执行情况的反应，依照这些统计资料的分析，才能准确地检查计划执行状态，分析计划运行情况，必要时对计划指标和执行措施进行调整，计划完成后比照统计结果进行总结。

3. 统计资料是进行经营活动分析的重要资料

企业经营活动分析主要内容：一是检查重要计划执行情况；二是对企业各种经营活动（市场营销活动、产品发展和开发活动、生产活动、行政管理和后勤保障活动及各类经济指标的正常运行情况和上升、下降的波动情况）进行综合的或专业的分析，发现问题、解决问题、保证经营活动良性运行；三是找出潜力，挖掘潜力，对企业进行能力和水平的提升。

而进行这些经营活动分析的重要数字资料来源于翔实的统计资料，所以也就要求统计资料要量化、准确、及时。

三、计划统计机构及网络

企业可以单设或合并设立综合的计划统计管理部门，其他各专业管理部门

如生产、供销、劳动人事、设备工具、基建、运输、技术、检验、财务行政和各车间都应有专职或兼职的计划统计员，这些部门及车间的计划统计员在业务上应接受综合计划统计管理部门的领导，共同组成企业的计划统计网络。

四、企业计划的分级与分类

企业计划通常可分为综合计划和局部计划两个方面：

（1）综合计划

编制年度综合计划，它是由企业计划管理部门为主编制的，习惯称为年度盘子。设有二级法人的大型企业则由二级法人计划管理部门编制，报一级法人计划管理部门批准。

年度综合计划是由企业经营、生产、技术、财务、基本建设、行政福利等各类计划内容在内的计划体系，是企业长期规划或战略的具体化，是企业在计划年度内进行生产经营活动的奋斗目标和行动纲领。

（2）局部计划

所谓局部计划，是指限于指定范围的计划，它是指某一类职能型计划或某一项任务型计划。

职能型计划，由职能管理部门编制，比如生产计划由生产部负责、营销计划由营销部负责、技术开发计划由总工办或技术部负责等等。

职能型计划是对企业综合计划的细化和保证，是综合计划的子计划，其目标及纲领不能低于综合计划，各子计划之间既相互联系，又相互制约，存在着互动的关系。需要企业计划管理部门进行统一的审核和平衡，避免撞车。

某一项任务型计划由项目负责人编制，它应该包括目标、进度和主要实施要求，任务型计划不能与职能型计划冲突。

任何一级或一类计划必须有明确的量（目标纲领或数量）、期（主要进度和完成期）、质（达到的水平或质量）的要求，否则计划就会流于形式。

第二节　企业年度综合计划和季度综合计划

一、综合计划一般包括下列组成计划

1. 营销计划

营销计划，应包括以下内容：营销分析与市场预测；营销策划与策略；预期的产品销售品种、质量、数量、交货期；销售收入、营销成本、营销方式及渠道。

2. 生产计划

生产计划，它是以营销计划为主要依据编制的，应该规定有计划期（年、季）内的产品品种、数量、产出期、生产占用及生产能力、设备能力利用程度等。

3. 质量计划

质量计划，包括质量指标、质量目标和重要质量措施等。

4. 技术开发计划

技术开发计划，包括产品开发计划和新技术、新工艺、新材料、新结构计划等。既要考虑远期产品发展和技术发展的需求，又要着力解决营销计划和生产计划、质量计划中年度需要的产品改进、技术升级、技术保证和质量保证、生产能力保证诸方面的需要。

5. 基本建设和技术、技措计划

基本建设和技术、技措计划，包括基本建设、技术改造和重大技术措施等内容的计划。

6. 固定资产大修理计划

固定资产大修理计划，包括建筑、设备等在内的大修计划。

7. 物资供应计划

物资供应计划应根据营销、生产、技术开发、基建与技术改造、固定资产大修计划在内的各种原材料、燃料、动力和工具的需求量、储备量、供应量，以及供应来源和期限资金占用等内容。

8. 财务计划和成本计划

财务计划和成本计划，包括融资和统筹；资金的切块分配、预留机动及协调控制；成本的测算、跟踪及控制等。

9. 人力资源调配计划

人力资源调配计划，包括各类人力资源的增减和调配。

二、综合计划的编制

1. 各组成计划的相互作用和关联

营销计划是财务计划和生产计划编制的重要依据，生产计划是对营销计划的保证，技术开发计划是对企业不断发展进步的方向性保证及对生产计划良好运转的技术性保证。

营销、生产、开发直接和间接地为财务计划提供了主要的资金来源，财务计划对营销资金、生产保证资金、开发资金的分配则为营销、生产、开发计划的实施提供了财力条件。

物资供应计划、固定资产大修理计划则是为技术开发和生产所做出必要的后方保障。

2. 综合计划编制的分工与审核平衡

营销计划由营销部门根据市场分析情况和企业决策层的指导意见编制；生产计划中的商品计划由计划管理部门编制，成品生产计划由生产部门编制；技术开发计划中的产品开发计划由开发部门根据营销部门的市场发展信息和决策层的指导意见编制，其他根据生产和质量需要编制；质量计划由技术质量管理部门编制；固定资产大修理计划由不同归口部门编制，计划部门给予综合；物资供应计划由物资管理部门根据开发和生产需要编制；财务和成本计划由综合计划管理部门会同财务部门编制。

综合计划分口编制以后，要由综合计划管理部门进行认真的汇总、审核和平衡。审核的目的在于计划的先进性和可行性。平衡的目的在于消除各类指标间的不统一，保证措施上相互协调、进度上相互衔接。

三、综合计划编制与管理中的主要基础定额

在编制和考核综合计划时，很多的指标和数据是在一定的相关定额的基础上形成的，所以定额制定的准确性与先进性如何，直接影响着计划水平的高低。

与计划指标相关的定额种类很多，应该说有多少指标，最好就先有多少定额作为制定依据。

在综合计划中涉及的主要定额有以下几种：

（1）劳动定额；（2）物耗定额；（3）期量定额；（4）工作质量定额；（5）费用定额。

第三节　定额制定、修订与管理

一、定额管理的意义与作用

1. 定额的定义

所谓定额，是针对一定的工作，考虑企业生产经营的需要，并针对这一工作所涉及对象的人员能力、装备能力、财务能力和其他涉及各类工作的客观条件而制定的一些数量和质量的标准。

定额不同于指标，定额属于标准类性质，它在相对未变的基础条件下一定时期内是相对稳定的；而指标则属于经营活动所需要实现的“行动目标”性

质。在一定程度上指标是根据生产经营活动的需要，考虑借助外部支援的因素，内部挖潜增人、增时、增效、增装备等方式的因素去实现和达到高于定额的结果。

2. 定额管理的意义和作用

定额是计划计算和编制的重要依据之一，是贯彻计划、考核计划的一种科学依据，是贯彻制度、考核制度的一种数量依据，是合理调配人力、物力、财力，通过挖潜提高工作效率的有效工具。

二、定额水平的掌握和制定方法的选择

1. 企业需要的几类主要定额

（1）劳动定额：包括工时定额、产量定额、工作量定额等不同的表现形式。劳动定额规定产品或工作所需的劳动时间。

（2）物耗定额：是指工作人员在生产和工作中，物资和劳务消耗的定额。如原料及主要材料、辅助材料、燃料、动力、工具、机修零配件、低值易耗品等的消耗定额。

（3）期量定额：包括生产周期及与之相应的在制品、半成品周转量；物资储备天数及与之相应的库存周转量；待销成品存库天数及与之相应的待销产品结存量；全部流动资金周转天数等。

（4）工作质量定额：主要是针对某些工作中存在着的误差、损耗或损失能直接影响到生产经营效果或效益的情况而制定的重要工作质量定额。如零部件合格率、废品损失率、检验率和正确率、生产均衡率、作业计划项目品种数量进度完成率、设备完好率、图纸技术资料图面差错率、营销计划完成率、合同签订准确率等。

（5）费用定额：是物资消耗、劳务消耗等方面转化为资金方式的定额。它一方面要保证生产经营的有效运转和职工福利的基本保证，又要合理分配和使用，力争趋向“花最少的钱、办更多的事”。

2. 定额水平的掌握和确定

定额的水平应取多数必须经过努力能够达到的水平，这种水平低于先进分子所能达到的先进水平，但高于一般人的平均水平，按这样的水平制定的定额称为市场先进定额，这是有利于挖潜的定额。

当然，在科学管理法中讲的是“以第一流工人的高效率为标准”。但考虑中国人多年旧的观念造成的接受能力，还是先从平均先进水平着手为好，这样能让大多数人经过努力后获得成就感，让少数低于水平要求的人有压力，让少数高于水平的人担负起骨干的作用。

定额不是一成不变的，随着人员能力的提高和客观保证条件的提升必须作相应的调整。这样才能不断促进员工工作的进步和促进企业的发展。

3. 定额制定方法的选择

制定定额的方法常用以下四种：（1）技术分析法；（2）经验估计法；（3）统计法；（4）工作现场考评测定法。

（1）技术分析法：很多类别的定额是可以根据产品图样及技术文件，或工艺工装图样及技术文件、设备动力方面的技术性能和技术参数等方面提供的技术数据作为分析计算的基础的。如劳动定额中的“机动时间”；材料消耗中的基本下料尺寸；燃料、动力、工具的消耗等都可依计算分析为基础，再辅以对变动因素的考虑和调整来确定。

技术分析法科学依据性强，定额制订中应尽量采用这一方法。

（2）经验估计法：在技术文件、技术参数数据不够齐全或一些不可能用数据去分析计算的定额类别，又需要先制定出相关定额以作为先行的管理依据时，可以依靠专业人员的经验来估计制定。

（3）统计法：对于某些不便于采用技术分析法，也不便于采用经验估计法的定额类别，可以借助该方面的历史统计资料，再加以分析调整去制定。

（4）工作现场考评测定法：如果既缺乏技术分析计算数据、又缺乏相关经验和历史统计资料时，以及对已制订定额做校核时可采用这一方法。采用这一方法时，测定人员应有该方面的专业人员参加，并让本方面的相对先进操作人员去施工，对取得的数据进行综合考评后确定。

4. 定额管理与调整修订

贯彻定额是定额管理的首要内容，贯彻定额必须有检查、有考核。检查是对定额在执行中实际达到的程度，通过业务核算、统计核算或会计核算，系统地反映出来。使业务部门和有关管理人员做到心中有数，以便进一步掌握好定额管理和调整修订尺度；同时也让定额执行者知道完成的情况，便于发现问题、解决问题、提升工作水平。

按照完成定额的程度和绩效，有条件的与工资奖励结合起来，是定额管理的又一重要内容。

及时地修订定额是定额管理的第三个内容。根据企业情况及定额执行情况可以将间隔时间定位三个月、半年或一年。修订定额也是重新制定定额，要力求“精、细、准”，使定额更趋于合理性和先进性，才能更好地调动各方面的积极因素。

第四节 原始记录与统计工作

一、原始记录

（1）在工业企业生产经营活动中，反映具体活动情况第一手记录材料，称为原始记录。原始记录对于统计分析、生产经营活动分析和查证是十分重要的。

反映生产第一线活动的原始记录，称为生产原始记录；反映科室不同业务活动的原始记录，称为科室原始记录。

（2）生产原始记录包括基本生产记录和辅助生产记录。主要有以下内容：

①产品、零部件、工序生产量及个人生产量；②产品、半成品存库量；③产品及零部件质量检查记录；④生产实际做工工时与停工工时的记录；⑤出勤、缺勤情况的考勤记录；⑥生产工人材料、物料、工具领用记录；⑦设备运转情况的记录；⑧安全生产方面的记录。

（3）科室业务原始记录，由各科室根据自己部门的业务规范分别记载。主要有以下内容：①设计研发及各种产品试验方面的记录；②工艺工装设计、制作、使用、验证方面的记录；③工时测定写实方面的记录；④设备台账及修理检查、鉴定和完好情况的记录；⑤物资采购、发放、库存、消耗方面的记录；⑥财务往来中各种经济活动的登记或凭证；⑦职工人数、分类数及进出和调整方面的记录；⑧职工劳动保证及福利方面的记录；⑨固定资产变动及基本建设方面的记录；⑩产品及备件销售记录；⑪技术服务记录；⑫各类文件（技术以及行政的）发放、传递及执行情况记录。

（4）各类原始记录的分工及记录要求由计划统计归口管理部门确定。

二、统计的一般方法

统计工作包括统计调查、统计资料整理、统计分析和统计报告等主要过程。

1. 统计调查

统计调查的主要形式和方法有以下几个方面：

（1）通过统计报表取得统计资料（要求基层及时、准确地上报所需报表）；

（2）通过原始记录取得统计资料（查证基层各类账本及情况记录）；

（3）通过专项调查取得统计资料（根据情况实行普查、重点调查或抽样调查）。

2. 统计资料整理

（1）统计分组

按照不同类型或不同的事项、数量范围进行分组，以便对事物进行质或量的分析。

（2）采用适当的数量表现方法

统计指标应有适当的数量反映。可以根据不同的需要分别采用绝对数（用于各重要量）、相对数（用于各重要率）、平均数（用于反映一般指标水平的各平均值）、指数（用于反映一定经济指标的升降发展趋势）。

3. 统计分析

统计分析的内容可以进行专题分析，也可进行综合分析。专题分析是针对某一项指标或某一个具体问题所进行的分析，综合分析是对综合情况或若干个指标所进行的分析。其方法主要是通过数字对比揭示问题，进而对问题调查研究，展开分析。

（1）以实际完成数与计划作对比，通过对计划实施情况的分析发现问题。

（2）运用动态分析的方法，如，对历年经济技术指标的发展变化情况进行比较；以报告期的指标水平与上年同期对比；以报告期的指标水平与一定的基期对比；以报告期的指标水平与历史较好水平对比等。通过对本企业历史发展动态的对比进行分析。

（3）对构成指标的各个因素进行分析，如分析成本时研究它的各个成本构成项目；分析废品状况时，研究导致废品产生原因以及废品处理结果和数量；分析生产进度时，对影响生产的各薄弱环节进行分析研究等。

（4）以同行业同类型企业或同类型产品的指标进行对比分析。

（5）对突出问题在进行实况调查的基础上进行分析，通过某些指标反映突出现象，如均衡率、出勤率及各类设备事故、质量事故、安全事故及有些突发事件、突变事件和突变状态等。

4. 统计报告

根据国家的、行业的及企业管理层的要求，恰当地报出有关统计报表。

第五节　计划检查及企业经营活动分析工作

企业应每季（至少半年）进行一次经营活动分析。分析会议一般由总经济师牵头，计划、企管、财务三个部门各自根据相关职责分工从不同角度对年度（季度）计划执行情况、存在问题及主要原因准备好总体分析材料，各相关职能科室及车间做出本系统本部门的分析报告，对自己分别承担的计划和指标做出执行情况解答和接受质询。经营活动分析的主要内容有以下几个方面：

（1）制度、职责和程序执行中的问题和偏差分析；

（2）计划、指标执行情况的分析，优秀情况的经验、执行不良的原因、整改打算和需要条件的建议；

（3）布置整改工作；

（4）根据分析结果，必要时对计划的修订和滚动。

第三章　生产管理

生产是企业最基本的重要活动，是实现产品设计、满足市场销售、保证经营运行的重要手段。可以说，生产管理是企业“八大管理”中的中心环节，生产管理是各项管理渠道的“路由器”，又是各项管理成效的“显示器”，企业的管理水平、企业的管理效果、企业的精神面貌，无一不是透过生产管理向外展示的。先进的“丰田管理模式”，其核心就是丰田的“精益生产管理模式。

图 9-2 是山东淄博功力机械制造有限公司高端制造生产管理的照片。

图 9-2　山东淄博功力机械制造有限公司高端制造生产管理

第一节　生产管理的主要任务和主要工作

一、生产管理的主要任务

根据企业的生产规模、生产类型、产品结构和工艺复杂程度，科学地组织生产过程、合理地组织日常生产工作。在生产组织中，要尽量地采用先进的生产组织形式、高效设备和先进技术；要充分利用人力、物力、资源；要不断提高生产过程的连续性和均衡性；尽量缩短生产周期，减少流动资金的占用，降低原材料、燃料、动力的消耗，不断提高劳动生产率、降低成本；以最短的时间、最快的速度生产出更多更好的产品，来满足市场的需求和企业生存、发展、壮大的需要。

二、生产管理的主要工作

(1) 生产过程的组织；

(2) 生产计划的编制和下达执行；

(3) 生产调度；

(4) 制品管理；

(5) 安全生产管理（管生产同时管安全，布置生产同时布置安全，以下不再详细叙述）。

第二节 生产过程的组织

一、生产过程的组织

生产过程组织包括两大部分：(1) 生产过程的空间组织；(2) 生产过程的时间组织。组织生产过程的基本要求是保证生产过程的连续性、比例性、均衡性、安全性。

1. 连续性

连续性，是指产品生产过程的各个环节的生产活动是衔接和连续的，它表现为劳动对象在生产过程中经常处于运动状态，不断地由一个工艺阶段转移到下一个工艺阶段，由一道工序不断地转移到下一个工序，最大限度地减少各种停顿等待时间。

产品在生产过程中的停顿等待时间越少，连续程度就越高、产品生产周期就越短、在制品的占用量就越少、流动资金的占用就越小。

要求生产组织形式先进、工艺布局合理、生产进程中的物资供应、运送、技术措施配合紧密。

2. 比例性

比例性，是指产品生产过程的各个工艺阶段及各道工序（或工作地）的工人人数、生产效率、生产面积等，要互成比例、互相适应。各道工序生产的品种、数量和日期进度都要符合企业连续成套出产产品的要求。

如果各个生产环节之间的生产能力比例失调，就会造成有的生产环节积压或窝工，而有的生产环节则达不到进度要求。

要求对基本生产、辅助生产及生产服务单位的各个环节的生产能力综合平衡，对薄弱环节采取相应的组织及技术措施，以保持它们之间合理的比例关系。

3. 均衡性

均衡性，就是要求在生产过程中，每个生产单位、每个工艺阶段、每道工序在各个相同的时间段内（每月、每旬、每日甚至每小时）完成相等的产品或工作量，稳定重复，不出现时松时紧、前松后紧的现象。

均衡生产是建立良好生产秩序、保证产品质量、保证市场供货履约率的重要手段。

要求有先进合理的生产作业计划、完善的生产技术准备计划及与生产服务相关的活动，如材料供应、外购外协件的供应、设备及工具工装的良好、劳力调配、技术保证的及时正确等方面都要跟上。

4. 安全性

安全性，安全生产既体现了对职工的关心和尊重，又是对生产和经营的资源性保证，安全生产要同时抓好安全意识、安全制度和安全措施的落实。

以上四个要求，既有区别又有联系，比例性是连续性的前提，而比例性与连续性又为实现均衡性创造条件。安全性则是必须考虑的因素。

二、生产过程的空间组织

所谓生产过程的空间组织，主要是指研究企业内部生产结构及其专业化的形式。也就是车间（基本生产车间和辅助生产车间）以及工段、小组的划分方式及生产业务科、室、库的组织形式。

（1）车间的设置可以根据生产规模的需要，分别按加工工艺专业化方式、生产对象专业化方式、生产对象专业化车间内含加工工艺专业化工段、小组方式、全厂各车间工艺专业化和生产对象专业并存的方式等组建。

（2）生产业务科、室、库的设置，要按照企业规模和管理能力的状况，本着便于管理协调、又尽量精简精干，横向缩小平面幅度、纵向减少中间环节的原则去设置。

三、生产过程的时间组织

所谓生产过程的时间组织，主要是指研究产品在时间上的运动形式，也就是产品及其零部件在时间上是如何衔接的，在各道工序上是按什么方式移动的。移动方式有：顺序移动方式；平行移动方式；及平行顺序移动方式。

1. 顺序移动方式

一批零件全部完成了某道工序以后，才一起转入下道工序加工，零件在工序之间的移动是按整批的顺序移动的。

这种方式是工艺加工时间长、转移简单。

2. 平行移动方式

一批零件从上道工序转入下道工序加工，不是整批零件完工后再转入下道工序，而是做完一件便立刻转入下道工序，这样的前后几道工序，便可以同时对一批零件进行着不同工序的加工。

这种方式是工艺加工时间短，转移复杂。

3. 平行顺序移动方式

是以上两种方式的结合。大批拆小批，一批零件部分地从一道工序转入下一道工序，流入下道工序的零件数要根据上道工序的时间和下道工序的长短来进行安排。如果上道工序时间长、下道工序时间短，则必须完成一定数量，足以保证下道工序不发生产中断时，才可以往下道工序转移；反过来，如果上道工序时间短，下道工序时间长，那么可以在上道工序完成一件后，便可陆续往下道工序转移。

这种方式如能精确计算和布置，是最为经济的移动方式。

第三节　生产计划

一、生产计划的类别

生产计划主要包括以下几类：（1）年度、季度生产计划；（2）成品生产计划；（3）生产作业计划；（4）生产技术准备计划。

生产计划还应该包含品种、数量、进度及重要质量的要求。

二、年度、季度生产计划

年度（季度）生产计划包含在企业综合年度（季度）计划之内，其编制内容及要求在本篇第二章计划与统计管理中讲述。

三、成品生产计划

月度的成品生产计划，应是对月度销售商品计划的适当加大，以保证商品计划的可调整性和其可选择性，并应划定一旬得进度要求。成品计划包含整机和单件出厂的各类零部件。

四、生产作业计划（单独列在本章第四节）

五、生产技术准备计划

生产技术准备计划分为：（1）新产品试制生产技术准备计划（一般称之为新产品试制计划）；（2）日常生产、技术准备计划（也就是定型产品的生产技术准备计划），一般称之为生产准备计划。

1. 新产品试制生产技术准备计划（新产品试制计划）

新产品试制的准备工作包括：产品图纸及技术文件的准备、工艺工装图纸及文件的准备、材料消耗定额的制定、生产单位人员的配备、工装工具的制造及定购准备、设备的配置准备、工艺试制和工艺定型、进一步完善生产条件及生产定型。其中的工装工具制造及定购、设备的配置、工艺试制过程及进度安排、进一步完善生产条件的生产组织措施，都要由生产管理部门列出计划和组织实施。

2. 日常生产、技术准备计划（生产准备计划）

日常生产、技术准备计划包括以下部分：

（1）原材料、毛坯及外购外协作的准备计划；

（2）工具、工装补充及检修的准备计划；

（3）设备检修的准备计划；

（4）技术文件的准备计划；

（5）劳动力调整的准备计划；

（6）运输和装卸工作的准备计划；

（7）生产用房的检修和建设计划；

（8）与影响生产有关的其他方面的准备计划。

准备计划要有准备内容要求、准备进度要求、需要达到的工作标准要求。准备计划要列入总调度进行协调、检查和考核。

第四节 生产作业计划

一、生产作业计划的含义

生产作业计划是企业生产计划的具体执行计划，是把企业的年度、季度生产计划中规定的月度生产任务以及临时的生产任务，具体地将品种、数量、进度分配到各车间、工段、班组以至每个工作地和个人，规定他们在月、旬、日、轮班乃至小时的按日历顺序需要完成的工作。

生产作业计划分：（1）厂部下达给各车间和有关科室的作业计划；（2）各车间、科室分配给工段、班组的作业计划；（3）车间、科室的工段班组分配至工作个人的作业计划。

计划中有明确的投入期、产出期、投入量、产出量以及投入、产出的进度安排。

二、编制生产作业计划所需的期量标准的制定

期量标准的内容有：批量、生产间隔期、生产周期、提前期、生产节拍和在制品定额。可根据生产规模的需要和作业计划编制的粗细程度要求去选择其中的部分内容。

1. 批量和生产间隔期的确定

批量，是指同种制品，一次投入及产出的数量。

生产间隔期，是指相邻的两批制品，投入产出的时间间隔。

企业可采用“以量定期法”，就是首先确定批量，再根据批量去确定生产间隔期。计算方法为：

生产间隔期 = 批量/平均日产量。

企业也可采用“以期定量法”，就是先确定生产间隔期，然后计算出与间隔期相应的数量。这种方法是按零件的周期长短、工艺复杂程度以及零件的大小和材料的贵重程度等因素分类，确定出各类零件的生产间隔期常确定为 1/6 月、1/3 月、1/2 月、1 个月、1 个季度、半年等，再根据确定的生产间隔期，计算出相应的批量。

计算方法为：批量 = 生产间隔期 × 平均日产量

2. 生产周期

生产周期可分为工序生产周期、零件生产周期、部件生产周期、工艺阶段周期和产品生产周期。

工序生产周期：是指产品或零部件在某道工序上的加工日历时间。

零件生产周期：是指从原材料投入开始到加工完毕并检验合格所经过的全部日历时间。

部件生产周期：是指从半成品投入装配开始到装配完毕并检验合格所经过的全部日历时间。

工艺阶段周期：是指产品或零部件在某个大的工艺阶段所经过的日历时

间。如：锻造周期、铸造周期、机加工周期、热处理周期、表面处理周期、装配周期等。

产品生产周期：是指毛坯周期、最长零件生产周期、最长部件生产周期、总装配周期的总和。生产周期的计算要加上一定的保险期和减去平行作业时的重合期。

3. 提前期

提前期常用于新产品的试制及无储备的单台或不重复的少量生产计算用。提前期包括投入提前期和产出提前期。

用下表可清楚地看出提前期的计算方法。

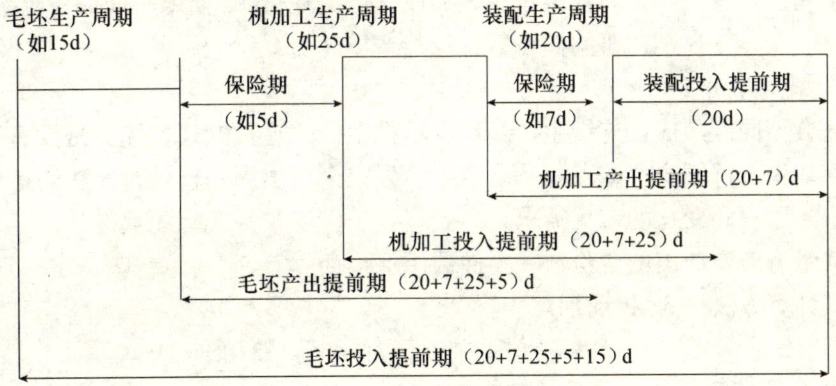

4. 生产节拍

在流水自动线生产时用，流水线的平均节拍计算我们不在此研究。

5. 在制品定额

机械工业企业习惯将已经加工完毕并检验合格的零件称为半成品，而在此阶段以前的零件称为在制品。

车间内要保持一定数量的在制品，作为周转量；库房内要保持一定数量的在制品储备量和保险储备量，以保证各车间之间的生产工作协调。

总量 = 车间周转量 + 库存储备量 + 保险储备量

在保证满足生产需要的前提下，应尽量使在制品总量达到最小以减少生产占用、减少防腐保养量、减少多余的转运工作量。

车间基本周转量 = 平均日产量 × 生产周期

库存储备量 = 平均日产量 × 库存定额天数

三、生产作业计划编制的计算方法

常用的计算方法有：（1）在制品定额法；（2）提前期法；（3）库存定额

法（又称累计编号法）；（4）生产周期法。

1. 在制品定额法

适合于大批大量生产，生产任务稳定、品种少、产量大、专业化程度高、在制品储备稳定的流水线式的生产方式。

这种方法的特点是，用在制品定额作为调节车间生产任务数量的标准，以保证各车间相互之间的衔接，只要前一个车间的产出能够保证后一个车间的加工需要和库存储备量，也就是说解决在制品的投入量和产出量即可。

这种方法对零部件的成套性会产生较大的差异。

车间产出量 = 后车间投入量 + 本车间销售量 +（期末库存定额 - 期初库存数）

车间投入量 = 本车间产出量 + 废品或其他消耗量 +（期末车间储备定额 - 期初车间储备数）

2. 提前期法

适合不同产品成批连续生产及年度单批生产。这种方式，优点是没有半成品预存，生产占用少；缺点是从确定生产到完全产出周期较长，无法满足供货要求快的用户和变化的市场需求。

其量为需要产出的台份数 + 零件数 + 保险期。

其计算方法见 3. 提前期。

注：（批量/日产量 + 保险期，再考虑加入平行作业可以省去的时间）

3. 库存定额法（又称累计编号法）

适合同产品的连续生产，也适合不同产品的连续生产，优点是特别适应市场对供货期的要求及品种在已经相对稳定条件下的市场变化要求；缺点是生产占用较大。

该公司现在采用的就是这种方式，但没有把累计编号使用进去。

根据预测的品种比例，确定一定的半成品库存量（也就是装配所需的零部件数，加上单件出厂的耗件数）。随时根据库存量与定额的差异确定相应的产出量。

其产出期为每月月底，产出量为补齐半成品定额库存量。

投入期为零件生产各自的生产周期。

零件累计编号的方法可以直观地编为某种零件：

xx—xx/xxx

（第多少—第多少台份）/（多少个补齐零件）

成品的累计编号为（某种产品）：第 xx——第 xx 台份

4. 生产周期法

适合于新产品试制或长时间不用轮翻的小批特殊定货。

量是根据需要来确定的；期是根据成品产出期倒推装配周期和零件投入产

出期：如果是零件全部加工完毕后再进入装配，则生产周期应按最长时间的零件从毛坯到加工完毕的生产期加上全部装配周期；如果装配开始与进入装配的零件可以有交错平行运行时间，则按最长加工时间的零件进入装配后剩余的装配周期加上最长加工周期零件的加工周期。

第五节　生产能力确定与平衡

不管是编制年、季生产计划还是月度生产计划，必须掌握生产能力情况。

生产能力包括劳动生产能力（总工时、各工种工时、各工种内相互不可替代的单种工时）、设备生产能力（各种设备分类生产能力，同种设备相互不可替代的单种设备能力）。设备生产能力要以台时性能力表示，便于计算和平衡。劳动生产能力和设备生产能力综合平衡时要考虑一人多机和一机多人的情况。

劳动生产能力和设备出产能力要根据生产任务需求，可采取增置和平衡的方式作调整。

如果劳动生产能力或设备生产能力不足，可采取零部件外协，或某一工序、某些工序的外协。

第六节　生产调度

一、调度工作的任务

（1）检查督促各项生产准备的实现情况，为生产的顺利进行打好基础。

（2）根据生产作业计划规定的品种、数量和进度要求，安排组织和调节各个生产阶段、各个工序的生产活动。发现背离作业计划的问题和现象时，迅速采取有效措施，制定补救办法。

（3）做好班日、旬、月、季生产计划完成情况的检查、记录、统计和分析工作。

（4）根据运行情况和生产需要，随时做好劳动力调配、设备工装状态、材料供应、产品转运各个方面的保障和平衡工作。

（5）做好各生产环节中有关科室业务之间的协调，使它们能相互衔接、紧密配合。

（6）搞好现场管理和安全生产管理。

二、调度工作的原则

（1）必须严格以生产作业计划为依据。

（2）必须实行高度的集中统一，严禁各行其是。

（3）必须有预见性，力求在问题出现之前就有一定的预见和相应的预防纠正措施的准备。

（4）调度工作要“适时”。也就是掌握情况要真实，处理问题要及时。

（5）进行调度时，要严格遵守工艺纪律，不偷工减料，不降低质量标准。

（6）群策群力，正确吸收群众意见和建议，充分调动大家的积极性。

三、调度工作的方法

1. 实行调度值班制度

值班调度员应根据作业计划要求，经常检查车间、班组计划运行情况和有关决议、指令执行情况，及时处理生产中的问题并做好调度值班记录。

2. 调度报告

每日定时（特殊重要情况随时）逐级上报作业计划执行情况和存在问题。

随着配合生产作业计划的进展情况，各业务科室要直报总调度室，并抄报其他上级负责人，防止迂回和脱节。

3. 调度会议

大型企业采取定期的调度例会。小型企业可不采取例会形式，而是根据需要随时召开调度会议。

参加调度会议的人员是只需要与下达任务及解决问题的有关部门及个人，调度会议的重点是解决背离了作业计划的情况和问题，不要泛泛而谈。

4. 现场调度

对很多问题相对单一，或有些要求迫切的问题，可采取现场调度的形式，力争当场解决。

5. 调度命令

某些紧急的情况，如严重影响生产进行的问题，要求解决的时间特别迫切，可由总调度室拟定、公司最高管理层人员签发调度命令，各部门无条件地按命令执行。

调度命令是一种应急的特别手段，一般情况下不得随便发布。

第七节　制品管理

一、分类

制品包括在制品和制成品（成品和半成品）。

在制品——正在加工和等待加工的制品。

成品——已经装配试验合格的整机，单独出厂的已装成合格的部件、单独出厂的已加工完毕检验合格的零件。

半成品——已加工完毕并检验合格等待装配的零件和部件。

二、成品和半成品管理

成品管理要注意对成品进行包装，要注意防腐防锈和保养工作，销售出库也要尽量遵循“先进先出”的原则。

半成品管理要注意防腐防锈防磕碰划伤，并要随时掌握其装配成套性要求，出库装配要遵循“先进先出”的原则。

三、再制品管理

对于大批量及贵重易失的在制品，可适当建立厂级在制品库和车间级在制品库，便于控制流量和避免在制品丢失。

在制品的盘点应定期按一定截止时间统一盘点，确保投入数减去产出数，之后的在制品流转数的准确。

第八节　生产控制及生产现场管理

一、生产控制

生产控制是生产管理的基本职能之一，是实现生产计划和生产作业计划的重要手段。生产控制的方法是先确定先进合理的标准，调查获取在计划阶段、实施阶段、完成阶段得到的实际结果与标准之间的偏差，通过对偏差的分析随时采取措施纠正偏差和防止偏差。

生产控制包括预先控制、现场控制和反馈控制。

预先控制是在计划阶段，通过对人、机、物料、环等各因素预先分析和周密的分类计划，防止生产组织中所使用的资源在质和量上可能产生的偏差。

现场控制是在实施阶段，通过进度调查、实物调查、加工能力调查等实施状况的调查，分析产生偏差的原因，采取措施，将偏差尽快修正，让计划的实施尽快纳入正常。

反馈控制是通过对结果包括（质量上的、产能上的、经济上的、职工工作效绩上的）分析评定，得到了对计划和实施的综合评价，并为今后同类计划中偏差和缺陷的预防制定措施。

二、现场管理

现场管理是生产控制中的重要环节。良好的现场管理对职工形成优良的工作理念和工作作风，提升职工的工作热情，提高工作效率和工作质量，改进企业形象有着显著的促进作用。

现场管理要对工作现场、生产现场的人、机、物料、环等各因素都要做出空间上的和组织上的规定和要求。对人流（人员的使用和调整）、物流（产品和物料的流动和传递）、信息流（技术的、质量的、进度的、结果的信息流动和传递）做出时间上的和程序上的规定和要求。

三、现场管理中的“5S”管理方法

所谓“5S”管理方法，就是整理、整顿、清扫、清洁、素养。

整理——就是把要与不要的东西分别开来，把不要的东西扔掉或另外存放，岗位上只放置需要的东西。

整顿——就是把要的东西根据使用频率和工艺流程合理的布局与摆放，存放有序，使用快捷。

清扫——划分责任区，将岗位清扫得无垃圾、无灰尘，将设备保养得铿亮完好，创造一个干净整洁的工作环境。

清洁——就是要将整理、整顿、清扫的方法和需求制度化、标准化、目视化，让前面三个“S”效果日常化和维持化。工作有要求、检查有标准、奖惩有依据。

素养——让员工遵守制度、养成良好的习惯，成为守纪律、守时间、守准则（标准）的职工。

四、现场管理中的“看板”管理方法

所谓“看板”管理，是指为了让某些工作和要求直观化和目视化。“看板”根据需要的不同，有质量看板、数量看板、进度看板、工作要求看板等方式，可根据不同时期的侧重点，使用不同的看板方式。但一定要注意看板的及时更新和及时撤换。

第四章　技术管理与质量管理

企业在市场竞争中赢输的关键因素在于其核心竞争力的强弱，而强化和提

升核心竞争力的决定性因素在于创新。创新包含技术创新、管理创新和组织创新三个方面，其中技术创新是首当其冲的和需要连续不断的活动。要保证技术创新、技术指导、技术支持、技术服务等技术活动的先进性、正确性、完整性、统一性和快速性，则必须认真和扎实地做好技术管理工作。

技术管理包括研发管理、工艺管理、标准化管理、技术情报和技术文件管理、技术质量管理等。

质量管理包括产品质量管理和工作质量管理，因为工作质量管理是产品质量的保证，产品质量是工作质量的综合反映。

第一节　研发管理

一、新产品研发命题与决策

1. 新产品的含义

所谓新产品，是具备以下部分或全部特征：

（1）具有新的原理、构思和设计；

（2）采用新材料、新技术、新工艺和新设备；

（3）具有新的性能、特点并质量有所改进；

（4）具有新的用途和市场。

2. 按其创新和改进程度可分为

（1）全新产品。是指将预先研究的技术成果，新原理、新结构、新材料、新工艺应用于新开发的产品，是一种全新的概念。

（2）换代新产品。是指产品的基本原理不变，部分地采用新技术、新结构、新材料，从而使产品的性能或经济指标有明显提高或改进。

（3）改进新产品。是指在原有产品基础上采用各种改进技术，对产品的性能或花色品种进行局部改进而制成的产品，包括在基本型产品基础上发展出来的变型产品或系列产品。

3. 新产品研发的命题决策

新产品研发的命题决策属高层次的战略决策、它关系到新产品的命运和企业发展走向的需要。所以要在充分调研的基础上，认真分析产品对外部环境条件的适应与需求、企业内部开发能力的满足性。

外部要考虑的因素：（1）是否符合国家方针、政策及其相关法规、法律；（2）国内外科技发展的趋势、同类产品的技术及功能的现状和发展趋向、新的技术理论和应用技术；（3）市场需求及消费能力的现状及发展趋势；（4）原材料、元器件、能源及劳动资源的保证条件；（5）价格及经济效益的近期、远期变化预测等。

内部要考虑的因素：（1）科研及设计能力；（2）生产装备条件、技术改造能力、外协条件、质量保证能力、管理能力等；（3）资金能力；（4）营销能力。

在充分分析以上因素的基础上确定产品方案、开发条件、开发类型（现行的还是储备的）、投入时机和完成期限。

4. 新产品研发的方案和决策

（1）功能选择决策：功能水平；功能储备。

（2）产品规格、品种决策：应遵守标准化、通用化、系列化的原则，应尽可能保持新产品对已有产品从零、部件到材料的继承性。

（3）产品订价和价值决策：既要满足用户消费心理，又能实现企业经济效益。

（4）产品组合决策：既要考虑市场的需求，还要保证不因某一缺项影响产品的使用或推广，还要充分发挥企业自身的优势。

二、新产品研发的主要工作阶段

新产品研发经过下列主要工作阶段：

拟定设计方案与初期评审；产品图样、技术文件设计及中期评审；试制工艺方案编制、试制工艺方案、工艺文件编制与工装设计制造；样机试制、试验与终期评审；设计定型。

这些阶段在顺序实施中可穿插一些平行作业，以缩短研发周期。

1. 拟定设计方案与初期评审

拟定设计方案主要有以下几方面内容：产品技术功能、工作原理和结构形式；选用新技术、新结构、新材料，对原有产品的继承；绘制结构总图和系统原理图；研制费用及时间的估算与分析等。

初期评审重点为：市场需求分析评价；技术功能和结构方案分析评价；技术关键和风险分析评价；技术经济效果和研制周期分析评价。

2. 产品图样、技术文件设计及中期评审

在产品图样、技术文件的设计中要贯彻设计方案的主要精神和经过初期评审后已修订的评审意见。

中间尽可能平行地穿插工艺性审查和标准化审查。

工艺性审查的主要内容有：（1）结构分布的工艺是否方便制造与装配；（2）主要组合件、部件和零件是否具有先进性、继承性、通用性和简易性；

(3) 设计基准是否与制造加工基准统一，零件形状是否简单，尽可能适应现有工艺能力和生产条件；(4) 是否实现采用所有新技术、新材料、新结构、新工艺；(5) 选用材料、毛坯、标准件的品种规格是否尽可能的合并和减少；(6) 主要技术要求是否符合现行的生产技术规范。

标准化审查的主要内容：(1) 标准化、系列化、通用化的贯彻情况；(2) 图样及技术文件的成套性；(3) 图样画法标注及技术文件的编制是否贯彻了现行标准要求；(4) 编号是否符合标准要求；(5) 尽可能的组合化、模块化和型谱化。

中期评审的主要内容，是对总图、部件图和关键零部件进行评审。其主要内容：(1) 设计中是否贯彻了设计方案的主要精神和初期评审意见的建议；(2) 产品设计对功能指标的技术保证性和结构完整性；(3) 产品设计的结构合理性和工艺合理性；(4) "三化"程度和尽可能的继承性；(5) 设计文件的完整性和正确性。中期评审可根据需要进行一次或多次。

3. 试制工艺方案、工艺文件编制与工装设计制造

试制工艺方案的主要内容：产品工艺化审查的主要情况和结论；工艺关键的解决方法；关键检测方法；制造件与外购外协件的分工；制造件工艺路线；材料汇总表等。

工艺编制以工艺过程卡形式为主，对关键工序应比较详尽。

工装设计制造以必不可少的质量保证工装为原则，并尽可能借用已有工装和选用标准工装。

4. 样机试制、试验与终期评审

(1) 样机试制的目的在于验证产品设计是否正确合理可靠；验证工艺方案是否切实可行、工艺关键是否真正解决；初步了解一下生产周期和制造成本。

样机试制计划通常按"生产周期法"编制，投放的零件中对合格保证率很低而投入同期又较长的零件要加入一定的保险量。

样机试制中，主要设计人员和主管工艺人员要进行技术跟踪，并做好跟踪记录。

(2) 加工完毕的零件要编号记录其质量状态（记好实测数据）；投入装配的零件要记好进入装配的零件编号；装配过程要记好装配调整的技术记录。

这些原始记录将是以后设计分析改进的重要第一手资料。

(3) 试验前要编制试验大纲，明确试验目的、试验条件、试验操作要求和试验技术记录方式等。

试验结束后，要做出试验分析和试验结论。

(4) 终期评审的重点：研制目标的完成情况、试制试验中反映的重大设计问题和解决不理想的工艺关键问题、研制成本的核算和经济分析、转入小批生产的条件是否具备等。

5. 设计定型

在样机试验后，如基本达到开发目标，且图纸及技术文件齐全、正确，即可确定设计定型，并完善与有关定型管理手续，图样及技术文件加盖定型章。

设计定型后即可根据企业的管理水平、产品的产量和复杂程度编制详细的工艺规程，确定合理的工装系数，补充相应工装及设备，完善劳动条件，准备批量生产。

第二节　工艺管理

工艺管理的主要内容有：(1) 产品图样及技术文件的工艺性审查与分析；(2) 试制性工艺方案编制及试制工艺工装设计制造；(3) 生产性工艺方案编制；(4) 生产性工艺规程、工艺守则、操作规范等工艺性文件设计编制；(5) 生产性工装设计制造；(6) 材料工艺消耗定额制订；(7) 工艺跟踪及工艺验证；(8) 日常工艺管理；(9) 新技术、新工艺开发及工艺攻关。

工艺文件要求：

(1) 产品图样及技术文件的工艺性审查与分析（已在本章第一节论述，在此不再赘述）。

(2) 试制性工艺方案编制及试制工艺工装设计制造（已在本章第一节论述，在此不再赘述）。

(3) 生产性工艺方案编制的主要内容：①确定产品生产的规模类型及工艺原则；②规定产品从试制转向批量生产的主要质量要求及劳动量、材料利用率等经济技术指标；③列出批量生产预计的工艺技术关键及解决措施、执行单位和进度要求；④确定工艺路线、零部件生产及装配的分车间（或分工段）目录；⑤确定工装设计原则和工装系数；⑥工艺方案的经济效果分析等。

工艺方案的编制由确定的主管工艺师编制，并经过评价和审批。

(4) 生产性工艺规程、工艺守则、操作规范等工艺性文件设计编制：

①工艺规程可根据生产规模、生产部门和生产人员的技术水平、零件生产加工的难易程度采用过程卡片、零件工艺卡片、工序操作卡片的不同形式。

工艺规程的编制可根据企业条件，尽可能采用一些典型工艺、标准工艺。

②工艺守则是对毛坯铸锻机加工、热处理、表面处理、装配试验等方面的一些通用性和规范性要求。

③操作规范是对关键性工序或关键性设备加工点从加工准备、加工操作、重要检测甚至一些加工技术参数的详细规定与指导性文件。类似于全面质量管理中关键质量控制点的文件。

（5）生产性工装设计制造

1）工艺装备（工装）包括刀、辅、量、夹、模和工位器具。工艺装备分为通用工艺装备（符合国家标准和行业标准，由专业厂制造，可采购到的）、专用工艺装备（只适合于制造一定产品的企业自行设计制造）。

专用工装系数 = 专用工装套数/专用零件种数。

单件生产时，工装系数为0.2～0.5；小批量生产时，工装系数为0.6～1；中批量生产时，工装系数为1.3～1.7；大批量生产时，工装系数为2～6；大量流水生产时，工装系数为8～10；根据产品类型不同和企业操作水平差异，对工装系数作适量调整。

2）专用工艺装备设计时仍要注意标准化：

①对工装组成的零部件实行标准化；

②对工装使用的毛坯实行标准化；

③对工装的结构典型化和系列化，便于集中制造；

④对原有工装的继承，一是设计图纸对原有工装尽量继承和借用，二是对原有工装实物整体的或部分的借用。

3）对二类工装（即制造工装所用的工装）的设计制造也要纳入正规管理，设计制造中同样注意标准化。

4）工装图纸中应在总图上对影响工艺加工精度的、定位的、导向的、成形的部件部位以图表形式注明其精度磨损极限（该修复的磨损精度极限和该报废的磨损精度极限），以便于在工装管理中掌握何时该送修送换，何时必须报废。

5）编制工装履历表，与实物工装对应编号，注明磨损极限及其他主要检测部位尺寸、开始使用时间、送修时间、检修结果等内容。在工装库中将工装履历表挂于相应的工装上。

（6）制定材料工艺消耗定额

要制定零件单件的材料工艺消耗定额和整机的材料消耗汇总（分品种、分规格）。

制定材料消耗定额要努力向先进合理的材料利用率和低的损耗靠近。必要时要对下料制定“工艺守则”或“操作规范”。

（7）工艺跟踪及工艺验证

新工艺下发在首轮使用中要进行工艺工装的验证工作，验证工艺及工装对产品制造质量及产品生产节拍的适合性和保证性，同时对不利于操作使用的地方进行改进。

验证中要做好原始记录。工艺、工装的验证表格式在行业标准中有统一的规定。

验证由总工艺师（工艺科长）统一负责、工艺使用部门的负责人组织本单位所用工艺的验证，工艺编制人员、现场工艺施工技术人员要在现场负责技术跟踪，车间技术负责人（或调度）负责工作协调。

对验证中发现的工艺工装问题由总工艺师（工艺科长）统一布置整改，整改后对整改的部分要再次验证，直至达标。

(8) 日常工艺管理工作，其内容如下：

1) 贯彻工艺文件、遵守工艺纪律；

2) 及时整顿和改进工艺；

3) 随时了解掌握行业工艺发展状况及国内国外工艺发展动态，加强工艺情报工作；

4) 加强工艺文件管理，保证工艺文件的完整性及统一性（工艺与产品图样的统一、各级使用的工艺文件之间的统一、工装对工艺的统一、分车间目录与工艺路线的统一、冷热加工之间及加工装配之间衔接的统一等）；

5) 加强工装管理，随时保持工装良好状态，对工装实行履历表管理和周期检定（量具的周期检定和其他类工装的定期检定——至少在使用后入库实行检定和长时间未使用出库前的再检定）。

(9) 新技术、新工艺开发和工艺技术攻关

新技术、新工艺开发是为了技术储备和技术提升。工艺技术攻关是针对工艺工装对产品质量或生产节拍不达标的重大项目进行分析、解决和提高。

开发和攻关也要纳入技术计划中去。

第三节 标准化管理

一、标准和标准化的含义

标准化是在经济、技术、科学及管理等社会实践中，对重复事物和概念通过制订、发布和实施标准达到统一，以获得最佳秩序和社会效益。

标准是对重复性事物和概念所做的统一规定，它以科学、技术和实践经验的综合成果为基础，经有关方面协商一致，由主管机构批准，以特定形式发布，作为共同遵守的准则和依据。

二、标准的分类

1. 按标准级别分为

国际标准、国家标准、行业标准和企业标准。

2. 按标准类别分为技术标准和管理标准

技术标准分为：产品标准、工艺标准、工装标准、检测标准、方法标准等。管理标准分为：技术管理标准、生产管理标准、经济管理标准、行政管理标准、管理业务标准、工作标准等。

三、企业标准化管理（标准制定、标准贯彻、标审及标准化管理）

1. 企业标准的制定工作

企业标准是针对企业内需要协调统一的技术要求、管理要求和工作要求所制定的标准。企业标准通常有以下几种：

（1）企业生产的产品没有国家标准、行业标准和地方标准而制定的企业产品标准；（2）为提高产品水平进步而制定的高于（或严于）国家标准、行业标准、地方标准的企业产品标准；（3）对国家标准、行业标准的选择结合或补充的标准；（4）企业工艺、工装、检测标准及方法标准；（5）生产经营活动中的各类管理标准和工作标准。

2. 标准贯彻实施工作

对国家标准、行业标准、地方标准及企业标准要组织宣讲、贯彻和实施，对贯彻实施情况要严格检查和考核。

3. 标准化审查工作

在前面已叙述过，不再重复。

4. 标准化管理工作

厂级设标准化委员会全面指导和管理企业技术性标准和管理性标准的制定、贯彻实施和检查考核工作。

技术标准工作部门可根据企业规模设标准化科（或室）或在技术部门设专（兼职）标准化员。

管理标准工作部门一般设在企管部门或公司办公室（厂部办公室）。

第四节　技术情报和技术文件管理

一、技术情报管理

（1）技术情报是传递和检索新的技术知识和智慧，或称为技术信息。这些新的技术知识和动态信息，不管是国内、行业、企业未掌握的，还是对企业技术进步都会有一定的启发和借鉴作用，对企业发展的决策都会有一定的参考作用。

（2）技术情报可以来源于技术文献、影像视听材料、实物样品和口传材料。通过技术文献（刊物的、论文的、报告的、专利介绍的、影像发布的、其他材料介绍的……）、技术索取的、口头交流的、实物购置的种种方式都可以获得技术情报。

（3）技术情报的管理一般会设在技术档案部门，并鼓励企业人人注重技术情报的索取工作，任何以企业的名义或由企业提供了方便条件得到的技术情报，其所有权应该归企业。

技术情报要进行分析、归类、存放。并及时向有关使用部门发布情报知识索引。

二、技术文件管理

（1）技术文件包括图纸、技术规程、规范和标准。技术文件要注意其完整性、系统性、正确性和统一性。

（2）在技术文件的保管中，要注意正本的完善保存，以保证对复制本的核准与校对。

技术文件的修改要遵守文件修改的制度规定，并注意更改前状态的保存。

技术文件的修改切忌盲目性，未经验证或审议审核的，把握性不强的方案可以临时技术指令（注明使用期限、到期自行废止）的形式，下发试行考核后再正式修改。

（3）技术文件的管理，要设专门的科技档案科、室或专职科技档案员，企业要制订科技档案管理制度，对科技档案的归档、保管、借阅、修订、复制、保密等内容做出相应的规定。

第五节　技术质量管理

技术质量管理包括质量检验管理和质量控制管理。

一、质量的定义

质量就是产品、过程或服务满足规定要求的特征和特性的总和。它包括产品质量和工作质量。

工作质量是产品质量的保证，产品质量是工作质量的综合反映。

产品质量——是产品符合社会和人们的需要所具备的特性。包括性能、寿命、可靠性、安全性、适应性、经济性。

性能又包含技术性能、物理的、化学的性能指标、结构性能（便于拆装、维修、更换）、操作性能（操作方便、灵活符合人体工程）、外观性能（外观、形状、色泽、气味、手感等）。

工作质量——是为了保证和提高产品质量所进行的生产、技术、组织、经营、行政保障等各方面的工作水平。包括人的质量意识、业务能力、各项工作标准、工作制度以及人们在贯彻和执行这些标准和制度的严谨程度等。

二、质量检验

1. *质量检验的含义*

质量的检验是采用一定的检验检测手段和检查方法，测定产品的质量特性，并把测定结果同规定的质量标准作比较，从而对某一产品或一批产品做出合格与否的判断。

质量检验的范围——进厂检验、工序间检验、完工检验、出厂检验、生产条件检验；

质量检验的方法——全数检验、抽样检验；

质量检验的方式——按顺序分：预先检验、中间检验、最终检验；

按地点分：固定检验、流动检验；

按预防性分：首件检验、统计检验；

2. *检验方法介绍*

检验方法分为全数检验和抽样检验，抽样检验又有随机抽样和计数抽样两种方法。

全数检验——对送交检验的产品（零件、半成品）全部逐件检测。

适用于：（1）重要的、关键的和贵重的产品；（2）对后序有决定性影响的在制品；（3）质量严重不均的原材料和产品；（4）出现异常的高废品率的工序；（5）生产批量小，不必要按抽样检验的产品；

随机抽样——是指从总体中抽取样本的过程中不加进抽样者主观因素的一种方法。分为：（1）单纯随机抽样；（2）分层随机抽样；（3）分群随机抽样；（4）计数抽样。随机抽样都会对待抽样本大小（多少）做一个要求。

（1）单纯随机抽样。将档本编号后或用抽签方式、或用排个乱数表取某行某列的开始数方式、或用等间隔距离的方式抽取所需样本。

（2）分层随机抽样。事先将待检批所有产品分成几个组（层）中分别抽样。

（3）分群随机抽样。抽取样本时，不是仅对一个产品，而是多个产品的样本群为抽样基础。

（4）计数抽样。是对一个产品批次确定是否为合格批的方法，其抽样方法及判定方法有国家标准“计数抽样方法”指导使用。

3. 检验队伍建设与检验管理的几点注意事项

（1）检验员要选对技术条件理解能力、识图能力强，办事要严谨细致、公平公正的人担任，防止主观因素对质量判断的影响。

（2）在处理超差品的权力方面，检验员只是合格与否的判定员，超差状况的分类员，能否使用由技术人员判定。

（3）对不同产品要制定检验覆盖率要求和准确率要求，对检验人员的检验工作考核中也要加进漏检率和错检率的考核。但不提倡将加工合格率指标加在检验员身上。

（4）强化加工者自检、互检意识、工序间下序检上序，谁漏过了谁负责，不提倡序间靠检验员专检的方式。

（5）严格检验标记和分类印记的使用。

（6）做好检验的各种原始记录，形成质量的可追溯性。

（7）尽可能的制定较为详尽的检测规程、规范、指导和统一检验工作。

4. 质量统计与质量分析

要做好质量统计工作，对生产数、检验数、合格数、回用数、返修数、报废数有相应的统计。定期做质量分析（重大质量问题随时分析），做出质量分析报告，报告对各种质量数据与前期的波动情况、与去年同期的对比情况有所比较、对质量上升或下降的原因做一下初步分析，外排服务发现的问题及用户反映等内容有交代、有分析，企业要定期召开（重大质量问题随时召开）不同级别的质量分析会，与生产质量有相关作用的部门都要参加。

质量问题和缺陷的处理要有目标、有措施、有进度，完成后必须有封闭。

三、质量控制

1. 含义

质量控制就是为保持产品质量所采取的技术组织措施，其目的在于为用户和消费者提供满意的产品。

2. 主要工作内容

（1）积极开展质量教育，增强质量意识；

（2）建立质量保证体系，使管理活动标准化，管理过程程序化；

（3）强化质量管理的基础工作，以工作质量促进产品质量；

（4）应用各种质量管理科学方法进行质量分析和质量控制。

3. 质量保证体系的建立与运行

质量保证体系的主要内容有：(1) 确定明确的质量方针、质量目标、质量指标，并层层分解展开，落实到部门、车间、班组和个人；(2) 规定各部门质量职责、任务和权限；(3) 建立灵敏的质量信息反馈系统；(4) 建立质量管理组织机构；(5) 实现质量管理业务标准化和质量管理流程程序化；(6) 组织原材料供应及外购外协的质量管理活动；(7) 实施质量问题查找、解决、封闭、预防的处理方式。

质量保证体系的详细要求有国家标准和国际标准规定，质量保证体系的运行应日常化并与企业其他管理活动有机地结合起来。

4. 质量成本的核算与控制

质量成本构成的项目有：(1) 厂内质量损失；(2) 外部质量损失；(3) 检验检测费用；(4) 质量预防和管理费用；

5. 工作质量管理

放在“劳动、人事管理”章节中讲述（部门及各岗位的工作职责、工作程序、工作标准）（知识能力要求及道德规范）

第五章　劳动人事管理

人是知识和能力的载体，企业的一切目标是通过员工的工作和劳动去实现的。从某种意义上讲，现代企业的竞争，归根结底是人才的竞争。人事管理的核心就是解决识人、用人、育人和打造优良团队的问题。

劳动管理则是对企业现有人员工作和劳动实行合理的计划、组织、协调，最大程度的消除无效工作和无效劳动，减少辅助工作和辅助劳动的时间和间隔，充分发挥出工作和劳动的有效效率。

劳动人事管理主要讲一下：劳动定额与定员、劳动能力测算、劳动组织与劳动调配、管理岗位设置、岗位知识能力要求及道德规范、部门及岗位工作职责、工作标准的制定与考核、识人用人的基本原则等。

第一节　劳动管理

一、劳动定额与定员

1. 劳动定额与定员

工人在工作岗位上的全部时间消耗（班或一天的），分为定额时间及非定额时间。

定额时间由以下四部分组成：（1）作业时间，由基本时间（直接加工时间如切削、装配等）和辅助时间（辅助操作装卸零件、进退刀、装配中的取东西等）组成；（2）布置工作场地时间；（3）生产需要休息时间；（4）工作事先准备和事后结束时间。

非定额时间包括：（1）因客观或主观的原因造成的停工时间；（2）非生产时间，也就是非生产性的无效活动时间。

管理中应采取各种措施消除非定额时间和减少定额时间中的辅助时间。

2. *劳动定额*

劳动定额有以下几种形式：

（1）工时定额，就是生产单位产品或完成单位工作所需的作业时间消耗量；（2）产量定额，就是单位时间内应该完成的合格品数量。它与工时定额就是互为倒数关系；（3）看管定额，它规定一个或若干个工人同时应看管的对象的数量，如设备看管定额等；（4）服务定额，它规定一个或若干个工人固定服务的某种对象的数量，常用于辅助人员和服务人员。

定额制定根据生产状况和定额制定人员的业务水平，可采用以下方法中的一种或几种：（1）经验估工法；（2）比较类推法；（3）统计分析法；（4）技术测算法。

劳动定额的制定一定要兼顾适应性、先进性和平衡性，并根据生产条件的改进和劳动水平的提高及企业发展的需要适时修订。

3. *劳动定员*

根据企业性质与规模不同及企业内部的岗位不同，可分别采用下述一种或几种方法考定员编制。

（1）按劳动效率定员。当产品的品种变化较小时，通常以产量定额计算定员数；当产品品种变化较大时，以工时定额计算定员数。

产量定额计算法：

定员数 = 每一班工作量 × 日班次/班产量定额 × 定额完成率 × 出勤率

工时定额计算法：

定员数 = 每一班工作量 × 日班次 × 工时定额。班工作时间 × 定额完成率 × 出勤率

（2）按设备定员。根据机器设备的数量、开班次数和工人的设备看管定额计算定员数，较适合于设备开工相对较足、有较多同类型设备的机械作业为主的场合。

$$定员数 = \frac{设备台数 \times 每台设备开班班次}{工人设备看管定额 \times 出勤率}$$

（3）按岗位定员。常用于管理人员和辅助人员，在岗位工作量不足时，要尽量采用兼岗形式。

（4）按比例定员，常用于服务人员。

（5）按组织机构和专业需求定员，常用于部门负责人员和特殊需求专业岗位。

二、劳动能力测算、劳动组织与劳动力调配

（1）要对企业总的及分车间的劳动能力（工时能力），进行综合的和分工种的测算。劳动能力测算时要注意一人多机和多人一机的情况。

这些测算数据不仅是劳动能力组织调配的重要依据，而且与设备能力一起成为生产测算，生产调整和生产组织的重要依据。

（2）劳动组织与劳动力调配

劳动组织工作在于：从空间方面解决车间、工段、班组的合理划分与适时调整，保证劳动能力的合理、平衡、有效；从时间方面解决班次制对不同阶段、不同产品、不同工种的适时合理使用，保证劳动率的提高和生产阶段的有效衔接。

劳动力的调配要与生产部门和技术部门一起磋商，并根据企业发展情况或者引进所缺工种人员，或者将富余工种人员转岗培训或者以外购外协的形式进行调节补充。

第二节　人事管理

一、管理岗位设置

应该说：不同规模但相同类型的企业其所需的管理岗位数是基本相同的，不同的是根据企业规模的大小、岗位工作量的大小分别采取一人一岗、多人一岗、一人多岗（兼岗）的不同的岗位人员形式。部门的设置采用专业部门设置或多专业综合部门设置的形式。

二、岗位知识能力及道德规范

要尽量制订各类岗位人员知识及能力的要求和道德规范的要求，这些要求既是现岗人员的称岗条件，也是岗位招聘的基础条件。

知识和能力的要求要随着在岗人员水平的提高和企业发展提升的需求逐渐拔高，让人们充分认识到：不断补充新知识、掌握新技能，才能保持对岗位的适应。

三、工作职责、工作标准的制定与考核

制定部门的工作职责标准，主要内容有：(1) 部门主要工作职责范围；(2) 主要工作方法、工作程序、工作质量的要求；(3) 与相关部门的配合衔接要求；(4) 边缘工作及特殊布置工作的要求；(5) 信息传递要求；(6) 考核办法等。

制定各岗位的工作标准，主要内容有：(1) 本岗位主要职责和工作；(2) 主要工作数量、质量及实施时间要求；(3) 主要工作程序、方法要求；(4) 与其他岗位的配合衔接要求；(5) 特殊布置工作的要求；(6) 信息传递要求；(7) 考核办法等。

对部门职责标准和岗位工作标准应进行月度和年度的考核，考核中对多专业综合部门及一人多岗（兼岗）的打分可采用多专业、多岗位不同考核分数加权平均的方式，考核要与奖惩结合起来。

四、识人、用人的基本原则

识人、用人要遵循：(1) 人事相宜的原则；(2) 任人唯贤的原则；(3) 用人所长的原则；(4) 人才互补的原则；(5) 关怀爱护的原则；(6) 教育培养的原则。

人事管理部门和各部门的负责人一定要在遵循以上原则的基础上去组建相应的团队，改进和提升自己所带领的团队。

第六章　设备动力与工具管理

“工欲善其事，必先利其器”，设备、动力与工具是保证生产先进、有序、均衡、稳定的硬件基础。不同方式、不同水平的设备工具管理，显性的影响是使用效率的经济性差别，隐性的影响则是对生产，产能和生产质量的保障性差别。以“全效率、全系统、全员参加”为特征的 TPM 设备管理体制和方法，充分印证了“设备管理”对于企业的至关重要性。

第一节　设备动力管理

一、设备能力测算与平衡

1. 设备时间可利用率及实际利用率

可利用率 = 设备可能工作时间/设备可能工作时间 + 设备维修保养时间

实际利用率＝设备实际工作时间/设备可能工作时间

设备时间可利用率反映了设备能力，可作为设备能力测算依据；设备实际利用率反映了生产组织的平衡性和设备管理的水平，利用率低，要分析是生产组织对设备的不平衡还是设备完好状况低于了预期的目标，还是两种因素都有。

2. 设备能力测算与平衡

设备能力测算要考虑对设备开工班次的安排和设备对加工产品的适应情况，要测算综合的加工时间能力和分类的加工时间能力。

根据产品的加工要求对照设备的时间能力后，根据需求做出设备的平衡决策，是增置、更新还是部分设备的加工以外协、外购的形式补充。

二、设备的维护保养和检查

1. 设备的维护保养分为例行保养、一级保养、二级保养和三级保养

分级保养要有要求、有检查、有记录、有责任人和针对设备的利用率、设备用于产品的加工工艺情况、设备的新老情况、设备结构的复杂程度综合考虑制定出的保养间隔期。

例行保养——又称日常保养。重点是进行清洗润滑、紧固易松动的部位，检查零部件表面状况。例保由设备操作人员执行。

一级保养——除普通紧固、清洗、润滑和检查外，还要部分地进行调整，对发现的隐患及异常予以排除。一保以操作人员为主，专业维修人员配合指导。

二级保养——主要进行内部清洗、润滑、局部解体检查和调整，更换或修复磨损件，恢复局部精度。二保由维修人员执行、操作人员参加。

三级保养——对设备主体部分进行解体检查和调整，更换一些磨损零件，并对主要零件的磨损状况进行测量、鉴定记载。三保由维修人员执行，操作人员参加。

2. 设备的检查和设备完好率

设备的检查包括操作人员的日常检查和设备管理部门的定期检查，定期检查可根据设备使用率、设备复杂程度分别制定出定期检查的周期。

设备检查的发展方向是设备的动态检查与报警进而发展到设备故障的预诊断，最大地减少设备停机损失。

设备完好率＝（完好设备台数/设备总台数）×100%

设备完好的一般标准是：（1）设备性能良好，精度能满足要求，运转无超温、超压等现象；（2）设备运转正常，零部件齐全，磨损、腐蚀不超出技

术标准，仪器仪表和润滑系统正常；（3）原料、动力、油料、气料消耗正常，基本上没有漏油、漏气、漏水、漏电等。

设备完好率是反映企业设备管理水平和效果的指标之一。

三、设备的修理和备件的购置

设备的修理过去一般分为小修、中修、大修三种类别。

过去区分为：小修为不解体修理，中修为部分解体修理，大修为全解体修理。

现在企业在修理管理中直接分为小修与大修两级：不解体的小修和解体的大修。小修结合保养进行，大修理则需制定大修理计划，安排专业修理人员、修理部门执行。

备件的购置应根据以往消耗的经验数据储备一定量的购置期较长的品种、编制和实施备件购置的储备计划。但不管何种采购方式及多少储备量，都要编制年度的消耗计划，供经营分析使用。

过去有制定设备修理复杂系数的做法，作为设备修理量和管理工作量的估算依据。我认为没多大用，太笼统，不用去学它和讲它。

四、设备管理和维修制度

企业应根据自己的特点和吸取别人的先进管理方法制定自己的设备管理制度、维修保养制度、检查考核制度等。

介绍以下日本推行的全面生产维修制（TPM）

它是日本在学习美国生产维修的基础上，吸收设备工程学的理论，结合日本企业管理的传统、逐步形成的。

它与TQC（全面质量管理）一样，也有其“三全”的特点，就是：（1）追求设备的全效率；（2）设备全系统管理（设备整个寿命周期的全过程和维护、维修、保养方式和措施的全系统）；（3）全员参加。

其开展的主要工作内容有：（1）确定TPM的基本方针目标；（2）组建TPM组织机构；（3）明确有关各部门的职责分工；（4）对设备分类的重点设备、主要设备、一般设备、次要设备；（5）开展日常点检、定期点检和精度检查；（6）按设备的分类，分别采用不同的维修方式和维修措施；（7）建立TPM各种工作标准；（8）订立维修目标和评价指标；（9）规定对维修人员和操作人员的培训；（10）5S活动；（11）设备维修记录和分析。

点检制是TPM中的一项重要内容。点检就是按照标准对设备进行日常的检查和定期的检查。点检要有标准、有原始记录、有检查考核。

（1）日常点检——由设备操作人员在上班前或上班后的几分钟内进行，主要凭人的五官直觉或辅以简单的仪表工具进行的快捷的设备检查。目的是保证设备的正常运转；（2）定期点检——以维修人员为主，操作人员为辅，凭借五官直觉和检测工具定期进行的设备检查。目的是判定设备机能劣化状况，发现异常并进行及时处理。

TPM 这套办法过于复杂繁琐，我们可以借用其中的一些精神和方法来丰富和细化我们的管理办法。

第二节　工具管理

一、工具消耗定额的测算和年度工具消耗计划的编制

工具消耗定额的制定，是根据以往的统计、经验的预测分析，制定出单位产值的或单位产品（零件）产量的工具消耗数量。工具消耗定额可用来分析生产中工具消耗是否正常及用作制定年度工具消耗计划的参照数据。

要制定年度的工具消耗计划，作为采购依据和经营分析的一方面数据使用。

二、自制工具生产

自制工具生产与其他自制工装生产安排在同一的专业部门（或专业班组专业人员），包括二类工具和其他二类工装。自制工具的使用也要纳入工具消耗计划和制定工具消耗定额。

三、工具的修磨

复杂的工具和价值较高的工具修磨要安排专业修磨站或人执行，工具修磨要制定出相应的技术标准和必需的修磨工艺（或修磨方法）。

第七章　物资管理

物资是维持生产及经营活动的物质基础。如何恰到好处的让物资采购、物资存量、物资周转处于最佳的数量和周期状态，不仅是一个减少资金占用的经济问题，而且，也是一个保证物资在使用期内最佳质量状况的保险性问题。

一、物资消耗定额与供应定额

材料消耗定额，也就是工艺消耗定额。它由以下方面组成：（1）构成产品净重的材料消耗（原材料的有效消耗）；（2）工艺性损耗（如：下料的锯口、斜角、边角余料、切削损失、熔烧损失等）

非工艺性消耗——材料的废损、运输、保管损失等，这部分是属于管理不善损失，但又不是能完全避免的。

材料供应定额——是将材料的工艺性损耗和非工艺性损耗综合考虑的购置定额。

材料消耗定额是发料依据，材料供应定额是采购量的依据。

二、物资储备定额与库存控制

（1）物资储备定额。是指在一定条件下，为保证生产经营活动的正常进行，合理储存物资的标准。物资储备定额的作用：①作为编制物资供应计划的主要依据之一；②便于掌握和监督物资的库存状态，使库存经常保持在合理的水平上；③作为核定企业流动资金的重要依据之一。

物资储备定额的制定，是依据计划期的每日平均耗用量乘以不同物资合理地储备定额天数。

（2）库存控制中的A、B、C分类法。A类物资：品种约为5%～20%，金额占70%～80%，称为高占用金额物资；B类物资：品种约为25%～30%，金额占15%～20%，称为中占用金额物资；C类物资：品种约为50%～70%，金额占5%～10%，称为低占用金额物资。

对A类物资实行重点控制，B、C两类采用一般控制。

对A类物资的库存量要进行经常的盘点和检查，并对生产需求的保证量和保证期进行力求贴进的预测，使订货量既有效保证了生产的连续进行，又尽可能地减少资金占用。对供货的交货期及交货量要严格调控。

B、C类物资则可进行成批定货和对库存定期盘存的方式进行控制。控制的松紧程度也要考虑其价格高低和供货的期量程度。

三、对物资供应厂商的评价与选择

（1）对物资供应厂商的评价分为初选评价和年度评价。初选评价包含对供应厂商的信誉度、供货数量能力、供货质量能力、供货进度能力、供货价格、供货服务水平等方面的评价，可列成各项的细分和打分表，在不同供货商的打分中优选。

重要物资要由采购部门、生产部门、技术部门、检验部门共同考察评价，初选后的名单要经企业主要领导批准后，形成合格供货方“名单”。

年度评价是每年底对供货厂商的上述各要求的年度实施情况做出评价，以决定是否变更供货厂商。年度评价做完之后，要形成下一年新的“合格供货方”名单。

（2）供货方的选择一定要从评价的优秀单位中选择。关键性的如因供货情况的突变和供货的延误会给企业生产经营造成重大损失的物资应选择两个或两个以上的供货厂商。

四、物资的保存与发放

（1）物资的入库一定要严格执行入库前的质量和数量检验。

（2）物资的保管要注意防火、防盗、防锈、防损。要注意摆放整齐有序，帐、物、卡相符。

（3）物资发放要严格遵守按定额、按手续发放，并做到“先进先出”的发放使用。

第十篇　挤出机配套组件

第一章　概　论

所谓挤出机的配套组件，是指与挤出机机械传动和功能要求相关联的配套组件。机械传动配套组件是指减速机、气动离合器；功能要求的配套组件主要是指真空泵。对于标准件，如轴承、螺栓之类的组件不在本篇论述的范围之中。

机械传动配套组件中的减速机，包含标准减速机，非标准专用减速机；气动离合器，是指轴向气动离合器。

功能配套组件中真空泵，包括油环泵，水环泵两种。

本篇论述的重点主要有以下几个方面：

(1) 在齿轮传动（减速机）承载能力中主要说明因挤出机工作性能的改变，对减速机承载能力要求的提高；通过不同视角，分析了减速机轮齿的失效形式，找出相应对策；明确指出挤出机的载荷状态属于那种性质，确立挤出机工况系数 K_A 值的选取；分析了许用功率的数值从某种意义上来讲并不能完全代表其真实的承载能力，原因是许用功率值的真实可靠性没有相对应的结构措施给予保证。

(2) 对于配套组件标准、非标准（专用）减速机，主要论述近些年来，在减速机专业制造厂的努力下，为挤出机配套相适应的专用减速机得到长足进步。为了更好的说明，列举了国内知名厂家专用减速机的技术性能、结构特点、使用效果，并配有彩色图片。

(3) 对于配套组件轴向气动离合器，通过气动离合器安装在减速机输入轴端的连接形式，阐述对减速机输入轴轮齿传动的影响，并展示三种气动离合器与减速机输入轴的连接形式。

(4) 对于配套组件真空泵，通过对水环泵和油环泵产品的介绍，对其所用介质、结构特点、应用场合有一个比较全面的了解，便于选择。

第二章　齿轮传动（减速机）承载能力

减速机是构成挤出机机型结构及传递扭矩的重要组件。

对于构成挤出机的机型结构，减速机的外形和连接形式应符合其设计要求。作为扭矩的传递，即在主轴低转速、大扭矩的条件下，减速机（齿轮传动）应具有足够的承载能力以满足挤出机工作性能（功率）的要求。

作为受料箱与减速机之间的连接关系，主轴与减速机输出轴的连接形式构成挤出机机型结构，在第六篇作了较为详细的分析，这里不再重复。本章重点讲述减速机（齿轮传动）的承载能力。

第一节　挤出机对减速机承载能力

挤出机是制砖工艺中重要的成型设备，性能好坏牵扯到各个方面，其中传递扭矩的减速机，可以堪称是心脏部（组）件。因而，对减速机自身质量、适应能力要求非常高，其中最为重要的一点就是对减速机承载能力的要求。

所谓减速机的承载能力，就是在额定寿命的期限内，抵抗强冲击载荷而自身不被破坏的一种工作能力。承载能力的标志是，在某一额定输入转速下，许用功率的最大数值。许用功率的最大数值表明了减速机承载功率的最大限度。

那么，挤出机对减速机承载能力有哪些要求呢？

一、挤出压力的提高

在传统黏土实心砖的生产中，成型压力一般都在 $10kgf/cm^2$ 以下，由于制砖原料的变化，页岩、煤矸石等原料广泛的应用，特别是不同制品的生产，成型阻力的增加，使挤出压力提高。半硬塑成型挤出压力一般在 $14 \sim 22kgf/cm^2$，硬塑成型挤出压力至少在 $22kgf/cm^2$ 以上。成型压力提高导致主轴扭矩加大，负载加重，使减速机由中等冲击载荷变为强冲击载荷。为满足挤出压力提高的同时，在保证产量要求的前提下，必然要进一步增加装机功率。因而，对减速机的承载能力，强冲击载荷提出更高要求。

二、主轴转速的降低

高转速的主轴（绞刀轴）不仅产生绞刀磨损快、易产生螺旋纹等弊端，而且挤出效率低。降低主轴转速是挤出机发展的必然趋势，转速降低充分发挥每一转的挤出效率，能克服诸多弊端，因而，在挤出机的设计中主轴转速大都有很大程度的下降。主轴转速下降也就是减速机输出轴转速下降，在速比不变的情况下，意味着输入轴转速降低。由于减速机的许用功率是在输入轴输入额定转速下而达到的某一功率值，当输入转速降低后，其许用额定功率也要打折扣。因而，主轴转速的降低要求减速机的承载能力满足要求。

减速机折扣后其许用功率值表达式为：

$$\text{折扣后许用功率值}=\frac{\text{降低后转速}}{\text{额定转速}}\times\text{许用功率}$$

三、抗冲击能力

所谓抗冲击能力，是指能经得起瞬间超强负载，即尖峰载荷的变化。抗冲击能力表明了减速机抵抗破坏的能力，即对其承载能力的考验。抗冲击能力在标准减速机技术性能中并没有明确规定，其代表的仅是许用功率值。在设计减速机时则体现在对接触强度和弯曲强度的校核中。在减速机选取的过程中，抗冲击能力的指标实质就是减速机的工况系数（安全系数），即 K_A 值。工况系数高，则承载能力强，抗冲击能力强；反之，则相反。工况系数 K_A 值的高低取决于额定的许用功率。

挤出机其工况级别应属于强冲击载荷。重载停车、超载启动产生尖峰载荷，加上某些不稳定的因素，让挤出机功率瞬间上升和超负荷启动。超负荷启动实际就是冲击启动。因而，强冲击载荷要求减速机的承载能力必须满足要求。

挤出压力的提高，增加功率；主轴转速的降低，导致减速机折算后的许用功率值下降；强冲击载荷，要求选取强冲击载荷工况系数。上述三项均是要求提高装机功率的同时，要求减速机的承载能力满足要求。要求减速机的承载能力，实质就是在某一额定输入转速下，希望其许用功率的最大数值能满足装机功率的要求，满足强冲击载荷工况系数的要求，这一点不容置疑。

但是，这里需要说明一点，许用功率的数值从某种意义来讲并不能完全代表其真实的承载能力，原因就是许用功率值的真实可靠没有相对应的结构措施给予保证。

为了弄清楚提高减速机承载能力的问题，为了讲明白许用功率的数值在某种意义的情况下并不能完全代表其实际承载能力的问题，下面分别对减速机轮齿的失效和失效形式的分析予以论述。

第二节 减速机轮齿的失效

减速机轮齿的失效，是指齿轮在啮合过程中，因某些因素遭到破坏，失去了原本应有正常的工作能力。

轮齿的失效不外乎是接触应力和弯曲应力两个方面失效。其原因是因齿面硬度不同，引起不同矛盾性质的变化，出现不同的失效形式，是轮齿失效固有的特征。但从另一种意义上讲，人为设计取舍出现偏离，造成轮齿失效也不应忽视。因而从某种意义上讲，合理应用齿轮传动的固有特征，在安全可靠的重要前提下，用最少的成本投入，得到最大的回报，是理想价值工程的设计。

软齿面被硬齿面所替代是当今技术发展的必然结果。因此，减速机轮齿的失效形式是侧重硬齿面齿轮传动的说明，其中失效形式中的弯曲应力和接触应力，侧重弯曲应力的说明。

一、轮齿失效形式（1）——轮齿的受力

轮齿的受力如图 10-1 所示：为齿顶受载时，轮齿根部的应力图。轮齿可以看成一个为 B 宽的悬臂梁。在齿顶受有载荷 $P_n = Qb$。以 P_n 与轮齿对称线的交点 A 为顶点，作一个抛物线，与轮廓相切与根部的 a、b 两点，由材料力学可知，此抛物线为等强度梁，a、b 截面就是轮齿上弯曲应力最大的截面，即危险截面。

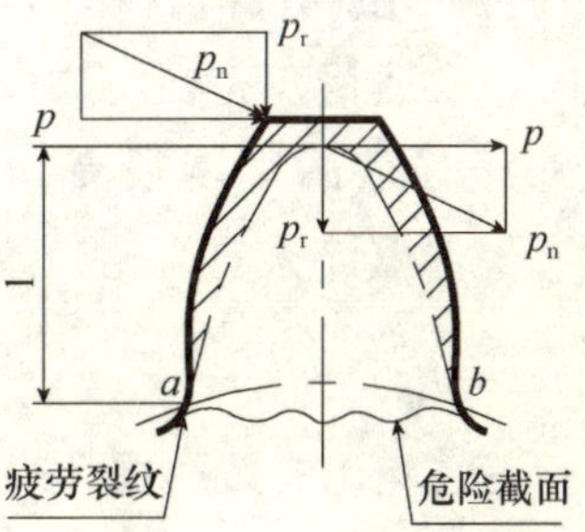

图 10-1　轮齿的受力

其弯曲应力公式为：

$$\sigma_{\omega} = \frac{M}{W} = \frac{PL}{\frac{Bs^2}{6}} = \frac{6(q\cos\alpha')l}{s^2} \tag{10-1}$$

式中　$W = \frac{Bs^2}{6}$（cm^3）为危险截面的抗弯截面模量；

L——弯曲力臂，cm；

s——齿根危险截面的厚度，cm；

B——齿宽，cm；

P——圆周力，kg。

A、b——两点为截面上的压应力。

图 10-1 和弯曲应力式（10-1），表达了轮齿的受力状况，这里不作任何计算，只是给出一个比较直观的认识。

受力后以齿根处产生的弯曲应力最大，再加上齿根处过度部分尺寸发生了急剧的变化，以及沿齿宽方向留下的加工刀痕等引起的应力集中作用，当轮齿

重复受载后，齿根处就会产生疲劳裂纹，并逐步扩展，致使轮齿折断，这是一般情况下，轮齿折断的原因。

二、轮齿失效形式（2）——软、硬齿面轮齿失效的侧重面

齿轮传动的失效主要是轮齿的失效，其表现在两个方面，也就是齿轮设计时需要进行计算校核的接触强度和弯曲强度。对于软齿面，即齿面硬度 HB≤350，一般来讲，轮齿的主要失效形式是因接触强度低而造成轮齿工作面点蚀、胶合、磨损、塑性变形等原因而失效，因此，在齿轮设计时首先应计算校核的是接触强度，其次是弯曲强度；对于硬齿面，即齿面硬度 HB≥350，一般来讲，轮齿的主要失效形式是因弯曲强度低而直接造成轮齿折断。因此，在齿轮设计时首先应计算校核的是弯曲强度，其次是接触强度。

由实践得知，在闭式齿轮传动中，通常以保证齿面接触疲劳强度为主。但对于齿面的硬度很高，齿芯强度又低的齿轮（如 20、20Cr、20CrMnMo 钢，经渗碳淬火的齿轮）或材质较脆的齿轮，则应以保证齿根弯曲疲劳强度为主。

三、轮齿失效形式（3）——硬齿面轮齿硬度层引起的轮齿失效

为提高轮齿的承载能力，对轮齿进行热处理，硬齿面轮齿表面采用渗碳淬火，一般用于冲击性能较好的低碳合金钢，如 20CrMnMo，18CrMoTi 等，齿面硬度可高达 HRC58～63，承载能力大，耐磨性能好是它有利的一个方面，但也有它不利的一面，渗碳淬火要求齿面达到一定的硬度，这个硬度要有一定的深度，一般为模数 m 的 0.3 倍，但不应大于单边 1.5～1.8mm，在两边加起来约 3mm 的硬度层，由原来的韧性材质经热处理手段后转化为脆性材质，占轮齿断面积相当大的比例，至此削弱了整体截面厚度，降低了抗折的承载能力，在尖峰载荷很大时出现硬度层脱落和轮齿的折断。

这一点，对于高速轴齿轮已经得到充分证实。高速轴齿轮在减速机传动中，轮齿模数是最小的，两边去掉耐磨层，其抵抗弯曲强度的能力显然得到极大地削弱，因而，也就不难理解硬齿面减速机断齿大都出现在高速轴上。

这里补充一点，就是在渗碳淬火过程，因设备及技术手段的落后，出现淬透性的不均匀，以及后续加工过程中造成硬度层伤痕，都会引发硬度层脱落和轮齿的折断。

四、轮齿失效形式（4）——轮齿（齿廓）形状对弯曲应力的影响

为说明轮齿形状对弯曲应力的影响，这里我们用一个齿根弯曲应力公式来解释其内涵：

$$\sigma_{\omega} = \frac{q}{mY} \tag{10-2}$$

式中　σ_{ω}——弯曲应力；

q——载荷；

m——模数；

Y——齿形系数。

式（10-2）是计算齿根弯曲应力的基本式，从式（10-2）中可以看出，影响轮齿弯曲应力的因素主要有三个：（1）轮齿单位宽度上的载荷 q；（2）由模数 m 表征的轮齿的大小；（3）由齿形系数 Y 表征的轮齿的齿形形状。

从式（10-2）中可以分析出：当载荷一定时，减少轮齿的弯曲应力，一方面是加大模数 m；另一方面就是提高齿形系数 Y 值。齿形系数 Y 与齿廓形状有关，即与齿数 Z 有关，而与模数无关。齿形系数 Y 值可以从设计手册中查出。

图 10-2 是压力角 $\alpha=20°$，模数相同，齿数不同的标准轮齿。从图 10-2 中可以看出，模数相同，齿数越少，齿形越瘦，齿形系数 Y 则越小；齿数越多，齿形越胖，齿形系数 Y 则越大。齿数多和齿数少齿形系数 Y 值对比见表 10-1。

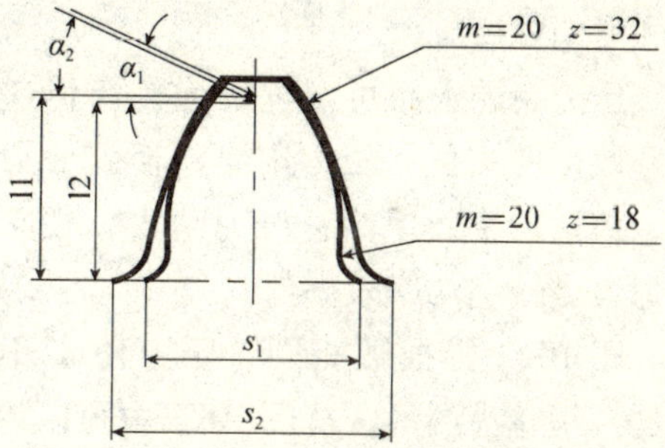

图 10-2

表 10-1　齿形系数 Y（齿轮用 $\alpha=20°$、$f_d=1$、$f_o=0.25$ 的齿条刀具切制）

齿数 Z	变位系数 =0 齿形系数 Y
18	0.378
19	0.386
20	0.395

表 10-1 中仅仅是几组数据对比，当模数相同，随着齿数的增多，齿形系数 Y 值逐级加大。根据齿根弯曲应力公式可以判断出，齿根弯曲应力随着齿数的增多而降低。

对于 HB≥350 的硬齿面减速机，与软齿面减速机中心距相同或相近的比较，一般硬齿面减速机高速轴齿数明显少于软齿面高速轴的齿数，这主要是因

为硬齿面轮齿材料采用合金钢，经热处理，齿面硬度提高后，大幅提升其抗弯曲应力和接触应力，达到与软齿面减速机相同级数，相同速比的情况下，提高使用寿命，降低成本，缩短了总中心距。这里，缩小总中心距是必要的，但前提应该是在寿命年限内不会失效。

模数相同，齿数减少，齿形瘦，齿形系数 Y 值小，从上面公式可以得出结论，加大了弯曲应力。

五、轮齿失效形式（5）——压力角对承载能力的影响

前一小节讲了齿形系数 Y 与齿廓形状有关，即与齿数 Z 有关。其实，齿廓形状与压力角更有直接关系。

所谓压力角，是指作用于物体上力 F 的方向与物体受力后的速度 v 方向之间的夹角 α 称为压力角。压力角愈小，水平分力愈大，传动的扭矩也愈大；反之则相反。

当分度圆 R 一定时，如果压力角不同，则所得齿廓形状也就不一样，当压力角大时，基圆半径小，分度圆以下的轮齿厚，有利于提高齿轮传动的接触强度和弯曲强度。

压力角的大小可以理解为轮齿传递功率效率的高低。压力角小，径向分力小，传递功率效率高；压力角大，径向分力大，传递功率效率低。

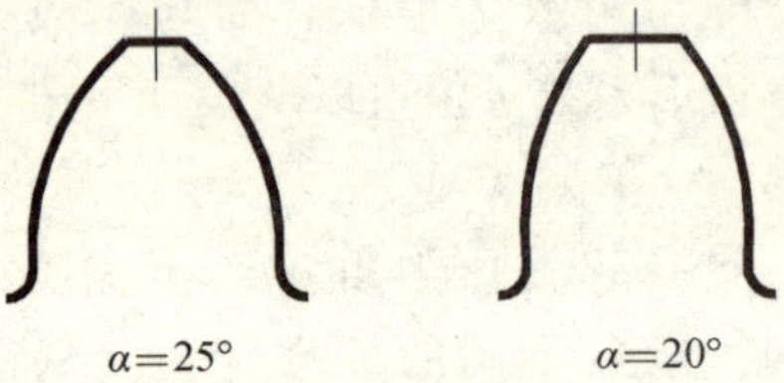

图 10-3 模数相同，压力角不同的轮齿

图 10-3 是模数相同、压力角 α 不同的一组轮齿图形，从图 10-3 中可以看出，压力角 $\alpha=20°$ 的轮齿齿廓，齿根薄，齿形系数 Y 值小，弯曲应力大；压力角 $\alpha=25°$ 的轮齿齿廓，齿根厚，齿形系数 Y 值大，弯曲应力小。

第三节 对减速机轮齿失效形式的分析

分析软、硬齿面轮齿的失效原因，从中找出原因的主要方面，并针对该方面，采取相对应的措施，是提高减速机（轮齿）承载能力的重要途径。

上一节，轮齿的受力；软、硬齿面轮齿失效的侧重面；硬齿面轮齿硬度层，引起的轮齿失效；轮齿（齿廓）形状对弯曲应力的影响；压力角对承载能力的影响等五个方面，前两项是齿轮传动轮齿必然承受的，不必作过多分析，而后三项则是轮齿固有的特征，是失效形式分析的重点。

一、轮齿失效综合分析（1）

从上一节轮齿失效可以看出，提高齿形系数 Y 可以降低弯曲应力，这是利用弯曲应力公式和轮齿齿廓形状得出的结论，无疑是正确的。可提高齿形系数 Y 值，它的前提是建立在增加齿数的基础上，若高速轴增加齿数意味着：（1）齿轮直径加大；（2）为保证原有的速比不变，相互啮合的一对齿轮中心距就得加大，这样就失去了硬齿面轮齿传递的优势和体积结构紧凑的意义，不经济，得不偿失。因而，增加齿数的办法最好不采用。

下面以两级传动硬齿面标准减速机 ZLY560 与大家非常熟悉的 JZQ100 软齿面标准减速机做一个相应对比，其基本参数见表 10-2、表 10-3。

表 10-2　基本参数

型号	总中心距	第一级中心距	第一级速比	第二级中心距	第二级速比	总速比	压力角
ZLY560	960	400	77/19 = 4.053	560	71/18 = 3.944	I = 15.985	α = 20°
JZQ100	1000	400	77/22 = 3.5	600	81/18 = 4.5	I = 15.75	α = 20°

表 10-3　高速齿轮轴数据对比

	模数	齿数	轴直径	轴材料	轴承型号	输入轴直径	总重量
JZQ100	8	22	Φ100	ZG340-640	7318	ϕ90	67.5
ZLY560	8	19	Φ132	20CrMnMo	7522；7524	ϕ110	88.6

从表 10-2、表 10-3 的数据中明显可以看出，ZLY560 标准硬齿面减速机高速轴，除模数相同、齿数不同外，其余指标都远远高于 JZQ100 标准软齿面减速机，所换来的就是减少了 3 个齿，在近似相同中心距的情况下，速比提高了 0.55。若将高速轴增加 1 ~ 2 个齿数，或者同样为 22 齿，很明显是不经济的，失去了硬齿面的意义。

二、轮齿失效综合分析（2）

冲击性能较好的低碳合金钢采用渗碳淬火，要求轮齿表面耐磨层有一定厚度是必须的，在模数相同，齿数减少的情况下，本身齿廓形状已经变瘦了，减少了齿根抗弯的有效截面积，再加上轮齿表面部分有效截面积由韧性材料变为脆性材料，如同雪上加霜。

那既要保证耐磨层的厚度，又要保证齿根抗弯曲的有效截面积，在模数相同，齿数不变，的情况下，增加轮齿齿根厚度，其方法只有一个就是提高压力角。

提高压力角可使轮齿齿廓加肥，如图10-3所示，有效的增加了轮齿齿根的截面积，提高了抗折（弯曲）能力。

提高压力角会降低齿轮传动的效率，但从保证安全和使用寿命的角度来讲，提高压力角所降低的那一点效率，也就是说所多消耗的那一点功率应忽略不计。

应该讲，在其他条件不能改变的情况下，提高压力角是最为经济的。

标准硬齿面减速机，压力角为标准值 $\alpha = 20°$，对于一般行业，也就是冲击载荷小的可能可以满足应用，而对于特殊行业就当别论。如飞机为保证升空时超强的尖峰载荷和航行的安全，齿轮采用 $\alpha = 25°$ 的压力角；火车头为保证启动时瞬间牵引力的增加和紧急制动对轮齿的强冲击，齿轮采用 $\alpha = 22.5°$ 压力角；汽车为适应路面及载荷的变化，变速箱齿轮压力角 α 大于20°；日本为提高标准硬齿面减速机的承载能力，齿轮采用 $\alpha = 25°$ 压力角。

另外，这里说明一点，国内有的减速机专业生产厂家引进德国减速机技术，其压力角虽然没有改变，但在结构上进行了改变，结构与角度改变相比，前者造价高；后者造价低。

上述的某些行业和日本标准硬齿面减速机以及引进德国技术的减速机，处于安全和经济考虑，分别都采取了不同的措施。而对于我国砖瓦机械这一特殊行业，反复出现硬齿面减速机断齿的问题，已说明目前的硬齿面减速机标准已不适合该行业，应进行如压力角或是结构上的改进。其实，在别的行业照样出现此类问题，如水泥行业等，因而，提高硬齿面减速机抗折（弯曲）能力已是迫在眉睫之事。

三、轮齿失效综合分析（3）

由于目前硬齿面标准减速机频繁出现断齿问题，因而，手册中标定的许用功率值还不十分可靠，往往还要加大规定中的工况系数 K_A 值，强冲击载荷2的指标，而达到3以上才能基本满足承载能力的要求，也就是说，在加大一个减速机的标准规格，许用功率值才能满足要求。显然即不合理，又不经济，让使用者十分为难，违背了硬齿面减速机替代软齿面减速机的初衷。所以在前面所说：许用功率的数值从某种意义上来讲并不能完全代表其真实的承载能力，原因，是许用功率值的真实可靠性没有相对应的结构措施给予保证。

通过上述3个小节轮齿失效综合分析可以得出，硬齿面轮齿将选材、热处理、6级磨齿的加工精度等方面发挥得淋漓尽致，而唯独没有将轮齿齿廓固有的特性发挥出来，致使出现断齿问题。

提高压力角不仅能提高轮齿的接触应力和弯曲应力，而且还可以提高硬齿面减速机的许用功率值。下面就日本住友重机和国内手册标准，不同压力角的标准硬齿面减速机，许用功率等参数对比。

两级平行轴传递硬齿面标准减速机参数对比：

（1）ZLY 硬齿面标准减速机与 PX8000（2 段）型硬齿面减速机（日本住友重机），TH2（引进德国福兰特技术），中心距相同或相当，速比相同 $I=16$，主要技术参数对比，见表 10-4。

表 10-4 主要技术参数对比

减速机型号	公称转速 r/min		规格				参数来源
			ZLY400	ZLY450	ZLY500	ZLY560	
			PX8095	PX8105	PX8115		
	输入轴 n_1	输出轴 n_2	TH2SH-14	TH2SH-16	TH2SH-17		
			公称输入功率 P1 KW				
ZLY	750	47	373	533	711	1005	设计手册
PX8000	750	47	461	670	911		日本住重
TH2	750	47	527	787	960		德国福兰特
ZLY	1000	62	484	693	923	1306	设计手册
PX8000	1000	63	611	887	1200		日本住重
TH2	750	47	461	1055	1286		德国福兰特
ZLY	1500	94	700	1000	1338	1887	设计手册
PX8000	1500	94	902	1310	1710		日本住重
TH2	750	47	1053	1575	1919		德国福兰特

从表 10-4 中可以看出，三种不同国家硬齿面减速机，在速比相同，输入、输出轴转速相同的情况下，许用功率的数值却大不相同。德国最高，日本次之，我国最低。由此可以看出，在硬齿面减速机的问题上，我们与先进国家相比在技术上、认识上还有一定的差距，就像前面第六篇挤出机机型结构与分析中所讲，挤出机的机型结构可折射出国家基础工业配套件的技术水平。

（2）PX8000（2 段）型硬齿面减速机（日本住友重机）与 TH2（德国福兰特公司）以及 ZLY 硬齿面标准减速机公称输入功率提高百分比及中心距尺寸对比，见表 10-5。

表 10-5 日本、德国等不同减速机主要参数对比

减速机型号	公称转速 r/min		规格				参数来源
	输入轴 n_1	输出轴 n_2	ZLY400	ZLY450	ZLY500	ZLY560	
			PX8095	PX8105	PX8115		
			TH2SH-14	TH2SH-16	TH2SH-17		
			TH2SH-17PX8000、TH2 与 ZLY 硬齿面减速机公称输入功率提高百分比				
X8000	750	47	23.5%	25.7%	28.1%		日本住重
TH2	750	47	41%	47.6%	35%		福兰特
X8000	1000	63	26.2%	27.9%	30%		日本住重
TH2	1000	63	45%	52%	39%		福兰特
PX8000	1500	94	28.8%	31%	27.8%		日本住重
TH2	1500	94	50%	57%	43%		福兰特
ZLY	中心距	680	765	855	960		设计手册
PX8000	中心距	670	758	873			日本住重
TH2	中心距	705	762	860			福兰特

表 10-5 是 ZLY 硬齿面标准减速机与 PX8000（2 段）型硬齿面标准减速机（日本住友重机）和 TH2（德国福兰特公司）之间主要技术参数对比。通过数据可以看出：

（1）在中心距相当的情况下，三种规格，日本住友重机械株式会社 PX8000（2 段）的型硬齿面标准减速机，比 ZLY 硬齿面标准减速机，其公称输入功率分别提高了 23.5% ~28.1%；26.2% ~30%；27.8% ~31%。德国福兰特公司硬齿面标准减速机，比 ZLY 硬齿面标准减速机，其公称输入功率分别提高了 41% ~50%；47.6% ~57%；35% ~43%。

（2）公称输入功率的提高，反映在材质、结构上和齿形方面与 ZLY 有区别。

与日本相比，就是压力角的变化，ZLY 硬齿面减速机压力角为 $\alpha=20°$，PX8000（2 段）型硬齿面减速机压力角为 $\alpha=25°$，所以许用功率得到提高。至于材质和结构上的差异不十分清楚。

与德国相比压力角 $\alpha=20°$ 相同，所不同的是材料选择和结构上的差异，（1）ZLY 硬齿面减速机材料为 20CrMnMo，而德国选用的是 20CrNiMo。两种材料价格相差 1 倍，增加 Ni 元素，即增加了轮齿的韧性，提高了抗折能力，

(2) 增加齿宽宽度，进而提高了轮齿的承载能力。(3) 加大了轴直径及轴承的型号，提高其刚度（性）和承载能力。

提示：加大轴直径，提高其刚度（性）是很重要的举措。

(3) 速比范围相同，在 $I=16$ 速比上限的是 $I=14$，在其下限的是 $I=18$，增多了选择范围，说明这一项与国际接轨。

四、小　结

通过轮齿失效和轮齿失效的综合分析的表述，以及表 10-4、表 10-5 硬齿面标准减速机的数据对比，让我们了解到国内外硬齿面标准减速机大概的内在差异，对今后选用硬齿面标准减速机会有帮助。

对于今后选择硬齿面标准减速机，或是设计硬齿面专用减速机，是否可以从三个方面考虑：

(1) 当挤出机价格上不受太大约束时，也就是说 600 型以上的，如 650 型、750 型、850 型的大型挤出机，尽可能选择类似德国福兰特公司的技术，以当前流行的受料箱与标准行星齿轮减速机传动为主的挤出机机型结构。

(2) 当挤出机价格受到约束时，可以按类似日本住友重机的技术方面选择，以达到适应市场行情的价格要求，以平行轴齿轮减速机与受料箱传动为主的挤出机机型结构。

(3) 对于硬齿面专用减速机也可以参照上述两条原则进行设计。

总之，不管基于上述那方面考虑，都应与减速机生产厂家协商，针对所选的减速机型号，对其输入、输出轴直径、齿数、模数、中心距、压力角等方面，给予适当修改，以满足挤出机工作特点的需求，做到万无一失。

另外在此对 JZQ 软齿面标准减速器提点想法。毫不夸张地讲 JZQ 软齿面标准减速器为砖瓦行业作出了巨大贡献，至今不能退出历史舞台在于它构成挤出机的低廉价格和满足小型挤出机承载能力的要求。估计在今后相当一段时间内也很难消失，因而，笔者认为应对其进行技术上的改造，让其更好地发挥余热。(1) 改变箱体外形结构，满足挤出机机型结构的要求；(2) 提高其承载能力：改变材质，加强热处理手段，加大轴直径和轴承型号；(3) 提高加工精度；(4) 增加使用寿命年限。

第三章　挤出机专用减速机

半个多世纪以来，平行轴传递，JZQ 软齿面标准减速机占据着整个国内砖瓦行业的市场，可以毫不夸张地讲，JZQ 软齿面标准减速机为砖瓦行业做出了巨大贡献。之所以能如此，原因是由多方面形成：

（1）低压力软塑挤出成型，廉价的实心砖充满建筑市场；

（2）没有其他标准减速机可选；

（3）挤出机设计技术的落后。

近二十年来，随着上述三个原因的彻底转变，作为起重行业专用的，JZQ 软齿面标准减速机已经不能满足挤出机发展的设计要求。取而代之的是挤出机专用减速机的发展应用。

所谓挤出机专用减速机，就是指它不是仅仅为满足挤出机承载能力（功率）的要求而存在，而应该在结构上与挤出机重要组件，构成完整、和谐、美观的挤出机机型结构，实现技术性能，结构布置，外（型）形状的完美统一，绝不是一个独立的变速体。

专用减速机，是致力于挤砖机机型结构研究的基础上而产生，并得到发展的。因而，专用减速机在满足挤出机承载能力（功率配置）要求的前提下，必须满足挤出机机型结构的设计要求。

因此，在此应对挤出机专用减速机一词给予这样的理解。所谓挤出机专用减速机，实质上就是为挤出机设计的标准减速机。通过现阶段专用减速机的逐步发展，最终形成自成体系的挤出机专用标准减速机。

根据挤出机的机型结构构成，（详见第六篇挤出机机型结构与分析），配以相适应的专用减速机，是减速机的发展方向。挤出机机型结构的创新设计，需要专用减速机技术性能，整体结构，外形形状的配合；也就是说，专用减速机的综合性能，是围绕着挤出机机型结构设计而展开的，并由此得到升华。

第一节　对专用减速机的性能与结构设计要求

为了更好的说明，特对专用减速机性能与结构设计提出要求：

一、功能要求

满足挤出机技术要求的专用减速机应具有如下功能：（1）满足功率配置的要求；（2）有传递双压泥板的输出轴端；（3）齿轮的使用寿命要高于原标准减速机（对于软齿面而言，齿面接触强度要有所提高，对于硬齿面而言，齿的弯曲强度要保证不断齿）；（4）输出轴直径应满足挤砖机扭矩的须求，包含插入式连接；（5）高速轴能承受悬挂式气动离合器的自重和三角带径向拉力的载荷，以及卸荷式气动离合器的连接尺寸的要求；（6）独立的润滑系统，油位的显示装置，减速机箱体结合面，动密封处不得漏油；（7）符合挤出机某一机型结构的外形形状；（8）板式的箱体外形结构。（9）规格标准，能靠近或接近国标的尽量套用标准，如代号、总中心距、速比、装配形式等。

二、基本数据要求

（1）中心距：设计出符合挤出机承载能力（装机功率）要求的减速机总中心距。根据不同规格挤出机的装机功率，输出轴（主轴）转速、速比、输入轴转速等方面要求，确定出中心距尺寸。

（2）传动比：根据不同规格挤出机主轴转速的要求，设计出满足其主轴转速要求的减速机总速比。

（3）承载能力：要求与相同中心距的减速机相比，在相同输入转速、传动比，其额定许用功率数值要高。

（4）传动级数：减速机传动级数越低越好。最好采用单级减速机 + 行星齿轮传动减速机的组合，这样最为经济，而且结构也最合理，这一点非常重要。这一非常重要点只有在经历过大型挤出机设计时才能真正体会到。

三、减速机的布局结构

（1）下级专用减速机为三箱结构，设有两个压泥板轴输出轴端和一个低速轴输出轴端，压泥板轴输出轴端设计在上箱体和中箱体的结合面上，低速轴输出轴端设计在中箱体和下箱体的结合面上。对于两级传动，高速轴和中间轴可平行布置，也可立体布置。最终布置待压泥板轮系和平行轴系尺寸确定后定夺。对于三级传动，高速轴和中间轴 1、中间轴 2 及低速轴平行布置。

（2）上级专用减速机为两箱结构，设有两搅拌轴输出轴端，输出轴端直径满足扭矩要求，两搅拌轴（含低速轴）中心设计在上下箱结合面上，两级主传动的中间轴和高速轴分别设置在下箱体和上箱体上。与搅拌槽相连接的箱侧面按搅拌槽尺寸。

（3）上、下箱体共同结构要求：A. 轴承孔采用轴承压盖，螺栓连接；B. 轴承压盖端面密封为 O 形圈；C. 输出轴径与轴承透盖动密封采用双唇骨架密封圈和轴用 YQ 形密封圈；D. 装配时箱体结合面涂密封胶；E. 下箱体设有放油孔和油标；F. 上箱体设有 1 ~2 个视孔盖和吊装孔。

（4）专用减速机壳体最好为钢板焊接性的结构件。

四、减速机结构设计思路

减速机的生命力是作用在致力于挤砖机技术研究的基础上，因而，只有不断深入研究挤砖机机型结构的设计技术，才能广泛提高减速机的应用范围，反过来讲，只有不断扩大减速机应用范围，才能使挤砖机技术真正得到的升华。两者不仅仅是互为因果关系，而且是技术上的有机结合。因此，减速机的设计并非只是停留在目前认识到的设计思路和范围，必须对其有一个宏观发展的认识，只有这样，才能正确分析出，未来减速机的技术发展，才能不断推出创新一代的产品，

（1）关于减速机的设计思路，就是前面第六篇所讲挤出机下级受料箱与减速机零距离机型结构创新的三个不同的侧重面。

（2）减速机的箱体结构最好选用整体式。也就是说，没有结合面的整体式箱体的组合。目前国内大型减速机制造企业都有生产。

（3）减速机箱体整体式结构，不仅为零距离挤出机机型结构创造了条件，为机型结构外形形状设计拓展了空间，而且为实现系列专用标准减速机奠定了基础。

（4）单级减速机 + 行星齿轮传动减速机的组合，

第二节　挤出机专用减速机

减速机可以讲是挤出机的心脏部分，在挤出机机型结构设计中起着举足轻重的作用，减速机的技术性能和结构设计折射的是国家基础工业发展的水平，也就是说，挤出机的设计技术发展在很大程度上依赖着减速机的设计制造水平。

目前，国内绝大多数的专业减速机生产厂只是按统一的图纸大批量生产标准减速机，以满足市场需求，所以，在人员结构构成上并没有配置减速机的设计人员，因而，也就不具备按挤出机技术性能、结构要求设计专用减速机的能力，致使挤出机机型结构设计技术的发展受到制约。

伴随砖瓦行业飞速地发展，挤出机机械传动设计技术的提高、机型结构的要求、硬件设备的引进、专用减速机得到迅速的推广应用。在砖瓦机械制造厂的带动下，促使一些专业标准减速机生产厂转为为砖瓦机械制造厂生产挤出机专用减速机的行列。

山东柳杭减速机有限公司根据当前砖瓦行业的迫切需求，结合自己多年为砖瓦机械制造厂设计、制造、配套服务所积累的经验，开发出了三轴输出的专用减速机，挤出机专用减速机如图 10-4 所示。该机结构组合具有三轴输出结构。

图 10-4　三轴输出挤出机专用减速机

一、简要说明

山东柳杭减速机有限公司从 20 世纪 70 年代起就是国内知名砖瓦机械制造厂配套生产减速机。该公司具有减速机的设计、研发与制造能力。目前，在生产三轴输出轴专用减速机的基础上，正在创新设计、研发符合挤出机机型结构要求的新一代的专用减速机。

二、技术性能、结构特点

1. 技术性能

三轴输出专用减速机，为中硬齿面双圆弧圆柱齿轮减速机。其全部技术参数采用郑州机械研究所研发的《齿轮传动 CAD 集成系统》进行优化设计。中硬齿面双圆弧圆柱齿轮与传统通用的软齿面渐开线圆柱齿轮相比，其齿轮弯曲强度可提高 30%，接触强度可高 1 ~ 1. 5 倍；而且双圆弧齿形的齿面，两接触线沿齿长方向的滚动速度很大，有利于油膜形成，因此摩擦损失小，效率高，齿面磨损小，传动较平稳，振动、噪声都比渐开线齿轮要小。

三轴输出专用减速机，以其独特的三出轴结构型式实现了挤出机主轴和双压泥板轴同时传递扭矩（动力）的使用要求，不受轴向力的主轴与减速机输出轴采用加壳联轴器刚性连接，使挤出机的机型结构更加紧凑。三轴输出专用减速机，可以根据挤出机制造厂家的要求，变换外（型）形状，以满足机械厂标志性产品形状的要求。

2. 结构特点

三轴输出专用减速机为多级传动阶梯式结构，主要由主传动和副传动两部分组合而成为一个有机的整体。主传动为二级平行轴减速传动，输出轴与挤出机主轴相连接；副传动为二级阶梯式的减速或增速传动，两副输出轴与压泥板轴相连接。

减速机的传动齿轮：主动齿轮轴选用优质合金钢锻件，调质硬度为 HB291 ~ 323，被动齿轮为优质铸造合金钢，调质硬度为 HB269 ~ 291。齿轮精度达 7 级。

减速机壳体为整体钢板焊接结构，壳体毛坯先后经过振动时效、焖火窑退火两次时效处理，再经过喷砂处理，削除了焊接应力变形，提高了外观表面质量。

减速机润滑采用油池飞溅润滑和油泵强制润滑相结合，保证各级传动齿轮和轴承都能得到有效润滑，使减速机齿轮能长久保持良好地啮合性能，极大地延长了使用寿命。

3. 选择指南

山东柳杭减速机有限公司生产的三轴输出专用减速机已达几十个品种规格，能够满足 500、550、600、650、700、750、900 型号的挤出压力在 3.0 ~ 4.0MPa 的真空挤出机的配套需求。

第四章　挤出机配套组件气动离合器

笼统地讲，气动离合器是挤出机整机结构中的配套组件。但从传递动力（扭矩）的真正意义上讲，气动离合器应该属于是减速机的配套组件，因为气动离合器是直接安装在减速机上的，其输出的扭矩是通过它来实现的。因气动离合器的离合，实现了挤出机（开停）的自动控制。既然，气动离合器属于是减速机的配套组件，因而，从安装、使用角度上讲，它不应该伤害到减速机。也就是说，不能影响到减速机的使用寿命。

过去以软塑，低挤出压力成型，生产制品实心砖为主的年代里，在挤出机主轴高转速，低功率的配置下，ZQ 软齿面标准减速器还可以勉强满足挤出机主轴动力（扭矩）传递的要求。由于 ZQ 软齿面标准减速器是起重设备专用的减速机，安全系数比较大，所以，气动离合器直接挂在减速机的输入轴上，虽然不是十分合里，但还可以用。

时至今日，随着制砖原料的改变，制品品种的不同，成型压力的提高，大型挤出机的发展，高功率的配置下，ZQ软齿面标准减速器以不能满足挤出机设计的要求。取而代之的是专用减速机。

减速机的更新换代，气动离合器也必然纳入到挤出机整体结构设计之中，这样，不仅挤出机性能的到保证，而且，可以进一步开发出适合挤出机结构性能要求的气动离合器。由过去独立走向的配套组件气动离合器，融入到挤出机技术结构设计中是今后发展的方向，也是配套组件占领市场最明智的选择。

第一节　气动离合器的安装形式及分析

目前，已设计气动离合器与减速器的连接结构有四种形式：（1）悬挂（臂）式；（2）卸荷式；（3）装配式；（4）传统式。

一、悬挂式

所谓悬挂式，就是汽动离合器直接安装在减速器高速轴的轴端上。悬挂式安装结构，让减速器高速轴受到弯扭的联合作用，（即离合器自重和三角带径向拉力的作用），由此，改变了高速轴原来的受力状态，从而使轮齿的啮合精度下降，轴承的承载能力下降，进而降低了减速器的使用寿命。

在起重设备和其他行业机械设备中，很难看到减速机高速轴承受弯扭联合作用的结构设计。在减速器的选型计算方法中，也很难找到减速器高速轴承受弯扭联合作用的选取方法，以及校核计算，原因，就是高速轴不应该承受弯扭联合作用。对于挤出机设计而言，为了节省空间，机型结构紧凑、简单，采用悬挂式安装结构是发展趋势。

采用简单的悬挂式安装结构，待减速器型号确定后，最好与生产厂家协商，加粗高速轴直径，提高轴的刚度；加大轴承型号，提高承载能力。

二、卸荷式

所谓卸荷式，就是气动离合器没有直接安装在减速器高速轴的轴端上，而是安装在一个支承零件上，支承零件与减速器箱体连接。扭矩的传递采用平键或者花键。此结构没有改变高速轴原来的受力状态，不承受弯矩，不破坏轮齿的啮合精度和增加轴承的承载能力。该结构要求减速器箱体有安装支承零件的位置。

卸荷式安装结构应该是悬挂式安装结构的替代产品，是在悬挂式基础上改进设计的新产品，是发展方向。其结构设计的改进应与挤出机设计者相互配合、协调以达到与减速器的安装要求。

三、装配式

所谓装配式，就是气动离合器安装在减速器高速轴的延长部分上（即适当加长高速轴尺寸），其轴端配以辅助支承。由于增加了辅助支承，因而，对高速轴轮齿的啮合精度和轴承的承载能力不会有大的影响。

四、传统式

所谓传统安装形式，就是用两个轴承座支承离合器，其轴端与高速轴的轴端采用弹性联轴器连接，该结构虽然略显复杂，但结构合理，并安全可靠。

第二节　气动离合器安装

以气动离合器与挤出机设计连接的几种安装形式、技术性能、结构特点、选用规格论述如下：

（1）气动离合器安装形式（1）如图 10-5 所示，是由无锡市第五机械制造有限公司生产的。

图 10-5　轴向悬挂式气动离合器

（2）气动离合器安装形式（2）如图 10-6 所示，是由无锡市第五机械制造有限公司生产的。

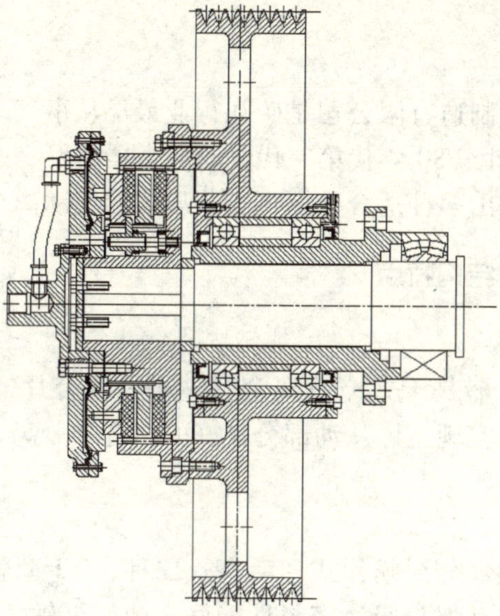

图 10-6　轴向卸荷式气动离合器

（3）气动离合器安装形式（3）如图 10-7 所示，是由无锡市第五机械制造有限公司生产的。

图 10-7　轴向装配式气动离合器

一、简要说明

无锡市第五机械制造有限公司是砖瓦行业最早从事气动离合器开发、研制的单位之一，从20世纪80年代第一代气动离合器研发、诞生至今，通过不断地努力创新，相继推出多种适合挤出机安装形式的气动离合器。

二、技术性能、结构特点

1. 技术性能

腾武牌气动离合器是干式摩擦离合器，通过离合片的摩擦力矩来传递扭矩，它能在高转速下实现主、从动部分良好的结合和分离，另外，也可以起到过载保护作用。

2. 结构特点

离合器按结构型式分为膜片式和活塞式二种，WJ型膜片式离合器具有结构紧凑，重量轻，转动惯量小，密封性能好，动作灵敏，等优点，经过创新，在气动膜片生产中应用先进的工艺和材料，改善了膜片的变形量和耐用度，弥补了传统膜片式离合大摩擦片磨损补偿小，工作寿命低的缺陷。WH型活塞式气动离合器据有扭矩大，对摩擦片补偿大等特点。

3. 选择指南

腾武气动离合器较全的扭矩系列，从1000NM～20000NM之间都可以配套，用户可以根据砖机电机的功率和离合器的转速来选择相应的扭矩，结合减速机的设计选择采用最全理的安装型式。

第五章　挤出机配套组件真空泵

挤出机配套的组件真空泵，其主要作用是抽去泥料中的空气，以提高坯体的密实度和强度，最终提高制品砖的力学性能。

为挤出机配套的组件真空泵，已应用过的有四种：（1）W泵；（2）射流泵；（3）水环泵；（4）油环泵。W泵由于机械磨损快等原因，已被市场所淘汰。射流泵，虽然还有应用，但也已淡出市场。目前，水环泵和油环泵占据着市场的主导地位。

国内于20世纪80年代末，通过引进消化吸收后，由无锡利农砖瓦机械制造厂（简称无锡利农）、无锡建筑仪器制造厂（简称无锡建仪）和无锡第五机械制造厂等单位生产水环泵。无锡利农国企改制后退出砖瓦机械制造行业，因而，也就不再生产水环泵。无锡建仪也仅仅生产了一段时间，因断轴等方面技术原因，也退出该产品的生产。只有无锡第五机械厂，即现在的无锡市第五机械制造有限公司坚持了下来。

该公司通过反复实践，不断研究，逐渐将水环泵存在的技术问题一一给予解决，形成系列，最终满足挤出机性能的要求。

下面就水环泵和油环泵的技术性能、结构特点、选择指南论述如下：

一、简要说明

无锡市第五机械制造有限公司是砖瓦行业最早从事水环泵和油环泵开发、研制的单位之一。从20世纪80年代第一代水环泵研发、诞生至今，通过不断努力创新，相继推出SK，2SK系列水环式真空泵，H系列真空泵为油封式滑阀真空泵，如图10-8、图10-9所示。

图10-8　SK，2SK系列水环式真空泵

图10-9　H系列油封式滑阀真空泵

二、技术性能、结构特点

1. 技术性能

SK，2SK 系列水环式真空泵是无锡第五机械制造厂在吸收国外水环泵结构特点的基础上，通过反复研制、摸索经验，最终制作出具有真空度高、抽气速率大、能耗低、结构紧凑、安全可靠等符合国情的新一代系列水环式真空泵。它可抽吸空气或其他无腐蚀性，不溶于水，不含固体颗粒的气体，满足真空挤出机抽去泥料中空气的要求。

H 系列真空泵为油封式滑阀真空泵，它采用严密油封，传动部分采用强制润滑、油水双重冷却，可靠耐用，操作方便、安全。在真空度和抽气速率相同的前提下消耗功率仅为水环式真空泵 2/3，具有噪声低，节能的特点。广泛运用于中小型真空冶炼，真空焊接、真空处理，医疗制药，冶炼干燥、染料化工、砖瓦等行业中，用于抽除密封容积中的干燥气体，不适用于抽除含氧过高、有爆炸性的、对黑色金属有腐蚀性的和对真空油起化学反应的气体。

2. 结构特点

H 系列真空泵为油封式滑阀真空泵，它采用严密油封，传动部分采用强制润滑、油水双重冷却，可靠耐用，操作方便、安全。在真空度和抽气速率相同的前提下消耗功率仅为水环式真空泵 2/3，具有噪声低，节能的特点。广泛运用于中小型真空冶炼，真空焊接、真空处理，医疗制药，冶炼干燥、染料化工、砖瓦等行业中，用于抽除密封容积中的干燥气体，不适用于抽除含氧过高、有爆炸性的、对黑色金属有腐蚀性的和对真空油起化学反应的气体。

3. 选择指南

水环式真空泵的特点是维护简单，适合用于水质较好的地区，避免使用碱性水和硬水，否则会严重缩短真空泵的使用寿命。而油封式滑阀泵就可以用于这些地区，而且相对节能。

第十一篇 附 录

附录1 德国汉德乐公司硬塑挤出机的机型结构和外形形状图

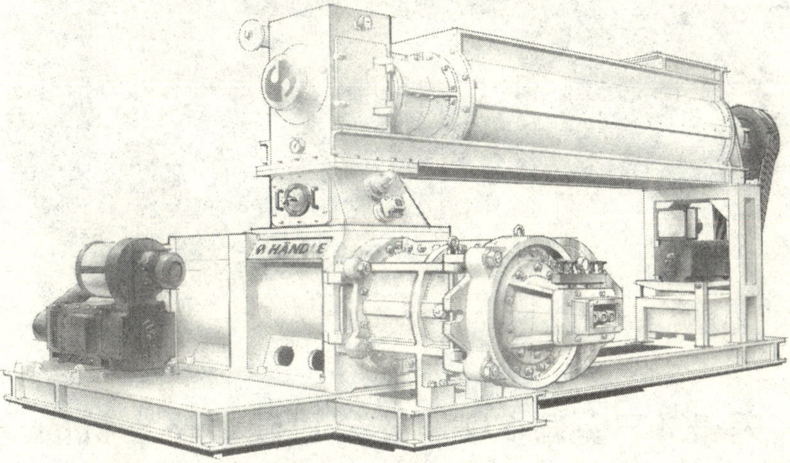

附录2 意大利莫兰多公司硬塑挤出机的机型结构和外形形状图

附录 3　中国杭州萧山协和砖瓦机械有限公司硬塑挤出机的机型结构和外形形状结构图

附录 4　美国 STEELE 公司硬塑挤出机的机型结构和外形形状图

附录5　挤泥机用改进螺旋绞刀图（1）

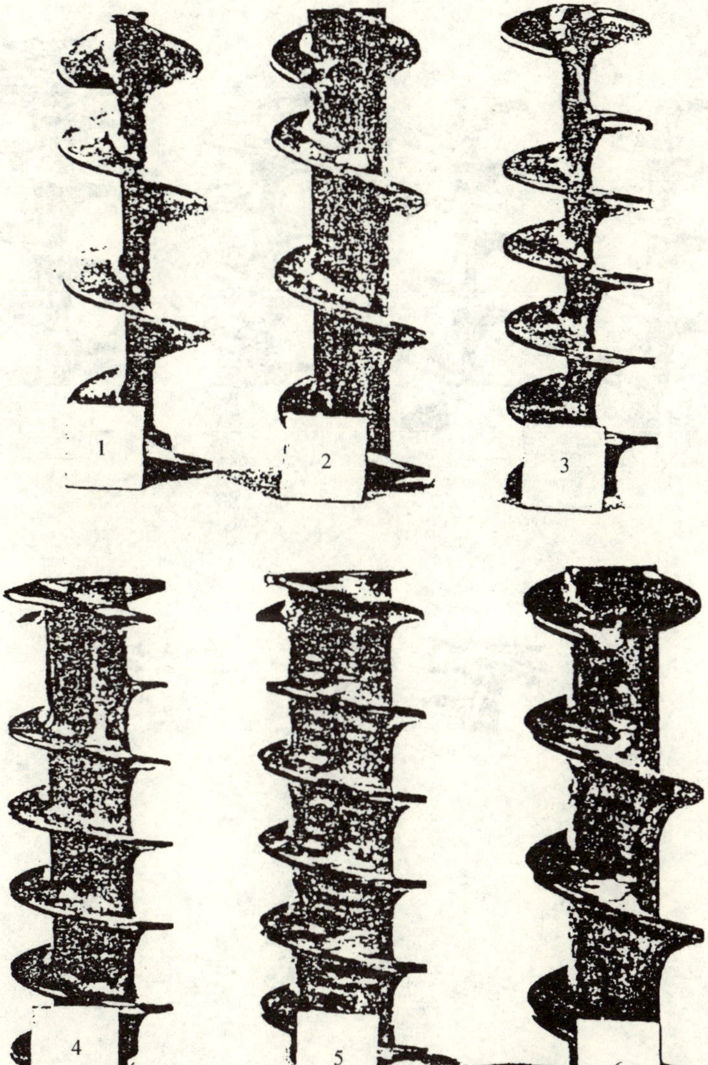

附录6 挤泥机用改进螺旋绞刀图（2）

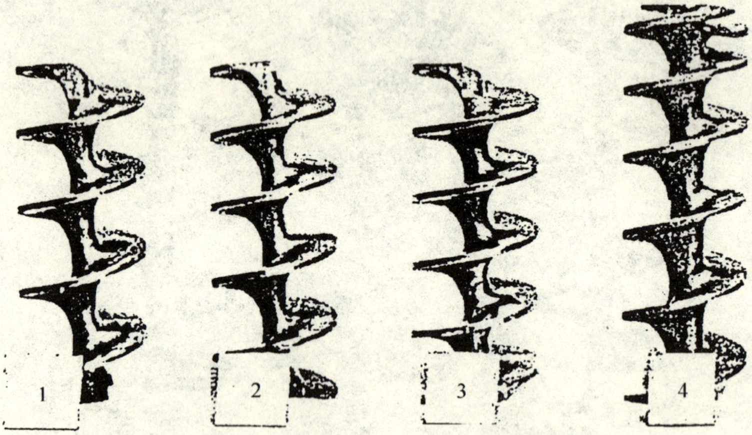

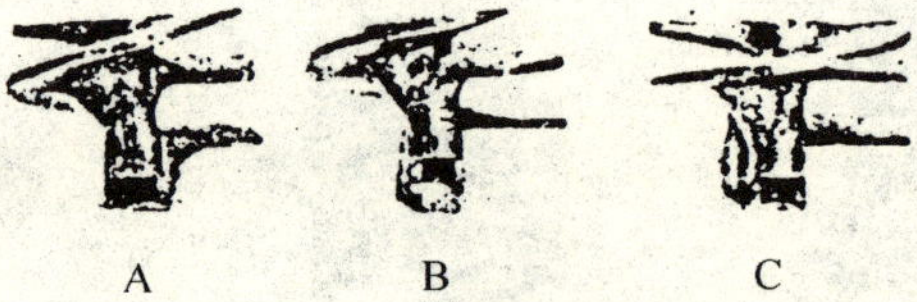

附录 7　机头阻力图

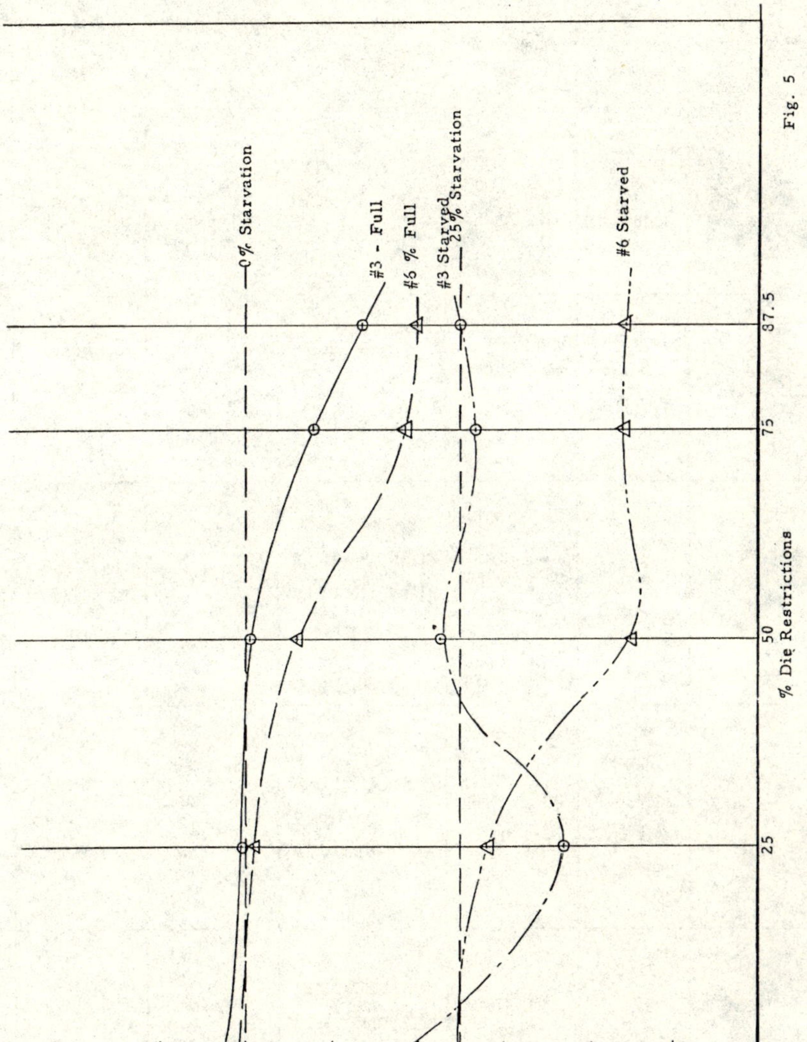
0% Starvation
#3 - Full
#6 % Full
#3 Starved
25% Starvation
#6 Starved
Fig. 5
0
25
50
75
87.5
% Die Restrictions
110
100
90
80
70
60
50
40
% Efficiency - Ext. Vol./Disp. Vol.

附录 8 美国 STEELE 公司样本数据

	型号 齿轮 箱类型	每小时中国 标准砖产量 （块）	推荐的电机 功率、转速	螺旋绞刀尺寸 及前段直径	搅拌槽尺寸 及容积	重量 长度 槽高
	25A 齿轮箱 B	2500 ~ 7600 7 ~ 20t/r	挤出机 15/56kW 搅拌机 11/58kW < 1800r/min	330mm 330mm	直径 610 × 2438mm 0. 8m^3	12273kg 3988mm 2197mm
	40F 齿轮箱 A	6800 ~ 10300 18 ~ 27t/r	114 ~ 150kW 720r/min 750/900/100	406mm432/ (356) (292) 305mm 356/406mm	直径 686 × 3099mm 1. 3m^3	12700kg 8357mm 1727mm
	45A 齿轮箱 D	8500 ~ 14600 23 ~ 38t/r	挤出机 135/210kW 搅拌机 110/168kW < 1330r/min	406mm432/ (356) (292) 305mm 356/406mm	直径 762 × 3480mm 1. 8m^3	32279kg
	50F 齿轮箱 挤出机 A 搅拌机 A	8500 ~ 14600 23 ~ 38t/r	挤出机 115/152kW 搅拌机 75/110kW 720/750/900r/min	406mm432/ (356) (292) 305mm 356/406mm	直径 762 × 3480mm 1. 8m^3	15646kg 8184mm 3953mm
	75AD 齿轮箱 挤出机 B(C) 搅拌机 B	12500 ~ 18900 34 ~ 50t/r	挤出机 152/228kW 搅拌机 115/152kW 1200r/min	432mm 356/406mm	直径 838 × 3658mm 2. 3m^3	21000kg 8585mm 4039mm
	90A/B 齿轮箱 挤出机 B 搅拌机 B	15300 ~ 25800 50 ~ 100t/r	挤出机 152/304kW 搅拌机 115/152kW 1200r/min	489mm 457/406mm	直径 914 × 4115mm 3. 1m^3	32251kg 9703mm 4328mm

斯蒂尔机器：简单可靠　运行无故障　维修保养最少。

——工作适应能力一枝独秀，既能硬塑挤出成型，又能半硬塑挤出成型，更能软塑挤出成型。

——整机性能超群，挤出压力高达 80kgf/cm^2，真空度高达94%以上，高可靠性、高寿命、高效率。

——硬塑挤出时原料含水量 12% ~20%，刚挤出的泥条湿坯强度 3~6kgf/cm^2，一次码烧的湿坯高达25层。

——可用原料范围广，保护生态环境，粉煤灰、煤矸石、劣质土、页岩或其他工业废渣等皆为宝。

——产品多种多样，空心砖、装饰砖、劈离砖、各种瓦、泄水管、铺路砖陶粒和轻质内外墙板等。

——承重砖质地密实，10%左右的低吸水率，适于清水墙，降低建筑成本。铺路砖抗压强度高达100MPa。

——工艺简单，硬塑挤出时整条生产线比同等规模的软塑挤出成型节省投资30%，节省能源20% ~30%。

——对原料处理要求不特别严格，能够弥补原料塑性指数低、粒径大、颗粒级配差、成型性差的不足。

齿轮箱类型：（A）单级减速，刃具钢，直齿轮；（B）双级减速，刃具钢，螺旋齿轮；（C）单级减速，刃具钢，螺旋齿轮；（D）三级减速，刃具钢，螺旋齿轮。

附录9 意大利柏岱斯蒂公司样本

assorbiti/absorbed/absorbés
aufgenommene **HP 215**

Elica/auger/hélice/Schnecke
ϕ625mm.- **rpm 18,5**

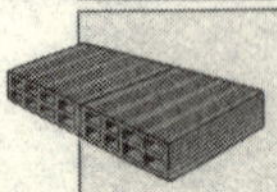

6.0 kg
cotto/burnt
cuit/gebrannt
36.5 t/h

assorbiti/absorbed/absorbés
aufgenommene **HP 130**

Elica/auger/hélice/Schnecke
ϕ625mm.- **rpm 14,5**

10 kg
cotto/burnt
cuit/gebrannt
46.8 t/h

assorbiti/absorbed/absorbés
aufgenommene **HP 160**

Elica/auger/hélice/Schnecke
ϕ550mm.- **rpm 18,5**

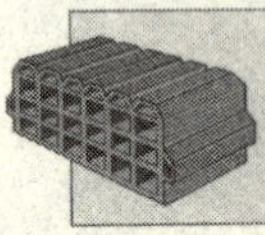

9.60 kg
cotto/burnt
cuit/gebrannt
41.5 t/h

assorbiti/absorbed/absorbés
aufgenommene **HP 115**

Elica/auger/hélice/Schnecke
ϕ575mm.- **rpm 14**

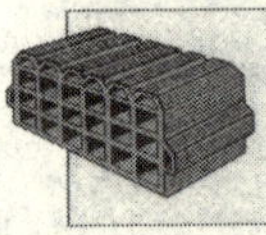

7.65 kg
cotto/burnt
cuit/gebrannt
25 t/h

assorbiti/absorbed/absorbés
aufgenommene **HP 140**

Elica/auger/hélice/Schnecke
ϕ625mm.- **rpm 18,5**

8.80 kg
cotto/burnt
cuit/gebrannt
38.2 t/h

assorbiti/absorbed/absorbés
aufgenommene **HP 160**

Elica/auger/hélice/Schnecke
ϕ550mm.- **rpm 18,5**

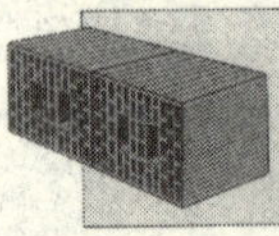

15.40 kg
cotto/burnt
cuit/gebrannt
55 t/h

assorbiti/absorbed/absorbés
aufgenommene **HP 100**

Elica/auger/hélice/Schnecke
ϕ450mm.- **rpm 18,5**

15.0 kg
cotto/burnt
cuit/gebrannt
14.6 t/h

assorbiti/absorbed/absorbés
aufgenommene **HP 120**

Elica/auger/hélice/Schnecke
ϕ500mm.- **rpm 14,5**

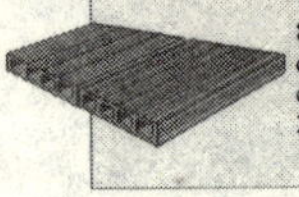

8.0 kg
cotto/burnt
cuit/gebrannt
29 t/h

assorbiti/absorbed/absorbés
aufgenommene **HP 150**

Elica/auger/hélice/Schnecke
ϕ550mm.- **rpm 18,5**

3.60 kg
cotto/burnt
cuit/gebrannt
29 t/h

assorbiti/absorbed/absorbés
aufgenommene **HP 85**

Elica/auger/hélice/Schnecke
ϕ486mm.- **rpm 18**

14.2 kg
cotto/burnt
cuit/gebrannt
19.6 t/h

assorbiti/absorbed/absorbés
aufgenommene **HP 55**

Elica/auger/hélice/Schnecke
ϕ450mm.- **rpm 15**

12.0 kg
cotto/burnt
cuit/gebrannt
13 t/h

assorbiti/absorbed/absorbés
aufgenommene **HP 120**

Elica/auger/hélice/Schnecke
ϕ550mm.- **rpm 18**

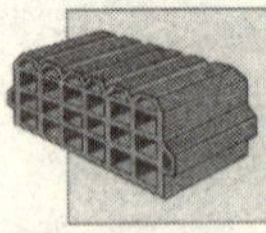

12.0 kg
cotto/burnt
cuit/gebrannt
30.2 t/h

assorbiti/absorbed/absorbés
aufgenommene **HP 150**

Elica/auger/hélice/Schnecke
ϕ625mm.- **rpm 14,5**

3.70kg
cotto/burnt
cuit/gebrannt
52 t/h

assorbiti/absorbed/absorbés
aufgenommene **HP 160**

Elica/auger/hélice/Schnecke
ϕ550mm.- **rpm 18,5**

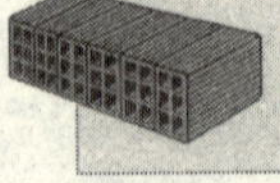

2.70 kg
cotto/burnt
cuit/gebrannt
46.7 t/h

assorbiti/absorbed/absorbés
aufgenommene **HP 70**

Elica/auger/hélice/Schnecke
ϕ550mm.- **rpm 18**

3.30 kg
cotto/burnt
cuit/gebrannt
20.8 t/h

参 考 文 献

[1] 叶仲阿．45/40 双级真空挤出机参数有关计算，1990.

[2] 张永利，徐明德．挤砖机，1983，10.

[3] 马恩普，汤伟立．烧结砖瓦工业机械设备［M］．武汉：武汉工业大学出版社，1989，6.

[4]《机械设计手册》联合编写组．机械设计手册［M］．北京：化学工业出版社，1979，10.

[5] 徐灏．机械设计手册［M］．北京：机械工业出版社，1991，9.

[6] 德国汉德乐公司硬塑挤出机样本．

[7] 意大利莫兰多公司硬塑挤出机样本．

[8] 美国 STEELE 公司硬塑挤出机样本．

[9] 意大利柏岱斯蒂公司样本．

[10] 美国挤泥用改进螺旋绞刀的发展报告 3. 1957，5.

[11] 李波．挤出机设计理论和计算［M］．北京：中国建材工业出版社，2010.